프로 파티시에를 위한

프랑스 과자

Pâtisserie française

츠지제과전문학교
가와키타 스에카즈

추천사

이 책은 츠지제과전문학교 양과자 주임 교수인 가와키타 스에카즈 교수(現 기술 고문)에 의해 출간되었습니다. 출간 이래 현재까지 츠지제과전문학교의 프랑스 과자 교과서로 사용되는 책으로, 프랑스 과자를 만드는 데 필요한 기술과 지식을 한 권에 망라한, '프로 파티시에를 위한 프랑스 과자 입문'의 결정판이라고 할 수 있습니다. 이 책이 한국에서 번역 출판된다는 것에 대해 매우 기쁘게 생각합니다.

프랑스 과자를 연구 개발하는 아시아인들의 공통 과제는 '프랑스가 발상지인 프랑스 과자를 아시아의 음식 문화 속에 어떻게 정착시킬 것인가'라는 문제일 것입니다. 이 책이 단지 프랑스 과자의 기술적인 면만 알려 주는 데 그치지 않고, 프랑스 과자를 자국의 음식 문화로 적용 발전시키는 데 조금이라도 도움이 될 수 있다면 교육 종사자로서 더할 나위 없는 보람이 될 것입니다. 츠지제과전문학교가 속한 츠지조그룹의 건학 정신은 라틴어 'Docendo Discimus' 즉, '가르치면서 배운다'입니다. 이 책의 한국 출간을 통해 한국에서 프랑스 과자를 배우려고 하는 많은 분들이 더 넓고 깊은 '배움'을 얻을 수 있기를 바랍니다.

츠지조그룹교 츠지제과전문학교 교장 **츠지 요시키**

먼저 츠지제과전문학교 서적의 한국어판 출간을 위해 애써 주신 비앤씨월드에 감사의 말을 전합니다.

일본 츠지조그룹교와의 제휴를 통해 탄생한 츠지원은 지난 2008년 개원 이후 '진정한 미식 문화의 경험'을 목표로 선진 미식 문화 전파에 앞장서 왔습니다. 츠지원의 성장 배경에서 츠지조그룹교의 뛰어난 커리큘럼과 훌륭한 교수진을 빼놓을 수 없을 것입니다. 이러한 의미에서 츠지제과전문학교 서적의 국내 출간은 상당히 의미 있는 일이라고 생각합니다. 츠지원의 다양한 프로그램 중 가장 인기 있는 것 중 하나가 바로 제과 디저트 과정입니다. 제과 디저트의 본고장 프랑스의 선진 기술을 바탕으로 한 감각적인 작품 하나하나는 다른 어느 곳에서도 접할 수 없는 츠지원 제과 디저트 수업만의 강점입니다. 이 책을 통해 츠지원과 츠지조그룹교의 '혼모노 정신'과 요리에 대한 열정을 조금이라도 나눌 수 있길 바랍니다.

츠지원 원장 **정영화**

머 리 말

이 책을 만들면서 가장 고민한 부분은 '그저 학교에서 사용하는 교과서가 아니라, 음식을 좋아하는 모든 사람이 쓸 수 있게 하려면 어떻게 할까' 하는 것이었습니다.

과자 만들기를 시작하고 싶은데 어떻게 공부하면 좋을까, 왜 이런 방법으로 과자를 만드는 걸까, 왜 잘 만들지 못하는 걸까……. 이 '왜'라는 의문을 푸는 데 조금이나마 도움이 되고, 자주 보는 요리책 중 하나가 되었으면 하는 바람으로 이 책을 만들었습니다. 봐서 즐겁고, 만들어서 즐겁고, 먹어서 즐겁고, 선물해서 즐거운 책이 될 수 있도록 했습니다.

색다른 제품이나 팔리는 제품을 개발해야 하는 파티시에와 '왜', '어째서'라는 의문을 던지면서 과자를 만들고 있는 우리들과의 차이가 이 책을 만들게 한 건지도 모릅니다. 과자를 만들어 파는 일을 좋아해 사업으로 과자를 만드는 파티시에와는 달리 우리들에게 요구되는 것은 가르쳐 전하는 것으로, 학교의 교육 방침인 'DOCENDO DISCIMUS(가르치면서 배운다)'라는 말은 이러 근본적인 원칙을 잘 나타내고 있습니다. 그러므로 저는 제가 파티시에(Pâtissier)라고 불리는 것보다 프로페서르 드 파티스리(Professeur de Pâtisserie)라고 불리는 것이 제가 하는 일로 봤을 때 맞다고 생각합니다.

현재 과자에 관한 서적은 수없이 출판되고 있고, 오너 셰프라고 불리는 제과장 겸 경영자들도 제품 만드는 법, 배합까지 아낌없이 소개하고 있습니다. 옛날 사람들에게는 생각할 수 없는 일일 것입니다. 그러나, 그러한 수많은 제품도 이론적인 것을 알면, 한정된 재료를 어떻게 혼합해 어떻게 조합하느냐에 따라 과자의 상태, 표현이 여러 갈래로 변해 간다는 것을 알 수 있습니다. 과자의 불가사의는 거기에 있습니다.

과자 만들기는 배합대로 재료를 정확하게 계량하면 된다고 생각하는 경향이 있는데, 그것만으로는 맛있고 훌륭하고 멋진 과자가 만들어지지 않습니다. 그럼 어떻게 하면 좋을까요? 그것은 상태의 변화를 느끼는 것입니다. 몸 전체로 말입니다.

보는 것(눈으로 보는 것뿐만 아니라 마음으로 보는 것), 만지는 것(온도, 탄력, 점도), 냄새 맡는 것, 듣는 것, 맛보는 것(온도, 맛, 강도), 이렇게 오감 모두를 사용해서 느껴 주십시오. 반죽, 크림을 만드는 공정이나 구웠을 때, 완성된 후의 보관, 보존……. 여러 가지 사항이 맛있는 과자를 만드는 조건으로 연결되는 것입니다.

프랑스의 위대한 요리사이자 과자 장인인 앙토냉 카렘은 "예술에는 5가지 종류가 있다. 그림, 조각, 시, 음악, 건축인데, 건축의 주요한 한 부문이 파티스리이다."라고 말했습니다. 저는 이 세계에 들어와 수십 년이 지났지만 해마다 이 말이 몸으로 절절히 느껴집니다. 그리고 이 예술 모두가 과자 만들기에 없어서는 안 될 요인이라고 자부합니다

모양이 없는 밀가루, 달걀, 설탕, 유제품으로 모양(반죽, 크림 등)을 만들고 조립해서 장식합니다. 더불어 가게의 분위기를 만들고 손님에게 맛있는 과자를 제공합니다. 이만큼 훌륭한 예술 작품은 없다고 생각합니다.

그러나, 순시간에 부서지는 과자는 작품으로 남겨지는 것은 허락 받지 못한 예술품입니다. 그리고 그런 까닭으로 파티시에는 계속해서 새로운 작품을 만들고자 하는 의욕이 솟는 것입니다. 그 의욕의 불을 끄지 않기 위해서라도 이 책이 바이블로서 더욱 많은 파티시에에게 사용되기를 바랍니다.

가와키타 스에카즈 川北末一

목 차

제1장
프랑스 과자의 기초 지식
9

제2장
스펀지 반죽, 버터 반죽의 과자
31

제3장
반죽형 파이 반죽 과자
89

이 책의 사용법

이 책의 구성

내용은 츠지제과전문학교의 지도 방법에 바탕을 두고 있습니다. 프랑스 과자를 반죽별로 분류하고, 간단한 기본 반죽부터 응용까지 자연스럽게 반죽의 분류와 과자를 만드는 법을 배울 수 있도록, 그리고 내용을 따라가다 보면 기술과 지식이 쌓여 가는 것을 느낄 수 있도록 구성했습니다. 책 뒷부분에는 기본 반죽과 크림, 이 책에서 사용하고 있는 재료, 도구를 실었으므로 필요에 따라 참고해 주십시오.

본문 중 갈색으로 표기한 부분은 작업을 하는 데 있어 알아 두어야 할 요령, 포인트, 지식 등을 덧붙인 것입니다. 또한 괄호 안에 오렌지색으로 적힌 단어는 제과에서 사용 빈도가 높은 동작을 나타내는 프랑스어로, 꼭 외워 두었으면 하는 단어입니다. 책 뒷부분의 제과 용어집과 함께 활용해 주십시오.

반죽의 구조도

기본이 되는 반죽에 관해서는 작업의 순서와 조직의 상태를 이해시키기 위해서 제 나름대로 반죽의 상태를 상상해 그려 놓았습니다. 실제로 반죽의 조직을 현미경으로 들여다본 것과는 대단한 차이가 있겠지만, 간략하게 그린 그림이 이해하는 데 도움이 될 거라고 생각해서 게재했습니다. 또한 과자의 조립도 필요에 따라 그림으로 설명했습니다.

프랑스어 지식

과자명은 프랑스어로 쓰고 읽는 법도 원어 발음에 가장 가까운 표기를 써 놓았습니다. 또한 재료나 작업에 관한 용어에 있어서도 가능한 한 많은 프랑스어를 게재했습니다. 프랑스 과자를 알기 위해서 프랑스어 지식은 빼놓을 수 없는 것입니다. 재료표 및 본문 중의 프랑스어는 책 뒷부분에 제과 용어집으로 정리해 해설하고 있으므로 함께 활용해 주십시오. 프랑스어 부분의 주석에서 f는 여성 명사, m은 남성 명사, adj는 형용사를 나타냅니다.

과자의 연출

과자는 만든다고 끝이 아닙니다. 특히 프로로서 과자를 만들 경우 더욱 맛있어 보이게, 더욱 즐겁게 제공하는 연출을 항상 염두에 두어야 합니다. 또한 과자만 먹는 경우는 거의 없습니다. 반드시 음료가 곁들여질 것입니다. 이 책에서는 과자를 연출하는 데 필요한 배경 지식으로서 커피, 홍차, 포장의 기초를 다루고 있습니다.

작업을 시작하기 전에

* 재료표의 버터는 특별히 지정하지 않은 경우, 무염 버터(식염을 사용하지 않았다고 표시된 것)를 사용한다.
* 밀가루는 특별히 지정하지 않는 한, 박력분을 사용한다. 반드시 한 번 체로 친 다음에 계량하고 사용 전에 다시 한 번 체로 친다.
* 반죽을 늘일 때 등에 사용하는 덧가루용 밀가루는 균일하게 뿌리기 쉬운 강력분을 사용한다.
* 시럽은 지정한 비율로 물과 설탕을 혼합한 뒤 한 번 끓여 식힌 것을 사용한다.
* 생크림을 거품 낼 때(볼을 얼음에 대고 차게 하면서 작업한다), 크렘 파티시에르(커스터드 크림)를 식힐 때, 판 젤라틴을 불릴 때(수온이 높은 경우) 얼음이 필요하므로 준비해 둔다.
* 달걀이나 생크림의 거품 내기, 반죽의 믹싱 등에는 제과용 믹서(mélangeur)를 사용한다. 같은 작업을 핸드 믹서를 사용하거나 또는 거품기나 주걱 등을 사용해 손으로 할 수 있다.
* 오븐은 업소용 대형 오븐을 사용한다. 온도, 가열 시간은 대형 오븐을 기준으로 한 것이므로 반죽의 상태, 구워진 정도를 보고 사용하는 오븐에 따라 조절한다.
* 가정용 소형 오븐을 사용하는 경우→p.26 참조
* 오븐은 반죽을 넣기 최소 30분 전에 전원을 켜서 필요한 온도로 예열해 둔다.
* 작업할 온도는 15~20℃를 기준으로 하고 있으며, 상온으로 하는 경우 이 온도까지 식힌다(데운다)는 것을 말한다.

프랑스 과자의 기초 지식

Généralités

프랑스 과자의 분류

과자에는 다양한 종류가 있어 한 가지 방법으로 분류하기는 어렵지만, 베이스가 되는 재료 및 제조 공정의 큰 차이에 따라 파티스리(Pâtisserie), 글라스(Glace), 콩피즈리(Confiserie), 쇼콜라(Chocolat) 네 가지로 크게 분류할 수 있다. 이 네 가지 그룹 외에 앙트르메 드 퀴진(Entremets de cuisine, 주방의 앙트르메=디저트)이 있으며, 또한 다른 부문으로 공예 과자(세공물) *1가 있다.

파티스리 (앙트르메 드 파티스리) Pâtisserie(Entremets de Pâtisserie)

흔히 말하는 케이크와 쿠키를 말하며, 과자 전반에서 가장 큰 위치를 차지하고 있다. 과자점, 제과업이라는 의미도 있지만, 특히 밀가루를 베이스로 한 파트(반죽)를 구워서 만드는 과자류를 가리킨다.
반죽의 제조법에 따라 더욱 상세하게 분류할 수 있다.

스펀지 반죽·버터 반죽
제조법에 따라 파트 바튀(pâte battues)라고 불리는 경우도 있다.

반죽형 파이 반죽
상태에 따라 파트 프리아블(pâte friable)이라고 불리는 경우도 있다.

접이형 파이 반죽
파트 푀이테(pâte feuilletée)

슈 반죽
파트 아 슈(pâte à choux)

머랭 반죽
므랭그(meringue)
머랭이 주체인 반죽. 예외적으로 밀가루가 들어가지 않거나 또는 밀가루 대신 아몬드 파우더 등의 다른 가루류를 사용하는 것이 대부분이다.

발효 반죽
파트 르베(pâte levée)

프티 푸르(petit four)
모든 반죽을 사용한 작은 과자이다.

글라스(Glace)

재료를 차갑게 얼려서 만드는 빙과. 아이스크림이나 셔벗, 파르페 등

콩피즈리 (Confiserie)

당과를 말함. 설탕을 주체로 만드는 과자류.

설탕류의 가공품
퐁당, 캔디, 카라멜, 봉봉 아 라 리쾨르 등

과일류의 가공품
잼, 파트 드 프뤼, 프뤼 데기제 등

견과류의 가공품
누가, 마지팬, 프랄리네, 드라제 등

쇼콜라 (Chocolat)

초콜릿을 주체로 한 과자류. 초콜릿 케이크 등은 포함하지 않고, 트뤼프, 봉봉 오 쇼콜라 등을 가리킨다. 콩피즈리에 포함되는 경우도 있다.

앙트르메 드 퀴진 (Entremets de cuisine)

파티스리나 글라스도 레스토랑에서 디저트로 제공되고, 쇼콜라, 콩피즈리 중에는 프티 푸르로서 식후의 커피 등 음료와 함께 제공되는 것도 있다. 그것과는 별도로 기본적으로는 만든 그 장소에서 먹는 과자류를 '레스토랑의 주방에서 만든 단것'이라는 의미로 아래와 같이 분류한다.

앙트르메 쇼 (Entremets chaud)
따뜻한 디저트. 수플레, 크레이프 등

앙트르메 프루아 (Entremets froid) *2
차가운 디저트. 젤리, 바바루아, 무스 등

*1 초콜릿 생체, 실딩 퐁에, 미지팬 공에 또는 파스티야주나 누가, 쿠키 반죽이나 빵 반죽을 사용해 입제석인 나양힌 이미지를 표현하는 것
*2 냉장, 냉동 기술의 진보와 더욱 가벼운 맛을 선호하는 기호에 따라 최근에는 스펀지 반죽, 머랭, 바바루아, 무스를 조합한 앙트르메가 많이 만들어지고 있는데, 여기에서 말하는 앙트르메 프루아에는 그런 것을 포함하지 않는다.

과자의 역사

고대	BC 7,000년경	밀의 재배가 시작되었다.
	BC 3,000~	고대 이집트 시대. 밀가루를 사용한 빵이 탄생. 꿀, 무화과, 대추야자, 건포도 등 과일로 단맛을 더하기 시작하면서 과자가 탄생했다.
	BC 1,000년경~	고대 그리스 시대. 버터나 치즈 등 유제품과 달걀을 사용하게 되었다.
	BC 500년경~	고대 로마 시대. 드라제와 누가의 원형인 꿀과 아몬드를 사용한 당과가 만들어졌다. 알프스에서 천연 얼음이나 눈을 옮겨다가 꿀과 술을 섞어 음료로 즐겼다.
	BC 250년~	고대 마케도니아의 알렉산더 대왕(BC 356~323)이 인도에서 '꿀이 나오는 식물(사탕수수)'을 발견. 사탕수수의 재배와 정당(精糖)은 기원전 인도에서 시작되었고 페르시아, 아랍에 전해졌다.
중세	5~13세기	빵을 굽는 오븐(가마)은 12세기경까지 귀족, 교회, 수도원이 독점했다. 그 사용료로 거둬들인 벌꿀과 버터 등의 재료를 바탕으로 수도원에서 과자가 발달했다. 또한 교회에 납품하는 '오블레(oblées)'(성체 배령용 빵)를 만드는 오블레 직인(obloiers)이 우블리[1], 푸아스[2] 등의 과자를 만들었다.
	11세기	십자군 원정(~13세기). 아랍 여러 나라에서 유럽으로 설탕, 증류주, 푀이타주를 닮은 과자의 제조법이 전해졌다. 팽 데피스[3]가 등장.
	12세기경	남 프랑스 알비의 과자 직인이 에쇼데[4]를 고안. 영국에서 푸딩이 등장.
근세 (르네상스)	14~16세기	아랍 세계에서 설탕이 수입되었다. 처음에는 매우 귀중한 것으로서, 약으로 여겨졌으나 설탕이 과자에 사용되면서 단 플랑이나 타르트가 만들어졌다. 이탈리아에서는 페르시아와 아랍에서 전해진 빙과가 발달했다. 대항해시대에는 신대륙에서 새로운 식품이 유입되었다.
	1379년	샤를 5세와 6세를 모신 요리사 타이유방(Taillevent, 본명:기욤 티렐(Guillaume Tirel, 1312?~1395?)이 프랑스에서 가장 오래된 요리책『르 비앙디에(Le Viandier)』를 썼다.
	1440년	우블리 직인(oublayerus)과 파테 전문 직인(pasticiers de graisse; pasticiers는 과자 직인 pâtissier의 어원)이 각각 독립된 조합을 만들었다.
	1493년	콜럼버스가 바닐라를 스페인에 가져갔다. 1502년 제4차 항해에서는 과나하(Guanaja)제도의 원주민이 카카오 빈으로 음료를 만들고 또 화폐로 사용하고 있는 것을 발견.
	1506년	루아레주 피티비에의 직인이 크렘 다망드를 만들었다고 한다.
	1528년	스페인의 코르테스 장군이 멕시코에 원정, 카카오 빈과 그것을 사용한 음료의 제조법을 들여와 유럽에서도 마시게 되었다.
	1533년	피렌체에서 메디치가의 카트린 드 메디시스가 프랑스 왕 앙리 2세와 결혼. 당시 문화 면에서 프랑스보다 앞서 있던 이탈리아에서 과자 직인을 데려가 빙과, 마카롱, 비스퀴가 프랑스에서 만들어지게 되었다.
	1550년	콘스탄티노플(현재의 이스탄불)에 처음으로 카페가 생겼다.
	1575년	올리비에 드 세르(Olivier de Serres, 프랑스의 농학자. 1539~1619)가 사탕무에 당이 함유된 사실을 발견.
	1596년	팽 데피스 조합이 과자 직인 조합에서 독립.
	17세기	유럽에서 홍차, 커피, 초콜릿을 마시게 되었다. 설탕의 수요가 늘고 앤틸리스 제도 등의 식민지에서 사탕수수의 플랜테이션 재배가 번성했으며, 대량의 원료당이 유럽 각지의 항구에 있는 정당 공장에서 배급되었다. 17세기 후반부터 18세기에 걸쳐 쉬크르 티레[5], 파스티야주[6]를 사용한 피에스 몽테[7]가 등장한다. 또한 파트 아 슈, 푀이타주, 크렘 파티시에르, 크렘 프랑지판이 이 시대에 탄생했다고 한다.

*1 우블리(oublie) : 철판에서 매우 얇게 구운 반죽을 원뿔형으로 말아서 만드는 고프르의 원형이 된 과자. 우블리는 가게에서 파는 것이 아니라, 사라고 외치면서 행상을 했다.

*2 푸아스(fouaces) : 납작한 원형 빵의 일종으로 높은 품질의 밀가루를 사용해 재 밑에 묻어서 굽는다. 현재도 지방의 과자로 남아 있다.

*3 팽 데피스(pain d'épice) : 밀가루 또는 호밀가루에 꿀, 향신료를 넣어 만드는 과자. 큰 사각형으로 만들어 얇게 잘라 먹는 것이 일반적. 디종의 것이 유명.

*4 에쇼데(échaudé) : 달지 않고 바삭바삭한 작은 크기의 과자. 밀가루, 물, 달걀, 버터로 만든 반죽을 네모나게 잘라 뜨거운 물에 데친 후 오븐에서 구운 것. 18세기에 다시 유행했고 19세기까지 즐겨 먹었다. 프랑스 서부 등에 남아 있다.

*5 쉬크르 티레(sucre tiré) : 잡아 늘이는 기법. 설탕 공예 기법 중 하나. 설탕 반죽을 잡아당겨 늘여서 공기를 포집하고 광택을 낸 것.

*6 파스티야주(pastillage) : 공예 과자용 소재. 슈거 파우더에 물을 부어 반죽한 것(젤라틴, 전분, 검을 더해 점성을 준다). 판 모양으로 얇게 늘이고 다양한 모양으로 오려서 건조시킨 다음 그것을 조합해서 유명한 건축물의 미니어처 등을 만들 수 있다.

*7 피에스 몽테(pièce montée) : 과자나 당과를 조합해 입체적으로 크게 완성한 장식 과자. 카렘 시대에 전성기를 맞았고 호화스러운 작품이 연회의 식탁을 장식했다. 현재는 제과점의 디스플레이나 결혼식, 세례식 등 축하 행사를 위해 만든다.

근세 (르네상스)	1615년	스페인 왕 펠리페 3세의 딸 안 도트리슈가 루이 13세와 결혼. 스페인이 독점하고 있던 초콜릿을 프랑스에 전했다.
	1630년경	프랄린 탄생.
	1633년	프랑스 최초의 정당(精糖) 공장이 보르도에 생겼다.
	1638년	파리에서 제과점을 경영하고 있던 라그노(Raguenau, 1608~1654)가 타르틀레트 아망딘(Tartelette amandine)을 고안.
	1653년	라 바렌(La Varenne, 뒥셀 후작의 요리사, 1618~1678)이 타이유방 이후 처음으로 프랑스 요리를 집대성한 『프랑스 요리사(Le Cuisinier Fran-çois)』를 간행. 이어서 1655년 『프랑스의 제과 직인(Le Pâtissier Fran-çois)』을 간행. 이 책에서는 설탕을 사용한 과자가 절반 정도를 차지한다. 또한 푸페린(푸플랭, poupelin)이라는 과자가 생겨났고 만드는 법에 처음으로 슈라는 이름이 등장했다.
	1660년	스페인 왕 펠리페 4세의 딸 마리아 테레즈가 루이 14세와 결혼. 초콜릿을 매우 좋아해서 초콜릿이 유럽 전역에 널리 퍼지는 계기가 되었다.
	1683년	오스트리아에서 터키 군과의 전투에서 이긴 것을 기념해서 크루아상이 탄생했다고 전해진다. 전리품으로 커피 빈이 있었으며, 그것을 계기로 빈에 커피하우스가 생겼다.
	1686년	이탈리아인 프란체스코 프로코피오 데이 콜텔리(Francesco Procopio dei Coltelli)가 파리에서 가장 오래된 카페라고 알려진 르 프로코프(Le Procope)를 열었다. 커피, 아이스크림이 판매되었다.
근대	18세기	커피, 아이스크림이 유행. 오븐이 보급되기 시작했다. 푀이타주를 사용한 부세 아 라 렌, 퓌이 다무르 등이 탄생. 또한 머랭이 등장했다.
	1720년경	스타니스와프 1세[8]가 쿠글루프에 럼주를 뿌려 먹고 '알리바바'라고 명명. 후에 로렌 지방 출신의 제과 장인 스토레(Stohrer)가 파리에 가게를 열고 바바(알리바바를 줄여 바바라고 함)를 팔기 시작했다.
	1722년	우블리 행상이 금지되었다.
	1746년	『부르주아 가정의 요리사(La Cuisinière bourgeoise)』 간행. 많은 과자의 제조법을 볼 수 있다.
	1747년	독일의 과학자 안드레아스 마르크그라프(Andreas Marggraf, 1709~1782)가 사탕무에서 설탕을 추출하는 실험에 성공했지만 실용화하지는 못했다.
	1789년	바스티유 습격. 프랑스 혁명이 시작되었다. 귀족과 수도원의 전유물이었던 과자가 서민들 사이에도 퍼져 나갔다.
	1796년	프란츠 카를 아샤르(Franz Karl Achard, 프랑스계 독일인 화학자, 1753~1821)가 사탕무를 사용한 정당(精糖)을 공업화했지만 비용이 너무 많이 들고 질도 좋지 않아서 실패했다.
	1798년	나폴리 출신의 벨로니(Velloni)가 파리에 카페 레스토랑 겸 아이스크림 팔러를 열었는데, 헤드 웨이터인 토르토니(Tortoni)가 이어받아 가게 이름을 토르토니라고 했다. 비스퀴 글라세(biscuit glacé), 그라니테 등이 인기를 얻었으며 파리에서 빙과가 크게 유행했다.
	19세기	석탄 오븐, 금속제 거품기, 짤주머니의 깍지를 사용하게 되었다. 타르트 타탱, 밀푀유, 핑 드 젠 등 지금도 만들어지고 있는 프랑스 과자가 많이 만들어졌으며, 파트 아 슈를 사용한 슈 아 라 크렘, 에클레르 등의 과자가 널리 퍼졌다. 크렘 오 뵈르, 퐁당, T.P.T.가 등장. 또한 음료였던 초콜릿에서 먹는 초콜릿이 생겨났다.
	1810년	앙토냉 카렘[9] 『왕실 제과인(Le Pâtissier Royal)』을 간행.
	1810년	벤자맹 들레세르(Benjamin Delessert, 프랑스의 사업가, 1773~1847)가 사탕무로 설탕 만드는 법을 완성시켰으며, 나폴레옹 1세(1804년부터 프랑스 황제)의 후원을 받아 본격적으로 사탕무로 설탕을 만들기 시작했다.

* 8 스타니스와프 1세 (Stanislaw Leszcynski, 1677~1766) : 폴란드 왕 지리에 올랐지만 폴란드 계승 전쟁에서 패해 1736년 퇴위. 로렌과 바르의 공작령을 얻었다. 딸 마리 레슈친스카는 루이 15세의 왕비.

* 9 앙토냉 카렘 (Antonin Carême, 1783~1833) : 프랑스의 요리사, 제과 장인. 가난한 가정에서 태어나 10살 때 싸구려 식당 주인 손에 맡겨졌다. 16살에 파리 최고의 제과점 중 하나인 '바이이'에 견습생으로 들어가, 아비스([*10] 참조)의 지도를 받았다. 탈레랑의 신임을 얻어 영국의 섭정 왕세자(후에 조지 4세), 러시아 황제 알렉산더 1세, 오스트리아 궁성 무샹 영국 대시, 로스차일드 남작의 조리장, 급사장을 지냈다. 카렘의 저서에서는 '파리풍'의 머랭, 밀푀유, 크로캉부슈, 플랑, 수플레, 샤를로트, 누가 등을 볼 수 있다.

* 10 장 아비스 (Jean Avice) : 19세기의 제과 장인. 파리의 고급 제과점 바이이(Bailly)의 직작 탈레랑(1754~1838, 프랑스의 정치가. 멋진 요리와 서비스로 손님을 대접에 그 식탁은 유럽 제일이라는 얘기를 들었다)에게 중용되었으며, 카렘은 그를 '파트 아 슈의 명수'라고 칭했다.

13

근대	1815년	앙토냉 카렘 『제과도안집(Le Pâtissier Pittoresque)』, 『파리의 왕실 제과인(Le Pâtissier Royal Parisien)』 간행.
	1826년	브리야 사바랭(Brillat-Savarin, 1755~1826, 프랑스의 정치가, 작가, 미식가로 이름을 남김) 『미각의 생리학(Physiologie de Goût)』 간행. 미각의 메커니즘을 고찰하고, 학문으로서의 미식 '가스트로노미(미식학)'를 설명했으며, 음식과 관련된 일화를 서술한 저작. 프랑스 고전의 하나가 되었다.
	1828년	네덜란드의 초콜릿 회사 반 호텐(1815년 설립)의 콘라드 반 호텐(Konrad Van Houten)이 코코아 파우더를 제조.
	1835년	마롱 글라세가 처음 만들어졌다.
	1840년대	투르의 제과 장인 뒤슈맹(Duchemin)이 별립법 스펀지를 고안. 파리의 제과 장인 시부스트(Chiboust)의 가게에서 생토노레가 탄생. 오귀스트 쥘리앵(Auguste Julien, 쥘리앵 3형제[11] 중 하나)이 바바를 변형해서 사바랭을 고안(브리야 사바랭의 이름을 따서 명명).
	1845년	보르도의 제과 장인 가조(Gazeau)가 탕 푸르 탕을 고안.
	1848년	미국에서 최초의 아이스크림 프리저가 만들어져 특허를 받았다.
	1850년	시부스트의 가게에서 팽 드 젠에 아몬드를 넣은 제누아즈(레장, régent)가 탄생했다.
	1865년	키예(Quillet)가 크렘 오 뵈르의 기초가 된 크림을 고안.
	1869년	나폴레옹 3세가 싸고 보존성이 좋은 버터의 대용품을 공모한 결과, 프랑스인 이폴리트 메주무리에(Hippolyte Mège-Mouriez, 1817~1881)가 마가린을 발명.
	1873년	쥘 구페(Jules Gouffé, 프랑스의 요리인, 제과 장인. 카렘의 제자 1807~1877)가 『제과 책(Le Livre de Pâtisserie)』을 간행.
	1875년	스위스에서 다니엘 페터(Daniel Peter)가 밀크 초콜릿의 제조법을 고안.
	1890년	피에르 라캄(Pierre Lacam, 프랑스의 제과 장인, 요리 역사가. 1836~1902)이 『과자의 역사적 지리적 비망록(Mémorial historique et géographique de la pâtisserie)』을 간행. 전통적인 과자와 외국의 과자를 소개함과 동시에 새로운 과자 프티 푸르도 고안했다.
	1894년	위르뱅 뒤부아(Urbain Dubois, 프랑스의 요리사. 러시아와 프로이센 궁정에서 조리장으로 일했으며 이론적인 저서를 많이 남김, 1818~1901)가 『오늘의 제과(La Pâtisserie d'aujourd'hui)』를 출간.
현대	20세기~	1950년경부터 냉동, 냉장 기술이 보급. 전기 오븐이나 전동 기계, 플라스틱, 알루미늄, 셀로판 등 새로운 소재를 사용한 기구가 등장. 위생, 영양학에도 주의를 기울이게 되었다. 가벼운 맛을 좋아하는 경향이 나타났으며, 무스와 바바루아를 사용한 과자도 많아졌다.
	1900년	『미슐랭 가이드(Guide Michelin)』 창간.
	1903년	오귀스트 에스코피에[12]가 『요리의 안내(Le Guide Culinaire)』를 간행.
	1923년	론알프 지방의 리옹에서 남쪽으로 약 30km 떨어진 곳에 있는 비엔에 페르낭 푸앵(Fernand Point, 1897~1955)의 레스토랑 '라 피라미드' 탄생. 전 세계의 미식가가 모이는 미식의 전당으로 불리게 되었다.
	1938년	프로스페 몽타녜 『라루스 요리 대사전(Larousse Gastronomique)』 간행.
	1938년	네슬레(Nestlé)사가 인스턴트 커피를 개발했다.
	1971년	파리의 파티시에 가스통 르노트르(Gaston Lenôtre)가 조리·제과 기술의 향상을 목표로 학교를 설립.
	1984년	국립제과학교(Ecole nationale de la pâtisserie)가 개교.

*11 쥘리앵 3형제(Arthur, Auguste et Narcisse Julien) : 1820년경부터 유명해진 제과 장인 3형제. 트루아 프레르 등의 과자를 고안.

*12 오귀스트 에스코피에(Augustê Escoffier, 1846~1935) : 프랑스 요리사. 13세부터 레스토랑의 견습생으로 일하기 시작했으며 19세에 파리로 갔다. 호텔 왕 리츠에게 발탁되어 런던의 사보이 호텔, 칼튼 호텔의 조리장이 되었다. 장식적인 고전 요리를 간소화해, 현대 프랑스 요리의 기초를 만들었다. 1920년 프랑스 최고 훈장인 레지옹 도뇌르 훈장을 수상. 넬리 멜바(Nellie Melba)라고 불린 오스트레일리아의 오페라 가수를 위해 창작한 '피치 멜바(pêche Melba)' 등이 유명.

프랑스의 풍토와 과자

북부(플랑드르, 아르투아, 피카르디 등)

옛날에 탄광이 번성했던 지역. 벨기에, 네덜란드 국경에 접해 있으며, 사람과 물건의 왕래가 잦고 벨기에풍의 고프르(→p.248)가 만들어진다. 프랑스 북부에는 사탕무 재배 지역이 있어 설탕이 만들어지고 있으며, 과자에도 조당(vergeoise, 수크로스의 결정을 얻고 남은 당액으로 만드는 갈색의 정제하지 않은 설탕)과 같이 독특한 설탕을 사용한 타르트 오 쉬크르(tarte au sucre) 등이 있다.

북동부(샹파뉴, 로렌, 알자스)

알자스 지방은 라인 강을 끼고 독일 국경과 접해 있으며, 언어와 문화 면에서 독일의 영향을 많이 받았다. 쿠글로프(→p.214)도 그중 하나로 그 독특한 형태가 독일이나 오스트리아의 과자와 같다. 크베치, 미라벨 등의 플럼(서양 자두), 체리, 베리, 커런트 등의 과수 재배가 번성했으며, 이것들을 사용한 타르트가 만들어졌고 잼과 프루츠 브랜디도 특산품이다.

로렌 지방은 프랑스 유수의 광공업 지대로 번성한 곳이지만, 한편으로는 중심 도시인 낭시의 이름을 딴 가토 오 쇼콜라 드 낭시(→p.82)를 비롯해 많은 유명한 과자를 만들어낸 도시로도 알려져 있다. 18세기에는 스타니스와프 1세(루이 15세 왕비의 아버지→p.13)가 로렌 공으로서 낭시에 궁전을 건설했다. 그는 대단한 미식가로 낭시의 궁전에서 많은 손님을 대접했기 때문에, 이 지방의 과자였던 마들렌(→p.85)과 바바(사바랭→p.217) 등이 파리에서도 유행했다.

샹파뉴 지방은 플랑드르와 이탈리아, 독일과 스페인을 연결하는 교통의 요지로, 중세에는 시장이 번성했다. 발포성 백포도주 샹파뉴(샴페인)의 산지로 샹파뉴와 함께 먹는 비스퀴 드 랭스(→p.271)가 유명하다.

북서부(브르타뉴, 노르망디)

브르타뉴 지방은 영국과 프랑스 사이에 있어서 켈트 문화의 영향이 강하고, 16세기까지 반 독립국이었다. 목축, 낙농업이 번성했으며 게랑드 소금(sel de Gérande, 셀 드 게랑드)으로 대표되는 해염의 생산지이기 때문인지, 이 지방의 갈레트 브르톤(→p.306)이나 퀴니아망(→p.225) 등의 과자에는 유염 버터를 사용하는 것이 특징이다. 한랭한 기후 때문에 옛날에는 메밀가루로 만든 크레이프(이것도 갈레트라고 불린다)가 주식이었으며, 그래서 크레이프가 명물이 되었다. 또한 파르 브르통(→p.234) 등 옛날 모양의 과자가 남아 있다.

노르망디 지방은 질 좋은 유제품의 산지로, 카망베르 치즈, 이지니(Izigny) 버터와 생크림 등 A.O.C.*(원산지 통제 명칭)를 갖는 유제품이 있다. 또한 사과를 많이 재배해서 시드르, 칼바도스가 만들어진다. 남부는 브르타뉴 지방과의 공통점이 많아 크레이프(→p.231)가 유명하다. 그 밖에 이 지방의 과자로 사블레(sablé, 버터를 많이 사용한 무른 쿠키), 루앙의 미를리통(mirliton, 크렘 다망드를 채우고 설탕을 뿌려 구운 타르트)이나 쉬크르 드 폼(sucre de pomme, 막내기 모양 사탕) 등이 있다.

* Appellation d'origine contrôlée(아펠라시옹 도리진 콩트롤레)의 약자 : '어떤 농산물이 어떤 도시의 특산물이며, 그 품질 또는 특징이 자연 및 인위적 요인을 포함한 지리적 환경에 기인하는 것을 나타내는 지방, 지역, 지구의 명칭'. 와인을 중심으로 유제품, 가금류 등 농산물에 대해서 엄격한 취득 조건(생산 지역, 제조법 등)을 충족시키는 것에 특정 지역의 명칭을 붙여 판매하는 것을 허가하고 품질을 보증하는 것.

중부 (일드프랑스, 루아르 강 중류 지역)

드넓은 평야에 강이 흐르며, 야채, 과일, 꽃, 곡물의 재배가 활발해서 '프랑스의 정원', '프랑스의 곡창'이라고 불린다. 배, 복숭아, 사과, 자두, 살구, 딸기 등의 과일은 생산량뿐만 아니라 높은 품질로 잘 알려져 있다. 오를레아네 지방은 프랑스에서 가장 긴 루아르 강 중류에 위치해 있으며, 잔 다르크의 연고지인 오를레앙을 중심으로 한 지역이다. 피티비에(→p.146)는 오를레앙 근처의 마을에서 생겨났으며 마을의 이름을 붙였다. 타르트 타탱(→p.99)의 발상지인 솔로뉴 지방과 베리 지방은 오를레아네의 남쪽에 위치해 있으며, 루아르 강과 셰르 강 사이에 끼인 비옥한 삼림지대이다. 노르망디에 가까운 앙주 지방은 낙농업이 번성했으며, 크레메 당주(crémet d'Anjou)는 프레시 치즈와 생크림으로 만든 디저트이다.

중부 산악지대 (오베르뉴, 리무쟁)

중앙산지(마시프 상트랄, Massif Central)라고 불리는 산악 지대로 정상이 2,000m에 미치지 못하지만, 여름이 짧고 기온이 낮으며 비가 많이 내린다. 겨울은 길고 눈이 내리며 추위가 혹독하다. 완만한 산은 방목에 적합해 캉탈, 블뢰 도베르뉴 등의 A.O.C. 치즈가 만들어진다. 과자로는 도자기 그릇에 체리를 넣고 밀가루, 달걀, 우유, 설탕으로 만든 아파레유를 부어 구운 클라푸티 드 리무쟁(clafoutis de Limousin)이 유명하다.

동부 (론 강 유역, 쥐라 산맥, 알프스 산맥)

사부아 지방과 도피네 지방은 스위스, 이탈리아와의 국경을 따라 솟아 있는 알프스 산맥과 론 강의 지류가 만든 계곡 등 기복이 많은, 경치가 아름다운 지방이다. 곡물이나 포도의 재배, 산악 기후를 살린 목축이 번성했다. 이 지방의 대표적인 과자는 콘스타치를 사용한 가벼운 비스퀴 드 사부아(biscuit de Savoie), 브리오슈 드 생제니[Brioche de Saint-Génix, 핑크색의 프랄린(→p.353)을 얹은 브리오슈] 등이 있다. 또한 그르노블은 호두의 산지이며, 도피네 지방의 몽텔리마르는 누가(→p.343)의 마을로 알려져 있다. 부르고뉴 지방은 보르도와 함께 유명한 와인 산지이지만, 중심 도시인 디종은 카시스의 리큐어(crème de cassis)로 유명하다. 리요네 지방은 프랑스 제2의 도시 리옹을 중심으로 미식의 고장으로 명성이 높다. 유명한 레스토랑이나 과자점이 수없이 많이 있으며, 가토 마르졸렌(→p.206)과 갈레트 도랑주(→p.124)는 그런 가게들 중에서 탄생한 과자이다. 한편 카니발이나 축제 때는 뷔뉴(→p.239)와 같은 소박한 과자가 만들어진다.

남부 (프로방스, 코트다쥐르, 랑그도크루시용)

남프랑스는 지중해성 기후로 여름은 덥고 겨울은 짧다. 온난하고 건조하며 일조량이 많다. 여름 피서지이자 겨울 피한지이다. 목축, 과수 재배, 쌀의 재배, 와인(레드 와인 중심) 제조, 향료용 꽃의 재배 등이 이루어진다. 전통적인 과자로는 누가 드 프로방스(→p.346), 엑상프로방스의 칼리송[calisson, 얇게 썬 아몬드와 과일의 콩피를 마름모꼴로 굳혀 당의(糖衣)를 입힌 것] 등의 당과, 푸가스(fougasse), 퐁프(pompe) 등의 올리브유를 사용한 납작한 브리오슈 같은 빵과자가 있다. 과일 콩피(설탕 절임)도 특산품의 하나이며, 과자에 오렌지 꽃물, 소나무 열매, 아몬드, 올리브유 등의 특산품이 사용되는 것이 특징이다. 코르시카(코르스)에서는 밤 가루가 과자에 사용된다. 가장 오래된 디저트로 알려진 블랑망제(→p.254)는 랑그도크루시용 지방에서 탄생한 디저트이다.

남서부(대서양 연안 지방)

해양성 기후이기 때문에 겨울은 따뜻하고 연간 온도 차가 적지만 강수량은 많다. 농산물은 에쉬레 버터(beurre d'Echiré), 보르도의 레드 와인, 코냑 등이 있다. 또한 페리고르는 송로 버섯(트뤼프)이 유명한데 그르노블과 더불어 호두의 명산지이기도 하다. 과수 재배에도 적합한 지역으로 사과, 체리, 서양배, 자두 등이 재배된다. 특히 아쟁의 자두는 말린 자두용으로 유명한데, 속을 발라내고 설탕을 넣어 퓌레로 만들고 다시 속을 채운 프뤼노 푸레(pruneau fourré)가 명물이다. 전통적인 과자로는 다쿠아즈(→p.203), 카늘레 드 보르도(cannelé de Bordeaux), 크렘 오 코냑(crème au cognac), 파스티스(pastis), 미야스(millas), 크루스타드 오 폼(croustade aux pommes), 바스크 지방의 가토 바스크(gâteau basque) 등이 있다. 푸아투샤랑트 지방은 루아르 강 하류에 위치하며, 예로부터 파리와 보르도를 잇는 교통의 요지였다. 목축이 번성했으며 특히 산양의 사육으로 유명해, 산양유 치즈를 사용한 투르토 프로마제(→p.102)가 있다. 이 지방은 8세기에 스페인에서 침공해 온 사라센 제국을 격파한 적이 있는데, 그때 사라센 사람이 산양의 사육과 치즈 만들기를 전했다고 한다.

© wikipedia

재료

밀가루

밀은 가장 오래된 재배 식물 중 하나이며, 밀가루는 밀의 종자를 분쇄해 외피(밀기울), 배아를 체로 쳐서 제분한 것이다. 밀은 볏과이지만 쌀과 달리 외피를 벗기기 힘들기 때문에 빻아서 가루로 만든 다음 소화되기 힘든 외피 등을 제거하고 먹는 방법이 발달했다. 약 1만 년 전부터 가루로 만든 밀에 물을 섞어 반죽해 뜨겁게 달군 돌 위에서 구워 먹었는데, 거기에 꿀과 과일로 단맛을 더한 것이 과자의 기원이다.

밀가루의 종류

일본에서는 밀가루의 법적인 정의나 규격은 없다. 유통 과정에서의 구분을 위해, 단백질의 함유량이 많은 순서대로 강력분, 준 강력분, 중력분, 박력분이 있으며, 한편으로는 색상과 회분 함량에 따라 1등급, 2등급, 3등급, 등외 등으로 등급을 매기고 있다(회분은 밀기울이나 배아, 배유의 외피에 가까운 부분에 많다. 1등급이 가장 색이 하얗고 광택이 좋고 회분이 적다).

강력분
입자가 거칠고 보슬보슬하다. 단백질의 양이 많으므로 글루텐이 만들어지기 쉽고, 만들어진 글루텐의 탄력이 강하며 잘 늘어난다.
* 얇고 균일하게 뿌리기 쉬워서 덧가루에 적합하다. 또한 점성이 있는, 얇고 잘 늘어나는 성질의 반죽을 만드는 경우에 사용한다. 푀이타주(데트랑프), 발효 반죽 등.

박력분
입자가 고와서 손으로 쥐면 뭉쳐진다. 단백질의 양이 적어서 글루텐이 생기기 힘들고, 글루텐의 성질도 약하다.
* 스펀지, 크렘 파티시에르 등 글루텐의 탄력성을 별로 필요로 하지 않는 과자에 적합하다.

중력분
강력분과 박력분의 중간 성질이다.
* 제과에서 사용하는 경우도 있지만 주로 우동 등 면류에 사용한다.

그 밖의 가루
전립분 : 외피와 배아를 제거하지 않고 낟알 그대로 가루로 빻은 것
프랑스빵 전용 밀가루 : 프랑스빵을 만들기 위해 개발한 제품

● 프랑스 밀가루
프랑스에서는 회분 함량에 따른 규격이 정해져 있다.
type45 : 가장 정제도가 높고 하얗고 고운 밀가루로 제과용으로 쓰인다.
type55 : 제과·제빵 및 가정에서 일반적인 용도로 쓰이고 있다.
* 단백질의 양은 두 가지 다 일본의 준 강력분과 강력분에 해당한다. 단, 원료인 밀의 종류가 다르기 때문에 함유된 단백질이나 전분의 성질이 다르므로 일률적으로 비교할 수 없다.

글루텐

강력분에 물을 넣고 탄력이 생길 때까지 반죽하고 천으로 감싼 뒤 흐르는 물에서 주무른다. 전분이 물에 녹은 후 남은 것이 글루텐(부질)이다.

밀가루에 물을 더하면 단백질이 변성해 점성과 탄력을 겸비한 '글루텐'이 생긴다. 글루텐이 되는 것은 밀가루에 포함된 글루테닌, 글리아딘이라는 물에 녹지 않는 단백질로, 이것들이 물을 흡수하면 글루테닌은 고무와 같이 탄력을 가진 물질, 글리아딘은 유동성이 있는 끈끈한 물질이 되어 그물코 모양의 구조를 만들고 반죽의 골격이 된다.

달걀

껍질 색에 따라 갈색 알과 흰 알이 있다. 갈색 알이 가격이 비싼 경향이 있는데, 기본적으로 껍질 색의 차이에 따른 난황의 색이나 영양가의 차이는 없다. 껍질 색은 닭의 종류에 따라 정해지는 것으로, 예외는 있지만 일반적으로 깃털이 갈색인 닭이 갈색 알을 낳고 흰색인 닭이 흰 알을 낳는다.

달걀의 구조

껍질 : 11%

난백 : 57%

- **수양성 난백** : 껍질 바로 안쪽과 난황의 주위에 있는 점도가 낮은 난백
- **농후 난백** : 점성이 강하고 끈기가 있는 난백. 달걀이 오래되면 수양성 난백으로 변한다.

난황 : 37%

(그림 라벨: 수양성 난백, 난황, 농후 난백)

무게의 기준

M촌   1개 60g(거래 규격은 58g 이상, 64g 미만)

껍질 10g, 전란 50g, 난황 20g, 난백 30g

＊ 이 책에서는 M촌의 달걀을 사용하고 있다.

달걀의 성질과 기능

- **응고성** : 가열하면 응고되는 성질

  난백 : 60℃를 넘으면 반숙 상태, 75~80℃에서 완전히 응고

  난황 : 65℃ 정도에서 응고하기 시작하며 70℃에서 거의 완전히 응고

  ＊ 설탕을 넣으면 잘 응고되지 않는다. 설탕에는 단백질의 변성을 억제하는 성질이 있기 때문이다.

- **기포성** : 휘저어 섞어서 공기를 넣으면 기포가 생기는 성질. 달걀은 제과 재료 중 가장 공기를 잘 포집한다.

  난백 : 달걀의 기포성은 주로 난백의 기능에 의한다. 거품기로 섞으면 거품이 많이 생기고 공기와 접촉한 난백의 단백질이 막과 같은 형태로 응고해 거품이 가라앉는다. 점도, 탄력성이 강할수록 거품 내기가 힘들지만 곱고 안정된 거품이 생긴다.

  ＊ 거품을 내기 힘든 조건(안정된 거품이 생긴다) : 신선한 달걀(농후 난백이 많다), 설탕을 넣은 달걀(점성이 나온다, 단백질의 변성을 억제한다), 저온의 달걀(반대로 온도를 올리면 탄력성이 약해져 거품 내기 쉬워진다)

  난황 : 유지를 함유하고 있어서 난백만큼 거품이 나지 않는다.

  ＊ 유지에는 거품을 꺼뜨리는 성질이 있다.

- **유화성** : 난황에 포함된 레시틴은 유지와 수분을 유화시키는 기능이 있다.

가공란

- **건조란** : 액상란을 건조시킨 분말 형태로, 건조 전란, 건조 난백, 건조 난황이 있다. 상온에서 보존할 수 있다. 건조 난백은 정해진 양의 물을 넣으면 생난백과 마찬가지로 사용할 수 있지만, 생난백에 분말째 부어서 머랭 등의 기포성 강화에 보조적으로 사용하는 경우가 많다. 건조 난황, 건조 전란은 달걀의 풍미와 색을 내기 위해 사용한다. 건조 난백이나 건조 전란에는 기포성이 없는 것도 있으므로 용도에 따라 제품을 골라 사용해야 한다. 운반이나 저장이 편리해서 대량 생산할 때 사용한다.

건조란

- **동결란** : 살균한 액상란을, 응고되지 않는 최대한의 온도에서 살균(전란 60℃, 난백 56℃, 난황 65℃)해 동결시킨 것이다. -15℃ 이하에서 보존한다. 냉장고(0~5℃)에서 해동하고, 해동 후에는 날달걀과 같으므로 미생물의 번식에 주의하고 다음 날까지 다 사용해야 한다.

  동결 전란 : 난백과 난황을 균질화해서 동결시킨 것

  동결 난황 : 제과용 동결 난황은 설탕이 20% 첨가된 것이 일반적이다. 난황은 그대로 동결하면 단백질이 변화해서, 해동하면 원래 상태로 돌아가지 않고 점도가 높은 젤리 상태가 된다. 이것을 막기 위해 동결 난황에는 소금 또는 설탕이 첨가된다. 난황의 풍미, 유화력, 응고력, 냉양가는 그대로 유지된다.

  농결 난백 : 통상 해동할 때 수양화되므로 거품 내기에는 좋으나 안정성은 나빠진다. 그 때문에 이 점을 개량한 거품 내기 전용 동결 난백도 만들어지고 있다.

  ＊ 각각 1kg이 전란 20개, 난황 50개, 난백 32개에 상당한다.

동결란

설탕

제과에는 주로 순도가 높은 설탕을 사용한다. 수크로스가 거의 100%로 깔끔한 단맛이며 쓴맛이 적다. 습기가 잘 안 차고 보슬보슬해서 사용하기 전에 체로 칠 필요가 없고 계량하기 쉽다. 가정용으로 시판되는 것은 잘 녹지 않지만, 제과용으로는 입자가 고운 미세 입자 설탕(그래뉼러당, 입자의 크기가 1/6)이 있다. •**그래뉼러당** : 한국에서는 생산되지 않으므로 설탕으로 대체한다.(편집자 주)

사탕수수, 설탕(세립), 정제도가 낮은 갈색의 사탕수수당. 갈색 설탕 중에는 정제하는 과정에서 어느 정도의 수크로스 이외의 성분을 남기고 조당에 가까운 풍미를 갖게 한 것과 정제한 설탕에 카라멜로 풍미와 색을 입힌 것이 있다.

사탕무와 홋카이도산 사탕무로 만든 함밀당(含蜜糖). 일반적으로 사탕무로는 함밀당을 만들 수 없지만 특별히 생산되고 있다. 독특한 풍미를 지녔으며 천연 올리고당을 함유하고 있다. 상품명은 '사탕무당'이다.

설탕의 성질과 기능

- **흡수성(친수성, 흡습성, 보수성)** : 수분을 끌어당기는 성질
  - 구워진 과자의 건조를 막고 촉촉하게 해 준다.
  - 전분의 노화 방지
  - **난백 거품의 안정화** : 단백질의 수분을 흡수. 점도가 증가하고 거품 내기 힘들어지나 거품이 곱고 안정된다.
  - **유지의 산화 방지** : 버터 등에 포함된 수분과 설탕이 결합해 산소가 용해되기 힘들어진다.
  - **방부 작용** : 설탕의 농도가 높아지면 삼투압 작용으로 식품의 수분을 흡수하고 보수성이 강해서 흡수한 수분을 놓아 주지 않는다. 그래서 곰팡이나 세균이 번식하기 힘들다.
- 펙틴의 젤리화를 촉진한다.
- 유지와 수분의 유화를 돕는다.
- 분산이 좋아진다(코코아 파우더나 분말 응고제 등 습기를 빨아들이기 쉬운 것은 설탕과 섞어 두면 설탕이 수분을 끌어당기므로 멍울이 생기지 않고 다른 재료와 섞기 쉬워진다).
- 단백질의 응고를 억제한다(응고 온도를 높이고 부드럽게 굳히는 기능).
- 가열하면 단백질과 반응해 메일라드 반응을 일으켜 과자를 노릇노릇하고 향도 좋아지게 한다.
- 물에 잘 녹는다. 다른 재료와 섞기 쉽고 균일한 단맛을 낸다.

설탕의 종류

원료에 따른 분류

- **감자(甘蔗)당** : 아열대와 열대에서 재배되는 사탕수수(볏과)로 만든다. 당밀의 포함 여부에 따라 함밀당과 분밀당으로 나눠진다. 함밀당에는 독특한 풍미가 있지만, 정제된 순도 높은 분밀당은 첨채당과 차이가 없다.

  > 사탕수수의 즙 → 농축해서 결정화 → 원심 분리 → 원료당(조당)의 결정 → 수송 → 정제

- **첨채(甜菜)당** : 온대와 한대에서 재배되는 첨채(명아줏과)로 만든다. 첨채는 비트, 사탕무라고도 한다. 일본에서는 감자당이 많지만 프랑스에서는 첨채당의 생산량이 많다. 첨채는 소비지와 생산지가 가까운 곳, 일반적으로 현지에서 직접 정제당(경지 백당)을 만든다.

  > 첨채의 당분을 침출한 액 → 농축 → 당액을 정제 → 결정화

제조법에 따른 분류

분밀당(정제당)

- **굵은 설탕(거의 수크로스 100%까지 정제한 설탕)** : 굵은 흰 설탕(결정이 크다), 중간 굵기의 설탕(카라멜로 황갈색으로 착색), 고운 설탕(결정이 작다)

| 굵은 흰 설탕 | 거친 설탕 | 고운 설탕 |

- **차당(車糖, 전화 당액을 묻혀서 만드는 촉촉한 일본의 독자적인 설탕)** : 상백당(흡습성이 높고 쉽게 노릇노릇해진다), 삼온당(결정화할 때 반복해서 가열하기 때문에 카라멜화해서 갈색이 된다)

- **가공당**
  - **슈거 파우더** : 순도가 높은 굵은 설탕을 미세한 분말로 만든 것. 방습을 위해 콘스타치를 첨가한 제품도 있다. 마무리 전용으로 습기를 빨아들이지 않고 잘 녹지 않도록 슈거 파우더의 입자에 유지를 뿌린 것이 푸드르 데코르(poudre décor, 데커레이션 파우더)로 과자의 마무리에 사용한다.
  - **아라레당(쉬크르 앙 그랭, sucre en grains)** : 큰 입자 상태로 가공한 설탕으로 과자의 장식에 사용한다. 또한 벨기에 와플에 빠질 수 없는 재료로 와플 슈거라고도 한다. 반죽에 올려서 구워도 거의 녹지 않고 남는다.
  - **각설탕** : 설탕에 당액을 뿌리고 눌러서 굳힌 것. 1개의 중량이 정해져 있으므로 계량하는 수고를 덜 수 있다.

함밀당(분밀 조당)

- **일본** : 흑설탕(사탕수수의 즙을 그대로 졸여서 걸쭉해진 것을 굳힌 것), 와산분당(전통적인 제조법으로 어느 정도까지 분밀채서 만드는 담황색의 고운 설탕)
- **프랑스** : 쉬크르 루(sucre roux, 조당), 카소나드(cassonade, 감자당의 조당), 베르주아즈(vergeoise, 천채당이 결정을 뽑고 남은 당밀을 결정화한 것. 밝은 다갈색과 짙은 석갈색의 것이 있다)

여러 가지 설탕

메이플 슈거 : 사탕단풍의 수액을 농축한 것이 메이플 시럽이며 메이플 슈거는 그것을 건조시켜 만든 설탕이다. 밝은 다갈색으로 향이 좋다.

팜 슈거 : 야자(사탕야자, 코코야자)로 만든 설탕. 갈색 또는 크림색으로 페이스트 상태인 것과 고형의 것이 있다. 정제하지 않아서 당밀을 많이 함유하고 있으며 점성이 강하다. 깊이가 있는 독특한 풍미를 지니고 있으며 코코넛과 코코넛 밀크를 사용하는 경우에 잘 맞는다.

프랑스에서 쉽게 볼 수 있는 각설탕. 감자당으로 흰색과 갈색 2종류가 있다.

유제품

[유제품의 제조 과정]

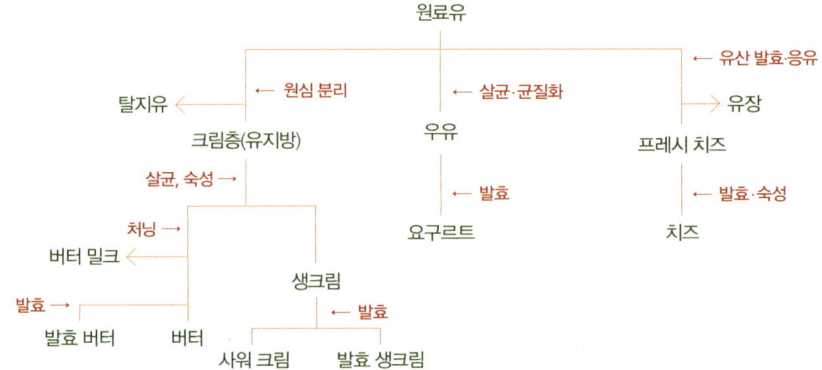

우유

생유(소에서 짠 그대로 가공하지 않은 상태의 우유)에 아무것도 첨가하지 않고 가열 살균만 한 것으로, 유지방분은 3% 이상, 무지유 고형분은 8% 이상이다.

우유의 종류

- **비균질 우유** : 원료유의 지방구를 잘게 부숴서 안정시키는 균질화(호마저나이즈)를 하지 않은 우유.
- **저온 살균 우유** : 62~65℃에서 30분간 살균한 우유. 독특한 풍미가 있다. 일반적인 우유의 살균은 초고온 순간 살균(120~150℃, 1~3초).
- **가공유** : 생유에 탈지유나 크림 등 유제품을 더해 유성분을 조정한 것.
- **탈지분유** : 생유에서 거의 모든 유지방을 빼고 분말로 만든 것. (스킴 밀크, skim milk)

생크림

[식품 위생법에 근거한 유등성령(乳等省令, 일본 후생성에서 정한 우유 및 유제품의 성분, 규격 등에 관한 후생성령)에 의한 규격]

크림

우유만을 원료로 하고 유지방분 18% 이상, 무첨가의 위생 기준을 충족시킨 것을 크림이라고 한다. 유지방분이 20~30%인 크림은 커피용으로 만들어진 것으로 거품을 내기 위해서는 최저 35% 이상의 지방분이 필요하다. 45% 정도의 것이 거품 내기 쉽다. 업소용 크림은 종류가 풍부한데 일반적으로 35~38%의 저지방 크림과 40~45% 정도의 고지방 크림을 용도에 따라 나눠서 사용한다. 순 유지방 크림은 약간 노란색을 띠며 풍미, 식감이 뛰어나다. 단, 온도 변화에 약하므로 구입부터 사용할 때까지 일관되게 5℃ 이하를 유지해야 하고(0~3℃의 냉장고에서 보관), 거품을 내거나 짜는 작업 중에도 온도 관리가 중요하다. 일단 10℃ 이상이 되면 풍미를 잃게 되며 원상태로 돌아오지 않는다.

우유 또는 우유 등을 주원료로 하는 식품

크림에 안정제나 유화제 등을 첨가한 것

유지방 100%일지라도 '크림'이라고 표시할 수는 없지만, 풍미는 '크림'과 다를 바 없고 첨가물 때문에 다루기 쉽다.

컴파운드 크림, 식물 지방 크림

유지방의 일부 또는 전부를 식물성 지방(야자유, 팜유, 대두유, 유채씨유 등)으로 바꾼 것으로 보통 안정제 등도 첨가되며 비교적 열화(劣化)하기 어렵고 안정성도 좋다. 장시간 거품을 내도 잘 분리되지 않는다. 색은 하얗고 순 유지 크림에 비해 맛의 깊이나 향이 약간 떨어지지만 담백한 풍미가 있어 과자에 따라 적합한 경우가 있다.

* 프랑스에서는 액상 생크림을 크렘 플뢰레트(crème fleurette)라고도 하며, 생크림에 유산균을 더해 약간 발효시킨, 농도가 진한 발효 생크림(→p.180)을 크렘 에페스(crème épaisse), 크렘 두블(crème double)이라고 부른다. 사워 크림(→p.118)은 북유럽에서 많이 사용하는 크림으로 크렘 에페스보다 발효가 진행되어 산미가 강하다.

버터

우유의 유지방을 모아서 이긴 것으로, 우유를 크림(생크림)과 탈지유로 원심 분리하고 크림층을 가열 살균한 후 휘저어 섞어 유지방만을 응집해서 만든다. 유지방분 80% 이상, 수분 17% 이하이다.

푸아투 지방의 에쉬레산 버터 뵈르 데쉬레(beurre d'Echiré). 발효 버터이며 무염 버터인 뵈르 두(beurre doux)와 저염 버터 뵈르 드미셀(beurre demi-sel)이 있다.

버터의 종류

- **발효 버터** : 유산균을 더해 발효시킨 것으로, 약간의 산미와 독특한 향이 있다. 유럽에서 제조되고 있는 대다수의 버터가 이 타입이다.
- **비 발효 버터** : 발효시키지 않고 만든 것으로, 일본 제품은 일반적으로 비 발효 버터이다.
- **무염 버터** : 소금을 첨가하지 않은 것으로, '식염 불사용(食塩不使用, 식염을 사용하지 않음)'이라고 표시된다. 제과에서는 기본적으로 무염 버터를 사용한다.
- **유염 버터** : 가염 버터라고도 한다. 일본 제품의 상당수는 유염 버터로 염분은 1.8% 이하로 정해져 있다.

버터의 기능과 성질

버터는 과자 만들기에서 빼놓을 수 없는 세 가지 성질을 지닌다.

- **가소성** : 고형이면서 자유롭게 모양을 만들 수 있는 유연성.

  * 버터가 가소성을 나타내는 온도는 13~18℃.

- **쇼트닝성** : 가소성이 있는 고형 유지가 밀가루 속에 얇은 막의 형태로 퍼져 나가 글루텐을 잘게 분리하는 성질. 바삭바삭한 식감을 부여한다.

- **그리밍성** : 휘저어 섞으면 대량의 공기를 머금는다.

  * 한 번 녹인 버터는 다시 식혀서 굳혀도 이런 특징을 발휘할 수 없다.

일반적인 업소용 오븐

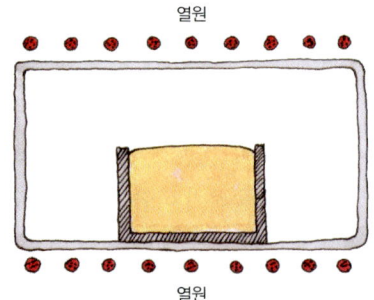

열원의 온도가 같다면 공기(위)와 철(밑판)의 온도는 같지만, 열의 전달은 공기가 느리고 철이 **빠르**다. 온도의 전달이 다르므로 보통은 표면보다 밑바닥이 빨리 탄다. 그 때문에 전체를 일정하게 굽기 위해서는 아랫불을 약하게 하거나 플레이트를 밑에 깔고 굽는다.

* 반죽의 윗면은 우선 건조된 다음 노릇노릇해지기 시작한다. 아랫불에서는 틀에 넣은 반죽에 바로 열이 전달되어 건조되면서 익기 시작하는데, 반죽에 포함된 수분이 있기 때문에 완전히 건조되고 노릇노릇해질 때까지 시간이 걸린다.

가정용 오븐의 경우(가스, 전기)

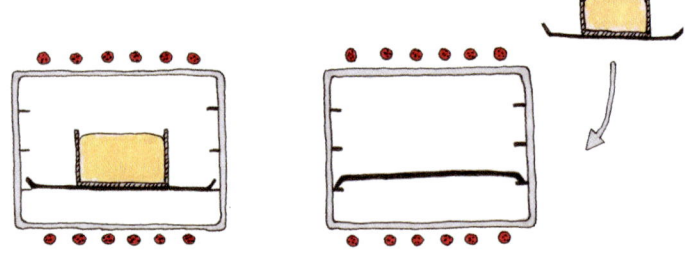

가정용 오븐은 내부에 단이 붙어 있으며 상단, 중단, 하단이라고 불린다. 각 용도에 따라 철판을 넣는 위치가 바뀐다. 그런데 열을 쬐는 법은 단에 따라 다르지만, 윗면이나 아랫면이나 가해지는 열은 데워진 공기의 온도만큼이다. 윗불, 아랫불이 공급하는 열의 양이 극단적으로 다르며, 특히 아래는 업소용 오븐과 같이 열원과 접해 있지 않기 때문에, 철판, 틀 등을 데우지 않으면 반죽에 좀처럼 열이 전달되지 않는다.

* 열원이 아래에만 있는 경우도 같은 식으로 생각하면 된다. 또 반죽을 넣은 틀 아래에 철판이 아니라 망을 사용하는 경우도 있는데, 열의 전달은 철판이 없는 경우와 다르지 않다.

재료에 가능한 한 열을 균등하게 전달하기 위해 여분의 철판을 오른쪽 그림과 같이 아래 방향으로 오븐에 넣고 미리 데워 둔다. 이 철판 위에 반죽을 넣은 철판이나 틀을 둠으로써 열의 전달이 좋아진다. 또한 가정용 오븐과 같이 내부가 작은 경우, 열이 금방 차서 윗불이 강해지는 경향이 있다. 이때는 도어를 약간 열어 두면 내부 공기의 유동이 좋아져 깔끔하게 구울 수 있다.

틀, 철판용 종이 깔개(또는 시트)

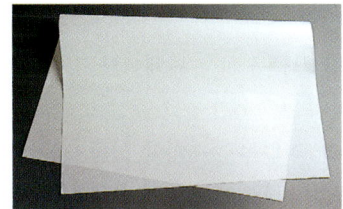

보통지

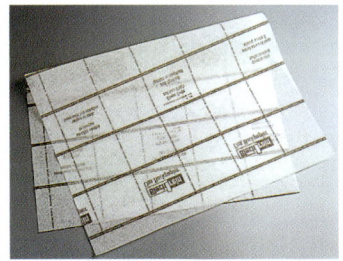

파피에 퀴송

가열 조리용 종이

쿠킹 페이퍼, 오븐 페이퍼 등의 상품명으로 불리는 것. 내열, 내수, 내유성이 있는 깃을 가리킨다. 자주 쓰이는 것으로 유산지, 실리콘 수지 가공 내유지가 있다.

* 판매하는 경우 식품에 직접 닿는 종이는 식품 위생법으로 원료나 제조법이 규제되며, 형광 염료, 허가 받지 않은 착색료의 사용이 금지되어 있다.

베이킹 시트

실팻 등

베이킹 시트

튼튼하고 두꺼우며 반복해서 사용할 수 있는 것을 가리킨다. 두껍고 탄력이 있는 종이와 같은 깃, 좀 더 두툼한 시트 형태의 것 등 다양하다. 유리 섬유에 테프론 가공한 것(내열 280℃, 내냉 -100℃), 실팻* 등.

* 실팻(Silpat) : 실리콘 수지성으로 고무와 같은 탄력이 있는 시트의 상표.

스펀지 반죽을 굽는 틀이나 철판 등에 까는 경우에는 가열 조리용 종이가 아니라, 보통지(형광 염료를 사용하지 않은 종이), 하드롤드지(갈색의 튼튼한 종이)도 괜찮다. 특히 반죽의 표면에 노릇노릇한 색을 내고 싶지 않을 경우, 보통지나 하드롤드지를 사용하면 구워질 때 반죽이 종이에 붙어서 노릇노릇한 색이 난 부분이 종이와 함께 떨어져 깔끔하게 완성된다.

반죽의 표면을 망가뜨리고 싶지 않은 경우에는 표면에 가공을 해서 박리성을 좋게 한 가열 조리용 종이(파피에 퀴송, papier cuisson)나 베이킹 시트를 사용한다.

식품용으로 사용되는 여러 가지 종이

• 실리콘 수지 가공 내유지

얇은 종이(글라신지 등)에 실리콘 수지 가공을 한 것으로 열에 강하고 표면이 매끈하며 반죽이 들러붙지 않는다. 기름은 통과시키지 않고 식품에서 나오는 여분의 수분(증기)은 적당히 통과시키는 성질이 있다. 양면 가공한 것이 편리하다.

• 글라신지

화학 펄프를 아주 작게 부순 후, 압축해서 만든 반투명하고 광택이 있는 얇은 종이로, 조직이 치밀하며 통기성이 낮다. 가공해서 내열, 내유성을 갖게 되면 제과에 사용한다. 컵케이크나 타르트 모양을 한 것도 있다. 장식성도 있으며 제품의 포장에도 사용한다.

• 유산지(파치먼트 페이퍼)

원지를 유산에 담가 세척, 건조한 것으로, 통기성이 없으며 내수성, 내유성이 높다. 반투명하며 얇고 광택이 별로 없다. 맛과 냄새가 없어 장시간 식품을 싸도 풍미에 영향을 주지 않는다. 종이 깔개 외에도 버터, 치즈 등의 포장에 사용된다.

• 파라핀지(왁스 페이퍼)

파라핀(납)을 흡수시킨 종이로, 내수, 방습성이 있다. 장시간 가열에는 적합하지 않다.

섞는 도구

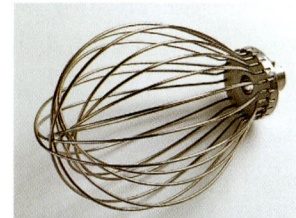

휘퍼

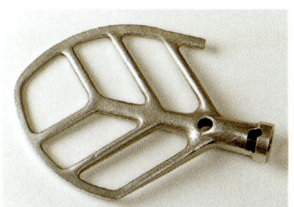

팔레트

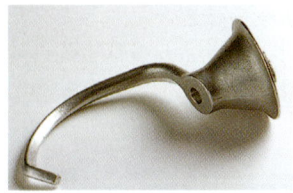

후크

멜랑죄르(제과용 믹서) mélangeur, batteur-mélangeur

전동으로 섞고, 거품 내고, 반죽하는 등 다양한 기능을 하는 기계이다. 작업 시간을 단축할 수 있고 힘도 세서 반죽이나 크림의 완성도가 높고 품질도 일정하다. 제과점에서 다량으로 만들 경우에는 빼놓을 수 없는 기계이다. 거품기형(휘퍼), 나뭇잎형(팔레트), 갈고리형(후크)의 파트를 바꿔 끼면 기능이 변화한다. 또한 회전 속도도 저속에서 고속까지 조절할 수 있다(기종에 따라 3단계, 5단계 등이 있다).

* 재료를 넣을 때는 주변에 튀지 않도록 회전을 멈추거나 저속으로 한다.

* 멜랑죄르의 볼은 깊기 때문에 때때로 기계를 멈추고 거품기나 주걱으로 밑바닥부터 섞어서 전체를 균일하게 한다. 또한 볼의 안쪽 벽에 반죽 등이 붙으므로 기본적으로 그것도 깨끗하게 떼어 섞는다.

휘퍼(fouet)

거품 내기용이다. 재료에 공기를 포집하면서 휘저어 섞거나 재료를 혼합할 경우에 사용한다.

팔레트(fouille)

공기를 포집하지 않고 반죽할 경우에 사용한다. 파이 반죽을 만들 때 쓴다.

후크(crochet)

강도, 점도가 있는 반죽을 휘저어 섞을 경우에 사용한다. 빵 반죽 등에 사용한다.

거품기(fouet)

* 거품을 낼 때는 거품기의 길이와 볼(bassine)의 직경을 같게 하면 가장 쉽다.

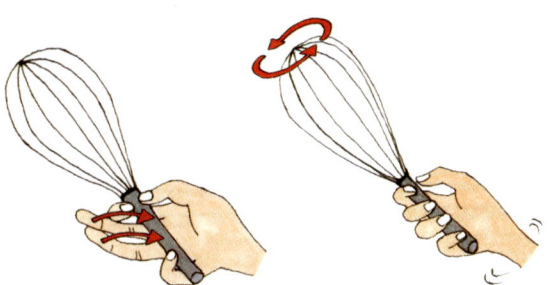

거품기
거품기는 철사의 굵기, 경도, 수에 따라 공기를 넣는 방법이 달라진다. 거품을 낼 때는 탄력이 있고 철사의 수가 많은 것이 효율이 좋다. 딱딱한 반죽을 섞을 경우에는 철사가 두껍고 튼튼한 것이 좋다.

재료를 확실하게 섞거나 그다지 공기가 들어가지 않도록 섞는 경우

거품기를 쥐는 기본적인 방법
거품기의 자루를 엄지손가락, 검지손가락, 새끼손가락으로 가볍게 쥐고 남은 두 개의 손가락, 중지와 약지를 자루에 얹는다.

거품기는 강하게 쥐지 말고 자루가 자유롭게 움직일 수 있도록 쥐고, 손목의 관절을 유연하게 움직이면서 거품을 낸다. 자루를 세게 잡으면 손목이 굳어지고 어깨에도 무리한 힘이 들어가 거품기의 움직임이 딱딱해져 좋은 거품을 낼 수 없다.

철사가 두꺼운 것을 사용해서 철사 부분을 엄지손가락과 검지손가락으로 누르면서 휘젓는다. 또는 자루를 꽉 쥐고 휘젓는다.

나무 주걱과 고무 주걱

나무 주걱(spatule en bois)

냄비에서 가열할 재료를 섞거나 크림이나 잼을 졸일 때 사용한다. 앞이 넓적한 것은 냄비 바닥의 구석까지 섞기 쉽다. 체에 거를 때도 사용한다. 힘을 줘서 딱딱한 것을 섞을 수도 있다.

고무 주걱(palette en caoutchouc)

* 마리즈(maryse)라고도 한다.

부드러운 것을 섞을 때 사용한다. 탄력이 있으므로 볼이나 냄비 등에 묻은 반죽을 깨끗하게 정리할 수도 있다. 특별히 내열성이 있는 것 외에는 직접 불에 닿는 조작에는 사용하지 않는다.

카드(corne)

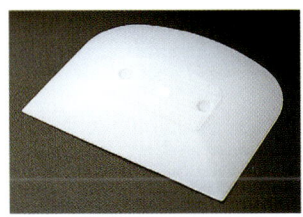

카드

탄력이 있는 플라스틱 재질의 판으로 한 면이 반원형이다. 둥근 쪽과 직선 부분을 나눠 사용하며, 볼이나 작업대에 붙은 반죽이나 크림을 깔끔하게 떼어 낼 수 있다. 고무 주걱보다 폭이 넓어 짤주머니에 내용물을 한데 모을 때 크림이나 반죽을 망가뜨리지 않고 크게 떠서 이동시킬 수 있다. 또한 반죽형 파이 반죽 등을 반죽하지 않고 합치고 싶은 경우에 쓰며, 가느로 사브거나 섞어서 겹치는 식으로 완성해 나간다.

계량 도구

효율성 있게 계량한다.

* 무게의 기준을 외워 두고 필요량을 대략 어림잡아 저울에 올리고 약간 조정한다.
   달걀(M촌(寸)) : 난백 30g, 난황 20g.
   버터 1봉지, 밀가루 한 스푼, 설탕 한 스푼 등 실제로 사용하는 재료, 도구로 재서 외워 둔다.

* 밀가루류는 한 번 체에 쳐서 큰 덩어리나 불순물을 제거해서 입자를 가지런히 한 후 계량하고, 다시 한 번 체에 쳐서 사용한다. 체로 친 가루는 볼 등에 넣으면 다시 입자가 뭉쳐지기 때문에 다른 재료 안에 분산되기 어려워지므로 종이 위에 체를 쳐서 그대로 놔둔다.

* 달걀은 용기에 한 개씩 깨서 넣고 껍질이나 혈액 등이 혼입되지는 않았는지, 부패하지는 않았는지 확인 후 계량한다(사용한다).

재료의 중량을 잴 때는 용수철 방식의 앉은뱅이저울 대신 최근에는 계측이 정확하고 빠른 디지털 방식의 전자저울을 사용한다. 계량할 때 재료를 담은 용기의 무게를 빼는데, 디지털 방식에서는 그 설정도 용이하다. 소량을 더욱 정밀하게 잴 경우에는 천칭 저울을 사용한다.

계량컵, 계량스푼은 부피를 재는 도구로, 물은 4℃일 때 $1cm^3(1ml)$가 1g이므로 1 ml=1g으로 환산해도 된다.

* 계량컵 : 1컵 = 200㎖
   계량스푼 : 1작은 스푼 = 5㎖, 1약간 큰 스푼 = 10㎖, 1큰 스푼 = 15㎖

주류, 과즙, 우유, 생크림 등의 액체도 부피로 계량하는 경우가 많은데, 액체의 부피는 온도에 따라 달라지며, 같은 부피라도 중량이 약간씩 달라지기 때문에 좀 더 엄격하게 계량하려면 액체도 중량(g)으로 재면 된다.

물 이외의 물질은 부피=중량(무게)이 아니다. 특히 고형 물질은 크게 다르므로 기본적으로 중량(g)으로 잰다.

* 예 : 설탕은 용량 200㎖ 컵 1컵(윗면을 깎은 것)이 약 170~180g.

스펀지 반죽, 버터 반죽의 과자
Pâte à biscuit, Pâte à cake

스펀지 반죽

스펀지 반죽은 공기를 포집한 탄력 있는 가벼운 스펀지 상태의 조직을 지닌 것으로, 이러한 조직을 만들려면 반죽에 공기를 듬뿍 포집시킬 수 있는 재료가 필요하다.

제과 재료 중에서 공기를 포집하는 성질이 가장 많은 것은 달걀이다. 달걀에는 강하게 휘저으면 기포를 만드는 성질이 있으며, 이것을 달걀의 기포성이라고 한다.

전란도 공기를 포집할 수 있지만, 노른자와 흰자를 나눠 공기를 포집하는 것도 가능하다. 흰자만 거품을 내면 더욱 많은 공기를 포집할 수 있으므로 노른자와 흰자를 따로따로 거품 내서 만드는 경우도 있다. 일반적으로 전란 그대로 거품을 내는 제조법은 공립법, 노른자와 흰자를 나눠서 만드는 제조법은 별립법이라고 한다.

두 제조법 모두 달걀을 충분히 거품 내서 기포를 많이 만드는 것과, 동시에 잘 가라앉지 않고 탄력 있는 안정된 거품을 만드는 것이 중요하다.

또한 달걀은 기포를 만들 뿐만 아니라 열 응고성이 있어 비스퀴 기본 구조의 일부분을 책임지고 있다. 그러나 달걀은 부드럽게 굳으므로 조직을 형성하는 데 완전하다고는 할 수 없다. 그래서 비스퀴의 조직을 지탱하는 역할을 할 재료로 밀가루가 필요하다.

단, 거품 낸 달걀에 밀가루를 더하는 것만으로는 거품이 가라앉아 버려 비스퀴를 만들 수 없다. 때문에 우선 달걀로 만든 기포를 밀가루를 더해도 가라앉지 않는 상태로 만들어야 하는데, 이 조건을 충족시키는 것은 설탕이다.

설탕을 첨가함으로써 달걀의 기포는 빈틈없이 안정되고 밀가루를 더해도 가라앉지 않게 된다. 그렇기 때문에 전란으로 거품을 낼 때도, 노른자와 흰자를 각각 따로 거품 낼 때도 꼭 설탕을 첨가해서 거품을 내는 것이다.

그 밖에도 설탕은 비스퀴에 필요한 탄력이나 촉촉함, 단맛을 주는 등 몇 가지 중요한 역할을 하는 재료이다.

달걀과 설탕으로 안정된 기포를 만들었다면, 앞에서 서술한 바와 같이 비스퀴 조직을 완전하게 만드는 데 필요한 밀가루를 더한다. 밀가루는 전분과 단백질을 포함하고 있는데 각각의 성분 모두 비스퀴의 조직을 만드는 데 빼놓을 수 없는 요소이다.

특징 : 달걀의 기포성을 이용한 탄력 있는 가벼운 조직
제조법 : 달걀의 전란을 그대로 거품 내는 제조법
공립법 → p.50 : 파트 아 제누아즈
노른자와 흰자를 나눠서 거품 내는 제조법
별립법 → p.34 : 파트 아 비스퀴

전분은 호화해서 부드러운 식감의 조직을 만든다. 단, 전분이 만드는 조직은 부드러워서 이것만으로는 비스퀴의 기본 구조가 되지 못한다. 그래서 단백질이 다른 재료와 연결해 단단한 조직(글루텐)을 만들고 비스퀴의 기본 구조를 완성시키는 것이다.

게다가 반죽을 구우면 설탕의 작용으로 비스퀴의 표면이 노릇노릇해지고 조직은 더욱 단단하게 군는다. 구운 반죽의 탄력과 적당한 촉촉함을 유지하는 역할을 하는 것도 설탕이다. 이와 같이 달걀, 설탕, 밀가루, 이 세 가지의 재료가 결합하고 각각의 특성을 발휘해서 스펀지 반죽이 형성된다.

스펀지 반죽의 명칭

공립법으로 만드는 반죽을 파트 아 제누아즈, 별립법으로 만드는 반죽을 파트 아 비스퀴라고 불러 구분하는데, 비스퀴는 스펀지 반죽의 총칭으로 사용되는 경우도 있다. 또한 스펀지 반죽을 더욱 맛있게 만들기 위해서 버터를 첨가한 반죽은 비스퀴 오 뵈르라고 한다. 일반적으로 공립법으로 만들기 때문에 단순히 제누아즈라고 부르는 경우도 많다.

- 아몬드 파우더를 첨가한다 → p.69 비스퀴 조콩드
- 코코아 파우더를 첨가한다 → p.63 제누아즈 오 쇼콜라
- 커피를 첨가한다 → p.5 / 제누아즈 오 카페

스펀지 반죽(공립법)

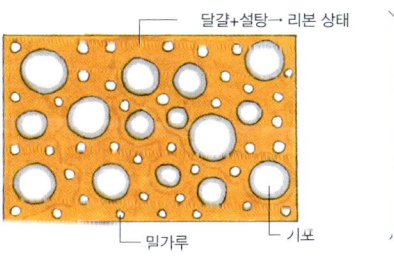

달걀+설탕→ 리본 상태

밀가루　　기포

조직 형성

스펀지 반죽(별립법)

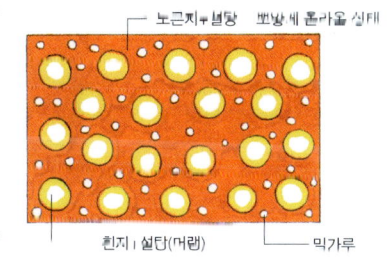

노른자+설탕　　뽀얗게 흩어지는 상태

흰자+설탕(머랭)　　밀가루

33

Pâte à biscuit 파트 아 비스퀴

노른자와 흰자를 나눠 따로따로 거품 내서 만드는 스펀지 반죽이다. 거품이 잘 가라앉지 않고 단단하기 때문에 짜서 모양을 만들어 굽는 경우 등에도 적합하다. 또한 잘 부푼, 다소 조직이 성긴 가벼운 스펀지를 만들 수 있다.

* pâte 반죽. 가루와 물의 혼합물(반죽한 가루). 과자는 곡물 가루를 물로 반죽해 굽는 것으로부터 시작되었다. 더욱 맛있게 만들기 위해서 달걀, 설탕, 유지, 우유 등을 첨가하게 되었으며, 풍미뿐만 아니라 식감이 다른 다양한 과자용 파트가 만들어지고 있다.

* à '~용의'라는 의미의 전치사.

* biscuit '2번(bis) 굽는다(cuit)'라는 의미로, 원정이나 긴 항해의 식량으로서 보존성을 높인 건빵 같은 것을 가리키는 말이었다. 영어에서는 비스킷이 되었고, 프랑스어로는 부드러운 스펀지를 가리킨다.

재료 기본 배합

노른자 60g(3개) 60g de jaunes d'œufs
설탕 45g 45g de sucre semoule
머랭 meringue
    흰자 90g(3개분) 90g de blancs d'œufs
    설탕 45g 45g de sucre semoule
박력분 90g 90g de farine

1. 박력분을 체로 친다(→tamiser).

- 가루 종류는 한 번 체로 쳐서 큰 멍울이나 불순물 등을 제거해 입자를 잘게 만든 후 계량하고 다시 한 번 체로 쳐서 준비해 둔다.
- 체로 친 가루는 볼 등에 넣으면 다시 입자가 뭉쳐져 다른 재료 안에 분산되기 힘들어지므로 종이 위에 체로 친 채로 그대로 둔다.

2. 달걀을 노른자와 흰자로 나눈다
   (→clarifier).

- 달걀은 우선 별도의 용기에 1개씩 테스트 겸 깨 보고 부패한 달걀이나 껍질이 들어가지 않도록 한다.
- 거품 내기 힘들어지므로 흰자에 노른자가 섞이지 않도록 주의한다.

3. 노른자를 풀고 설탕을 넣어 섞는다.

- 설탕을 넣으면 수분을 빨아들여 노른자가 굳어 버리므로 넣은 후 바로 섞는다. 노른자는 건조되면 용해성이 나빠져 유화력이 저하된다.

4. 거품기(fouet)로 흰색을 띨 때까지 충분히 휘저어 섞는다(→blanchir).

5. 머랭을 만든다. 흰자에는 걸쭉한 흰자와 묽은 흰자가 포함되어 있으므로 거품기로 풀어서 균일하게 만든다.

6. 흰자가 풀려서 묽은 상태가 되면 거품을 내기 시작한다(→fouetter).

7. 흰색을 띠고 푹신한 느낌이 들면 설탕을 소량(⅓ 분량 정도) 넣는다.

8. 남은 설탕을 두 번에 나눠 넣으면서 거품을 낸다. 거품기로 떠 올렸을 때 각이 서는 상태까지 거품이 나면 마지막으로 전체를 힘차게 섞어 치밀해지도록 거품을 다듬는다(→serrer). 머랭의 완성.

머랭의 포인트

1. 설탕과 흰자

흰자에 설탕을 첨가하지 않고 거품을 내면 단시간에 큰 거품이 만들어지지만 안정성이 나빠져 꺼지기 쉽다. 설탕을 첨가해서 거품을 냄으로써 치밀하고 안정된 거품을 만들 수 있다.

단, 설탕을 처음에 전부 다 넣어 버리면 흰자에 점도와 탄력이 생겨 거품 내기가 힘들어진다. 또 완전하게 거품을 낸 다음에 다량의 설탕을 첨가하면 거품이 가라앉아 버린다. 그 때문에 2~3회에 걸쳐 넣어 주면서 거품을 내는 것이 좋다. (→p.184)

2. 지질과 흰자

지질은 흰자의 거품을 꺼뜨린다. 노른자는 지질이 많아서 흰자에 노른자가 섞이면 거품이 나는 것을 방해한다. 또한 볼이나 거품기 등의 도구에 유지가 부착되어 있어도 거품이 나지 않으므로 도구는 잘 씻어 둔다.

• 거품기의 탄력을 살려서 사용한다. (→p.28 거품기를 쥐는 기본적인 방법)

9. 머랭을 ⅓정도 떠서 4의 노른자에 넣고 고무 주걱(palette en caoutchouc)으로 전체적으로 잘 섞는다.

10. 남은 머랭을 넣고 거품을 꺼뜨리지 않도록 중앙에서 고무 주걱으로 자르듯이 전체를 섞는다.

11. 박력분을 뿌려 넣으면서 고무 주걱으로 자르듯이 섞는다.

• 한 손으로 볼을 돌리면서 고무 주걱을 중앙에서 한 바퀴 돌리듯이 크게 움직여서 섞는다(가루를 가능한 한 재빨리 전체적으로 분산시키기 위해).

12. 가루가 없어질 때까지 섞는다. 공립법에 비해 광택은 없지만 결이 균일한 상태가 되면 반죽이 완성된 것이다.

• 반죽을 과도하게 섞으면 부드럽게 흘러내리는 듯한 상태가 되어 버려 볼륨이 없는 딱딱하고 건조한 완성품이 나온다.

• 스펀지 반죽이 완성되면 바로 구울 수 있도록 반죽을 만들기 전에 오븐 온도를 설정해서 예열하기 시작하고, 각각의 과자에 필요한 틀이나 철판, 짤주머니를 준비해 둔다.

Omelette aux fraises
오믈레트 오 프레즈

* omelette 오믈렛.
* aux ~풍의, ~풍미의, ~이 들어간(aux 뒤의 명사가 복수형인 경우).

오믈렛 모양을 본뜬 게이그. 별립법으로 만든 파트 아 비스퀴를 원형으로 짜서 굽고 크림을 채워 반으로 접는다. 이 케이그에 사용하는 비스퀴는 식은 다음에 바로 접을 수 있는 유연싱이 있어야만 한다. 그 때문에 설탕의 양이 많고 식은 뒤에도 촉촉함과 부드러움을 유지할 수 있도록 배합한다. 프랑스에서는 달걀에 설탕을 넣어 휘저어서 과일 등을 넣어 만든 달콤한 디저트 오믈렛은 있지만, 스펀지 반죽을 사용한 오믈렛은 일반적이지 않다.

재료 지름 11㎝의 것 8개 분량

파트 아 비스퀴 기본 배합 pâte à biscuit

크렘 디플로마트 crème diplomate

  ┌ 크렘 파티시에르 320g 320g de crème pâtissière(→p.40)
  │ 키르슈 20㎖ 20㎖ de kirsch
  └ 생크림 300㎖ 300㎖ de crème fraîche

딸기 12알 12 fraises

슈거 파우더 sucre glace

준비 작업

○ 오븐을 210℃로 예열한다.

○ 철판을 준비한다. 종이에 지름 11㎝의 원을 그려 종이 본을 만든다. 그 종이 본 위에 종이 본이 비춰 보이는 종이를 대고 철판에 깐다.

• 구울 때 까는 종이는 유산지, 베이킹 시트, 쿠킹 페이퍼 등 오븐 조리용으로 만들어진 종이 외에 보통지(복사용지 등 희고 무늬가 없는 질 좋은 종이)도 괜찮다.

• 반죽을 짤 때는 필요한 도형을 그린 종이 본을 만들어 두고 별도의 종이를 그 위에 깔고 짠다. 종이 본은 반복해서 사용할 수 있다.

○ 짤주머니를 준비한다(→p.45). 지름 9㎜의 원형 깍지, 별 모양 깍지(douille cannelée, 8발·지름 8㎜) 사용.

○ 딸기는 씻으면 상처 입기 쉬우므로 꽉 짠 젖은 행주로 가볍게 닦은 다음 세로로 반으로 자른다.

반죽 굽기

1. 지름 9㎜의 원형 깍지를 끼운 짤주머니에 파트 아 비스퀴를 넣고 지름 11㎝의 원형이 되도록 소용돌이 모양으로 짠 다음 종이 본을 뺀다.

• 소용돌이 형태로 짤 때는 깍지를 거의 수직으로 유지하고, 약간 위에서 반죽을 떨어뜨리듯이 짠다(→dresser).

2. 210℃로 예열한 오븐에서 약 6분간 굽는다. 반죽의 표면이 노릇노릇해지면 스펀지 표면을 손바닥으로 가볍게 눌러 보고 탄력을 느끼면 된 것이다.

• 철판에 접해 있는 면은 열이 빨리 전달되므로 철판을 2개 겹쳐서 넣는 등, 아래쪽 열의 전달을 약하게 해서 반죽 표면의 빛깔을 조절한다.

3. 구워진 모습.

4. 다 구워지면 바로 다른 종이를 대고 뒤집은 후 깔려 있던 종이를 제거한다. 제거한 종이를 뒤집어서 덮고 종이에 끼운 상태로 상온이 될 때까지 식힌다.

• 상온은 만져 보았을 때 차갑지도 뜨겁지도 않은 온도를 말한다.

• 종이가 습기(비스퀴에서 빠져나가는 수증기)를 빨아들이고 천천히 식어 가는 사이에 수분이 적당히 비스퀴에 되돌아오므로 비스퀴는 알맞은 습기를 함유한, 말거나 구부리기 쉬운 유연성 있는 스펀지 상태가 된다.

크렘 디플로마트 만들기

5. 크렘 파티시에르를 볼에 넣고 주걱으로 잘 섞어 바짝 졸였을 때와 마찬가지인 부드럽고 광택이 있는 상태로 되돌리고 키르슈를 넣는다.

6. 생크림을 얼음물로 차게 하면서 확실히 거품을 낸 후(→fouetter), 크렘 파티시에르에 넣고 혼합한다.

• 너무 섞으면 생크림의 거품이 가라앉아 묽은 크림이 되어 버리므로 단숨에 합친다.

조립하기

7. 크렘 디플로마트를 별 모양 깍지(8발·지름 8mm)를 낀 짤주머니에 넣는다. 비스퀴 왼쪽 절반 위에 가장자리를 1cm 정도 남기고 짠다(→dresser).

8. 딸기를 크림 양쪽 끝에 올리고 비스퀴를 반으로 접는다.

완성하기

9. 2cm 폭의 띠 모양으로 자른 종이를 중앙에 두고 작은 체를 이용해 슈거 파우더를 뿌린다. 종이를 제거하고 슈거 파우더가 뿌려지지 않은 부분에 크림을 짜고 딸기로 장식한다.

• 꽃받침이 달린 딸기를 장식할 때는 꽃받침을 젖은 행주로 잘 닦아 내고 반드시 꽃받침을 위쪽으로 향하게 해서 반죽이나 크림에 닿지 않도록 한다.

딸기

장미과의 다년초. 유럽에서는 13세기부터 재배하기 시작했으며, 루이 14세 시대에는 라 칸티니라는 농학자가 베르사이유에서 온실 재배를 성공시켰다. 현재 출하되고 있는 재배종은 모두 18세기에 아메리카 대륙에서 유럽으로 반입된 딸기에서 파생된 품종(네덜란드 딸기)이 기원이 되었으며, 일본에서는 메이지 시대부터 재배가 확대되었다.
본래는 봄에서 초여름에 걸쳐 열매를 맺는 과일이지만, 속성 재배 등에 의해 현재 가장 많이 출하되는 시기는 12~4월이다. 홋카이도 이외의 일본산 딸기가 거의 출하되지 않는 7~10월에는 미국(캘리포니아)의 딸기가 수입된다. 알이 단단해서 여러 날 보존할 수 있지만 완숙하지 않으면 단맛이 적고 딱딱하다.

• **도요노카** : 알이 굵고 광택이 특히 좋으며 색이 선명하다. 단맛이 강하고 알맞은 산미를 지니며 향이 좋다.

• **뇨호(女峰)** : 알이 약간 작고 과육이 단단해서 상처가 잘 나지 않는다. 당도, 산미, 향의 밸런스가 좋다.

• **도치오토메** : 뇨호보다 알이 굵으며 광택이 있다. 산미가 적고 당도가 높다.

• **메이호(明宝)** : 알이 굵고 과육이 부드럽다. 표면은 약간 오렌지색을 띠며 안쪽은 하얀색을 띤다. 향이 좋다.

• **아이베리** : 특히 알이 굵어 보통 딸기의 2배부터 큰 달걀 크기만 한 경우도 있다.

• **프레지에(→p.52)**에는 산미가 있어, 진한 맛의 딸기를 사용하면 크렘 무슬린과 조화된다. 작은 사이즈의 모양이 일정한 것을 사용하면 좋다. 씻으면 상처 나기 쉬우므로 젖은 행주로 가볍게 닦아주기만 한다.

키르슈
체리의 열매를 부숴해서 발효시킨 후 증류해서 만드는 무색투명한 술이다. 과일 브랜디의 일종으로 오 드 비 드 키르슈, 키르슈바서라고도 부른다. 알코올 도수는 일반적 제품이 40~45도이다.

술의 분류

• **양조주** : 와인, 일본 술, 맥주 등 원료를 발효시켜 만드는 술이다.

• **증류주** : 양조주를 증류시킨 것으로, 과일을 원료로 한 술을 브랜디라고 한다. 곡물로 만드는 위스키, 워커, 진이 있고, 사탕수수로 만드는 램주 등이 있다.

• **혼성주** : 증류주 또는 양조주에 과일, 향신료, 향초 등의 풍미를 더하고 당분을 첨가한 술이다. 리큐어, 매실주 등이 있다.

Crème pâtissière 크렘 파티시에르

우리에게는 영어인 커스터드 크림(custard cream)이라는 이름으로 친숙하다. 파티시에르의 유래는 확실하지는 않지만, 17세기경 우유와 달걀, 밀가루를 가열해서 만든 진한 소스가 파티시에의 크림이라고 불렸다(당시의 파티시에는 파테(간 같은 간이나 고기를 파이로 싼 요리_편집자 주)를 만드는 것이 주된 일이었다). 18~19세기에 걸쳐 슈 아 라 크렘, 밀푀유라는 과자와 함께 현재와 같은 달고 부드러운 크림으로 완성되었다고 본다. 크렘 파티시에르는 과일 타르트에도 자주 쓰이며 다양한 크림의 베이스도 된다.→크렘 무슬린(→p.53), 크렘 디플로마트(→p.39), 크렘 시부스트(→p.176). 영어의 커스터드는 우유, 달걀, 설탕을 섞은 것으로 거기에 향료, 전분 등을 섞어 크림 형태로 졸인 것이나, 찌거나 구워서 굳힌 디저트도 포함된다. 중세의 영어 crustade(달걀로 끈끈함을 준 소스로 무친 고기나 과일을 채운 파이)라는 단어가 어원이라고 한다. 프랑스어로 밀가루를 사용하지 않는 커스터드는 크렘 앙글레즈(→p.252)라고 부른다.

* pâtissier/pâtissière ([m]/[f]) : 과자점, 과자 제조(판매)인. 형용사로도 사용한다.

재료 기본 배합 : 완성품 약 650g

우유 500㎖ 500㎖ de lait	설탕 150g 150g de sucre semoule
바닐라 빈 1개 1 gousse de vanille	박력분 25g 25g de farine
노른자 120g(6개) 120g de jaunes d'œufs	커스터드 파우더 25g 25g de poudre à crème

준비 작업

○ 박력분과 커스터드 파우더를 합해 체를 쳐 둔다(→tamiser).

1. 바닐라 빈을 세로로 갈라 칼끝으로 안의 씨를 긁어 내고 우유에 넣는다. 바닐라 빈 껍질도 넣고 불을 켜서 끓기 직전까지 가열한다.

2. 볼에 노른자를 넣어 풀어 주고 설탕을 넣어 혼합한 다음 흰 빛을 띠고 찰기가 생길 때까지 거품기로 휘저어 섞어 준다(→blanchir).

3. 체 친 가루류를 넣고 거품기로 혼합한다.

• 우유는 완전히 끓으면 표면에 단백질의 막이 생기므로 그것을 방지하려면 저어 주거나 펄펄 끓이지 않도록 한다.

• 잘 섞어 두면 나중에 넣는 가루류나 우유를 섞기 쉬워진다.

• 거품기는 자루가 아니라 철사와 자루가 연결된 부분을 잡는다. 탄력이 없어져 섞기 쉽다. (→p.28 : 거품기를 쥐는 기본적인 방법)

커스터드 파우더

밀가루, 전분, 바닐라 계열의 향료, 당류, 황색의 착색제 등을 배합해 커스터드 풍미의 크림을 간단하게 만들 수 있도록 개발된 분말 형태의 제품. 푸드르 아 크렘, 푸드르 아 플랑 등의 이름으로 판매되고 있다. 우유와 이 분말만으로 크림을 만들 수도 있지만 통상적인 크렘 파티시에르의 배합으로 밀가루의 일부를 이것으로 바꿔 만들면 찰기가 나오기 힘들어 식감이 가벼운 크림이 된다.

크렘 파티시에르 제조의 주의점

- 사용하는 도구는 청결을 유지하고 사용 전에 소독액(알펫ES 등)을 뿌려 둔다.
- 뜨거운 크림을 냉장고(7~10℃)에 넣어도 식을 때까지 시간이 걸리기 때문에 균의 증식을 촉진시키는 온도 상태가 지속된다. 그러므로 우선 얼음물로 재빨리 완전하게 식힌 다음 냉장고에 보관한다.
- 넓적한 용기에 편 크림의 표면에 랩을 밀착시키는 것은 건조를 막기 위한 것도 있으나, 공기 중의 잡균이 떨어지는 것을 피하기 위함이다.
- 완성된 크림은 냉장고에서 보관하고 기본적으로는 만든 날에 다 쓴다.
- 다시 가열하지 않는 크림 등을 짤 경우, 1회용 짤주머니를 사용하는 것이 가장 좋다. 파트 아 비스퀴 등에서 사용하는, 반복해서 사용할 수 있는 타입의 짤주머니는 잡균이 번식하기 쉬우므로 피하는 것이 좋다.

크렘 파티시에르의 응용

① 풍미를 바꾼다(더한다)

- 술(키르슈, 럼주, 그랑 마르니에 등)
- 초콜릿, 커피, 프랄리네, 피스타치오 페이스트
- 각종 에센스, 레몬 껍질, 향초(민트 등)

② 다른 크림이나 재료와 조합한다

- 거품 낸 생크림 → 크렘 디플로마트
- 버터 → 크렘 무슬린
- 머랭 → 크렘 시부스트
- 크렘 다망드(아몬드 크림) → 프랑지판

---

4. 데운 우유를 조금씩 넣고 섞는다.

5. 거르면서(→passer) 냄비에 넣는다.

- 우유를 데운 뜨거운 냄비에 넣는 것이 빨리 가열되고 필요 이상의 찰기나 탄력이 생기지 않는다.

6. 중불에 올리고 거품기로 끊임없이 바닥부터 저으면서 삶인다.

- 크렘 파티시에르를 졸일 때 알루미늄으로 만든 냄비를 사용하는 경우에는 거품기로 세게 문지르면 쇳내가 나므로 나무 주걱(spatule en bois)을 사용하면 좋다.

41

7. 찰기가 없어지고 가벼운 상태가 되면 불을 끈다.

• 끓으면 단숨에 농도가 진해지므로 눌어붙지 않도록 계속해서 저어 준다. 떠 올렸을 때 가볍게 흘러내리고 광택이 있는 부드러운 상태가 되면 완성이다.

8. 넓은 용기에 얇게 펴고 표면에 랩을 밀착시켜 덮은 다음 얼음물로 재빨리 냉각한다. 식으면 냉장고에 보관한다. (크림에 멍울이 생겨 버린 경우에는 체에 걸러 사용한다)

• 좋은 상태로 완성된 크렘 파티시에르는 차게 하면 탄력이 있는 상태로 굳어, 끈적거리지 않고 용기에서 깨끗하게 떨어진다. 주걱으로 섞어서 부드러운 크림 상태로 만들어 사용한다. 거품기로 저으면 멍울이 생기기 쉽다.

바닐라

• 난초과의 덩굴 식물. 15~20㎝ 정도의 가늘고 긴 꼬투리 모양의 열매를 미숙한 초록색일 때 따서 가열하고 발효시키면 독특한 달콤한 향이 생긴다. 꼬투리를 갈라서 벌리면 작은 검은 씨가 많이 들어 있다. 향의 주성분은 바닐린 (4-하이드록시-3-메톡시 벤즈알데하이드).
• **부르봉 바닐라(V.Planifolia)** : 인도양 서쪽 아프리카 연안의 레위니옹(구 부르봉), 마다가스카르, 코모로 제도에서 생산된다. 인도네시아에서도 이 종류를 재배하고 있지만 산지에 따라 향이 약간씩 다르다.
• **타히티 바닐라(V.Tahitensis)** : 남태평양 타히티 주변의 섬(모레아 등)에서 생산된다. 바닐린의 향과 함께 아니스나 머스크(사향) 같은 향이 난다.

바닐라 엑스트렉트 Vanilla extract(영)
천연 바닐라 에센스 vanilla essense(영). 바닐라 빈을 알코올에 담가 향을 추출한 후 여과한 다갈색의 액체. 바닐라 팅크처라고도 한다.

바닐라 올레오레진 Vanilla Oleoresin(영)
용제(알코올, 아세톤 등)로 추출한 후, 용제를 제거하고 바닐라 향의 성분을 농축한 것. 바닐라의 정유(에센셜 오일, essential oil(영)) 그 자체라고 할 수 있다.
* 널리 쓰는 바닐라 에센스, 바닐라 오일은 천연 바닐라를 원료로 한 것도 있지만 저렴한 것 중에는 합성 바닐린으로 만든 것이 많다. 합성 향료는 향이 강하고 뒷맛이 개운치 않으므로 소량만 사용한다.

향료의 종류
• **수용성 향료(에센스)** : 향 성분을 알코올에 녹인 것. 물에 잘 녹으므로 푸딩 같은 수분이 많은 반죽에 적합하다.
• **유성 향료(오일)** : 향 성분을 유지에 녹인 것. 유용성이므로 버터를 많이 사용한 반죽에 적합하다. 또한 내열성을 높여 구움과자에 적합하도록 만들어졌다.
• **유화 향료** : 정유나 합성 향료를 유화제 등을 사용해서 수용액에 유화, 분산시킨 것. 과일 주스류, 냉과의 공업 생산에 사용된다.
• **분말 향료** : 분무 건조 등의 방법으로 분말 상태로 만든 향료.

엑스트레 드 바니유 extrait de vanille
영어로는 바닐라 엑스트렉트이다. 이 책에서 바닐라 에센스가 나오는 경우에는 이것을 사용한다.

합성 바닐라 향료(바닐린)의 분말
바닐라의 향의 성분인 바닐린을 과학적으로 합성해서 만든 것. 당과 등에서 수분을 첨가하고 싶지 않은 경우에 사용한다.

Roulé aux fruits
룰레 오 프뤼

파트 아 비스퀴로 시트 형태의 반죽을 만들고 과일과 크림을 말아서 만든 과자.
시트 형태로 구운 파트 아 제누아스(→p.50)로 룰게이그를 만들 수도 있다

* roule [m] 롤케이크. '말다'라는 의미의 동사 rouler의 과거 분사형이기도 하며, 형용
  사로는 '원통형으로 만'이란 의미로 쓰인다.

재료 길이 30cm의 것 2개 분량

파트 아 비스퀴 기본 배합×3 pâte à biscuit
앵비바주 imbibage
┌ 시럽(물 2 : 설탕 1) 50mℓ 50mℓ de sirop
└ 키르슈 50mℓ 50mℓ de kirsch
크렘 오 프로마주 블랑 crème au fromage blanc
┌ 프로마주 블랑 300g 300g de fromage blanc
│ 생크림 200mℓ 200mℓ de crème fraîche
│ 이탈리안 머랭 meringue italienne(→p.187)
│ (아래의 분량으로 만들고 100g 사용)
│   ┌ 흰자 90g 90g de blancs d'œufs
│   │ 설탕 180g 180g de sucre semoule
└   └ 물 60mℓ 60mℓ d'eau
딸기 20알 20 fraises
바나나 1개 une banane
키위 1개 un kiwi
황도(캔) 2조각 2 demi-pêches jaunes au sirop
슈거 파우더 sucre glace

*imbibage(앵비바주) : 구운 과자를 적셔서 부드럽게 하고 향을 내기 위해서 스며들게 하는 액체. 시럽이나 술 등을 사용하고 배합은 취향대로 해도 된다.

준비 작업

○ 오븐을 210℃로 예열한다.
○ 철판에 종이를 깐다. ○ 짤주머니를 준비한다.
○ 과일을 약 1cm 정도로 네모나게 자른다.

반죽 굽기

1. 지름 9mm의 원형 깍지를 끼운 짤주머니에 파트 아 비스퀴를 채우고 세로 30cm, 가로 35cm의 직사각형 안에 비스듬하게 짠다. 깍지를 약간 기울여서 종이 가까이에서 짜낸다(→coucher).

• 우선 대각선으로 한 줄을 짜고, 그것을 따라 짜면서 바로 앞에 있는 반쪽의 삼각형을 채워 나간다. 구우면 부풀어 오르므로 약간 간격을 두는 것이 좋다. 가장자리까지 다 짜면 종이의 방향을 바꿔 같은 작업을 한다.

2. 210℃로 예열한 오븐에서 7분간 굽는다. 다 구워지면 종이를 떼어 내고 종이 사이에 끼워 상온으로 식힌다.

크렘 오 프로마주 블랑 만들기

3. 프로마주 블랑을 거품기로 섞어서 부드럽게 하고 그것과 같은 정도의 강도로 거품을 낸 생크림을 넣고 섞는다. 마지막으로 이탈리안 머랭(→p.187)을 넣고 혼합한다.

• 이탈리안 머랭은 식감과 단맛의 조절을 담당한다(배합량은 적게).

조립하기

4. 종이 위에 비스퀴를 놓고 붓으로 앵비바주를 바른다(→imbiber).

5. 팔레트 나이프(앙글르 팔레트 palette coudée)로 크림을 바른다.

6. 과일을 흩어 놓는다.

• 바로 앞부터 말아 나가기 때문에 끝나는 쪽의 가장자리에서 몇 cm에는 과일을 놓지 말고 비워 둔다.

7. 종이를 이용해 바로 앞에서 반대 방향으로 굴려서 반죽을 만다.

8. 반죽 말기가 끝나는 부분을 아래로 해서 위에 종이를 씌우고 그 위에 자를 대고 누르면서 아래의 종이를 잡아당겨서 비스퀴의 감은 정도를 조여 준다. 냉장고에서 차게 한다.

완성하기

작은 체를 사용해서 슈거 파우더를 뿌리고 적당한 크기로 자른다.

• 칼은 뜨거운 물에 담가 데워 사용하고 한 조각 자를 때마다 깨끗하게 닦아서 다시 뜨거운 물에 담근다.

짤주머니(poche)의 준비와 짜는 법

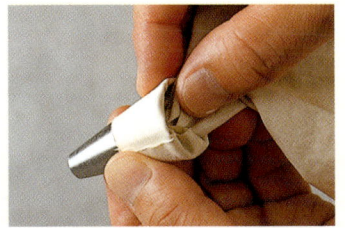

1. 짤주머니의 끝은 깍지(douille)의 넓은 쪽 지름에 맞춰 자른다. 주머니에 깍지를 넣고 깍지의 뒤에서 주머니를 2~3회 비틀어 돌리고 깍지 안에 밀어 넣는다.

2. 주머니의 윗부분을 뒤집어 접는다.

3. 접힌 부분에 손을 넣고 엄지와 검지 사이로 주머니의 접힌 부분을 받친다.

4. 크림이나 반죽을 카드(corne) 등으로 떠서 담는다.

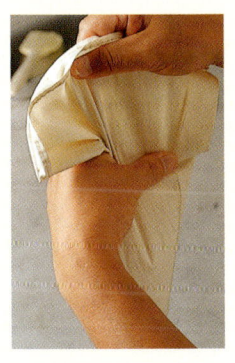

5. 접혔던 부분을 되돌리고, 주머니의 윗부분을 쥐고 반죽(또는 크림)을 깍지 쪽으로 모은다.

6. 반죽이 들어 있는 부분의 비로 윗부분을 짜고 오른손(왼손잡이는 왼손) 엄지와 검지 사이에 꽉 끼우고 깍지를 위로 향해 잡는다.

7. 깍지에 밀어 넣었던 부분을 편다. 오른손으로 쥔 부분을 비틀어 놀리고 반죽이 깍지의 끝끼지 가득 차서 주머니가 팽팽한 상태가 되도록 한다.

8. 왼손 엄지와 검지를 깍지에 대고 오른손으로 짤주머니를 짜듯이 해서 짜 나간다. 짤 때마다 주머니를 비틀어 놀려서 항상 깍지와 짤주머니가 팽팽한 상태를 유지하도록 한다.

프로마주 블랑
코티지치즈나 크림치즈 같은 프레시 치즈의 일종이다. '하얀 치즈'라는 이름 그대로 순백의 크림 형태이며 프랑스 프레시 치즈의 대명사이다. 우유를 유산균 발효시킨 후 응고시켜 약킨 딜수민 시킨 제품으로 숙성시키지 않았기 때문에 풍미에 특징이 없다. 요구르트를 닮은 산미가 있지만 더욱 부드럽고 깊은 맛이 있다.

Charlotte aux poires

샤를로트 오 푸아르

틀에 비스퀴를 붙이고 안에 바바루아 등을 채운 후 식혀서 굳힌 샤를로트를 만드는 법은 19세기 앙토냉 카렘
(1783~1833년, 프랑스 요리사, 제과 장인)이 완성시켰다고 전해진다. 그 이전까지의 샤를로트는 바깥쪽에 비스퀴
또는 빵을 사용하고 안에 과일 잼 같은 것을 채워 구운 따뜻한 과자로, 영국의 궁정에서 만들어졌으며 조지 3세
(1738~1820년)의 왕비 샤로트의 이름을 따서 이름이 지어졌다고 한다. 샤를로트에는 테두리에 잔주름을 넣어 리본
이나 레이스를 단 '부인용 모자'라는 의미도 있다.

재료 지름 21cm, 높이 4.5cm의 것 2개 분량

파트 아 비스퀴 기본 배합×2 pâte à biscuit
슈거 파우더 sucre glace

⎡ 서양배 바바루아 bavaroise aux poires
  서양배 퓌레 300ml 300ml de purée de poire
  노른자 120g 120g de jaunes d'œufs
  설탕 60g 60g de sucre semoule
  판 젤라틴 3장(한 장당 3g) 3 feuilles de gélatine
  서양배 브랜디 30ml 30ml d'eau-de-vie de poire
  생크림 300ml 300ml de crème fraîche
⎣ 시럽에 졸인 서양배 4조각 4 demi-poires au sirop

시럽에 졸인 서양배 6~8조각 6 à 8 demi-poires au sirop
나파주 nappage
피스타치오(장식용) pistaches

* bavaroise(바바루아즈) : 바바루아를 샤를로트 안에 넣는 등 케이크
  의 크림으로 사용할 경우는 크렘 바바루아즈 또는 바바루아즈라고 부
  를 때가 많다.

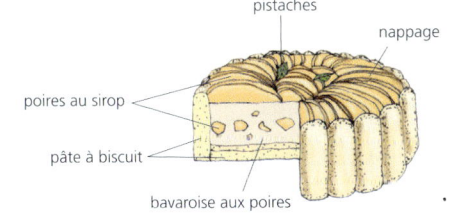

pistaches
nappage
poires au sirop
pâte à biscuit
bavaroise aux poires

Charlotte aux poires

세르클 아 앙트르메 cercle à entremets
바닥이 없는 링 형태의 틀. 앙트르메
를 조립할 때 또는 반죽을 굽는 틀로
사용한다.

준비 작업

○ 오븐을 200℃로 예열한다.

○ 철판에 종이 본을 깔고 그 위에 본이 비치는 종이를
한 장 깐다. 종이 본에는 지름 19cm의 원 2개와, 4.5cm
폭의 평행선 2줄을 철판 폭에 맞춰 그린다.

○ 짤주머니를 준비한다(→p.45).

○ 시럽에 졸인 서양배 4조각을 1.5~2cm 크기로 네모나
게 자른다.

○ 피스타치오는 뜨거운 물에 넣어 껍질을 벗기고 얇게
자른다.

○ 판 젤라틴을 얼음물에 담가 불린다. 부드러워지면 물
기를 짜서 둔다.

* 판 젤라틴을 얼음물에 담글 때는 세 장을 겹쳐서 담그면 서로 붙어서
  속까지 균일하게 불릴 수 없으므로 한 장씩 넣는다.

반죽 굽기

1. 파트 아 비스퀴를 지름 13mm의 원형 깍지를 끼운 짤
주머니에 넣어 4.5cm의 길이로 짜 이어서 띠 형태로
만든다(63cm의 띠가 2개 필요). 깍지로 반죽을 누르
듯이 해서 깍지의 지름보다 두껍게 짠다. 남은 반죽
은 지름 9mm의 원형 깍지를 끼운 짤주머니에 넣어 지
름 19cm의 원형이 되도록 소용돌이 모양으로 2개를
짠다(→dresser).

* 띠 형태의 반죽은 샤를로트의 측면을 장식하게 되므로, 예쁘게 완성
  하기 위해서는 반죽의 상태가 좋을 때 먼저 짠다.

2. 띠 형태로 짠 반죽에 슈거 파우더를 가볍게 뿌리고 잠
시 두다 슈거 파우더가 녹으며 다시 한 번 뿌린다. 이
작업을 2~3회 반복한다.

* 구워 내면 일단 녹았던 슈거 파우더가 진주와 같은 알갱이 형태로 굳
  어 표면에 질감을 준다(→페를라주, perlage).

3. 200℃로 예열한 오븐에서 10~15분간 굽는다. 구울 때
깐 종이는 벗기지 말고 또 한 장의 종이를 덮어 상온
으로 식힌다. 식으면 종이를 벗겨 내고 띠 모양의 비스
퀴를 세르클 안쪽에 맞춰 넣고, 바닥의 크기에 맞춰
자른 원형의 비스퀴를 깐다(→chemiser).

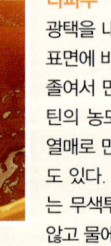
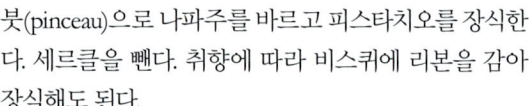

서양배 바바루아 만들기

4. 볼에 노른자를 풀고 설탕을 넣어 섞은 후 하얗게 되고 찰기가 생길 때까지 거품기를 이용해서 휘저어 섞은 후(→blanchir), 끓인 서양배 퓌레를 넣는다.

5. 냄비에 넣고 불을 켠 후, 잘 섞으면서 82~84℃까지 가열한다.

• 온도계가 없을 경우, 재료를 저으며 졸이다가 냄비 가장자리가 끓기 시작하면 불을 끈다.

6. 불을 끄고 불린 젤라틴을 넣고 녹인다.

7. 거른 뒤(→passer) 볼에 넣어 식히고, 걸쭉해지면 서양배 브랜디를 넣는다. 거품을 낸 생크림과 합친다.

• 생크림은 60% 정도 거품을 낸다 = 거품기로 뜰 수 있지만 천천히 떨어지는 정도.

조립하기

8. 비스퀴를 깐 틀에 바바루아를 반 정도 붓고, 잘라 둔 시럽에 졸인 서양배를 골고루 뿌린다.

9. 남은 바바루아를 넣은 후 표면을 평평하게 고르고, 냉장고에서 식혀서 굳힌다.

• 바바루아에 잘라 놓은 시럽에 졸인 서양배를 전부 넣고 비스퀴를 깐 틀에 부어도 된다.

10. 시럽에 졸인 서양배 6~8조각을 얇게 잘라 철판에 늘어놓고 토치로 표면을 살짝 구운 다음, 식혀서 굳힌 바바루아의 표면에 가지런히 늘어놓는다.

완성하기

붓(pinceau)으로 나파주를 바르고 피스타치오를 장식한다. 세르클을 뺀다. 취향에 따라 비스퀴에 리본을 감아 장식해도 된다.

• 나파주는 10% 정도의 물을 첨가해 끓여, 완전히 녹여서 사용한다.

나파주
광택을 내거나 표면을 보호하기 위해 과자 표면에 바르는 것을 말한다. 살구와 설탕을 졸여서 만든 잼과 같은 형태의 것으로, 펙틴의 농도가 높다. 레드커런트 등의 붉은 열매로 만든 나파주 루즈(nappage rouge)도 있다. 나파주 뇌트르(nappage neutre)는 무색투명한 나파주로 과일은 사용하지 않고 물에 펙틴, 설탕, 물엿 등을 첨가해 만든 것이다.

젤라틴
젤리나 바바루아 등 냉과를 굳히기 위해 사용하는 응고제의 일종이다. 소나 돼지의 뼈 또는 껍질에서 콜라겐(불용성 단백질)을 뜨거운 물로 추출, 정제해서 건조시킨 무색투명한 물질이다. 판 형태와 가루 형태의 제품이 있다. 젤라틴은 흡수시킨 후 다른 재료에 첨가하고, 50~60℃로 가열해서 녹인다. 이것을 식히면 부드럽고 점성과 탄력이 있는 상태로 응고한다. (→p.250 : 응고제)

시럽에 졸인 서양배

재료

서양배 3개 3 poires
레몬(1cm 두께로 둥글게 썬 것) 1장 1 rondelle de citron
바닐라 빈 1개 1 gousse de vanille
시럽(설탕 1 : 물 2) sirop
　　물 400㎖ 400㎖ d'eau
　　설탕 200g 200g de sucre semoule

만드는 법

① 서양배의 껍질을 벗겨 세로로 반 잘라 씨 부분을 제거한다.
② 서양배, 시럽, 바닐라 빈 1개, 얇게 썬 레몬 1조각을 밀봉할
　 수 있는 내열성 비닐봉지(개구부가 이중으로 된 것)에 넣는다.
③ 살짝 끓인 물에 봉지째 넣고 40분~1시간 동안 삶는다.
④ 식으면 냉장고에 보존한다.

서양배

장미과 배속에 속하는 서양배 나무의 열매. 일본의 배에는 과육의 세포가 목질화한 석세포가 많아 까슬까슬한 식감이 있지만, 서양배는 부드러운 과육의 살살 녹는 식감과 단맛, 향이 특징이다. 이 특징은 완숙을 기다리지 않고 수확한 후, 일정 온도에서 보존해 두는 후숙 처리에 의해 생겨난다. 프랑스에서는 7월 중순부터 4월경까지 다양한 품종이 출하되지만, 일본에서는 '라 프랑스'라고 불리는 품종을 중심으로 바틀릿, 르 레크체 등의 품종이 재배되고 있다.

서양배 브랜디

서양배 밀매 분쇄해서 발효, 증류한 무색투명한 프루츠 브랜디. 특히 향이 좋은 푸아르 윌리엄(Poire Williams)이라는 품종의 서양배로 만든 같은 이름의 술이 유명하다.

Pâte à génoise 파트 아 제누아즈

전란 그대로 거품을 내는 공립법으로 버터를 첨가해 만드는 스펀지 반죽. 공립법의 반죽은 별립법의 반죽보다 거품 양은 적으나 촉촉하고 치밀한 것이 특징이다. 부드럽고 유동성이 있는 반죽이므로 짜 내서 굽는 경우는 없고 틀에 넣거나 철판에 부어서 구워 낸다.

버터를 첨가해서 만드는 스펀지 반죽은 일반적으로 공립법으로 만드는 경우가 많다. 버터가 들어가 있기 때문에 풍미에 깊이가 있으며, 크렘 오 뵈르 등 농후한 풍미의 크림과 조합하기도 좋다.

*génoise [f] 스펀지케이크의 일종인 제누아즈. Gênes(젠느, 이탈리아 제노바를 말함)의 형용사 génois(제노아)의 여성형.

재료 기본 배합

달걀 150g(3개) 150g d'œufs
설탕 90g 90g de sucre semoule
박력분 90g 90g de farine
버터 30g 30g de beurre

준비 작업

○ 박력분을 체로 친다(→tamiser).

○ 버터를 중탕으로 녹인다.

○ 달걀을 1개씩 깨 보면서 큰 볼에 옮긴다(껍질의 파편, 부패한 달걀을 제거하기 위해).

---

1. 달걀을 가볍게 풀고 설탕을 넣은 후, 중탕(→bain-marie)으로 열을 가한다.

2. 달걀의 끈기가 없어져 가벼운 상태가 될 때까지 거품기(fouet)로 휘저어 섞는다. 이 상태가 되면 반죽은 체온 정도로 데워져 있다.

3. 중탕에서 꺼내 거품을 내기 시작한다. 거품을 내는 사이에 달걀의 온도가 상온으로 돌아오고 하얗고 폭신하며 치밀해진다. 들어 올렸을 때 진득하게 일정한 폭을 유지하면서 부드럽게 흘러 떨어지고, 떨어진 반죽의 모양이 잠시 남아 있다가 사라지는 상태가 될 때까지 거품을 낸다. 이 상태를 리본 상태(→ruban)라고 한다.

• 전란은 거품을 내기 힘들지만 데우면 끈기가 없어져 표면 장력이 약해지므로 거품 내기가 쉬워진다. 달걀은 피부 정도의 온도(38℃)가 기포력이 가장 좋다.

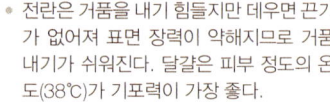

• 달걀의 끈기가 없어지면 만들어지는 거품의 안정성이 낮고 가라앉기 쉽다. 그러므로 거품의 안정성을 좋게 하는 성질이 있는 설탕을 처음부터 넣는다.

• 중탕을 하면서 거품을 너무 많이 내면 달걀의 끈기가 완전히 사라져 버리고, 안정성이 없는 성긴 거품이 생긴다. 구워 낸 후에는 조직이 엉성하고 중앙이 움푹 패인 스펀지가 되기 쉽다.

4. 박력분을 뿌려 넣으면서 가루가 없어질 때까지 나무 주걱(spatule en bois)이나 고무 주걱(palette en caoutchouc)으로 반죽을 크게 자르듯이 세심하게 혼합한다.

- 반드시 거품을 낸 달걀이 상온으로 돌아온 다음 박력분을 넣는다. 달걀이 따뜻하면 거품이 안정되지 않는다.

- 박력분을 뿌려 넣으면서 볼을 끊임없이 자기 앞으로 돌리고, 반죽의 중앙에서 한 바퀴 돌리듯이 그리고 주걱으로 자르듯이 혼합한다(반죽의 양이 적고 볼이 얕은 경우. 그림 1).

- 기계를 사용해서 반죽을 만들 경우에는 반죽의 양이 많고 볼이 깊기 때문에 그림 1과 같이 해도 전체적으로 박력분이 섞이지 않는다. 볼을 손으로 회전시키면서 거품을 떠 내는 구멍 뚫린 국자(écumoire)를 사용해서 반죽을 바닥부터 크게 떠 올리듯이 해서 혼합한다(그림 2).

5. 따뜻하게 녹인 버터를 주걱에 묻혀서 반죽의 표면 전체에 펼치듯이 돌려 넣고 바닥부터 크게 자르듯이 섞는다.

- 녹인 버터를 직접 반죽에 부으면 바닥에 가라앉아 반죽에 혼합되기 힘들다. 가라앉아 버린 경우에는 잘 섞기 위해 오래 섞게 되는데, 그럴 경우 버터의 거품을 꺼뜨리는 성질 때문에 달걀의 거품이 꺼져 버린다.

6. 가능한 한 빨리 반죽 전체에 버터를 잘 섞어준다.

- 버터가 섞이지 않고 남아 있으면 그 부분은 구워 낸 후 노란 반죽의 덩어리가 생긴다.

<그림 1>
주걱을 볼의 바깥쪽에서 자기 앞으로 크게 한 바퀴 돌리듯이 움직이며 섞어 나간다.

볼을 자기 앞으로 돌린다

<그림 2>
구멍 뚫린 국자를 볼의 바깥쪽에서 자기 앞으로 크게 한 바퀴 돌리듯이 움직이며 섞어 나간다.

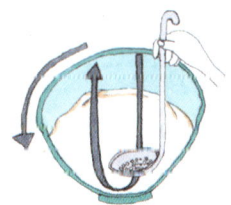

볼을 자기 앞으로 돌린다

버터를 첨가하는 요령

반죽에 버터를 첨가함으로써 깊이 있는 풍미가 나오는데, 유지에는 달걀의 거품을 꺼뜨리는 성질이 있다. 그 때문에 제누아즈에서는, 버터는 반죽을 만드는 공정의 마지막에 첨가하며 재빠르게 혼합해서 거품을 꺼뜨리지 않도록 완성하고 바로 구워 내는 것이 중요하다.

버터를 반죽 전체에 재빠르게 혼입하기 위해서는 뜨거운 녹인 버터를 사용한다. 왜냐하면 버터는 온도가 내려가면 유동성을 잃어 반죽과 섞이기 힘들기 때문이다. 이 녹인 버터는 반죽에 섞인 시점에도 유동성을 가지고 있지 않으면 의미가 없다. 녹이는 온도는 체온 정도라고 하지만 계절이나 도구 등의 조건에 따라 변한다.

특히 바깥 기온이 낮은 겨울철에는 볼이나 반죽도 상당히 차가워진다. 그럴 때는 체온 정도의 온기밖에 없는 녹인 버터를 사용하면 반죽에 첨가한 시점에서 버터의 온도가 내려가 유동성이 나빠지며 잘 섞이지 않고 결과적으로 반죽의 거품을 꺼뜨려 버리게 된다. 그러한 경우에는 녹인 버터의 온도를 조금 더 높여 둘 필요가 있다.

Fraisier
프레지에

일본에서 딸기를 사용한 과자라고 하면 우선 쇼트케이크를 떠올리는데, 프랑스에서는 깊이 있는 크렘 무슬린, 스펀지, 딸기를 조합한 프레지에가 일반적이다. 표면에 고급스러운 핑크색의 마지팬을 씌우고 가득 채운 딸기의 단면을 보여 주는 것이 특징이다.

* fraisier [m] 식물로서의 딸기를 가리키는 말.

재료 18×18㎝, 높이 4.5㎝의 정사각형 2개 분량

파트 아 제누아즈 기본 배합 pâte à génoise
앵비바주 imbibage
　┌ 시럽(물 2 : 설탕 1) 60㎖ 60㎖ de sirop
　└ 그랑 마르니에 30㎖ 30㎖ de Grand Marnier
크렘 무슬린 crème mousseline
　┌ 크렘 파티시에르 370g 370g de crème pâtissière(→p.40)
　└ 크렘 오 뵈르 190g 190g de crème au beurre(→p.60)
딸기(소) 400g 400g de fraises(→p.39)
파트 다망드 200g 200g de pâte d'amandes
식용 색소(적, 녹, 황) colorant(rouge, vert, jaune)
버터(틀용) beurre
슈거 파우더(덧가루용) sucre glace

*mousseline [adj.] (과자, 크림 등이) 가볍고, 부드러운. 여성 명사로 부
　드러운 모직물인 모슬린을 말한다.

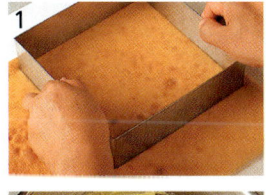

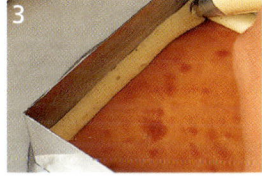

크렘 무슬린

크렘 파티시에르를 베이스로 한 크렘 오 뵈르(버터 크림)의 일종이
다. 기본은 파티시에르 ½~⅔ 양의 버터를 부드러운 크림 상태로 만
들이 공기를 포집하고, 파티시에르를 첨가해서 만든다. 여기에서는
버터 대신에 이탈리안 머랭을 베이스로 한 크렘 오 뵈르를 사용해
더욱 가벼운 크림으로 완성했다. 적당한 점성이 있어 딸기와 같이
수분이 많은 과일과 반죽을 접착하는 역할도 한다.

반죽 굽기

1. 종이를 깐 40×30㎝의 철판에 파트 아 제누아즈를 붓
　고 200℃로 예열한 오븐에서 약 10분간 굽는다. 완전
　히 식으면 틀에 맞춰 18×18㎝ 정사각형 2개를 잘라
　낸다. 버터를 얇게 바른 틀에 제누아즈를 1개 깔고 앵
　비바주를 바른다(→imbiber).

● 틀에 버터를 바르는 것은 틀을 떼어 낼 때 쉽게 빠지도록 하고 딸기
　의 산으로 인해 쇳내가 나는 것을 방지하기 위함이다.

● 사진과 같이 노릇노릇한 면을 위로 해서 제누아즈를 깔고 7에서는
　노릇노릇한 면을 아래로 해서 절단면의 색의 밸런스를 잡아 준다.

크렘 무슬린 만들기

2. 크렘 파티시에르를 주걱으로 섞어 부드럽게 만들고
　크렘 오 뵈르를 조금씩 넣어 거품기로 부드러운 상태
　를 유지하여 혼합한다.

● 크렘 오 뵈르를 넣으면 크렘 파티시에르가 알갱이 모양이 되어 버
　리는 경우도 있다. 이와 같이 분리된 경우에는 소량을 덜어 중탕으
　로 데워 부드럽게 하고 다시 조금씩 분리된 크림을 더해 거품기로
　혼합하면 된다.

● 그렘 오 뵈르에 크렘 파티시에르를 조금씩 넣는 것이 잘 분리되지
　않아 좋지만, 크렘 파티시에르에 크렘 오 뵈르를 넣는 것이 깊은 맛
　을 느낄 수 있다.

조립하기

3. 지름 13㎜의 원형 깍지를 끼운 짤주머니(poche à dou-
　ille unie)에 크렘 무슬린을 넣고 틀 속에 짜 넣는다.

4. 딸기를 10개 정도 세로로 반으로 자르고 절단면을 틀
　쪽에 붙여서 늘어놓는다.

● 딸기는 꽉 짠 젖은 행주로 가볍게 닦아 놓는다.

5. 딸기를 크림 속에 묻히도록 안쪽에 전체적으로 늘어
　놓고 크렘 무슬린을 딸기의 사이를 메우듯이 짜 낸다.

6. 틈에 남겨져 있는 공기를 빼면서 크림을 평평하게 고
　른다.

7. 다른 1개의 제누아즈를 얹고 앵비바주를 바른다(노
　릇노릇한 면이 아래로 향하도록 한다). 랩을 씌워 냉
　장고에서 차게 해 크림을 굳힌다.

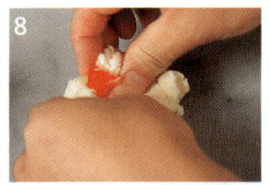

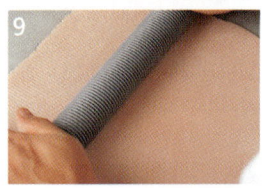

파트 다망드 준비하기

8. 파트 다망드를 식용 색소를 사용해 핑크색으로 착색한다.

- 파트 다망드의 일부를 떼어 내 적색 식용 색소로 착색하고 남은 파트 다망드에 합쳐 색을 조절해 나간다.

9. 슈거 파우더를 덧가루로 쓰면서 밀대로 얇게 펴고 정사각형으로 가다듬는다. 세로로 가늘게 홈이 파인 밀대(rouleau cannelé)로 줄무늬 모양을 낸다.

완성하기

10. 식혀서 굳힌 7의 표면에 크렘 무슬린을 얇게 바르고, 파트 다망드를 밀대에 감은 채로 얹어 공기가 들어가지 않도록 꼭 맞게 씌운다.

11. 판 등을 대고 뒤집고, 비어져 나온 파트 다망드를 잘라 낸다.

12. 측면에 토치 등으로 열을 가해 틀을 뺀다. 판 등을 대고 뒤집어 상하를 되돌리고 나서 파트 다망드의 장미(오른쪽 페이지 참조)를 장식한다.

그랑 마르니에
오렌지와 코냑을 베이스로 만드는 리큐어. 프랑스의 마르니에 라포스톨사(社)가 1880년부터 제조했다. 비터 오렌지의 껍질을 브랜디 신주에 담가 증류하고, 다시 코냑과 블렌드해서 숙성시킨 후 여과해서 단맛을 더했다. 강한 열을 가해도 향이 사라지지 않는 것이 특징이다.

식용 색소
식품에 사용할 수 있는 착색제. 색조를 유지하거나 식욕을 돋우는 색을 내기 위해서 사용한다. 적색 2호 등 타르 계열 색소로 대표되는 화학적으로 합성한 것과 식물이나 곤충 등 천연의 재료에서 추출한 것(홍화 색소, 코치닐 색소 등)이 있다.

카르통 carton
케이크의 받침대로 쓰이는 금색 또는 은색의 두꺼운 종이. 조립한 케이크의 밑에 깔아 두면 모양을 망치지 않고 쉽게 이동시킬 수 있다. 무스나 바바루아를 세르클로 굳힐 때 까는 종이로도 사용할 수 있다.

마지팬 공예(장미꽃) →p.323

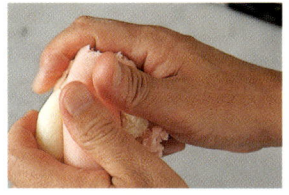

1. 핑크색과 흰색으로 착색한 파트 다망드(마지팬)를 마블 형태로 혼합한다.

2. 봉 모양으로 늘이고 같은 크기로 자른다.

3. 한 개씩 팔레트 나이프(palette)로 펴서 장미꽃 잎을 만든다. 가장자리 쪽을 좀 더 얇게 편다.

4. 별도로 심이 될 부분을 만든다.

5. 3의 꽃의 중심 쪽을 십는다.

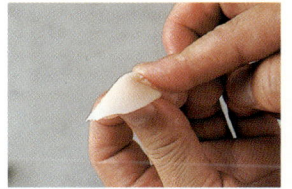

6. 집은 부분을 한쪽으로 꺾이 구부린다.

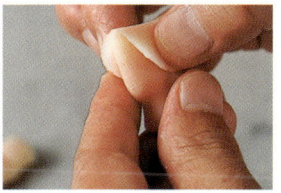

7. 6의 꽃잎을 만들어 놓은 꽃의 심에 덮는다.

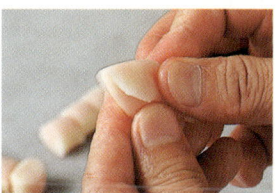

8. 밑부분을 단단히 붙인다. 5~8의 요령으로 꽃잎을 3장 정도 꽃의 심에 붙인다.

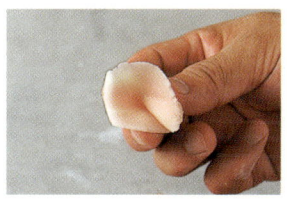

9. 꽃잎 가장자리의 일부를 바깥쪽으로 펴고 5와 마찬가지로 꽃의 중심 쪽을 집는다.

10. 8에 덧붙인다. 9, 10의 요령으로 꽃잎을 3∼4장 붙인다.

11. 밑부분을 나이프로 잘라낸다.

12. 장미꽃 완성.

13. 초록색으로 착색한 파트 디망드로 잎과 줄기를 만든다. 착색할 때는 식용색소 중 초록색과 황색을 사용해 색을 조절한다.

14. 장미꽃에 잎과 줄기를 조합한다.

Gâteau moka

가토 모카

* moka [m] 커피 빈의 품종명. 강하게 배전한 원두로 만든 진한 커피. 커피 풍미의 케이크. 홍해 입구에 위치한 예멘 공화국의 항구 도시 모카(Moka)에서 유래한다. 아라비아 반도는 커피 재배의 기원이라고 알려져 있으며, 그 역사는 기원전으로 거슬러 올라간다. 반도 남단의 항구 도시 모카는 16세기에 커피 수출의 선적항으로 번성했다.

프랑스 과자 중에서 제누아즈를 사용한 대표적인 케이크 중 하나이다. 일본에서 만든 대표적인 양과자인 '딸기 쇼트케이크'를 보면 알 수 있듯이 일본에서는 제누아즈에는 생크림(크렘 샹티이)을 조합하는 것이 가장 대중적이다. 하지만, 프랑스에서는 데커레이션 케이크는 전통적으로 크렘 오 뵈르가 주류이다. 크림을 바르는 방법, 크림을 짜는 방법의 기본을 익히면 데커레이션은 자유이다.

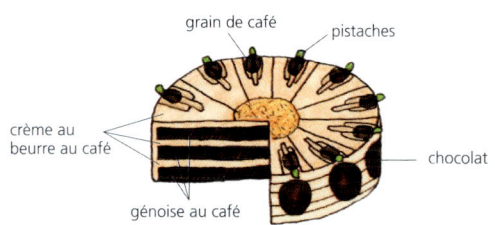

grain de café   pistaches

crème au
beurre au café   chocolat

génoise au café

Gâteau moka

재료 지름 21㎝의 것 1개 분량

파트 아 제누아즈 오 카페 pâte à génoise au café
(기본 배합+커피)

⎡ 달걀 150g(3개) 150g d'œufs
│ 설탕 90g 90g de sucre semoule
│ 박력분 90g 90g de farine
│ 버터 30g 30g de beurre
│ 인스턴트 커피 5g 5g de café soluble
⎣ 뜨거운 물 5㎖ 5㎖ d'eau chaude

크렘 오 뵈르 오 카페 crème au beurre au café

⎡ 크렘 오 뵈르 400g 400g de crème au beurre(→p.60)
│ 인스턴트 커피 5g 5g de café soluble
⎣ 뜨거운 물 5㎖ 5㎖ d'eau chaude

앵비바주 imbibage

⎡ 시럽(물 2 : 설탕 1) 75㎖ 75㎖ de sirop
⎣ 럼주 60㎖ 60㎖ de rhum

커피 빈즈 초콜릿(장식용) 10개 10 grains de café
원형 초콜릿(장식용) 10매 10 disques de chocolat
피스타치오(장식용) pistaches

커피 빈즈 초콜릿
기피 빈 모양을 한 초콜릿으로, 모양
뿐만 아니라 커피의 풍미를 첨가한
것도 있고 배전한 진짜 커피 빈을 초
콜릿으로 코팅한 것도 있다.

준비 작업

○ 인스턴트 커피(제누아즈용, 크렘용)는 뜨거운 물에 녹
여 둔다.

○ 앙트르메용 세르클(cercle)에 종이를 깐다(→p.59).

○ 오븐을 180℃로 예열한다.

파트 아 제누아즈 오 카페를 만들어 굽기

1. 달걀에 설탕을 넣어서 리본 상태(→ruban)가 될 때까
지 거품을 내고(→p.50 : 파트 아 제누아즈 1~3) 녹인
커피를 섞는다. 거기에 박력분, 녹인 버터를 순서대로
넣는다(→p.51 : 파트 아 제누아즈 4~6).

2. 틀에 부어 넣고 작업대 위에 가볍게 부딪쳐서 큰 거
품을 제거한다.

3. 180℃로 예열한 오븐에서 약 25분간 굽는다.

• 알맞게 노릇노릇해지면 돔 형태의 가장 높이 부풀어 오른 중앙을 손
가락 끝으로 눌러 본다. 탄력이 느껴지면 다 구워진 것이므로 오븐
에서 꺼낸다. 덜 구워진 경우에는 가라앉는 듯한 느낌이 들고 손가
락 자국이 남기도 한다.

4. 다 구워지면 약간 높은 곳에서 떨어뜨려 스펀지에 충
격을 주고, 다시 스펀지를 틀째로 뜨거운 철판에 뒤집
어서 30초 정도 둔다. 원래 상태로 되돌리고 완전히 식
힌다. 종이를 제거하고 틀 안쪽 면에 칼을 넣어 둥글게
돌려서 스펀지를 틀에서 빼낸다. 1㎝ 메탈 바를 제누
아즈의 양쪽에 두고 메탈 바에 맞춰 아래부터 가로로
3장을 잘라 낸다. 남은 맨 위의 노릇노릇한 부분은 체
로 걸러서 케이크 크럼(miette)으로 쓴다.

• 스펀지에 충격을 줌으로써 빨리 필요 없는 수분을 날리고 결을 균일
하게 해서 난난한 조직을 형성시킨다.

• 뒤집음으로써 표면을 평평하게 가다듬을 수 있다.

크렘 오 뵈르 오 카페 만들기

1. 크렘 오 뵈르에 녹인 커피를 넣고 부드럽게 될 때까
지 섞는다.

• 크림이 딱딱한 경우에는 중탕으로 열을 가해서 강도를 조절한다.

조립하기

6. 회전대에 제누아즈를 1장 올리고 붓(pinceau)으로 앵비바주를 바른다(→imbiber). 제누아즈 중앙에 크림 ⅛을 올리고 펴 바른다. 측면에 비어져 나온 크림은 제거한다.

- 팔레트 나이프는 검지를 금속 부분에 대고 잡으며, 손끝의 감각이 나이프의 끝까지 전달되도록 한다.
- 회전대를 시계 반대 방향으로 회전시키면서 팔레트 나이프를 좌우로 크게 움직여서 크림을 자기 앞에서 건너편으로 밀어내듯이 펴서 가장자리까지 넓히고 일정한 두께로 만든다.

7. 두 번째 제누아즈를 올리고 수평이 되도록 가볍게 위에서 누른다. 주위에 비어져 나온 크림을 밀어 넣듯이 해서 측면을 다듬고 제누아즈에 앵비바주를 바른다.

8. 6과 같은 두께로 크림을 펴 바르고 세 번째 제누아즈를 올리고 앵비바주를 바른다. 남은 크림의 반을 윗면에 펴 바른다.

9. 남은 크림의 일부로 측면을 가지런하게 한다.

- 측면에 크림을 바를 때는 팔레트 나이프를 짧게 잡고 끝을 이용해서 크림을 편다. 팔레트 나이프와 회전대는 각각 반대 방향으로 돌려서 크림을 매끈하게 다듬는다.

10. 콤(peigne à décor)으로 줄무늬 모양을 만든다.

- 콤을 케이크에 직각으로 대면 크림이 푹 패어 버린다. 크림을 바를 때와 같이 콤을 케이크에 비스듬한 각도로 대면 깔끔한 줄무늬 모양을 만들 수 있다.

11. 측면을 다듬을 때 윗면에 비어져 나온 크림을 중앙으로 보내 팔레트 나이프로 제거한다.

12. 등분기로 표시한다.

13. 남은 크림을 짜고 케이크 크림과 피스타치오, 초콜릿 등을 장식해서 완성한다.

팔레트 나이프 palette

팔레트 나이프를 잡는 법, 고르는 법

팔레트 나이프는 가볍게 쥐고 검지를 금속 부분에 대고 끝의 감각이 검지에 전달되도록 잡는다. 팔레트 나이프에서 전달되는 감각은 금속 부분의 강도에 따라 달라지므로 자신에게 맞는 강도의 나이프를 선택하는 것이 중요하다.

카스텔라용 칼

일본의 독특한 칼로 카스텔라를 자르기 위한 칼이다. 칼날의 길이가 길고 날이 얇다. 톱니 칼(couteau-scie)로 자르면 스펀지 부스러기가 나오기 쉽지만 카스텔라용 칼을 사용하면 깨끗하게 잘린다.

피스타치오

옻나무과의 낙엽 교목으로, 중앙아시아와 서아시아가 원산지이다. 식용의 역사가 오래되었으며 유사 이전에 수렵·채집으로 식량을 얻던 시절에 이미 자생하는 피스타치오를 먹었다고 한다. 하얗고 딱딱한 껍질 속에 얇은 껍질에 싸인 초록색의 씨앗이 있으며, 껍질을 벗겨 낸 씨앗을 장식용으로 사용하거나 페이스트로 만든 것도 사용되고 있다. 초록색이 짙은 것이 좋은 것으로 여겨진다.

왼쪽 사진 : 껍질을 벗긴 씨앗, 오른쪽 사진 : 껍질이 붙어 있는 것

틀의 준비

바닥이 있는 틀에 종이를 까는 방법

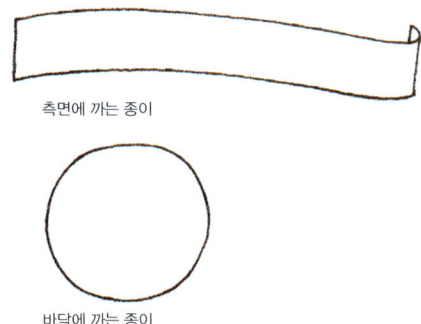

측면에 까는 종이

바닥에 까는 종이

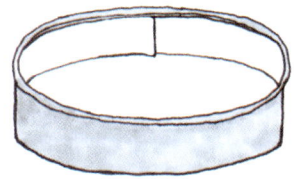

안쪽에 버터를 가볍게 발라 두면 종이를 깔기 쉽다

앙트르메용 세르클에 종이를 까는 방법

1. 세르클의 바닥에 세르클보다 큰 종이를 깔고, 종이의 남은 부분에서 점선 부분을 틀에 맞춰 꺾어 구부린다(그림 1).

• 이 경우는 틀에 버터 등 유지를 바르지 않는다. 구울 때 반죽이 틀에 달라붙이 그대로 식히게 되면 줄어드는 것을 막을 수 있다는 이점이 있다.

2. 완성(그림 2).

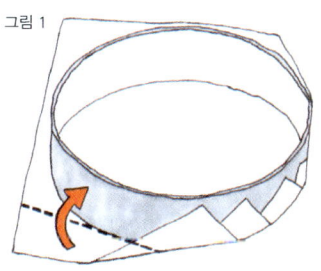

그림 1

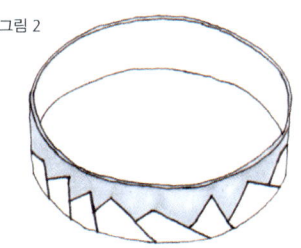

그림 2

바닥이 있는 틀에 버터를 바르고 가루를 뿌리는 방법

1. 바닥이 있는 틀에 크림 상태의 버터를 고르게 바른다(그림 1).

2. 상력분을 뿌려 넣고 여분의 가루는 털어 버린다(그림 2).

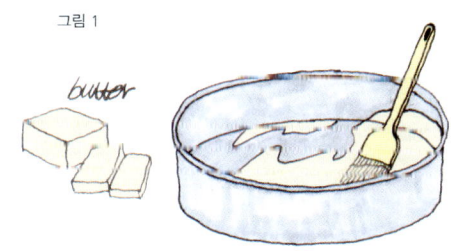

그림 1

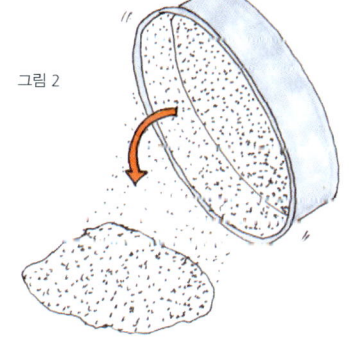

그림 2

Crème au beurre 크렘 오 뵈르

원래는 버터에 설탕으로 단맛을 준 것이었으나, 좀 더 가볍고 식감이 좋아지도록 다양한 제조법이 고안되었다. 19세기에 먼저 카렘에 의해, 뒤이어 에스코피에(→p.14)에 의해 비약적으로 진보했다. 모카, 프레지에, 오페라, 뷔슈 드 노엘 등 프랑스다운 앙트르메에 빼놓을 수 없는 크림이 되었다. 크렘 오 뵈르는 제조법에 따라 풍미나 강도, 색조 등이 달라진다. 여기에서 소개하는 이탈리안 머랭을 베이스로 한 것 외에 파트 아 봉브를 베이스로 한 것(→p.192), 크렘 파티시에르를 베이스로 한 것(→p.53) 등이 있다.

*crème au beurre 크렘 오 뵈르, 버터 크림.

재료 기본 배합 : 완성품 약 750g

버터 450g 450g de beurre
이탈리안 머랭 meringue italienne(→p.187)
　흰자 120g(4개 분량) 120g de blancs d'œufs
　설탕 20g 20g de sucre semoule
　시럽 sirop
　　물 60㎖ 60㎖ d'eau
　　설탕 180g 180g de sucre semoule

1. 물과 설탕 180g을 110~120℃로 졸여서 시럽을 만든다(→p.61). 한편 흰자에 설탕 20g을 넣고 치밀해져서 각이 설 때까지 거품을 내고 시럽을 조금씩 볼 가장자리를 따라 부어 준다.

2. 열이 완전히 없어질 때까지 거품을 낸다. 이탈리안 머랭의 완성.

3. 부드럽게 만든 버터를 2의 이탈리안 머랭에 넣고 섞는다.

4. 부드러워지고 광택이 나기 시작하면 크렘 오 뵈르가 완성된 것이다.

준비 작업

○ 버터를 실온에서 부드럽게 해 둔다.

· 시럽을 부을 때는 제과용 믹서(mélangeur)를 중속으로 작동시킨다. 고속으로 회전시키면 시럽이 볼 주변에 튄다.

· 시럽을 전부 넣으면 고속 회전하고 시럽과 흰자가 잘 섞이면 중속으로 바꾼다. 과도하게 거품을 내면 거품이 꺼져 분리되므로 주의한다.

· 상온에서 잘 녹지 않고 보형성이 좋은 반면 식감은 좋지 않다. 짜서 사용하는 경우에도 적합하다. 색이 하얗기 때문에 착색하는 경우에 발색이 좋다. 노른자를 사용하는 크렘 오 뵈르에 비해 풍미는 담백하다.

당액의 온도와 상태

100℃ nappé

당액에 스푼을 담그면 표면 전체에 얇게 덮인다. 방울이 되어 떨어진다.

110℃ filé

당액을 엄지와 검지 끝으로 집어 찬물에 살짝 담근 다음, 두 개의 손가락을 붙였다가 떼면 손가락 사이에 실처럼 늘어진다.

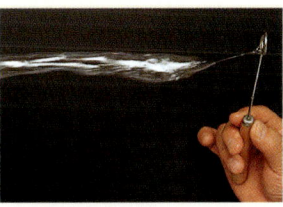

115℃ soufflé

당액을 초콜릿용 포크(원형)로 떠서 입으로 불면 거품이 생긴다.

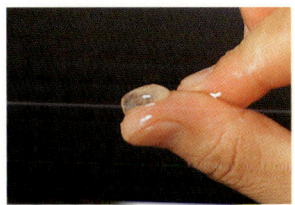

120℃ petit boulé

filé의 경우와 마찬가지로 해서 손가락으로 집으면 완전히 둥글고 부드럽게 되고 누르면 평평해진다.

130℃ grand boulé

마찬가지로 해서 손가락으로 집으면 예쁜 공 모양이 된다. 힘을 주어도 찌그러지지 않는다.

140℃ petit cassé

마찬가지로 해서 손가락으로 집으면 부드러운 판 형태가 된다. 둥글게 할 수는 없고 구부러진다.

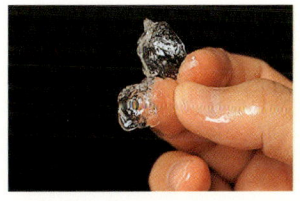

150℃ grand cassé

마찬가지로 해서 손가락으로 집으면 딱딱한 판 형태가 된다. 딱 소리를 내며 깨진다.

160℃ caramel clair

엷은 황색의 카라멜.

170℃ caramel brun

갈색의 카라멜.

180℃ 이상

카라멜의 색이 진해지며 단맛이 없어진다.

[당액을 졸일 때의 주의점]
- 깨끗하고 두꺼운 동 냄비와 붓, 물을 준비한다. 120℃까지는 냄비에 당액이 튀므로 물에 적신 붓을 이용해 냄비 안쪽을 닦으면서 졸인다.
- 실딩의 재결정화를 막기 위해서 나무 주걱으로 뒤섞거나 냄비를 흔들지 않는다. 또한 같은 이유로 표층에 불을 졸여서는 안 된다. 당액의 표면이 부글부글 끓는 상태를 뉴시한다. 불을 졸이면 표면이 당화하기 시작한다.
- 재결정화나 눌어붙는 것의 원인이 되기 때문에 불꽃이 냄비의 바닥을 벗어나 측면에 닿지 않도록 한다.

Tranche au chocolat

트랑슈 오 쇼콜라

*tranche [f] 얇은 조각. 한 조각. 여기에서는 사각형으로 자른 케이크를 가리킨다.

기본적으로 크림과 반죽은 풍미를 일치시키면 조화를 이룬다. 가나슈와 조합시키는 초콜릿 풍미의 반죽을 만들 경우에는 기본 배합에 코코아를 첨가하고, 그만큼 밀가루의 양을 줄이면 된다. 여기에서는 사각형으로 만드는 과자이므로 철판에 부어 굽지만, 같은 반죽으로 원형의 틀에 부어 구울 수도 있다.

재료 9×36cm의 직사각형 1개 분량

파트 아 제누아즈 오 쇼콜라 pâte à génoise au chocolat
- 달걀 150g(3개) 150g d'œufs
- 설탕 90g 90g de sucre semoule
- 박력분 75g 75g de farine
- 코코아 파우더 15g 15g de cacao en poudre
- 버터 20g 20g de beurre

앵비바주 imbibage
- 시럽(물 2 : 설탕 1) 75mℓ 75mℓ de sirop
- 럼주 60mℓ 60mℓ de rhum

가나슈 ganache(→p.65)
- 생크림(유지방분 38%) 100mℓ 100mℓ de crème fraîche
- 초콜릿(카카오분 56%) 100g 100g de chocolat

가나슈 오 뵈르 ganache au beurre
- 생크림(유지방분 38%) 250mℓ 250mℓ de crème fraîche
- 초콜릿(카카오분 56%) 250g 250g de chocolat
- 버터 100g 100g de beurre

코코아 파우더 cacao en poudre
금박(장식용) feuille d'or

＊시럽은 분량의 물과 설탕을 완전히 끓여서 식힌 것.

준비 작업

○ 40×30cm의 철판에 종이를 깔아 둔다.

○ 오븐을 200℃로 예열한다.

파트 아 제누아즈 오 쇼콜라를 만들어 굽기

1. 박력분과 코코아 파우더를 거품기로 섞고 나서 체에 친다(→tamiser).

2. 기본 파트 아 제누아즈(→p.50)를 참고해서 달걀과 설탕을 리본 상태(→ruban)로 거품 내고 1의 체 친 가루류를 뿌려 넣으면서 주걱으로 반죽을 자르듯이 섞는다.

● 코코아 파우더의 유지분에 의해 달걀 거품이 꺼지기 쉬우므로 재빨리 섞고 가루가 조금 남아 있는 정도에서 녹인 버터를 넣는다.

3. 따뜻하게 녹인 버터를 주걱에 묻혀서 반죽 표면 전체에 펼치듯이 돌려 넣는다. 주걱을 바닥부터 크게 한 바퀴 돌리듯이 움직여서 버터를 반죽 전체와 살 섞는다. 가루가 보이지 않을 때까지 섞는다.

4. 철판에 반죽을 붓고 표면을 평평하게 한 다음 200℃로 예열한 오븐에서 약 10분간 굽는다. 다 구워지면 종이를 제거하고 종이에 끼워 식힌 다음 폭 9cm의 띠 모양으로 3장을 자른다.

가나슈와 가나슈 오 뵈르 만들기

5. 가나슈를 준비한다. 가나슈 오 뵈르는 가나슈와 마찬가지로 생크림과 초콜릿을 섞고 식으면 차게 해서 크림 상태로 만든다. 부드럽게 만든 버터를 넣어서 거품기로 섞는다.

● 버터와 가나슈는 같은 정도로 부드럽게 만들어 놓는다.

조립하기

6. 직사각형의 판 위에 제누아즈를 1장 놓고 앵비바주를 바른다(imbiber).

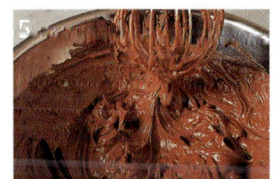

조립하기

7. 가나슈 오 뵈르를 ⅓ 정도 떠서 평평하게 펴 바르고 측면에 비어져 나온 크림을 제거한다.

8. 제누아즈 두 번째 장을 올리고 표면을 가볍게 눌러서 모양을 잡고 앵비바주를 바른다. 이 과정을 한 번 더 반복한다.

9. 전체에 가나슈 오 뵈르를 바르고 측면에 크림을 듬뿍 바른다.

10. 다시 한 번 윗면을 고르게 한다.

11. 다시 측면을 다듬고 냉장고에서 차게 해서 굳힌다.

*윗면에서 측면으로 비어져 나온 크림은 위에서 아래로 잘라 내듯이 팔레트 나이프를 움직여서 다듬는다.

완성하기

12. 윗면에 팔레트 나이프로 4㎝ 간격의 구분선을 넣고 지름 7㎜의 원형 깍지를 끼운 짤주머니로 부드럽게 만든 가나슈를 짜서 테두리를 만든다.

13. 코코아 파우더를 뿌리고 중탕해서 더욱 부드럽게 만든 가나슈를 12의 가나슈 테두리 안에 짜 넣고 금박을 장식한다.

Ganache 가나슈

초콜릿과 생크림을 유화시킨 크림이다. 생크림은 수분 속에 유지방의 기름 방울이 분산해서 유화한 상태이다. 거기에 초콜릿의 카카오 유지를 잘 녹임으로써 부드러운 식감의 크림이 만들어진다. 가나슈는 스펀지 반죽을 조합해 앙트르메를 만들거나 타르트의 가르니튀르, 봉봉 오 쇼콜라의 센터 등에 사용된다.

가나슈에는 '멍청이', '말의 아래턱'이란 의미도 있지만, 초콜릿 크림의 이름으로서 가나슈는 20세기부터 사용되기 시작한 동음이의어이며, 프랑스 남서부 지방의 방언으로 '(진창을)고생해서 걷다'는 의미의 동사 ganacher가 어원으로 알려져 있다.

재료 기본 배합 : 완성품 약 400g

초콜릿(카카오분 56%) 200g *200g de chocolat*
생크림(유지방분 38%) 200㎖ *200㎖ de crème traîche*

준비 작업

○ 초콜릿은 잘게 자른다.

1. 생크림을 끓여서 잘게 자른 초콜릿에 넣는다.

2. 초콜릿과 생크림이 잘 섞이도록 거품기로 차분하게 섞는다.

3. 체에 거르면서(→passer) 넓은 용기에 흘려 넣고 표면에 랩을 씌운다.

4. 식히고 나서 냉장고에서 차게 해서 굳힌다. 분리된 경우 분리된 가나슈 중에 소량을 볼에 담고 새로 생크림을 소량 첨가해 유화시킨다. 거기에 분리된 가나슈를 조금씩 넣으면서 섞어 준다.

• 초콜릿도 생크림도 지방분이 높은 경우에는 표면에 녹은 유지가 뜨는 경우가 있다. 끓인 생크림의 온도를 조금 낮춘 다음에 초콜릿에 넣으면 그런 유지의 분리를 막을 수 있다. 또한 유지방분이나 카카오분(특히 카카오 버터)의 함유율이 좀 더 낮은 제품을 사용해도 된다.

Pain de Gênes
팽 드 젠

비스퀴 반죽을 더욱 맛있게 하기 위해서 밀가루 대신 아몬드 파우더를 첨가해서 만드는 것이 팽 드 젠과 비스퀴 조
콩드이다.
팽 드 젠은 아몬드 파우더를 첨가한 비스퀴 중에서 고전적인 것으로 비스퀴로서는 버터의 배합이 많다. 크림 등과 조
합할 수도 있는데 아몬드와 버터의 풍미가 진하기 때문에 구워 낸 반죽 그 자체를 즐기는 과자로 알려져 있다. 부서
지기 쉽고 가벼운 식감이 특징이다.

* pain de Gênes (팽 드 젠) : 젠은 프랑스어로 이탈리아의 도시 제노바이므로 직역하면 '제노바의 빵'이란 뜻이다. 1800년에 프랑스가 제노바를 포위한 것을
기념해 붙인 이름이라고 한다. 당시 제노바를 포함한 북이탈리아 일대가 프랑스령이 되었다. 일설에 의하면 포위된 제노바 사람들이 아몬드를 먹고 연명한 것
에서 이 이름이 유래했다고 한다.

재료 지름 20㎝(밑면 17㎝)×높이 4.5㎝의 팽 드 젠 틀 2개 분량

달걀 175g 175g d'œufs
노른자 40g 40g de jaunes d'œufs
설탕 250g 250g de sucre semoule
아마레토 35㎖ 35㎖ d'amaretto
머랭 meringue
  ┌ 흰자 65g 65g de blancs d'œufs
  └ 설탕 20g 20g de sucre semoule
아몬드 파우더 195g 195g d'amandes en poudre
콘스타치 120g 120g de fécule de maïs
버터 125g 125g de beurre
아몬드 슬라이스 amandes effilées
버터(틀용) beurre

반죽 굽기

○ 틀에 부드럽게 만든 버터를 바르고 바닥에 아몬드 슬라이스를 뿌리고 냉장고에서 차게 해서 버터를 굳혀 둔다.

○ 아몬드 파우더와 콘스타치를 합해서 체로 친다.

○ 버터는 뜨거운 중탕으로 녹인다.

○ 달걀을 1개씩 깨 보면서 볼에 옮긴다. 필요한 분량은 노른자와 흰자로 나누고, 노른자는 달걀과 같은 볼에 넣는다.

○ 오븐을 180℃로 예열한다.

파트 아 팽 드 젠 만들기

1. 달걀과 노른자를 합해서 풀고, 설탕을 넣어 치밀하고 하얗고 폭신한 리본 상태가 될 때까지 휘저어 섞는다 (→ruban).
   • 리본 상태인데 크림 농도(blanchir)에 가까운 상태.

2. 아마레토를 넣고 전체적으로 섞어 준다.

3. 머랭을 만든다. 푼 흰자를 거품 내고(→fouetter) 하얗고 폭신해지면 소량의 설탕을 넣는다. 남은 설탕을 2회에 나눠 넣으면서 거품을 내고, 거품기로 떠 올렸을 때 각이 서는 상태까지 거품을 낸 후 마지막으로 거품이 치밀해지도록 전체를 힘차게 섞어 준다(→serrer).

4. 2에 3의 머랭 ⅓을 넣어 섞는다. 그리고 남은 머랭을 넣고 잘 섞어 준다.

5. 합해서 체로 친 아몬드 파우더와 콘스타치를 넣고 가루가 보이지 않을 때까지 주걱으로 공들여 섞는다.
   • 밀가루를 넣지 않았기 때문에 조직의 형성이 약해서 잘 섞어서 재료의 연결 고리를 만들어 주지 않으면 반죽이 오그라들 가능성이 있다.

틀의 준비

왼쪽 : 팽 드 젠 틀(moule à pain de Gênes)
원형이 망케 틀(manqué rond)로 측면에 홈이 있는 틀(manqué rond cannelé)을 팽 드 젠 틀이리고 부른다. 이 틀로 굽는 것도 팽 드 젠의 특징 중 하나이다.
오른쪽 : 망케 틀(manqué)
측면이 곧지 않고 입구가 약간 벌어진 얇은 스펀지 틀.

6. 뜨거운 녹인 버터를 주걱에 묻혀 반죽의 표면에 펼치 듯이 붓고 재빨리 섞어 준다.

파트 아 팽드 젠을 틀에 붓고 굽기

7. 틀의 80%까지 붓고 작업대 위에 가볍게 부딪쳐서 틀 의 구석구석까지 반죽이 퍼지도록 하고 성긴 거품을 뺀다.

8. 180℃로 예열한 오븐에서 30~35분간 굽는다. 틀에서 빼내 망 위에서 식힌다.

아마레토
살구의 핵을 원료로 해서 만든 리큐어로, 아몬드와 같은 풍미가 있다. 북이탈리아가 발상지이다. 살구의 핵을 분쇄해서 발효시켜 증류한 것에 각종 향신료를 추출한 액체와 알코올을 혼합한다. 이것을 숙성시키고 시럽을 첨가해서 제품을 만든다.

콘스타치
옥수수 녹말을 말한다. 녹말 중에서 가장 생산량이 많다. 입자가 매우 곱고 가지런하다. 녹말 중에서는 습기에 강한 편이다. 호화 온도는 65~76℃이며 점도가 높고 호화되었을 때의 안정성도 좋다. 일본 요리에서 주로 쓰이는 녹말은 감자녹말이며, 입자가 크고 호화되었을 때 투명도가 높다.

아몬드
장미과로, 봄에 벚꽃을 닮은 꽃이 핀다. 열매는 복숭아나 살구와 마찬가지로 중심에 두꺼운 껍질에 싸인 핵을 가지고 있다. 과육은 적으며 핵 중의 씨앗을 일반적으로 아몬드라고 부른다. 비터 아몬드는 유해한 성분을 함유하고 있기 때문에 방향 성분만을 추출해서 주로 향신료로 사용하고 있으며, 식용으로 재배되고 있는 것은 스위트 아몬드이다.
이탈리아는 아몬드의 명산지로 그중에서도 시실리(시칠리아 섬)산이 유명하다. 모양은 편평하고 고르지 않은 것이 많으나 향이 좋고 풍미도 깊이와 단맛이 있다. 비터 아몬드와 교배해서 향을 더 좋게 한 품종도 만들어지고 있다. 대표적인 품종은 팔마 지르젠티, 투오노 등이 있다.
스페인의 아몬드는 품종에 따라 다르지만 대개 향이 강하고 약간 쓴맛이 나는 등 독특한 풍미를 지닌다. 대표적인 품종으로는 마르코나(알이 둥글고 약간 쓴맛이 있으나 풍미가 풍부), 플라네타(편평하고 색이 하얗다)가 있다.
대규모 재배가 이루어지는 미국은 세계 아몬드 생산량의 70%를 생산하고 있다. 일본에서도 알의 굵기와 모양이 일정한 캘리포니아산이 가장 많이 출하되고 있다. 품종은 논파레일, 카멜 등이 있다. 유럽의 것에 비해 향은 약하나 단맛이 있다.
(사진 왼쪽 위부터 시계 방향으로 스페인산, 시칠리아산, 캘리포니아산, 이탈리아산)

• 제과에서 가장 많이 사용하는 견과류로 홀 아몬드(전립), 슬라이스, 다이스(잘게 다진 것), 파우더가 있으며, 그대로 또는 170℃ 정도의 오븐에서 로스트해서 사용한다. 홀 아몬드는 껍질째로 보존하는 것이 산화되지 않으므로 필요에 따라 얇은 껍질을 뜨거운 물에 벗겨 내 사용한다. 또한 탕 푸르 탕(→p.70), 파트 다망드(→p.323), 프랄리네(→p.129)에 가공해서 사용한다.

68

기본 반죽

Pâte à biscuit Joconde 파트 아 비스퀴 조콩드

비스퀴 조콩드는 버터의 배합량이 일반적인 비스퀴 오 뵈르(제누아즈)와 다르지 않으나, 밀가루의 대부분을 아몬드 파우더로 대치해서 만들기 때문에 비스퀴 반죽의 촉촉함과 부드러움은 그대로 유지하면서 반죽 그 자체에 아몬드의 고소한 풍미가 더해져 깊이가 생겨난다. 이 반죽은 더욱 풍부한 맛의 크림과 조합해서 과자를 만들어도 크림의 농후함에 밀리지 않으므로 과자 전체의 밸런스를 깨뜨리지 않는다. 용도가 다양한 반죽이라고 할 수 있다.

* Joconde [f] 레오나르도 다빈치가 그린 초상화 '모나리자'를 말한다(피렌체의 명사 델 조콩드의 부인 리자가 모델로 알려져 있다). 이탈리아는 예로부터 아몬드의 명산지였기 때문에 아몬드를 사용한 과자에서는 이탈리아와 연관된 이름을 많이 볼 수 있다.

재료 기본 배합

달걀 170g 170g d'œufs
탕 푸르 탕 250g 250g de tant pour tant (T.P.T.)
박력분 30g 30g de farine
머랭 meringue
┌ 흰자 120g 120g de blancs d'œufs
└ 설탕 25g 25g de sucre semoule
버터 25g 25g de beurre

준비 작업

○ 탕 푸르 탕을 박력분과 합해 성긴 체로 친다.

○ 버터를 중탕해 녹이고 뜨거운 상태를 유지한다.

○ 철판에 종이를 깐다.

• 철판에 소량의 버터를 발라 두면 종이가 움직이지 않는다.

○ 오븐은 210~220℃로 예열해 둔다.

1. 달걀에 체로 친 가루류를 넣고 하얗게 되고 찰기가 생길 때까지 잘 섞는다.

2. 머랭을 만든다.

• 손으로 섞은 다음에 제과용 믹서(mélangeur)를 사용해서 고속으로 휘저어 섞는다.

• 풀어 둔 흰자에 설탕을 넣고 사진과 같은 상태가 될 때까지 거품을 낸다.

3. 머랭을 1에 넣고 싹둑 자르듯이 섞는다.

4. 머랭이 전체적으로 섞이면 뜨겁게 녹인 버터를 주걱에 묻혀 반죽 표면 전체에 펼치듯이 붓고 재빨리 섞는다.

5. 반죽의 완성. 철판에 균등한 두께로 부어서 굽는다.

• 머랭을 만든 다음 시간을 두지 말고 바로 1에 섞는 것이 중요하다.

• 파트 아 비스퀴 조콩드를 구울 때는 아래의 열이 완만하게 전달되도록 기본적으로 철판을 2장 겹쳐서 210~220℃로 예열한 오븐에서 굽는다. 다 구워지면 종이를 벗겨내고 종이 사이에 끼워 식힌다.

탕 푸르 탕
아몬드와 설탕을 같은 비율로 섞어 분말로 만든 것이다. 아몬드 파우더와 설탕을 같은 비율로 섞어 사용해도 된다. 탕 푸르 탕(tant pour tant)은 '1대 1', '같은 양씩'이라는 의미이다. 아몬드를 껍질째 사용한 것을 탕 푸르 탕 브뤼트[tant pour tant brut(왼쪽 사진)]라고 한다.

Saint-Marc

생마르크

볼륨감 있는 크림을 2층으로 쌓아 비스퀴 조콩드에 샌드한 것이다.
비스퀴의 표면에 설탕을 뿌리고 그을려서 씹는 맛과 씁쓸한 맛을 더해 준다.

* Saint-Marc 성 마르코. 신약 성서의 마가복음을 썼다고 전해지는 성인.

재료 40×30㎝의 직사각형 1개 분량

파트 아 비스퀴 조콩드 기본 배합 pâte à biscuit Joconde

파트 아 봉브 pâte à bombe

- 노른자 160g 160g de jaunes d'œufs
- 설탕 160g 160g de sucre semoule
- 물 80㎖ 80㎖ d'eau

크렘 샹티이 오 쇼콜라 crème chantilly au chocolat

- 우유 150㎖ 150㎖ de lait
- 초콜릿(카카오분 56%) 300g 300g de chocolat
- 생크림(유지방분 45%) 600㎖ 600㎖ de crème fraîche

크렘 샹티이 아 라 바니유 crème chantilly à la vanille

- 파트 아 봉브 150g 150g de pâte à bombe
- 바닐라 빈 ½개 ½ gousse de vanille
- 바닐라 에센스 소량 un peu d'extrait de vanille
- 판 젤라틴 10g 10g de feuille de gélatine
- 생크림 600㎖ 600㎖ de crème fraîche

설탕 sucre semoule

* 파트 아 봉브 : 노른자 + 뜨거운 시럽 → 거품을 낸다

준비 작업

○ 판 젤라틴을 얼음물에 담가 부드러워질 때까지 불린다.

반죽 굽기

1. 40×60㎝의 철판에 종이를 깔고 파트 아 비스퀴 조콩드를 붓고 팔레트 나이프(palette)로 평평하게 고른다. 철판을 2장 겹쳐서 210~220℃로 예열한 오븐에서 10분간 굽는다. 다 구워지면 종이를 제거하고 위아래로 종이에 끼워 식힌다. 완전히 식으면 반으로 자른다.

파트 아 봉브 만들기

2. 노른자를 하얗게 될 때까지 거품기(fouet)로 잘 휘저어 섞는다. 한쪽에서는 설탕과 물을 냄비에 넣고 불에 올려 115~117℃로 졸인다. 노른자를 휘저으면서 졸인 뜨거운 시럽을 조금씩 넣는다.

3. 완전히 식고 리본 상태(→ruban)가 될 때까지 거품을 낸다. 파트 아 봉브의 완성이다.

4. 비스퀴 조콩드 중 2장 중 1장의 노릇노릇하지 않은 면에 파트 아 봉브 적당량을 얇게 펴 바르고 냉장고에 넣어서 말린다.

● 파트 아 봉브를 발라서 표면을 부드럽게 함으로써 완성할 때 깔끔하게 카라멜리제 할 수 있다.

크렘 샹티이 오 쇼콜라 만들기

5. 초콜릿을 잘게 자르고 끓인 우유를 넣고 섞는다.

6. 생크림을 거품기에 걸릴 정도까지 거품을 낸 후 뜨거운 5를 한번에 넣고 재빨리 섞어 크렘 샹티이 오 쇼콜라를 완성한다.

7. 비스퀴 조콩드 나머지 1장의 노릇노릇한 면에 크렘 샹티이 오 쇼콜라를 짜 내고[지름 13㎜의 원형 깍지를 끼운 짤주머니(poche à douille unie) 사용], 팔레트 나이프로 표면을 평평하게 고른다.

● 크림이 부드러워지지 않도록 냉장고에 넣어 둔다.

인두, 카라멜라이저 caraméliseur
과자를 완성할 때 표면에 설탕을 뿌리고
카라멜화시킬 때 사용한다.

크렘 샹티이 아 라 바니유 만들기

8. 파트 아 봉브 150g에 바닐라 빈 ½과 바닐라 에센스를 넣는다. 불린 젤라틴의 물기를 짠 다음 볼에 넣고 중탕해 녹인 다음 넣는다.

• 파트 아 봉브에 젤라틴을 넣고 섞었는데 단단해진 경우에는 중탕해 부드러운 상태로 되돌린다.

9. 생크림을 60~70% 정도 거품을 낸 다음 소량을 덜어 8에 넣고 섞는다. 그것을 남아 있는 거품 낸 생크림에 넣고 잘 섞는다.

• 굳기는 크렘 오 쇼콜라와 같은 정도가 되도록 한다.

10. 크렘 샹티이 아 라 바니유의 완성.

케이크 조립하기

11. 크렘 샹티이 아 라 바니유를 7의 크림 위에 짠 다음 (7과 같은 지름의 원형 깍지를 사용), 표면을 팔레트 나이프로 평평하게 고르고 냉장고에서 차게 해서 굳힌다.

12. 4의 파트 아 봉브를 바른 면에 설탕을 뿌리고 충분히 가열된 카라멜라이저로 태워서 색을 입힌다 (→caraméliser).

13. 3~4회 반복해서 표면을 예쁜 카라멜 상태로 만든다.

• 설탕을 너무 태워 까맣게 되지 않도록 주의한다.

14. 카라멜의 표면에 종이를 대고 판 등을 이용해서 뒤집고 나서 데운 칼로 필요한 크기로 자른다.

• 카라멜리제한 면을 위로 해서 자르면 표면의 카라멜이 깨져 버리므로 뒤집어서 잘라 둔다.

15. 카라멜리제한 면을 위로 해서 11에 얹고 그 자른 지리에 맞춰서 전체를 자른다.

Opéra
오페라

20세기 중반에 파리 오페라 극장 근처에 있는 달루아요(Dalloyau)라는 과자점이 만들어 팔아 유행한 과자이다. 초콜 릿을 끼얹은 부드러운 표면에 가나슈로 'Opéra'라고 쓰거나 금박을 장식한다.

재료 20×30cm 1개 분량

파트 아 비스퀴 조콩드 기본 배합 *pâte à biscuit Joconde*
앵비바주 *imbibage*
   커피 300㎖ *300㎖ de café*
   설탕 30g *30g de sucre semoule*
   커피 에센스 소량 *un peu d'extrait de café*
가나슈 *ganache*(→p.65)
   초콜릿(카카오분 56%) 225g *225g de chocolat*
   생크림(유지방분 38%) 225㎖ *225㎖ de crème fraîche*
크렘 오 뵈르 오 카페 *crème au beurre au café*
   크렘 오 뵈르 300g *300g de crème au beurre*(→p.60)
   인스턴트 커피 10g *10g de café soluble*
   뜨거운 물 10㎖ *10㎖ d'eau chaude*
파트 아 글라세 *pâte à glacer*(→p.359)
초콜릿(장식용) *chocolat*

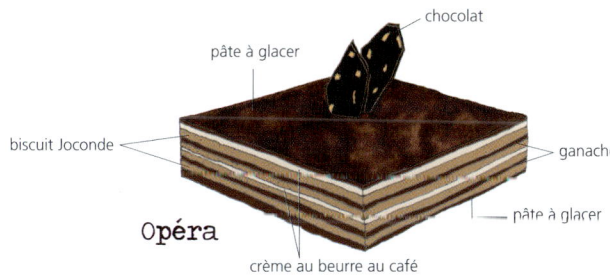

chocolat
pâte à glacer
biscuit Joconde
ganache
pâte à glacer
crème au beurre au café

Opéra

뷔슈용 깍지 *douille à bûche de Noël*
납작한 끝 한쪽 또는 양쪽이 빗살 무
늬이다. 한쪽에만 빗살 무늬가 있는
것은 외눈 깍지라고도 부른다.

반죽과 크림의 준비

○ 40×60cm의 철판에 종이를 깔고 파트 아 비스퀴 조콩
드를 부어 팔레트 나이프로 평평하게 고른다. 210~
220℃ 오븐에서 10분간 굽는다. 다 구워지면 종이를
제거하고 위아래로 종이를 끼워 식힌다. 완전히 식으
면 ¼로 자른다.

● 철판은 겹치지 말고 1장의 철판에 반죽을 확실히 구워 나중에 앵비
바주가 스며들기 쉽게 한다.

○ 가나슈를 만든다.

○ 크렘 오 뵈르 오 카페를 만든다. 이탈리안 머랭과 버
터로 크렘 오 뵈르를 만들고 뜨거운 물에 녹인 인스턴
트 커피를 넣는다.

조립하기

1. 파트 아 글라세를 잘게 잘라 중탕해서 녹이고, ¼로
자른 파트 아 비스퀴 조콩드 1장의 노릇노릇한 면에
바른다. 냉장고에서 차갑게 해서 굳히고 두꺼운 종이
를 대고 뒤집는다.

● 파트 아 글라세를 중탕해서 녹일 때 수증기 등 수분이 들어가지 않
도록 주의한다.

2. 1의 조콩드에 앵비바주를 듬뿍 바른다(→imbiber).

● 손끝으로 조콩드를 누르면 앵비바주가 배어 나오는 상태.

3. 가나슈를 뷔슈용 깍지를 끼운 짤주머니로 짜고 팔레
트 나이프로 표면을 평평하게 고른다.

4. 두 번째 조콩드를 노릇노릇하지 않은 면을 위로 해서
얹고 넓은 용기 등으로 가볍게 눌러 평평하게 한다. 조
콩드에 앵비바주를 듬뿍 바른다.

5. 크렘 오 뵈르 오 카페를 3과 마찬가지로 뷔슈용 깍지
를 끼운 짤주머니에 넣고 4 위에 짠 다음 표면을 평평
하게 고른다.

6. 세 번째 조콩드, 가나슈, 네 번째 조콩드 순으로 쌓아
올리고 조콩드에는 앵비바주를 듬뿍 바른다. 마지막
으로 크렘 오 뵈르 오 카페를 짜고 표면을 팔레트 나
이프로 깨끗하게 다듬은 다음 차게 해서 굳힌다.

● 랩 등을 씌우고 철판 등으로 누른 후 냉장고에서 차게 해서 굳힌다.
중심까지 차게 해 두면 파트 아 글라세를 부었을 때 바로 굳어서 깔
끔하게 완성된다.

7. 망 위에 놓고, 녹인 파트 아 글라세를 표면 전체에 붓는다.

8. 팔레트 나이프를 한 방향으로 움직여서 여분의 파트 아 글라세를 재빨리 밀어 낸다. 망을 들어올려 가볍게 털어서 여분의 파트 아 글라세를 떨어뜨려 표면을 균일하게 한다. 그대로 잠시 둬 굳힌다.

9. 데운 칼로 네 변을 잘라 내 모양을 다듬는다. 초콜릿을 장식한다.

커피 에센스
진하게 추출한 커피와 카라멜로 만든 것.
소량으로 커피의 풍미와 색을 낼 수 있다.
인스턴트 커피를 녹여서 사용하는 것보다
향이 좋으며 붉은 색을 띤다.

버터 반죽

지금까지 소개한 비스퀴는 달걀의 기포성을 이용해서 공기를 포집한 가벼운 스펀지 형태로 구워 낼 수 있다. 그러나 버터를 듬뿍 사용하면 달걀의 거품이 유지의 거품을 꺼뜨리는 성질에 의해 꺼져 버려 부드럽게 부풀고 가볍게 구워진 반죽은 기대하기 힘들다.

그래서 반대로 버터 반죽(파트 아 케크)에서는 버터의 배합량이 많은 점을 살려 버터의 크리밍성(휘저어 섞음으로써 다량의 공기를 포집하는 성질)을 이용해서 반죽을 만든다. 이 성질 덕분에 달걀의 기포성을 이용할 수 없는 악조건에도 불구하고, 비스퀴만큼 탄력 있고 부드럽게 구워지지는 못하지만 치밀하고 촉촉한 버터 특유의 풍미와 깊이기 있는 반죽을 얻을 수 있는 것이다.

비디라는 지방분의 배합이 많으므로 반죽 그 자체에 깊이와 진한 맛이 있는 맛있는 과자가 완성된다.

이 반죽을 프랑스어로 파트 아 케크(pâte à cake)라고 부르는데, 이는 영어의 케이크(cake)를 그대로 가져다 쓴 것이다. 단, 영어의 케이크는 스펀지케이크부터 쿠키, 팬케이크 등 밀가루를 주재료로 하는 반죽을 구워서 만든 과자를 말하지만, 프랑스어의 케크는 소위 파운드케이크류, 특히 레이즌 등의 드라이 프루츠나 설탕으로 절인 과일을 넣은 프루츠 케이크를 가리킨다.

프랑스어에서 과일이 들어가지 않은 플레인 파운드케이크를 카트르 카르(quatre-quarts)라고 하는데, 이것은 ¼이 네 개라는 의미로 밀가루, 달걀, 설탕, 버터 네 종류의 주재료를 각각 같은 양으로 사용하는 것에서 유래되었다. 파운드케이크가 재료를 1파운드씩 사용하는 것에서 이름 지어진 것과 마찬가지이다.

파트 아 케크의 제조법

파트 아 케크 만드는 법을 크게 분류하면 슈거배터법과 플라워배터법이 있다.

슈거배터법(공립) Sugar batter

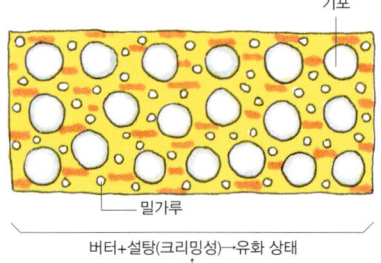

p.79의 케크 오 프뤼(Cake aux fruits)는 달걀을 넣는 방법으로 만든다. 공기가 버터에 포집되어 조직 전체에 기포가 퍼져 있다.

슈거배터법(별립) Sugar batter

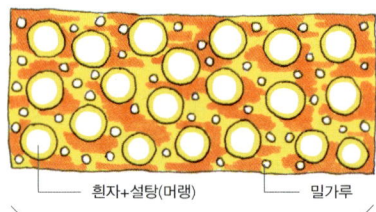

공기는 버터에도 포집되어 있고 머랭에도 많이 들어 있다. 따라서 달걀을 넣는 방법보다도 비교적 가볍고 폭신한 완성품을 기대할 수 있다. p.82의 가토 오 쇼콜라 드 낭시(Gâteau au chocolat de Nancy)가 이것에 해당된다.

플라워배터법 Flour batter

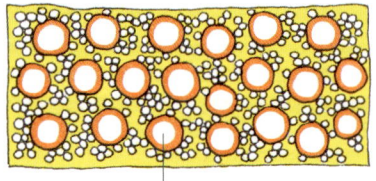

슈거배터법

슈거배터법에서는 우선 버터를 휘저어 섞어 크림 상태로 만든 후 설탕을 넣고 섞는다. 공기를 많이 포집한 크림 형태의 유지에 설탕을 넣어 섞으면 유지 속의 소량의 수분에 의해 약간의 설탕은 녹지만 대부분의 설탕은 유지 속에 남는다. 그 녹지 않고 남아 있는 설탕을 또 한 번 휘저어 섞어 분산시키면 더욱 많은 공기를 포집해 반죽의 용적이 커져 좋은 상태의 케크가 만들어진다.

버터와 설탕이 섞이면 달걀을 조금씩 넣어 준다. 원래 유지는 친수성이 부족하지만 분산되어 있는 설탕의 친수성에 의해 달걀이 분산되고 유화한다. 그리고 밀가루를 더함으로써 안정된 반죽이 만들어진다.

슈거배터법에서 달걀을 넣는 법은 전란을 넣는 방법과 노른자와 거품을 낸 흰자(머랭)를 따로따로 섞어 주는 방법, 두가지가 있다.

플라워배터법

플라워배터법은 버터를 휘저어 섞어 부드러운 크림 상태가 되면, 먼저 밀가루를 넣고 섞는다. 달걀과 설탕은 리본 상태가 되도록 휘저어 섞고, 앞서 만든 유지와 밀가루의 혼합물에 소량씩 섞어 반죽을 만든다. 기포는 버터보다도 오히려 리본 상태가 된 달걀과 설탕의 혼합물에 많이 포함되어 있다.

이 제조법에서는 가루가 유지와 확실히 섞여서 전체에 고루 퍼져 있으므로 달걀을 넣었을 때 그 수분이 가루에 흡수되어, 그 결과 유지와 달걀이 잘 분리되지 않고 반죽의 연결 상태가 좋다(반죽이 분리되면 볼륨이 생기지 않고 딱딱하게 구워진다). 단, 슈거배터법만큼 가루와 달걀의 수분이 강하게 결합되어 있지 않아 구운 후의 풍미는 비교적 가루의 맛이 느껴지고 약하게 느껴진다. 그렇지만 결은 치밀하다.

슈거배터법이나 플라워배터법에서는 유지의 크리밍성을 이용해서 반죽에 포집한 공기와, 달걀의 수분이 굽게 되면 팽창한다. 단, 가루의 양에 비해 유지나 달걀의 양이 적으면 잘 부풀지 않으므로 팽창제의 도움을 받아야만 한다.

• p.85의 마들렌(Madeleine)은 올인원법(올인믹스법)으로 만든다(이 배합도 슈거배터법과 플라워배터법으로 만들 수는 있다). 올인원법이란 재료를 전부 합해 휘저어 섞는 방법으로 유지의 크리밍성은 이용하지 않는다. 그 때문에 팽창제의 도움을 받아야만 한다. 이 제조법은 대량 생산에 적합하다.

Cake aux fruits
케크 오 프뤼

*cake [m] 프루츠 케이크.

케크 중에서도 가장 기본적인 카트르 카르(=파운드케이크)의 배합으로 반죽을 만들고, 드라이 프루츠를 듬뿍 넣은 프루츠 케이크이다. 그냥 케이크라고도 부른다.

재료 20×7.5㎝, 높이 7.5㎝의 파운드 틀 2개 분량

파트 아 케크 pâte à cake

- 버터 250g 250g de beurre
- 설탕 250g 250g de sucre semoule
- 달걀 250g 250g d'œufs
- 박력분 250g 250g de farine
- 레몬 껍질(간 것) 3개 분량 zeste de 3 citrons
- 바닐라 에센스 적당량 extrait de vanille

프뤼 콩피, 레이즌 합해서 450~500g

450 à 500g de fruits confits et raisins secs

럼주 rhum

살구 잼 confiture d'abricots

프뤼 콩피(장식용) fruits confits

버터(틀용) beurre

틀의 준비

○ 틀에 버터를 얇게 바르고 종이를 깐다.

준비 작업

○ 반죽용 프뤼 콩피는 레이즌과 같은 크기로 잘게 썬다. 프뤼 콩피와 레이즌을 럼주에 최소 2~3일 담가 둔다.

• 말라 있거나 당분이 많은 경우에는 뜨거운 물에 살짝 데친 다음 물기를 제거하고 담가 둔다.

○ 레몬은 잘 씻어서 표면의 노란 껍질만을 간다.

○ 달걀, 버터를 냉장고에서 꺼내 상온에 놓는다.

○ 박력분을 체로 친다(→tamiser).

○ 오븐을 160~170℃로 예열한다.

파트 아 케크 만들기

1. 버터를 실온에서 포마드 상태로 부드럽게 만든 다음 다시 휘저어 섞어 크림 상태로 만든다.

• 버터는 냉장고에서 막 꺼낸 딱딱한 것을 사용하는 것이 아니라 실온에서 부드럽게 만든(손가락으로 가볍게 누르면 자국이 생기는 정도) 크리밍성이 있는 버터를 사용한다. 나중에 다른 재료를 넣으면 버터가 굳어지는 것을 고려했을 때, 이 시점에서의 버터의 온도는 16~21℃ 정도의 부드러운 것이 적당하다.

2. 설탕을 조금씩 넣으면서 잘 섞어 준다.

• 제과용 믹서(mélangeur)를 가끔 멈추고 주걱으로 바닥까지 잘 섞는다.

• 설탕을 한번에 넣으면 버터에 포함된 수분이 흡수되어 버터가 딱딱해져 섞기 힘들어지고 공기를 포집하는 크리밍성이 나빠진다. 또한 설탕의 분산도 나빠지고 구워 내면 표면에 얼룩이 생긴다. 잘 섞이도록 하기 위해 슈거 파우더를 사용해도 되지만, 어떤 것을 사용하든 간에 공기를 충분히 포집하고 분산하도록 잘 섞는 것이 중요하다.

3. 달걀을 풀고 조금씩 섞어 준다. 넣은 달걀이 완전히 반죽에 섞인 다음 다시 넣어 준다.

• 달걀은 상온에 놓는다. 차가운 달걀을 반죽에 넣으면 버터가 딱딱해져서 크리밍성이 없어지고 극단적인 경우에는 일단 유화된 유지(버터)와 수분(달걀)이 분리된다. 바깥 기온이 낮을 때는 약간 데워 두는 것이 좋다.

• 노른자의 유화 작용 때문에 달걀은 잘 풀어서 사용하는 것이 반죽과 잘 섞인다.

4. 레몬 껍질과 바닐라 에센스를 넣는다.

5. 박력분을 뿌려 넣고 가루가 없어질 때까지 주걱으로 잘 섞어 준다.

• 너무 섞으면 반죽이 뭉쳐서 딱딱하게 구워진다.

굽기

6. 파트 아 케크에 럼주에 담가 둔 프뤼 콩피와 레이즌을 넣고 잘 섞는다.

7. 파트 아 케크를 나누어 틀에 넣고 작업대 위에 가볍게 두드려서 표면을 평평하게 정리한다.

8. 160~170℃로 예열한 오븐에서 25분간 굽는다. 옅게 색이 나고 표면에 막이 생기면 물에 적신 나이프로 중앙에 칼자국을 낸다.

9. 다시 같은 온도로 35분간 굽는다. 잘 부풀고 칼자국을 낸 자리에 충분한 균열이 생기면서 이 부분이 노릇노릇해지면 완성. 틀에서 꺼내 좌우 번갈아 옆으로 뉘어서 식힌다.

  • 다 구워진 다음에 그 상태 그대로 식히면 케크가 줄어들고 균열이 작아져 닫혀 버린다.

  • 술의 풍미와 촉촉함을 주고 싶을 때는 좋아하는 술을 첨가한 시럽을 만들어 구워지자마자 따뜻할 때 흡수시킨다.

10. 살구 잼에 소량의 물을 넣고 가열하면서 섞는다. 케크가 식으면 종이를 벗겨 내고 윗면에 뜨거운 살구 잼을 바른다.

11. 장식용 프뤼 콩피를 적당한 크기로 잘라 장식한다.

프뤼 콩피
과일의 설탕 절임. 시간을 들여 속까지 시럽이 배어들게 해 과일 속의 수분을 시럽으로 바꿔 놓은 것이다. 과일을 시럽에 담가 가열하고 점점 진한 시럽으로 옮겨 담가 만든다. 주로 오렌지 등 감귤류의 껍질, 체리, 안젤리카 등으로 만든다.

럼주
사탕수수로 만드는 증류주. 사탕수수를 짜낸 즙(또는 설탕 결정을 분리하고 남은 폐당밀)을 물로 희석해서 발효시킨 뒤 증류한 것이다. 17세기에 사탕수수 재배가 번성한 서인도 제도에서 제당의 부산물로 색겨났다. 알코올 도수가 40도부터 70도 이상까지 있는 독한 술이다. 증류나 숙성법의 차이로 풍미나 색이 달라지며, 색에 따라 화이트, 골드, 다크, 또한 풍미에 따라 라이트, 미디엄, 헤비로 나눈다. 제과에서는 다크 럼을 자주 사용한다. 진한 갈색으로 향이 강하며 복잡하고 농후한 풍미를 지닌다. 레이즌이나 말린 플럼, 프뤼 콩피 등 과일을 담글 때 자주 쓰인다.

살구 잼(→ㆍ144)
살구는 산미가 강한 과일로 펙틴을 많이 함유해서 잼으로 가공되는 경우가 많다. 살구 잼은 과지 표면에 발라 광택을 주거나 건조를 막기 위해서 사용한다. 적당한 산미가 있어서 과자 단맛과의 밸런스가 좋다. 현재는 시판되고 있는 살구 풍미의 나파주를 사용하는 경우가 대부분이다. 나파주의 풍미, 색은 살구 잼만 못하지만 투명감이나 응고력은 뛰어나다.

레이즌
건포도. 씨 없는 포도의 원숙한 열매를 건조시킨 것. 일반적으로 레이즌이라고 불리는 갈색의 레이즌(미국산 톰슨 시드리스가 많다), 투명한 황갈색의 술타너 레이즌, 검고 알갱이가 작은 커런트 레이즌(코린토스 레이즌 또는 커런츠라고도 부름) 등이 있다.

Gâteau au chocolat de Nancy
가토 오 쇼콜라 드 낭시

프랑스 동부 로렌 지방의 중심 도시인 낭시의 전통적인 초콜릿 케이크이다. 낭시는 18세기에 미식가로 알려진 스타 니스와프 1세(→p.13)가 궁전을 지으며 성곽 도시로 번성했다.

재료 지름 18cm의 쿠글로프 틀 2개 분량

파트 pâte
  버터 450g 450g de beurre
  초콜릿(카카오분 56%) 450g 450g de chocolat
  노른자 240g 240g de jaunes d'œufs
  머랭 meringue
    흰자 270g 270g de blancs d'œufs
    소금 약간 1 pincée de sel
    설탕 60g 60g de sucre semoule
  탕 푸르 탕 누아제트 450g 450g de T.P.T. noisette
  박력분 150g 150g de farine
버터(틀용) beurre
헤이즐넛 파우더(틀용) noisettes en poudre
슈거 파우더 sucre glace

* tant pour tant noisette 탕 푸르 탕 누아제트. 헤이즐넛과 설탕을 같은
  분량으로 섞어서 분쇄기(broyeurs)에 갈아 분말로 만든 것이다. 헤이즐
  넛 파우더와 슈거 파우더를 같은 분량으로 섞어도 된다.

틀의 준비

○ 틀에 버터를 바르고 헤이즐넛 파우더를 넣어 틀에 묻
  히고 여분의 가루를 털어 낸다. 냉장고에서 차게 해서
  버터를 굳힌다.

준비 작업

○ 탕 푸르 탕 누아제트와 박력분을 합해 체로 친다.

○ 짤주머니(poche)를 준비한다(→p.45).

○ 오븐을 170℃로 예열한다.

1. 버터를 실온에서 포마드 상태로 부드럽게 만든 후, 다
  시 휘저어 섞어 크림 상태로 만든다.

2. 초콜릿을 잘게 잘라 40℃ 정도로 중탕해 녹인다. 부드
  럽게 만든 버터에 녹인 초콜릿을 넣는다.

3. 잘 휘저어 섞어 공기를 듬뿍 포집한 크림 상태로 만
  든다.

4. 노른자를 넣고 잘 섞는다.

* 노른자만을 넣는 경우 노른자에는 유화력이 있으므로 한번에 넣어
  도 된다.

5. 흰자에 소금과 설탕 일부를 넣어 질 풀고 거품을 낸다.

6. 남은 설탕을 뿌려 넣으면서 각이 설 때까지 휘저어
  섞는다. 결이 치밀한 머랭을 만들기 위해서 거품기
  (fouet)를 손에 쥐고 전체를 힘차게 섞어서 완성한다
  (→serrer).

7. 머랭을 4에 넣고 전체를 자르듯이 섞는다.

8. 머랭이 완전히 섞이기 전에 체 친 가루류를 뿌려 넣는다.

9. 머랭이 보이지 않게 되고 가루류가 없어질 때까지 섞는다.
   • 너무 섞으면 머랭의 거품이 꺼져서 딱딱하게 구워진다.

10. 반죽을 나누어서 준비한 틀에 짜 넣는다.
    • 틀이 깊고 구멍도 있으므로, 짤주머니를 사용하는 것이 반죽을 채우기 쉽다.

11. 작업대 위에 가볍게 두드려서 틀의 구석구석까지 반죽이 고루 퍼지게 하고 표면을 평평하게 정리한다.

12. 170℃로 예열한 오븐에서 50분간 굽는다. 틀에서 빼내 망 위에 올린 후 완전히 식힌다. 식으면 슈거 파우더를 뿌린다.

헤이즐넛
자작나무과의 나무 열매. 개암나무. 일본이나 북미에도 고유의 품종이 있지만 식용으로 재배되고 있는 것은 주로 서양개암나무와 램버트 필버트라는 종류이다. 향이 좋으며 달고 섬세한 풍미를 지닌다. 지질을 많이 함유하고 있으며 헤이즐넛유도 만들어지고 있다. 도토리 같은 껍질을 깨고 알맹이를 꺼내 200℃의 오븐에 넣어 수 분간 굽고 갈색의 얇은 껍질을 벗겨 사용한다. 아몬드와 마찬가지로 분말로 만들어 사용하는 경우도 많다. 유럽에서는 맛이 좋고 향이 강한 피에몬테산을 선호한다. 사진 위 : 피에몬테산(로스트한 것), 오른쪽 아래 : 터키산(날것, 껍질 있음), 왼쪽 아래 : 시칠리아산(날것, 껍질 있음)

Madeleine

마들렌

마들렌은 로렌 지방의 코메르시(Commercy)가 발상지로 알려져 있다. 가운데가 볼록하게 부푼 것이 마들렌 드 코메르시의 특징.

재료 마들렌 틀 약 50개 분량

달걀 250g 250g d'œufs
설탕 250g 250g de sucre semoule
꿀 50g 50g de miel
전화당 20g 20g de sucre inverti
레몬 껍질(간 것) 2개 분량 zeste de 2 citrons
박력분 250g 250g de farine
베이킹파우더 4g 4g de levure chimique
버터 250g 250g de beurre
버터(틀용) beurre
강력분(틀용) farine de gruau

준비 작업

○ 틀에 버터를 듬뿍 바르고 강력분을 뿌린 다음 여분
의 가루를 털어 버린다. 냉장고에서 차게 해서 버터
를 굳힌다.

○ 박력분과 베이킹파우더를 합해 체로 친다(→tamiser).

○ 버터를 중탕해(→bain-marie) 녹인다.

○ 레몬은 표면의 노란색 껍질만을 간다.

○ 오븐을 2대 준비하고 230~240℃와 160~170℃로 예
열해 둔다.

• 2대를 준비할 수 없는 경우에는 처음부터 160~170℃로 굽는다.

반죽 만들기

1. 달걀과 설탕을 거품기로 풀면서 섞는다.

2. 달걀의 끈기가 없어지고 가벼운 상태가 될 때까지 잘
섞는다.

3. 꿀과 전화당을 넣고 고루 섞는다.

4. 레몬 껍질을 넣고 섞는다.

5. 체 친 가루류를 넣고 볼을 돌려가면서 자르듯이 섞
는다.

6. 녹인 버터를 넣는다.

7. 잘 섞어 준다. 들어 올리면 흘러 떨어지는 상태. 잠시 냉
장고에서 휴지시키고, 짜낼 수 있는 굳기로 조절한다.

굽기

8. 짤주머니에 지름 13㎜ 정도의 원형 깍지를 끼우고 반
죽을 넣어 준비한 틀에 짜낸다.

9. 230~240℃로 예열한 오븐에서 약 5분간 굽는다. 가
장자리의 틀에 접해 있는 부분이 옅게 색이 나고 약간
부풀어 표면에 막이 생기면 꺼낸다.

10. 160~170℃의 오븐에 옮겨 약 15분간 굽는다.

• 고온에서 표면을 구워서 굳힌 다음에 온도를 낮춰서 속까지 굽는다.
두께가 있는 중심부는 열 전달이 늦으므로 열이 전달됨에 따라 반죽
이 팽창해 가운데가 부풀어 오른다.

11. 다 구워지면 틀에서 빼내고 종이를 깐 판 위에서 식
힌다.

• 마들렌은 부드럽고 자국이 나기 쉬우므로 망 위에 올리지 않는다.
또한 부푼 부분은 종이 등에 달라붙기 쉽기 때문에 식을 때까지 위
를 향하게 둔다.

팽창제

수분과 열에 반응해 탄산가스를 발생시키고 반죽을 부풀리는 성질을 지닌 화학 물질(식품 첨가물).

- **중탄산소다(중조)** : 탄산수소나트륨으로만 이루어진 팽창제. 가열에 의해 분해하고 탄산가스를 발생시킨다. 고온에서 탄산가스를 발생시킨다. 단독으로는 모두 가스가 되지 않고 알칼리성 물질이 남기 때문에 밀가루의 플라보노이드가 반응해서 반죽이 노란 빛을 띠는 경우가 있다.

- **베이킹파우더** : 중탄산소다를 베이스로 PH 조정을 위해 산성제(주석산수소나트륨, 구운 백반 등)와 콘스타치류를 넣은 합성 팽창제. 반죽 속에 분산을 좋게 하고 또한 PH와 가스의 발생을 조정해서 중탄산소다의 독특한 냄새나 쓴맛, 완성품의 노란빛이 없도록 만들어졌다. 즉효성이 있는 것과 지효성이 있는 것이 있는데, 둘 다 수분을 더하면 반응이 시작되어 버리므로 장시간 휴지시키는 반죽에는 적합하지 않다. 넣은 다음에는 가능한 한 빨리 완성한다. 또한 보존 중에 눅눅해져도 효과가 없어진다. 업소용에는 다양한 성질을 지닌 제품이 있다. 예를 들어 구워서 만드는 과자용은 반죽에 섞었을 때부터 오븐 등에서 고온이 되었을 때까지 지속적으로 가스가 발생하는 타입이 많으며, 구웠을 때 색이 예쁘게 나오도록 약알칼리성으로 조정되어 있다. 쪄서 만드는 과자용이라면 단시간에 가스를 발생시켜 결이 성기고 크게 부풀도록 하고, 튀겨서 만드는 과자용이라면 기름을 흡수하지 않고 바삭하게 완성되도록 반응 온도와 속도가 조정되어 있다.

벌꿀

설탕보나 훨씬 옛날인 유사 이전부터 사용된 천연 감미료이다. 꿀벌의 사육도 기원전 3000년경에 이미 시작되었다. 벌꿀은 벌이 꽃의 꿀에 함유된 수크로스를 체내에서 분비되는 효소로 포도당과 과당으로 전화시켜 벌집에 모아 둔 것이다. 비타민(B1, B2, B6, 판토텐산 등), 미네랄(칼슘, 철분, 칼륨, 인 등), 효소를 함유하고 있다.

단맛이 강하게 느껴지며 풍미에 깊이가 있다. 산미나 떫은맛이 느껴지는 것도 있다. 보습성이 있어서 구움 과자 등에 사용하면 촉촉하게 완성된다. 또한 노릇노릇한 색을 내기 쉽다.

벌이 꿀을 모아 오는 꽃의 종류에 따라 각각 특유의 풍미를 지닌다. 황금색, 호박색 등 빛깔이 다양하며 일반적으로 색이 진한 것일수록 회분이나 미네랄이 많이 함유되어 있다. 일본에서는 연꽃, 아카시아, 클로버 등 특징이 없는 벌꿀이 많지만, 유럽에서는 개성적인 풍미가 있는 것을 선호한다. 또한 꽃이 아니라 수액을 빨아 먹는 진딧물 등의 곤충의 분비물을 밀원으로 한 벌꿀은 감로밀이라고 불린다.

벌꿀은 당도가 약 80%로 매우 높고, 수분이 적어서 보존성이 좋고 부패하거나 곰팡이가 생기는 경우가 없다. 단, 과포화 용액이기 때문에 찡기간 두면 포도당이 하얗게 결정화된다. 또한 15℃ 이하의 저온에서는 결정화가 진행된다. 꽃가루 등 불순물이 많을수록 결정이 되기 쉽다. 굳어 버린 벌꿀은 중탕해 데우면 녹아서 원래 상태로 돌아가지만, 성분이 파괴되어 버리므로 60℃ 이상의 고온으로 가열하지 말 것.

전화당
설탕(수크로스)을 포도당과 과당으로 분해한 것. 설탕보다 감칠맛과 단맛이 강하고 제품의 건조를 막아 주며 설탕이 재결정화되지 않도록 하는 작용을 한다.

- 설탕의 절반 정도, 또는 과자에 따라서는 전체를 벌꿀로 바꿀 수 있지만, 단맛이 달리지므로 기호에 따라 양을 조절한다. 또한 설탕과 달리 수분을 포함하고 있으므로 다른 액체의 양을 조금 줄인다. 또한 노릇노릇해지기 쉽기 때문에 오븐의 온도를 내리고, 반죽이 잘 부풀지 않기 때문에 베이킹파우더를 사용할 필요가 있다.

- 클로버, 아카시아, 연꽃 등의 벌꿀은 풍미가 강하지 않아 어디에나 쓰기 좋다. 전나무, 소나무, 밤나무 등의 벌꿀은 색이 진하고 쓴맛이 강한 풍미이다. 라벤더, 오렌지 등의 벌꿀은 각각의 꽃 향기가 난다.

- 유채, 클로버의 벌꿀은 포도당이 많아서 결정이 생기기 쉽다. 그 때문에 저음부터 치밀한 결정으로 만들어, 흰색의 크림 상태로 만든 것도 있다. 아카시아 벌꿀은 과당의 비율이 높아서 결정화되기 어렵다.

제3장

반죽형 파이 반죽 과자
Pâte à foncer, Pâte sucrée, Pâte sablée

파트 아 퐁세 • Pâte à foncer

타르트 오 스리즈 • Tarte aux cerises

타르트 타탱 • Tarte Tatin

투르토 프로마제 • Tourteau fromagé

파트 쉬크레 • Pâte sucrée

플랑 오 푸아르 • Flan aux poires

타르틀레트 오 시트롱 • Tartelette au citron

타르틀레트 오 피뇽 • Tartelette aux pignons

파트 사블레 • Pâte sablée

플로랑탱 사블레 • Florentin sablé

갈레트 노방수 • Galette d'orange

물리누아 • Moulinois

파트 아 퐁세

파트 아 퐁세는 타르트 등의 틀에 깔아 사용하는 반죽의 총칭이다. 일반적으로 단맛이 없고 과자와 요리에 사용하는 기본적인 반죽형 파이 반죽을 파트 아 퐁세라고 한다. 설탕을 많이 배합해서 만드는 단 반죽형 파이 반죽은 파트 쉬크레, 파트 사블레 등으로 불러 구별한다.

반죽형 파이 반죽은 파트 브리제(brisée: 부서진, 깨진)라고도 하는데, 구운 것을 입에 넣으면 쉽게 부서지며 입에서 녹는 감촉이 좋은 상태로 완성하는 것이 이상적이다.

파이 반죽의 원형은 밀가루에 물을 넣은 데트랑프(détrempe)인데, 입에서 녹는 감촉을 좋게 하려면 반죽을 만들 때 글루텐(밀가루의 단백질과 물이 결합해서 생기는, 점성과 탄력이 있는 물질. 구우면 딱딱해지고 입에서 녹는 감촉이 나쁘다)이 형성되지 않도록 해야 한다.

반죽형 파이 반죽은 버터를 밀가루 속에 가능한 한 잘게 분산시켜서 만든다. 이렇게 하면 밀가루와 물 사이에 버터 입자가 있기 때문에 밀가루와 물의 연결이 나빠져 글루텐의 형성을 막으므로 바삭하게 완성된다.

* 이런 버터의 기능을 쇼트닝성이라고 한다.

파트 아 퐁세는 가루 속에 유지를 분산시키기 위해서 차게 한 딱딱한 버터와 밀가루를 양손으로 살살 비벼 슈트로이젤 상태로 만든다(사블라주, sablage). 그리고 나서 수분(물, 달걀)을 가루 전체에 섞고 한데 모은다. 반죽하지 않고 밀가루에 수분을 흡수시키기 때문에 글루텐의 형성을 최대한 막을 수 있다.

단, 도중에 버터가 녹아서 가소성(힘을 가하면 점토처럼 자유롭게 모양을 바꿀 수 있는 성질)을 잃으면 가루 속에 잘 퍼지지 않고 쇼트닝성을 발휘할 수 없으므로 반죽의 온도가 올라가지 않도록 재료는 모두 냉장고에서 차게 해 두고 재빠르게 작업해야 한다.

파트 아 퐁세

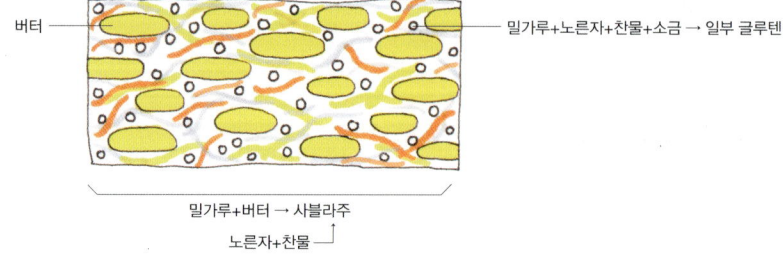

버터 ————— 밀가루+노른자+찬물+소금 → 일부 글루텐

밀가루+버터 → 사블라주
노른자+찬물

Pâte à foncer 파트 아 퐁세

푸드 프로세서를 사용하면 빠르고 간단하게 만들 수 있다.

*foncer 틀에 반죽을 깔다.

재료 기본 배합

박력분 250g 250g de farine
버터 125g 125g de beurre
노른자 20g(1개) 20g de jaune d'œuf
소금 약간(약 1~1.5g) 1 pincée de sel
물 60㎖ 60㎖ d'eau
덧가루(강력분) farine

덧가루는 기본적으로 강력분을 사용한다. 입자가 성기기 때문에 얇게 골고루 뿌릴 수 있다.
오른쪽 사진 : 박력분, 입자가 잘기 때문에 손으로 쥐면 뭉쳐진다.
왼쪽 사진 : 강력분, 입자가 성기기 때문에 보슬보슬하다.

준비 작업

○ 박력분은 체로 친다(→tamiser).

○ 재료는 모두 냉장고에 넣어 차게 해 둔다.

1. 버터는 손가락으로 눌렀을 때 자국이 거의 남지 않을 정도로 딱딱한 것을 사용한다.

2. 박력분과 잘게 자른 버터를 푸드 프로세서(cutter)에 돌린다.
   [수작업인 경우]
   박력분 속에서 버터를 카느(corne)를 이용해 가능한 한 잘게 자른다.

* 사블라주(sablage) : 유지와 가루를 비벼 섞어 보슬보슬한 상태로 만드는 작업.

3. 버터가 박력분 속에 분산되어 보이지 않고 보슬보슬한 상태가 될 때까지 돌린다.
   [수작업인 경우]
   큰 버터 덩어리가 있으면 손가락으로 눌러서 작게 만들고 양손으로 비벼 섞어 박력분 속에 분산시킨다.

4. 노른자를 푼 다음, 물과 소금을 넣고 섞어 3에 넣는다.

5. 한 덩어리가 될 때까지 돌린다.

[수작업인 경우]

박력분 전체를 크게 자르듯이 섞어 슈트로이젤 상태로 만든다.

6. 작업대에 꺼내 덧가루를 뿌리고 양손으로 가볍게 반죽한다.

[수작업인 경우]

작업대에 꺼내 카드로 반죽을 잘라서 나누고 자른 반죽을 쌓아 올려 위에서 가볍게 손으로 누른다. 이 작업을 반복하며 전체를 한데 모은다. 대강 한 덩어리가 되면 양손으로 가볍게 반죽해 뭉친다.

- 덧가루는 입자가 성긴 강력분을 사용하면 얇게 골고루 뿌릴 수 있다.

7. 비닐봉지로 싸서 약간 평평하게 한 다음 냉장고에서 휴지시킨다. 글루텐의 힘이 약해지고 반죽을 늘여도 줄어들지 않을 때까지 냉장고에서 휴지시킨다.

파이 반죽을 늘이는 방법

[원형으로 늘인다]

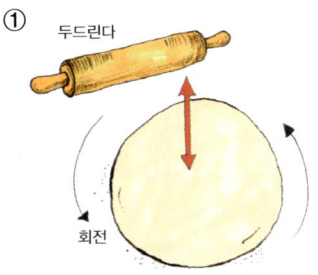
① 두드린다
회전

둥글게 한데 모은 반죽을 회전시키면서 밀대로 가볍게 두드리며 반죽의 굳기를 조절하면서 원반형으로 만든다.

⇩

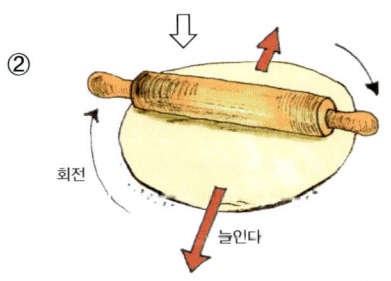
② 회전
늘인다

반죽을 조금씩 회전시키며 그때마다 2~3회 밀대로 밀어서 원형으로 늘인다. 항상 회전시키면서 늘이는 것은 원형으로 늘이기 위해, 그리고 반죽이 작업대에 들러붙지 않도록 하기 위해서이다. 반죽이 들러붙는 것 같으면 부지런히 덧가루를 뿌려 준다.

[사각형으로 늘인다]

파트 아 퐁세의 경우

반죽을 사각형으로 한데 모아서 휴지시킨다. 그 다음 밀대로 가볍게 두드려서 반죽의 굳기를 조절한 후 늘인다.

파트 쉬크레, 파트 사블레의 경우

휴지시킨 반죽을 밀대로 가볍게 두드려서 굳기를 조절하고 가볍게 다시 반죽해서 원기둥 모양으로 만든다.

⇩

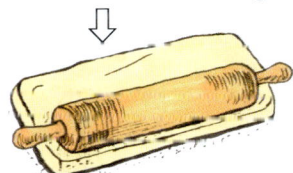

밀대로 반죽을 가볍게 두드려서 적당한 사각형 모양으로 만든다. 밀대를 앞뒤로 밀면서 늘인다.

반죽을 늘이기 전에

파이 반죽을 늘일 때 글루텐이 형성된 반죽(파트 아 퐁세)인지, 유지의 가소성을 이용해서 만든 반죽(파트 쉬크레, 파트 사블레)인지, 반죽의 종류에 따라 늘이기 전의 조작이 다르다. 파트 아 퐁세와 같이 글루텐이 형성된 반죽은 어느 정도 모양을 형성한 다음에 글루텐의 찰기가 없어질 때까지 휴지시킨다. 휴지시킨 반죽은 늘이기 쉽고 성형이 되어 있어서 반죽에 많은 힘을 가하지 않아도 된다. 구운 후에도 반죽이 줄어들거나 하지 않고 부서지기 쉽게 구워진다.

버터의 가소성을 이용해서 만든 파트 쉬크레나 파트 사블레는 부드러워 작업하기 어렵기 때문에 반죽을 냉장고에서 차게 굳힌다. 그 다음에 가볍게 다시 반죽한 후 늘이는 것이 다루기 쉬워 성형하기 쉽다. 그러나 온도 변화에는 민감하므로 주의해서 다뤄야 한다.

늘이기

늘이는 방법은 어느 쪽도 특별히 다른 것은 없다. 만들려고 하는 형태에 따라 원형으로 늘이려면 원반형으로, 사각형으로 늘이려면 사각형 또는 원기둥형으로 반죽을 한데 모으면 된다(왼쪽 그림 참조). 그리고 파이 반죽과 같이 유지를 많이 함유하고 있는 반죽은 유지가 녹아 버리지 않도록 가능한 한 재빨리 찬 곳에서 늘이는 것이 중요하다.

늘이기 위한 작업대

작업대는 흔히 대리석이 좋다고 하는데, 대리석의 표면은 매끈하게 가공되어 있어 반죽이 밀착되기 쉽다. 덧가루를 뿌려 주는 것을 잊어버리면 반죽이 들러붙을 가능성이 있다.

나무로 만든 작업대 등에는 나뭇결에 요철이 있기 때문에 반죽이 밀착되지 않고 늘이기 쉬운 이점이 있다. 단, 나무로 만든 작업대의 경우 위생상 취급에 주의가 필요하며, 사용 후에는 남은 가루나 수분을 잘 제거하고 충분히 건조시켜 두어야 한다.

Tarte aux cerises
타르트 오 스리즈

타르트를 만들 때는 속에 넣는 재료(가르니튀르, garniture)에 따라 틀에 넣은 반죽을 미리 구워 둘 필요가 있다. 액상의 혼합 재료(아파레유, appareil), 부드럽고 수분이 많은 크림 등을 사용하는 경우에는 반죽에 열이 가해지기 어렵기 때문에 먼저 반죽을 구워 두는 경우가 많다.

재료 지름 24cm의 타르트 틀 2개 분량
파트 아 퐁세 기본 배합 pâte à foncer
슈트로이젤 streusel
└ 버터 60g 60g de beurre
 설탕 60g 60g de sucre semoule
 아몬드 파우더 60g 60g d'amandes en poudre
 박력분 60g 60g de farine
 소금 약간(약 1~1.5g) 1 pincée de sel
└ 바닐라 빈 ½개 ½ gousse de vanille
아파레유 appareil
└ 달걀 100g 100g d'œufs
 노른자 40g 40g de jaunes d'œufs
 설탕 100g 100g de sucre semoule
 아몬드 파우더 125g 125g d'amandes en poudre
 박력분 30g 30g de farine
 머랭 meringue
  └ 흰자 60g 60g de blancs d'œufs
  └ 설탕 25g 25g de sucre semoule
└ 버터 90g 90g de beurre
가르니튀르 garniture
└ 그리오트(냉동) 600g 600g de griottes surgelées
 설탕 150g 150g de sucre semoule
└ 키르슈 50㎖ 50㎖ de kirsch
슈거 파우더 sucre glace
넛가루(강력분) farine

피케 롤러 pic-vite
늘인 파이 반죽에 구멍을 내는 도구.

타르트 틀 moule à tarte(tourtière cannelée)
깊지 않은 굽는 틀. 바닥이 분리되는 것과 분
리되지 않는 것이 있으며 가장자리에 홈이 없
는 것도 있다.

준비 작업

○ 슈트로이젤, 아파레유용 아몬드 파우더, 박력분을 각
각 체로 쳐 둔다.

○ 아파레유에 들어갈 버터는 중탕해 녹인다.

슈트로이젤 만들기

1. 버터를 거품기(fouet)로 섞어서 부드럽게 하고 설탕, 바
닐라 빈, 소금을 넣고 잘 섞는다.

• 바닐라 빈은 갈라서 씨를 긁어 내고 넣는다.
• 설탕은 한번에 넣으면 버터가 굳어져 버려 섞기 힘들어지므로 조
금씩 넣는다.

2. 아몬드 파우더와 박력분을 넣고 접어서 포개듯이 한
데 모으면서 잘 섞는다.

3. 가루류와 버터가 거의 섞이면 반죽을 조금씩 집어 손
으로 한데 모으듯이 쥐고 가루와 버터를 섞어 준다.

4. 양손으로 비벼 섞듯이 해서 적당한 크기의 슈트로이
젤 상태로 만든다.

• 버터가 녹으면 모양이 변형되어 버리므로 슈트로이셀 상태로 만든
다음 냉장고에서 차게 해서 굳힌다.

가르니튀르 준비하기

5. 냄비에 냉동 그리오트와 설탕을 넣는다.

6. 불을 켜고 끓인다.

7. 잠시 끓인 후, 불을 끈 다음 키르슈를 넣고 그대로 담
가 둔다.

• 하룻밤 담가 두면 좋다.

반죽을 틀에 깔기(→foncer)

8. 작업대와 반죽에 덧가루를 뿌리고 반죽을 회전시키면 서 밀대로 가볍게 두드려 원반형으로 늘인다.

- 반죽의 겉과 속의 굳기를 균일하게 하기 위해 두드리면서 늘이는 것이다. 반죽을 다시 하면 글루텐이 생겨 구웠을 때 줄어들어 딱 딱해진다.

9. 반죽을 조금씩 회전시켜 원형이 되도록 밀대로 얇게 늘이는데(→abaisser, étaler), 틀의 지름보다 조금 더 크 게 늘인다.

- 손바닥으로 밀대를 미는데 항상 밀대의 맨 위에 중심을 두고 균등하 게 힘을 가한다. 손가락으로 당기거나 손바닥의 손가락 쪽 부분으로 누르거나 해서 밀대에 비스듬한 방향으로 힘을 가하면 두께나 형태 가 고르지 못하게 된다(→p.98).
- 반죽을 회전시킴으로써 보기 좋은 원형이 되고 작업대에 반죽이 들 러붙는 것을 막는다(→p.93).

10. 여분의 덧가루를 브러시로 털어 내고 피케 롤러나 포 크로 반죽 전체에 작은 구멍을 낸다(→piquer).

- 구멍을 내 놓으면 구울 때 그 구멍으로 공기나 수증기가 빠져나가 반 죽이 부풀어 오르지 않는다.
- 틀에 반죽을 깔기 전에 반죽 전체에 구멍을 낸다면 피케 롤러를 사용 하는 것이 편리하다. 틀에 깔고 나서는 포크로 구멍을 뚫어도 된다.

11. 반죽을 밀대에 말아 들어 올려 틀 위에 씌운다.

12. 반죽을 틀 안쪽으로 밀어 넣으면서 엄지로 틀 바닥과 측면을 따라 가볍게 누른다.

13. 측면과 바닥의 각 부분에 반죽이 딱 맞도록 검지의 옆면으로 가볍게 누르면서 반죽을 넣는다.

14. 측면을 단단히 눌러 반죽을 붙게 한다.

15. 틀 위를 밀대로 밀어 여분의 반죽을 잘라 낸다(→ébar-ber).

- 손바닥으로 틀의 가장자리를 눌러 반죽을 떼어 내도 된다.

16. 한쪽 손의 엄지로 측면의 반죽을 틀에 붙이고, 동시 에 다른 한쪽 손의 엄지로 위로 비어져 나온 반죽을 누르면서 반죽을 틀에 밀착시킨다. 냉장고에 휴지시 킨다.

애벌 굽기(→cuire à blanc)

17. 반죽 위에 종이를 깔고 누름돌을 올린다. 180℃로 예 열한 오븐에 넣고 가장자리가 엷게 색이 나도록 굽 는다.

18. 종이와 누름돌을 제거하고 다시 오븐에 넣어 전체적 으로 엷게 색이 나도록 굽는다.

체리(cerise)

장미과. 단맛이 강해 주로 생으로 먹는 스위트 체리(단양앵두)와 산 미가 있어 생으로 먹기에는 적합하지 않은 사워 체리(신양앵두)로 크 게 나눌 수 있다.
사워 체리는 주로 가공용으로 설탕 절임을 하거나 리큐어나 증류주 의 원료가 된다. 그리오트(griotte), 아마렐(amarelle)은 프랑스에서는 사워 체리의 총칭이기도 하고, 대표적인 품종명이기도 하다. 산미는 강하지만 색이 선명해 시럽에 졸이는 등의 방법으로 과자에 자주 사 용한다.
스위트 체리에는 기뉴(guigne)와 비가로(bigarreau), 두 계통의 품종 이 있다. 또 일반적으로 아메리칸 체리라는 이름으로 출하되는 빙 체 리(bing cherry), 램버트 체리(Lambert cherry) 등은 모두 스위트 체 리이다.

아파레유 만들기

19. 달걀과 노른자를 합해 푼 후, 설탕을 넣는다. 합한 박력분과 아몬드 파우더를 넣는다.

20. 거품기로 섞는다.

21. 머랭을 만든다. 흰자를 잘 푼 후, 거기에 설탕을 2~3회로 나누어 넣으며 거품을 낸다.

22. 단단하고 거품이 치밀한 머랭을 만들기 위해서는 거품기로 전체를 힘 있게 섞어 완성한다(→serrer).

23. 머랭을 20에 넣고 섞는다.

24. 녹인 버터를 주걱으로 받치면서 넣고 빠르게 섞는다.

반죽 굽기

25. 애벌로 구운 반죽에 소량의 아파레유를 붓고 가르니 튀르인 그리오트를 뿌려 넣는다.

26. 그 위에 아파레유를 그리오트가 보이지 않을 정도로 붓고 표면을 정리한다.

27. 슈트로이젤로 덮고, 180℃로 예열한 오븐에서 40분간 굽는다.

28. 다 구워지면 틀에서 빼서 식힌 후, 슈거 파우더를 뿌려 마무리한다.

밀대의 사용법

[반죽을 늘일 때의 주의 사항]

＊작업대, 밀대, 반죽에 적절히 덧가루를 뿌리면서 작업한다.

올바른 방법:

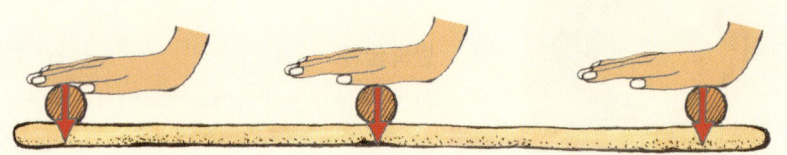

반죽을 늘일 때는 팔을 어깨 넓이로 벌리고, 밀대의 가운데 윗부분에 중심이 오도록 해서 밀면, 앞뒤로 균일하게 반죽이 밀린다. 밀대가 손가락이나 손목 가까이에 이동해도 항상 같은 한 지점, 즉 밀대의 가운데 위에서 수직으로 중심이 걸리는 것이 중요하다.

잘못된 방법:

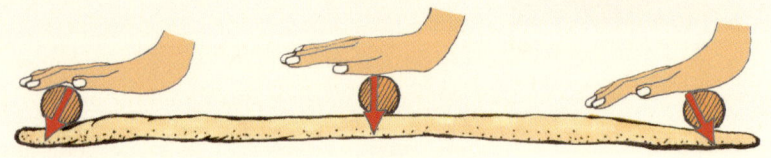

밀대가 손가락, 손목 근처에 와서 밀거나(왼쪽 그림) 당기게(오른쪽 그림) 될 때, 중심이 반죽에 비스듬하게 걸리면, 반죽에 가해지는 힘이 다르기 때문에 반죽이 고루 펴지지 않는다(경우에 따라 반죽이 움직일 수 있다). 이러한 경우는 반죽을 깨끗하게 늘일 수 없고, 반죽이 변형될 수 있다.

Tarte Tatin

타르트 타탱

20세기 초반 솔로뉴지방의 라모트 부브롱이라는 도시에서 호텔 레스토랑을 운영하고 있던 타탱 자매의 이름과 함께 유명해진 타르트이다. 타르트를 구울 때 실수로 타르트를 뒤집는 바람에 탄생했다고 하는데, 이처럼 거꾸로 굽는 타르트는 예로부터 솔로뉴에서 오를레아네 지방 일대에 전해졌던 것이라고 한다. 서양배로도 만들 수 있다.

재료 지름 24cm의 동 냄비(또는 망케 틀) 2개 분량

파트 아 퐁세 기본 배합×⅔ pâte à foncer
사과 24~26개 (1개당 약 175g) 24 à 26 pommes
카라멜 caramel
  ┌ 설탕 300g 300g de sucre semoule
  └ 버터 200g 200g de beurre
바닐라 빈 2개 2 gousses de vanille
설탕 300g 300g de sucre semoule
버터 200g 200g de beurre
설탕(마무리용) sucre semoule
덧가루(강력분) farine

반죽 늘이기

1. 파트 아 퐁세를 냄비 지름보다 더 큰 원형으로 늘여 (→abaisser), 피케 한 후(→piquer), 냉장고에서 휴지시킨다.

사과를 카라멜에 볶기

2. 사과는 껍질을 벗긴 후, 세로로 반으로 자르고 심을 제거한다. 프라이팬에 카라멜용 설탕을 조금씩 넣어 가면서 녹인다.

3. 카라멜 상태가 될 때까지 졸인 후, 버터를 넣어 녹인다.

4. 사과를 넣어 볶는다.

5. 사과 속까지 졸일 필요는 없지만, 표면 전체에 색이 고르게 나도록 한다.

• 동 냄비에 넣을 분량보다 많은 사과를 볶아서 색을 입혀 둔다.

사과 졸이기

6. 동 냄비(또는 망케 틀)에 바닐라 빈과 버터 200g을 넣어 버터를 녹인 후, 설탕 300g을 넣는다.

7. 중간중간 섞어 주며 설탕을 녹인다.

• 설탕이 녹아 옅게 색이 나고 액체 상태가 될 때까지 가열한다.

8. 볶은 사과는 심이 있던 곳을 위로 향하게 해서 냄비에 가득 빈틈없이 채워 넣고 중불에 졸인다. 가끔 냄비를 흔들어 주면서 사과를 가열한다.

• 냄비에 넣지 못한 사과는 160℃로 예열한 오븐에 넣어 타지 않도록 구워 둔다. 냄비에 졸이는 사과에서 수분이 나와 줄어들어 빈틈이 생기면 그때마다 오븐에서 사과를 꺼내 냄비에 채워 넣는다.

• 졸인 즙이 많을 경우에는 별도의 냄비에 그 즙을 옮겨 바짝 졸인 후, 나중에 다시 넣어 준다.

9. 즙이 졸아서 투명한 카라멜색이 되면 불에서 내린다.

• 처음에는 뿌연 색의 졸인 즙이 표면에 뿜어져 나오지만, 사과에 열을 가할수록 투명해진다.

망케 틀 manqué
타르트 타탱용의 동으로 만들어진 망케 틀. 측면이 수직이 아니라 윗부분으로 갈수록 조금 넓어진다. 이 틀이 없으면 동 냄비를 사용한다.

반죽을 씌워 굽기

10. 얇게 늘인 파트 아 퐁세를 냄비 윗면에 덮고 여분의 반죽은 잘라 낸다(→ébarber).

11. 200℃로 예열한 오븐에서 35분간 굽는다.

- 반죽을 따로 굽는 방법도 있다. 이 경우에는 9의 사과를 그대로 식힌 후, 냉장고에서 차게 한다. 파트 아 퐁세는 타르트 타탱의 바닥에 맞춰 자르고, 180℃로 예열한 오븐에서 따로 구워 놓는다. 사과를 냄비에서 꺼낼 때 구운 반죽을 그 위에 얹어 뒤집어 준다.

12. 식힌 후 냉장고에 하룻밤 넣어 차게 해서 굳힌다. 냄비 바닥을 데워 반죽을 누르며 돌려 준다.

13. 움직여지면 두꺼운 종이 등을 대고 뒤집어서 냄비에서 꺼낸다.

- 표면에 살구 잼을 바른 원형 종이 등을 대고 뒤집는다.

14. 표면에 설탕을 뿌린 후, 예열한 카라멜라이저(cara-méliseur)로 설탕을 태워 색을 낸다(→caraméliser).

사과

장미과. 현재 재배되고 있는 사과는 캅카스(코카서스)가 원산지이며, 식용의 역사는 오래되었다. 그리스 신화에서는 만병을 낫게 하는 황금 사과로 묘사되었으며, 또 성경에서는 에덴동산의 선악과가 바로 사과였다고 하는 둥 상징적 의미도 가지고 있다. 칼륨, 폴리페놀, 식물성 섬유(펙틴)라는 건강 유지에 효과가 있는 성분을 포함하고 있어 과일 중에서 가장 많이 소비되고 있다. 과자에 사용될 경우에는 가열을 하는 경우가 많으므로, 과육이 딴딴하며 신미가 있는 품종을 선호한다. 프랑스에서는 레네트(reinette)계 품종의 과육이 딴딴해, 역을 가해도 부서지지 않고 맛있다. 일본에서는 대부분의 품종이 생식용으로 개량되어, 산미가 적고 말랑거리며 과즙이 많아 과자용으로 쓰기에는 문제가 많다. 홍옥이나 국광 등 오래전부터 있던 품종이 제과에 적합하다.

Tourteau fromagé
투르토 프로마제

산양유 치즈의 명산지인 푸아투 지방의 과자로, 투르토 푸아트뱅(Tourteau poitevin)이라고도 불린다. 19세기경부터 만들어졌으며, 고온에서 구워 표면을 새카맣게 태우는 것이 특징이다.

재료 지름 15㎝, 깊이 4㎝의 투르토 전용 틀 2개 분량

파트 아 퐁세(기본 배합으로 만든 반죽) 300g   300g de pâte à foncer
아파레유 오 프로마주   appareil au fromage

┌ 산양유 프레시 치즈 195g   195g de fromage frais de chèvre
│ 설탕 105g   105g de sucre semoule
│ 소금 약간(약 1.5g)   1 pincée de sel
│ 노른자 120g   120g de jaunes d'œufs
│ 레몬 껍질(간 것) 1.5개 분량   zeste de 1.5 citrons
│ 박력분 50g   50g de farine
│ 콘스타치 50g   50g de fécule de maïs
│ 머랭   meringue
│   ┌ 흰자 180g   180g de blancs d'œufs
│   └ 설탕 90g   90g de sucre semoule
덧가루(강력분)   farine

* **레몬 껍질** 분말 상태의 제품을 사용할 경우에는 큰 숟가락 하나 분량.

투르토 전용 틀
moule à tourteau(assiette à tourteau)
약간 얕은 볼 모양을 하고 있다.

준비 작업

○ 틀에 버터(분량 외)를 얇게 발라 둔다.
○ 박력분과 콘스타치를 섞어 체로 친다(→tamiser).

틀에 반죽 깔기

1. 파트 아 퐁세를 약 1㎜ 두께의 얇은 원형으로 늘이고 (→abaisser), 피케 한다(→piquer).
2. 반죽을 4등분으로 접어 틀에 얹는다.
3. 반죽을 펴고 표면에 주름이 지지 않도록 주의하면서 둥글게 뭉친 행주로 눌러 가며 틀에 붙여 순다.
4. 딱 맞게 붙으면 냉장고에서 충분히 휴지시킨다.
5. 여분의 반죽을 잘라 낸다(→ébarber).

* 틀에 편 후 바로 자르면 반죽이 줄어들기 때문에 여분의 반죽은 휴지시킨 후 자른다.

아파레유 오 프로마주 만들기

6. 치즈를 풀어 크림 상태로 만들고, 설탕 105g과 소금을 넣어 섞는다.

* 치즈에 수분이 많으면 천에 싸서 하루 놔두면 된다.

7. 노른자를 넣고 매끈해질 때까지 섞는다.
8. 레몬 껍질, 가루류를 넣어 섞는다.

9. 흰자에 설탕 90g을 넣어 가며 거품을 내고, 부드러운 머랭을 만든다.

● 각이 뾰족하게 서는 것보다는 살짝 구부러지는 상태가 더 좋다. 너무 거품을 내면 구웠을 때는 잘 부풀지만 나중에 오그라든다.

10. 머랭을 8에 넣는다.

● 머랭이 전체적으로 섞이면 된다. 너무 섞으면 볼륨이 없어지고 반죽이 뭉쳐서 딱딱하게 구워진다.

굽기

11. 아파레유를 붓고 평평하게 고른다.

12. 250℃로 예열한 오븐에서 15분 정도 표면이 새카맣게 될 때까지 굽는다. 200℃로 예열한 오븐으로 재빨리 옮겨 약 35분간 구워 속까지 열이 가해지도록 한다. 식으면 틀에서 빼낸다.

● 도중에 오븐을 열면 오그라들어 버리므로 충분히 부풀어 노릇노릇해질 때까지 문을 열지 말 것.

레몬 껍질, 오렌지 껍질(분말)
레몬 그리고 오렌지의 표피(색이 있는 부분)만 갈아 만든 제품.
착색제, 향료는 첨가되어 있지 않은 천연 제품. 반죽이나 크림
에 향을 내기 위해 사용된다. 보존하기 좋으며 손쉽게 사용할
수 있다.

산양유 치즈
프로마주 드 셰브르(fromage de chèvre)
제조한 후 2주가 지나지 않은 치즈는 프레시 치즈로 출하된다(사진).
수분이 많고, 하얗고 매끈하다. 유지방분이 45% 이상으로 높은 편이
며, 산양유 특유의 깊이가 있는 풍미를 지닌다. 숙성이 진행됨에 따라
산미와 깊은 맛이 늘어나며, 수분이 빠져 버린다. 표면은 자연 발생하
는 곰팡이로 덮이며, 제조 후 12~14주 정도 후에는 뚝뚝 부서질 만
큼 굳어진다. 표면에 재를 발라 숙성시키는 것도 있다. 프랑스의 푸
아투 지방 등 루아르 강 유역이 산양유 치즈의 발상지라고 하며, 명
산지도 많다.

파트 쉬크레

파트 쉬크레(sucrée : 단, 설탕이 들어가 있는)는 물을 사용하지 않으므로 글루텐(찰기, 탄력) 생성이 안 되어, 가볍고 입에서 녹는 감촉이 좋은 파이를 만들 수 있다. 그리고 설탕이 들어가므로 노릇노릇하게 예쁘게 색이 난다.

파트 쉬크레는 버터의 가소성을 이용해 만드는 반죽이다. 가소성은 점토처럼 외부로부터 힘이 가해지면 자유롭게 모양을 바꾸는 것이 가능한 성질로, 13~18℃에서 가장 잘 발휘된다. 가소성이 있는 버터는 반죽 속에 잘 퍼지며, 글루텐의 형성을 막아, 구웠을 때 바삭바삭 가벼운 식감을 지닌다. 이것을 쇼트닝성이라고 한다.

일반적으로 파트 쉬크레는 버터를 가소성이 있는 상태로 만들어 설탕을 넣어 섞고, 여기에 달걀을 넣어 섞는 크레메(crémer : 유지에 설탕, 달걀을 넣고 손이나 기계로 반죽해 크림 상태로 만드는 것)라고 하는 방법으로 만든다.

버터와 설탕을 섞음으로써 버터 속에 설탕이 분산되며, 설탕의 흡수성에 의해 달걀(수분)이 유지 속에 녹아든 상태가 된다. 여기에 밀가루를 넣으면 수분과 직접 결합되지 않으므로 글루텐이 생기지 않는다.

글루텐이 생기지 않으므로 찰기, 탄력이 없고 반죽의 연결이 좋지 않다. 그래서 프레제(fraiser, fraser : 손바닥으로 반죽을 작업대에 밀어 펴는 작업)를 해서 밀가루를 전체적으로 잘 섞이고 다루기 쉬운 반죽으로 만든다. 이것은 동시에 넣은 재료가 전부 잘 섞여 있는지 확인하는 작업이기도 하다. 매끈하게 고른 상태로 된 반죽은 하나로 뭉쳐서, 작업 가능한 굳기로 냉장고에서 차게 해서 굳힌다.

파트 쉬크레

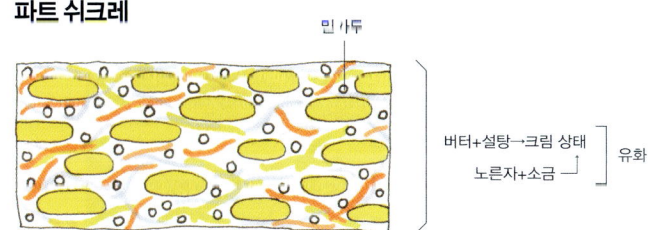

민 사두

버터+설탕→크림 상태
노른자+소금 ┘ 유화

Pâte sucrée 파트 쉬크레

재료 기본 배합

버터 125g 125g de beurre
슈거 파우더 100g 100g de sucre glace
달걀 50g(1개) 50g d'œuf
소금 약간(약 1~1.5g) 1 pincée de sel
박력분 250g 250g de farine
덧가루(강력분) farine

준비 작업

○ 박력분은 체로 친다(→tamiser).

○ 버터 이외의 재료는 전부 냉장고
에서 차게 해 둔다.

○ 버터는 부드럽게 해 둔다.

• 가소성이 있는(자유롭게 모양을 바꾸는 것
이 가능한) 상태로 만든다(13~18℃).

1. 제과용 믹서(mélangeur)에 부드러워진 버
터를 넣고 개어 굳기를 균일하게 해 준다.

• 공기를 포집하는 것이 아니므로 거품기가
아닌 팔레트(→p.28)로 휘저어 섞는다.

2. 슈거 파우더를 넣고 전체적으로 섞일 수 있
도록 휘저어 섞는다.

• 버터와 설탕을 잘 섞어 놓으면 나중에 달
걀이 쉽게 섞인다(설탕의 흡수성→p.22).

3. 풀어 놓은 달걀에 소금을 넣어 녹인 후, 2
에 조금씩 부어 준다.

4. 버터(유지)와 달걀의 수분이 유화된 상태
가 되면 된다.

5. 박력분을 작업대 위에 놓고, 가운데를 비
워 샘 모양으로 판다(→fontaine). 가운데에
는 4를 놓는다.

6. 카드(corne)로 주위의 밀가루를 섞듯이 가
운데로 모아, 손바닥으로 눌러 순다.

7. 반죽을 뭉치는 것처럼 접어서 반죽하는
작업을 반복해, 밀가루를 전체적으로 섞
으며 하나로 뭉친다.

8. 반죽을 조금씩 손바닥으로 밀어내듯이 편
다. 재료가 전부 잘 섞여 있나 확인하고 반
죽을 균일하게 만든다(→fraiser).

● 밀어 편 다음, 일단 반죽을 뭉쳐서 방향을
바꿔 다시 프레제 를 하면 빠르게 전체가 섞
인다.

9. 비닐봉지로 싸서 평평하게 모양을 다듬은
후, 냉장고에서 차게 해서 굳힌다.

● 버터로 완성된 반죽이므로 온도가 높아지
면 반죽이 말랑말랑해질 수 있다 사용할
때 자신이 다루기 쉬운 정도의 굳기로 조
절해서 재빨리 작업하는 것이 중요하다.

Flan aux poires
플랑 오 푸아르

*flan [m] 커스터드(달걀, 우유, 설탕을 섞은 것)를 평평하게 둥근 모양으로 구운 과자(커스터드 푸딩의 일종). 같은 아파레유를 사용한 원형의 타르트. 일반적으로 타르트와 같은 의미.

플랑은 원형의 틀에 반죽을 깔고, 충전물을 넣어 구운 과자. 현재는 타르트와 같은 의미로 사용되고 있으나, 원래 플랑은 크림이 주가 된 것을 가리킨다. 역사가 오래되었으며, 14세기 초부터 이미 타르트나 플랑이라는 이름으로 만들어졌다. 서양배, 사과 등 계절 과일을 사용한 타르트나 플랑은 프랑스에서 가장 사랑받는 과자이다.

재료 지름 20㎝, 높이 2㎝의 타르트 링(cercle à tarte) 2개 분량

파트 쉬크레 기본 배합 pâte sucrée
크렘 다망드 기본 배합 crème d'amandes(→p.111)
시럽에 졸인 서양배 12조각 12 demi-poires au sirop(→p.49)
나파주 nappage
피스타치오(장식용) pistaches
슈거 파우더 sucre glace
버터(틀용) beurre
덧가루(강력분) farine

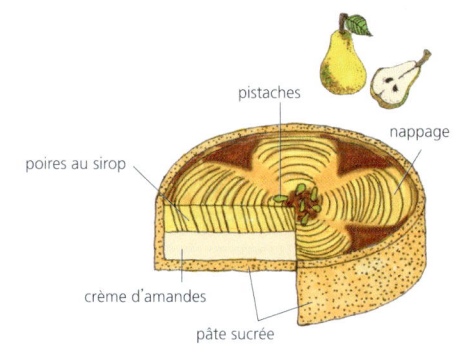

pistaches
nappage
poires au sirop
crème d'amandes
pâte sucrée

Flan aux poires

세르클 아 타르트(타르트 링) çercle à tarte
타르트용 세르클. 가장자리에 접힌 부분이 있는 얇은 링 모양의 틀. 바닥이 없으므로 철판(투르티에르라고 불리는 원형의 판을 사용하는 일이 많다)과 함께 사용한다.

준비 작업

○ 타르트 링에 버터를 얇게 발라 둔다.

반죽을 늘여서 틀에 깔기(→foncer)

1. 작업대와 반죽에 덧가루를 뿌리고, 파트 쉬크레를 밀 대로 두드리면서 굳기를 조절한다. 가볍게 반죽해 둥 글게 뭉쳐서 평평하게 한 후, 반죽을 조금씩 회전시키 며 타르트 링보다 큰 원형으로 늘인다(→abaisser).

* 파트 쉬크레는 버터로 이뤄져 있어 약하기 때문에 바로 늘이게 되면 반죽의 표면이 갈라지곤 한다. 우선 적당한 굳기가 될 때까지 다듬어 서 가소성을 회복시킨다(→p.93).

* 너무 얇게 늘이지 않는다.

2. 피케 한다(→piquer).

3. 투르티에르(tourtière)에 버터를 바른 타르트 링을 올리 고 반죽을 위에 덮는다.

4. 틀에서 비어져 나와 있는 반죽은 틀 안쪽으로 떨어뜨 리듯이 집어넣고, 틀의 바닥과 측면에 맞춰 가볍게 눌 러 준 후, 한 번 더 검지 안쪽으로 바닥과 측면을 눌러 각을 만들어 준다.

5. 측면은 타르트 링 높이와 딱 맞지 않는 것이 아니니 반 죽을 집듯이 해서 조금 여유 있게 붙이고 남은 반죽은 밖으로 밀어낸다.

6. 여분의 반죽은 잘라 낸다(→ébarber).

7. 여유 있게 붙인 측면의 반죽을 밀어 올려 틀의 가상사 리에 걸치듯이 해서 구웠을 때 반죽이 틀에서 떨어지 지 않도록 한다. 냉장고에서 휴지시킨다.

굽기

8. 냉장고에서 반죽을 꺼내면 다시 한 번 각을 확실하게 틀에 붙여 세워 준다. 크렘 다망드를 짜 넣고 카드(corne)로 평평하게 고른다.

9. 시럽에 졸인 서양배를 2~3㎜ 두께로 얇게 썰어 크림 위에 얹는다.

10. 180℃로 예열한 오븐에서 40분간 굽는다. 다 구워지면 곧바로 파이와 투르티에르 사이에 팔레트 나이프(palette)를 넣어 둔다. 식으면 타르트 링을 빼고 나파주를 바른다.

● 팔레트 나이프를 파이와 투르티에르 사이에 넣어 줌으로써 공기가 들어가서 파이가 식어도 투르티에르에 들러붙지 않는다. 파이가 떨어지지 않는 경우에는 다시 오븐에 투르티에르를 데워서 팔레트 나이프를 사이에 넣어 둔다.

11. 볼로방(vol-au-vent) 틀을 놓고 슈거 파우더를 뿌린 후, 피스타치오로 장식한다.

● 나파주는 10% 정도의 물을 넣고 끓여서 완전히 녹여서 사용한다.

Crème d'amandes 크렘 다망드

크렘 다망드는 '아몬드 크림'이라는 뜻.
파이나 타르트 등의 반죽에 채워 넣어 굽고, 반드시 열을 가해서 먹는다.

재료 기본 배합

버터 100g 100g de beurre
슈거 파우더 100g 100g de sucre glace
달걀 100g(2개) 100g d'œufs
아몬드 파우더 100g 100g d'amandes en poudre

준비 작업

○ 버터, 달걀은 상온으로 해 둔다.
○ 아몬드 파우더는 체로 친다.

1. 버터는 부드러운 포마드 상태로 만들고, 슈
   거 파우더는 2~3회에 나눠 넣어 잘 섞어 준다.

• 너무 많이 섞으면 버터가 단단해
  져 달걀과 버터가 분리되는 상태
  가 되어 버린다.

2. 풀어 놓은 달걀은 조금씩 넣어 가며 섞는
   다. 넣은 달걀이 반죽에 완전히 섞이고 나
   면 다시 넣어 준다.

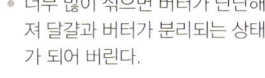

3. 아몬드 파우더를 넣고 전체적으로 빠짐없
   이 크게 섞는다.

4. 완성된 상태

Tartelette au citron
타르틀레트 오 시트롱

레몬 타르트 또는 타르틀레트의 표면을 머랭으로 장식하는 것은 프랑스식이 아니라 미국 레몬 파이의 영향이라고 여겨지나, 새콤한 레몬 크림과 달콤한 머랭의 조합은 맛의 밸런스가 좋다.

제조법은 타르틀레트의 셸과 크림을 각각 만들어서 합치는 것이다. 셸이 되는 반죽형 파이 반죽의 종류와 아파레유 또는 크림, 과일이나 견과류의 조합은 자유이다. 그러나 궁합을 생각하고 그 조합에 따라 셸을 먼저 애벌로 구울 것인가 말 것인가, 완성한 크림을 채울 것인가, 채운 후에 구울 것인가 등 제조법을 생각해 볼 필요가 있다.

* tartelette [f] 타르틀레트. 작은 타르트.

재료 지름 6㎝의 밀라송 틀 12개 분량

파트 쉬크레 기본 배합 pâte sucrée
아파레유 오 시트롱 appareil au citron
- 달걀 150g 150g d'œufs
- 설탕 150g 150g de sucre semoule
- 커스터드 파우더 15g 15g de poudre à crème
- 레몬즙 90㎖ 90㎖ de jus de citron
- 버터 120g 120g de beurre

이탈리안 머랭 meringue italienne(→p.187)
- 흰자 120g 120g de blancs d'œufs
- 설탕 20g 20g de sucre semoule
- 시럽 sirop
  - 물 70㎖ 70㎖ d'eau
  - 설탕 220g 220g de sucre semoule

슈거 파우더 sucre glace
덧가루(강력분) farine

밀라송 millasson
약간 넓적한 얕은 원형의
타르틀레트용 틀.

반죽을 늘여서 틀에 깔기(→foncer)

1. 파트 쉬크레를 밀대로 두드리면서 굳기를 조절하고 가볍게 다시 반죽해서 원주형으로 뭉친다.

2. 덧가루를 뿌려 가면서 3㎜ 두께로 늘인다(→abaisser).

3. 종이 위로 옮겨서(틀로 찍을 때 종이 위에 얹으면 반죽을 떼기 쉽다) 피케 한다(→piquer).

• 반죽이 부드러워지면 냉장고에서 차게 해서 굳힌다.

• 충전물이 수분이 많은 액상의 것일 경우에는 일반적으로 구멍을 뚫지 않는다.

4. 지름 8㎝의 둥근 틀(emport-pièce)로 원형을 찍어 낸다.

5. 틀 위에 반죽을 올리고 양손의 손가락으로 반죽의 가장자리를 안으로 접듯이 해서 틀 속으로 집어넣는다. 틀의 바닥과 측면에 양손 엄지로 반죽을 눌러 붙이면서 깔아 준다. 냉장고에서 휴지시킨다.

• 손가락 자국이 남아 반죽의 두께가 달라지면 구웠을 때 얼룩이 생기므로 주의한다.

6. 집어넣은 반죽을 한 번 더 가볍게 눌러 틀에 맞도록 하고, 밖으로 비어져 나온 여분의 반죽은 잘라 낸다 (→ébarber).

애벌 굽기

7. 반죽 위에 종이를 깔고 누름돌을 집어넣어 180℃로 예열한 오븐에서 애벌로 굽는다.

8. 반죽의 가장자리가 희미하게 색이 나면 종이와 누름돌을 빼고 안쪽까지 노릇노릇하게 색이 날 때까지 굽는다. 굽고 나면 바로 틀에서 빼내어 식힌다.

• 반죽의 구워진 정도가 다를 때에는 색이 예쁘게 난 것부터 차례대로 꺼내 놓는다.

아파레유 만들기

9. 냄비에 푼 달걀, 설탕, 커스터드 파우더를 넣고 잘 섞은 후 레몬즙을 넣고 섞는다. 작게 자른 버터를 넣는다.

10. 불에 올려놓고 잘 저어 섞으면서 끓인다. 윤기가 나고 매끈해지며 색이 진해질 때까지 섞으면서 졸인다.

아파레유 붓고 완성하기

11. 아파레유가 식기 전에 애벌로 구운 반죽에 80% 정도 까지 붓고 차게 해서 굳힌다.

12. 이탈리안 머랭을 만든다. 시럽의 재료를 전부 넣고 110~120℃로 졸이고, 흰자에는 설탕 20g을 넣고 각이 생길 때까지 거품을 낸다. 졸인 뜨거운 시럽을 조금씩 거품을 낸 흰자에 넣어 가며 완전히 식을 때까지 거품을 낸다.

• 거품을 너무 많이 내면 버석버석해지므로 거품이 나면 식을 때까지는 속도를 떨어뜨려서 돌린다.

13. 이탈리안 머랭을 8등분된 지름 6㎜ 별 깍지(douille cannelée)를 끼운 짤주머니(poche)에 담아 아파레유 위에 짠다.

14. 표면에 슈거 파우더를 뿌리고 윗불 250℃의 오븐에서 머랭에 색을 입힌다.

레몬과 라임

시트롱(citron) / 림(lime), 시트롱 베르(citron vert)

귤과의 감귤류. 원산지는 전부 인도이다. 레몬은 12세기경 중세에 십자군이 팔레스타인으로부터 가지고 들어왔으며, 스페인부터 지중해 연안에 걸쳐 재배가 널리 보급되었다. 기나긴 항해 중 비타민C 결핍을 보충하는 식품으로서 중하게 쓰였고, 아메리카 대륙에는 15세기 콜럼버스에 의해 전달되었다.

과즙에 포함되어 있는 구연산은 살균 작용, 피로 회복, 단백질의 소화를 돕는 기능이 있다. 또 아스코르빈산(비타민C), 토코페롤(비타민E), 플라보노이드와 같은 항산화 물질을 포함하고 있다. 과즙에는 사과의 갈변을 방지하는 등, 산화 방지의 기능이 있다. 껍질은 펙틴, 방향성 정유(리모넨, 시트랄)를 많이 함유하고 있어 마멀레이드나 레몬필을 만들거나 에센스, 리큐어의 원료가 된다. 생과일의 껍질을 갈아서 구움과자 등의 향을 내는 데 사용하는 경우가 많은데, 껍질을 사용할 경우에는 곰팡이 방지 처리를 하지 않은 것이 바람직하다. 미국으로부터 수입한 것이 많으나 일본에서도 세토나이카이 연안 지방 등에서 재배되고 있다.

라임은 레몬보다 작으며, 익으면 엷은 노란색이 되는데 초록색일 때 수확한다. 레몬보다 산미가 강하며 독특한 향이 있다. 일반적으로 라임이라고 하면 멕시칸 라임(소과류로 키 라임이라고도 부른다)을 가리키고, 그 밖에 타히티안 라임(대과류), 산미가 적은 스위트 라임(무산 라임)이 있다.

Tartelette aux pignons
타르틀레트 오 피뇽

향긋하게 시나멜리제 한 잣을 올린 타르틀레트. 파트 쉬크레의 응용으로, 아몬드 파우더를 넣어 만든 반죽으로 타르틀레트(또는 타르트)의 셸을 굽고, 아파레유를 넣어 한 번 더 구워 다시 따로 구운 잣을 조합한다. 잣은 프로방스, 랑그도크, 미디피레네 등 프랑스 남서부 지방에서 예로부터 과자에 사용하고 있다.

재료 지름 7cm의 타르틀레트 12개 분량

파트 쉬크레 오 자망드 pâte sucrée aux amandes

- 버터 125g 125g de beurre
- 슈거 파우더 100g 100g de sucre glace
- 노른자 20g 20g de jaunes d'œufs
- 달걀 50g 50g d'œufs
- 소금 약간(2g) 1 pincée de sel
- 박력분 200g 200g de farine
- 아몬드 파우더 50g 50g d'amandes en poudre

달걀물(전란을 풀어 놓은 것) dorure

피뇽 카라멜리제 pignons caramélisés

- 잣 300g 300g de pignons
- 물 600㎖ 600㎖ d'eau
- 설탕 500g 500g de sucre semoule
- 꿀 30g 30g de miel

아파레유 appareil

- 노른자 75g 75g de jaunes d'œufs
- 설탕 75g 75g de sucre semoule
- 사워 크림 150g 150g de crème aigre
- 생크림(유지방분 48%) 225㎖ 225㎖ de crème fraîche
- 바닐라 빈 2개 2 gousses de vanille
- 우유 150㎖ 150㎖ de lait
- 럼주 15㎖ 15㎖ de rhum

슈거 파우더 sucre glace
덧가루(강력분) farine

*pâte sucrée aux amandes 파트 쉬크레 오 자망드, 아몬드 풍미의 파 트 쉬크레.

준비 작업

○ 박력분과 아몬드 파우더를 섞어 체로 쳐 둔다.

○ 버터는 부드럽게 해 둔다.

• 가소성이 있는(자유롭게 모양을 바꾸는 것이 가능한) 상태로 만든 다(13~18℃).

○ 바닐라 빈은 세로로 2개가 되도록 가르고 생크림에 담 가 둔다(하룻밤 담가 두면 향이 남아 좋다).

파트 쉬크레 오 자망드 만들기

1. 부드럽게 한 버터를 개서 균일한 굳기로 만들고, 슈거 파우더를 넣고 잘 섞는다.

2. 푼 노른자와 달걀에 소금을 넣어 녹이고 조금씩 1에 넣어 가며 섞는다.

3. 체로 친 가루류를 넣는다.

4. 카드(corne)로 가루를 가장자리부터 가운데쪽으로 끌 어당기면서 뭉치듯이 합친다.

5. 반죽을 접어서 포개듯이 하는 작업을 반복하고 가루 를 전체적으로 섞어서 하나로 뭉친다.

6. 작업대로 옮겨서 손바닥으로 밀어 편다(→fraiser).

7. 덧가루를 뿌려 가면서 양손으로 가볍게 뭉쳐 합친다.

8. 평평하게 해서 비닐에 싼 후 냉장고에서 차게 해서 굳 힌다.

반죽을 틀에 깔기(→foncer)

9. 반죽을 밀대로 두드리면서 굳기를 조절하고, 가볍게 다시 반죽해서 2㎜ 두께로 늘여 준다. 냉장고에서 휴지시킨 후 지름 9㎝의 틀로 찍어 낸다.

10. 세르클에 맞춰 반죽을 깐다. 틀을 들어 올려 반죽을 늘어뜨리는 듯한 느낌으로 조금 느슨하게 한다. 이렇게 하면 빈틈없이 각이 잡혀 예쁘게 깔 수 있다. 종이 위에 올려 냉장고에서 휴지시킨다.

11. 밖으로 비어져 나온 반죽은 잘라 낸다(→ébarber).

애벌 굽기

12. 종이를 깔고 누름돌을 집어넣어 180℃로 예열한 오븐에서 굽는다.

13. 가장자리가 희미하게 색이 나면 종이와 누름돌을 빼내고 안쪽에 달걀물을 바르고 한 번 더 구워 색을 낸다.

＊ 달걀물을 바르면 셸이 단단해져서, 수분이 많은 크림 등을 넣어도 바삭한 상태가 오래 유지된다.

피뇽 카라멜리제 만들기

14. 냄비에 물과 설탕, 꿀을 넣고 끓인다.

15. 잣을 넣고 다시 한 번 끓여 1분 정도 졸인다.

16. 소쿠리에 옮겨서 시럽을 털어 내고 실팻을 깐 철판에 겹치지 않도록 펼친다.

17. 180℃로 예열한 오븐에서 카라멜색이 될 때까지 굽는다(→caraméliser).

＊ 도중에 나무 주걱으로 섞어서 구석구석 색을 입힌다. 처음에는 끈기가 있으나 점점 매끈해진다.

아파레유 만들기

18. 노른자에 설탕을 넣고 섞는다.

19. 사워 크림을 넣고 섞는다.

20. 생크림과 우유를 합하고 씨를 훑어 낸 바닐라 빈 껍질을 담가 향을 낸다(가능하면 하루 전날 바닐라를 담가 냉장고에서 재우면 좋다). 19에 넣고 섞는다. 럼주도 넣고 섞은 후 거른다(→passer).

아파레유를 붓고 다시 굽기

21. 애벌로 구운 셸이 식으면 아파레유를 채워 넣는다. 200℃로 예열한 오븐에서 10~15분간 굽는다. 식으면 냉장고에서 차게 해서 굳힌다.

● 구운 셸이 뜨거울 때 아파레유를 넣으면 바람이 든다.

22. 틀에서 빼내어 피뇽 카라멜리제를 얹고 슈거 파우더를 뿌린다.

잣
잣나무, 가사마쓰, 대만 소나무, 멕시코 잣나무(너트 파인) 등 솔방울 속에 있는 씨앗이 식용이 되는 것이다. 부드럽고 풍미가 좋다. 중국에서는 '신선의 영약'이라고 불릴 정도로 지방, 단백질, 철, 칼륨, 비타민B_1, B_2외, 비타민E를 풍부하게 함유하고 있다. 제과에서는 볶아서 쿠키나 마카롱 등에 사용한다.

사워 크림
생크림에 유산균을 넣어 발효시킨 것으로 산미가 강하다. 생크림이나 크림치즈 등 감칠맛이 나는 것과 조합하면 과자에 산뜻한 풍미나 가벼운 식감을 준다. 감귤류 무스에도 어울린다. 일본에서는 유지방분이 높은 것(40% 정도)이 주로 쓰인다. 러시아, 중동부 유럽, 영미, 네덜란드 등에서 자주 사용되고 있다.

파트 사블레

파트 아 퐁세 또는 파트 쉬크레보다 약한 상태의 반죽형 파이 반죽에 파트 사블레가 있다. 설탕, 달걀, 버터의 배합이 대부분인데, 구웠을 때 입에서 녹을 것처럼 약하고 풍미가 좋아야 하며, 파트 쉬크레와 같이 타르트 등의 기본 반죽으로 사용하는 것 외에 틀로 찍어 내서 구우면 가토 세크(쿠키)이되기도 한다.

사블레로 만들지만(sabler : 유지와 밀가루를 섞어 부슬부슬한 상태로 만드는 것. 거기에 달걀, 설탕을 넣는다), 크레메로 만드는(crémer : 버터와 설탕을 잘 섞어 크림 상태로 만드는 것. 거기에 달걀, 밀가루를 넣는다) 경우도 있다. 또 반죽에 베이킹파우더를 넣으면 잘 부풀어 한층 더 사각사각하게 완성된다.

사블레(sablé)는 비터와 달걀의 풍미가 풍부하며 식감이 바삭한 작은 구움과자의 이름이다. 파트 사블레는 원래 사블레용 반죽이라는 외미이나, 풍미가 좋은 바죽형 파이 반죽의 이름으로서 널리 사용되고 있다. 사블레 를 해서 만들기 때문이라고도 하며, 또는 구워 낸 이 반죽이, 모래(sable)처럼 약하고 부서지기 쉽기 때문에 이 이름이 붙었다고도 한다.

파트 사블레

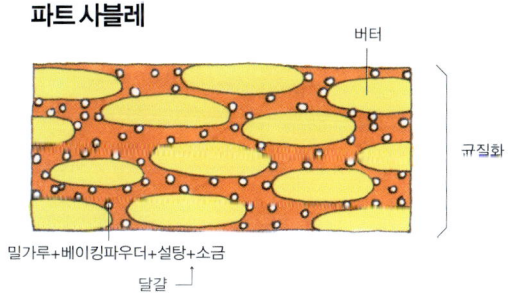

버터

규질화

밀가루+베이킹파우더+설탕+소금

달걀

Pâte sablée 파트 사블레

재료 기본 배합

박력분 250g 250g de farine
베이킹파우더 2.5g 2.5g de levure chimique
슈거 파우더 125g 125g de sucre glace
버터 125g 125g de beurre
달걀 50g (1개) 50g d'œuf
소금 약간(1.5g) 1 pincée de sel
덧가루(강력분) farine

준비 작업

○ 박력분과 베이킹파우더를 섞어 체로 친다
  (→tamiser).

○ 재료는 전부 냉장고에서 차게 해 둔다.

● 버터는 손가락으로 눌렀을 때 자국이 거의 남지 않을
  정도의 단단한 것을 사용한다.

1. 함께 체 친 가루류와 슈거 파우더, 작게 자
   른 버터를 푸드 프로세서(cutter)에 넣고 돌
   린다.

2. 버터가 박력분 속에 분산되어 보이지 않게
   되고 바슬바슬한 상태가 될 때까지 휘저
   어 섞는다(→sabler).

● 푸드 프로세서를 사용하면 빠르고 보다 좋
  은 상태의 반죽이 만들어진다. 손으로 작
  업할 때는 카드를 사용해 버터를 작게 잘
  라 가며 밀가루를 묻히고, 손바닥으로 치
  대어 바슬바슬한 상태로 만든다.

3. 달걀을 풀고 소금을 넣어 녹인다.
2에 넣는다.

4. 전체적으로 섞여서 뭉쳐질 때까지 휘저어 섞는다.

5. 작업대로 옮겨 반죽을 조금씩 손바닥으로 밀어내듯이 해서 작업대에 편다. 재료가 전부 잘 섞여 있는지 확인하고 반죽을 균일하게 만든다(→fraiser).

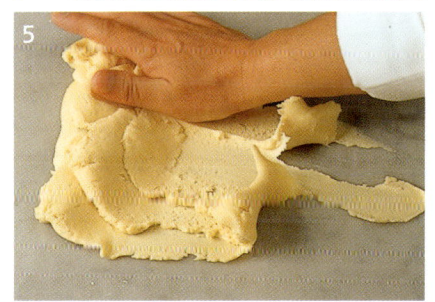

- 대충 밀어 편 다음 일단 반죽을 뭉친다. 또 한 번 방향을 바꿔서 다시 프레제 를 해 주면 빠르게 반죽 전체가 매끄럽게 섞인다.

6. 덧가루를 뿌리고 양손으로 가볍게 반죽해 뭉친다. 비닐봉지에 싸서 평평한 모양으로 다듬고 '냉장고에서 차게 해서 굳힌다

- 수분이 적은 반죽이므로 글루텐은 거의 형성되지 않으며, 버터의 가소성으로 인해 뭉쳐져 있기 때문에 온노가 높아지면 반죽이 말랑말랑해질 수 있다. 완성된 반죽은 충분히 차갑게 굳히고, 사용할 때 자신이 다루기 쉬운 정도의 굳기로 조절해서 재빨리 작업하는 것이 중요하다.

Florentin sablé
플로랑탱 사블레

플로랑탱은 아몬드 누가를 얇게 구워 뒷면에 초콜릿을 입힌 작은 과자를 가리킨다. 플로랑탱을 응용해 사블레와 조합
해 만들었다.

* florentin [adj] 피렌체[프랑스어로 플로랑스(Florence)]풍이라는 의미의 형용사.
  남성 명사로 피렌체풍의 아몬드를 사용한 과자의 명칭.

재료 40×60㎝ 철판 1장 분량

파트 사블레 기본 배합×2 pâte sablée
아파레유 appareil
 ┌ 생크림(유지방분 48%) 200㎖ 200㎖ de crème fraîche
 │ 꿀 100g 100g de miel
 │ 물엿 100g 100g de glucose
 │ 설탕 300g 300g de sucre semoule
 │ 버터 200g 200g de beurre
 └ 아몬드 슬라이스 300g 300g d'amandes effilées
커버추어(쿠베르튀르 또는 파트 아 글라세) couverture ou pâte à glacer
피스타치오 pistaches
덧가루(강력분) farine

1. 냉장고에서 차갑게 굳힌 파트 사블레를 다시 반죽한
 다. 철판의 크기에 맞춰 늘이고(→abaisser) 피케 한 후
 (→piquer) 철판에 깐다.
 ● 직사각형으로 늘일 경우에는 원주형으로 뭉쳐서 늘인다(→p.93).

2. 180℃로 예열한 오븐에서 약 20분간, 엷게 색이 날 때
 까지 굽고 식힌다.
 ● 반죽이 구운 후에 줄어들어 철판과의 사이에 틈새가 생겼을 경우에
  는 나중에 아파레유를 붓고 굽는 것을 고려해서 새로 띠 모양으로 늘
  인 반죽을 채워 틈새를 메운다.

3. 냄비에 생크림과 꿀, 물엿, 설탕 그리고 버터를 넣고 불
 에 올린다.

4. 나무 주걱(spatule en bois)으로 저으면서 녹여 110℃까
 지 졸인다.
 ● 시럽을 졸이는 경우와 마찬가지로 110℃는 손가락으로 집어 보면
  실처럼 늘어지는 상태(filé→p.61). 스푼에 졸인 시럽을 떠서 좀 식은
  후에 손가락으로 집어 관찰한다.

5. 불을 끄고 아몬드 슬라이스를 넣는다.

6. 식기 전에 미리 구운 파트 사블레의 위에 붓고 표면을
 팔레트 나이프로 정돈한다.

7. 180℃로 예열한 오븐에서 25분간, 표면이 예쁜 카라
 멜 상태가 될 때까지 굽는다(→caraméliser). 다 구워
 지면 오븐에서 꺼내 식힌 후 표면이 굳으면 철판에서
 꺼낸다.
 ● 가장자리를 칼로 지르고 베이킹 시트를 대고 뒤집어서 철판에서 꺼
  낸다(이 상태로 잘라도 괜찮다).

8. 종이를 대고 다시 원래대로 뒤집고 자른다(짧은 변 2
 ㎝, 긴 변 4㎝, 높이 9㎝의 사다리꼴).

9. 위아래에 커버추어를 입힌다.
 ● 커버추어는 템퍼링을 해서 사용한다(→p.360). 파트 아 글라세는 그
  냥 녹여서 쓰면 된다.

10. 커버추어가 굳기 전에 피스타치오를 살세 썰어서 뿌
 린다.

Galette d'orange

갈레트 도랑주

틀을 사용하지 않고 성형을 해서 만드는 타르트풍의 과자. 프랑스 연수 시절 리옹의 베르나숑(Bernachon)이라는 가게에서 만드는 방법을 익혔다. 셀로판지에 싸서 리본을 묶은 우아한 포장에 마음이 끌린 추억이 있다.

*galette [f] 납작한 원형으로 구운 과자.

재료 지름 18cm의 반죽 2개 분량

파트 사블레 기본 배합 pâte sablée
가르니튀르 garniture
　오렌지 마멀레이드 50g 50g de marmelade d'orange
　오렌지 필 50g 50g d'écorce d'orange confite
아파레유 appareil
　탕 푸르 탕 160g 160g de T.P.T
　박력분 20g 20g de farine
　흰자 130g 130g de blancs d'œufs
　설탕 30g 30g de sucre semoule
슈거 파우더 sucre glace
오렌지 필(장식용) écorce d'orange confite

* 오렌지 필 프랑스 사바통사(社)의 부드러운 제품을 사용한다. 오렌지 마멀레이드에 깊은 맛을 내기 위해 넣은 것으로, 딱딱하고 건조한 것밖에 구할 수 없는 경우에는 사용하지 않아도 된다.
* tant pour tant 탕 푸르 탕. 아몬드와 설탕을 같은 분량씩 합해서 갈아 분말로 만든 것. 아몬드 파우더와 슈거 파우더를 같은 분량씩 합해서 사용해도 좋다.

볼로방 틀 vol-au-vent
원반 모양의 틀. 지름 10~25cm 전후의 것이 종류별로 있다. 늘어 놓은 파이 반죽이나 구운 스펀지 위에 얹고 가장자리를 따라 칼로 잘라 필요한 크기의 원형으로 잘라 낼 수 있다. 볼로방은 뚜껑이 있는 눙는 파이 셸에 충선물을 재워 넣은 뇨리의 이름으로, 파이 셸용 반죽을 둥글게 잘라 내는 데 필요한 도구에도 그 이름이 붙었다.

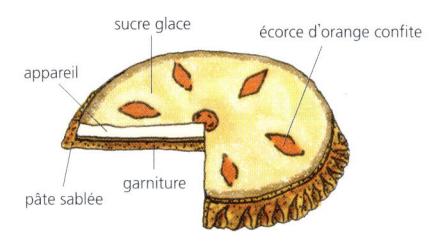

Galette d'orange

준비 작업

○ 아파레유용의 탕 푸르 탕과 박력분을 합해 섞고 굵은 체로 친다.

• 아몬드 분말이 통과할 정도의 굵은 소쿠리를 사용해도 좋다.

반죽 모양 만들기

1. 냉장고에서 차갑게 굳힌 파트 사블레를 다시 반죽해서 2등분한 후 둥글게 만든다. 각각 약 지름 20cm의 원형으로 늘이고(→abaisser), 투르티에르(tourtière)에 얹는다.

2. 지름 18cm의 볼로방 틀을 대고 잘라 낸다.

3. 잘라 내고 남은 반죽을 굵기 1cm의 봉 모양으로 길게 늘여 준다.

• 반죽이 부드러워져서 늘이기 어려워진 경우에는 냉장고에서 차게 해서 굳힌다.

4. 원형 반죽의 가장자리에 물을 약간 묻히고 봉 모양의 반죽을 단단히 붙인다.

5. 벽을 민들듯이 손가락으로 반죽을 돋우고, 또 안쪽을 손가락으로 가볍게 누르면서 바깥쪽 반죽을 손가락으로 집어 가장자리 장식을 만든다(→pincer).

6. 가장자리 장식이 완성되면 냉장고에서 차게 해서 굳힌다.

7. 가르니튀르인 마멀레이드에 잘세 썬 오렌지 필을 섞어 펴 바른다.

아파레유 만들기

8. 흰자는 품어서 설탕을 넣고 각이 생길 때까지 휘저어 싶는다. 마지막에 전제직으로 힘 있세 싶어 단단한 머랭을 만든다(→serrer).

125

9. 체로 친 탕 푸르 탕과 박력분을 머랭에 넣고 섞는다.

굽기

10. 7에 아파레유를 붓고 표면을 주걱으로 정리한다.

11. 슈거 파우더를 뿌리고 녹을 때까지 잠시 둔다. 이것을
2~3회 반복한다.

● 굽고 나면 일단 녹은 슈거 파우더가 진주와 같은 알갱이 모양으로 굳
어서 표면에 질감이 나타난다(→perlage).

12. 오렌지 필로 장식하고 180℃로 예열한 오븐에서 30
분간 굽는다. 다 구워지면 바로 사블레와 투르티에
르 사이에 팔레트 나이프(palette)를 집어넣고, 완전
히 식은 후 망으로 옮긴다.

● 굽고 난 직후에는 사블레가 부드러우므로 움직이면 부서진다.

● 팔레트 나이프를 파이와 투르티에르 사이에 집어넣으면 공기가 들어
가서 파이가 식었을 때 투르티에르에 들러붙지 않는다.

오렌지필
필은 감귤류의 껍질을 설탕에 절인 것으로 주로 오렌지,
레몬 등으로 만든다. 껍질을 시럽에 절이고, 시럽의 농
도를 서서히 올려 그 삼투압에 따라 속까지 당분이 충
분히 스며들게 한 것으로 부드러우며 윤기가 난다. 잘게
썰어서 반죽이나 크림에 넣어 풍미를 내거나 장식용으
로 쓴다.

마멀레이드
감귤류의 껍질을 채 친 것에 그 과즙이나 과육과 설탕을
넣어 졸인 잼. 오렌지가 주로 사용된다. 감귤류의 껍질은
방향유를 많이 포함하고 있으므로 향이 강하다. 또 표피
아래 하얀 부분에는 펙틴이 많이 포함되어 있는데 그것
을 제거하지 않고 사용하므로 독특한 쓴맛도 있다. 살구
잼과 마찬가지로 과자를 완성할 때 발라도 좋다. 마멀레
이드는 포르투갈어의 마르멜라다로부터 유래된 단어로
원래 마르멜로(모과와 비슷한 모양으로 향이 좋고 펙틴
이 많은 과일)의 과육을 설탕에 졸여 퓌레 상태로 해서
굳힌 젤리였다. 그러다가 여러 가지 과일을 사용하게 되
었다. 프랑스어의 마르믈라드(marmelade)는 퓌레 상태
의 농도가 진한 잼을 가리키지만 현재는 특히 감귤류의
잼을 말하는 경우가 많다. 일본 농림 규격(JAS)에서 마멀
레이드는 감귤류의 열매와 껍질을 20% 이상 사용한 것
으로 정해져 있다.

Moulinois
물리누아

* moulinois [adj] moulin(
풍차, 물레방아 등의 제분
기)의 형용사형.

파트 사블레의 응용으로 코코아를 넣어 초콜릿의 풍미를 낸다. 여기에서는 원형으로 굽고 크림을 샌드했는데, 다르프(
또는 타르틀레트) 모양으로 구워서 사용할 수도 있다.

재료 지름 16㎝의 반죽 2개 분량

파트 사블레 오 쇼콜라 pâte sablée au chocolat
- 박력분 250g 250g de farine
- 코코아 파우더 8g 8g de cacao en poudre
- 탕 푸르 탕 누아제트 130g 130g de T.P.T. noisette
- 버터 165g 165g de beurre
- 달걀 50g 50g d'œufs
- 소금 약간(1~1.5g) 1 pincée de sel

무스 오 뵈르 오 프랄리네 mousse au beurre au praliné
- 버터 250g 250g de beurre
- 프랄리네 60g 60g de praliné
- 이탈리안 머랭 아래와 같은 분량으로 만들어 ½ 사용 meringue italienne

무스 오 뵈르 오 쇼콜라 mousse au beurre au chocolat
- 가나슈 ganache(→p.65)
  - 초콜릿(카카오분 56%) 65g 65g de chocolat
  - 생크림(유지방분 48%) 65㎖ 65㎖ de crème fraîche
- 버터 100g 100g de beurre
- 이탈리안 머랭 아래와 같은 분량으로 만들어 ½ 사용 meringue italienne

이탈리안 머랭 meringue italienne(→p.187)
- 흰자 120g 120g de blancs d'œufs
- 물 90㎖ 90㎖ d'eau
- 설탕 250g 250g de sucre semoule

코코아 파우더 cacao en poudre
슈거 파우더 sucre glace
초콜릿 메달(장식용) médaillon de chocolat
덧가루(강력분) farine

*tant pour tant noisette 탕 푸르 탕 누아제트. 헤이즐넛과 설탕을 같
은 분량씩 합해서 갈아 분말로 만든 것. 헤이즐넛 파우더와 슈거 파우더
를 같은 분량씩 합해 사용해도 좋다.

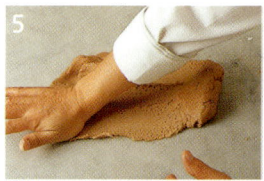

준비 작업

○ 박력분과 코코아 파우더를 섞어 체로 친다(→tamiser).

○ 파트 사블레 오 쇼콜라의 재료는 전부 냉장고에서 차
게 해 둔다.

• 버터는 손가락으로 눌러도 자국이 거의 남지 않을 정도로 단단한 것
을 사용한다.

파트 사블레 오 쇼콜라 만들어 굽기

1. 체로 친 박력분과 코코아 파우더, 탕 푸르 탕 누아제트
를 푸드 프로세서에 넣고 돌린다. 작게 자른 버터를 넣
고 다시 돌린다.

2. 버터가 작아져 가루 속에 분산되어 보이지 않게 되고
보슬보슬한 상태가 될 때까지 돌린다(→sabler).

3. 달걀을 풀고 소금을 넣어 녹인 후 2에 넣는다.

4. 전체적으로 섞어 뭉쳐질 때까지 돌린다.

5. 작업대로 옮겨 손바닥으로 밀어 펴 섞는다(→fraiser).

6. 덧가루를 뿌리고 양손으로 가볍게 반죽해 뭉친다. 비
닐봉지에 싸서 평평한 모양으로 다듬어서 냉장고에서
차게 해서 굳힌다.

7. 밀대로 두드리면서 굳기를 조절하고 6등분으로 자른
다. 각각의 반죽을 늘여서 지름 16㎝의 볼로방 틀을 대
고 잘라 낸다(반죽 1개당 3장을 사용한다). 180℃로 예
열한 오븐에서 15분간 굽고 망 위에서 식힌다.

무스 오 뵈르 오 프랄리네 만들기

8. 실온에 두어 부드럽게 한 버터를 거품기(fouet)로 섞는다. 대리석 작업대 위에서 섞어 부드럽게 만든 프랄리네를 넣는다.

9. 이탈리안 머랭(→p.187)을 넣고 거품을 꺼뜨리지 않게 크게 섞는다.

무스 오 뵈르 오 쇼콜라 만들기

10. 가나슈를 만든다. 실온에 두어 부드러워진 버터를 거품기로 섞고 가나슈를 넣는다.

11. 이탈리안 머랭을 넣고 거품을 꺼뜨리지 않게 위아래로 크게 섞는다.

조립하기

12. 사블레가 식으면 4장에 누 종류의 무스를 번갈아 가며 싼다.

13. 2장씩 2단으로 겹쳐서 냉장고에서 차게 해서 굳힌다.

14. 남은 2장의 사블레는 평평한 면에 남은 무스 오 뵈르 오 쇼콜라를 얇게 바르고, 크림을 바른 면을 위로 해서 13에 1장씩 얹는다.

15. 표면에 코코아 파우더와 슈거 파우더를 뿌리고 초콜릿 메달로 장식한다.

프랄리네

프랄랭(pralin)이라고도 한다. 아몬드에 시럽을 묻혀서 카라멜 상태로 졸이면서 동시에 아몬드에 열을 가한다. 그것을 롤러로 갈아 분말 형태로 만들거나 또는 그것을 갈아 으깨 페이스트 형태로 만든 것. 견과류의 향기로운 풍미와 카라멜의 씁쓸한 맛이 있다. 크림이나 충전물 등에 넣어 향기로운 풍미 또는 깊은 맛을 내거나 봉봉 오 쇼콜라의 센터가 되기도 한다. 헤이즐넛으로 만든 깃이나 아몬드와 헤이즐넛을 혼합해 만든 것도 있다. 잠시 놔두면 표면에 기름이 뜨게 되므로 잘 섞은 후 사용한다.

＊프랄린(praline)은 아몬드에 딩의를 입힌 팅과의 이름이므로 혼동하지 말 것(→p.353).

푀이타주(파트 푀이테)

파이 반죽은 반죽한 가루에 유지를 넣어 얼마나 쉽게 부서지고, 입에서 녹는 감촉이 좋은 상태로 완성하는가가 관건이다. 밀가루에 물을 넣으면 생기는 글루텐을 만들지 않기 위해서 버터를 먼저 밀가루에 섞어 두는 것이 파트 아 퐁세, 물을 넣지 않고 밀가루에 유지를 넣어 반죽을 만드는 것이 파트 쉬크레 또는 파트 사블레로 이들을 반죽형 파이 반죽이라고 부른다.

반면 푀이타주는 글루텐을 형성한 반죽한 가루(데트랑프) 속에 버터의 층을 만들어 반죽한 밀가루를 보다 얇게 함으로써 구웠을 때 겹겹의 얇은 판 모양이 되어 부풀어 오르며, 쉽게 부서지고 입에서 녹는 감촉이 좋은 상태로 완성하는 방법이다.

푀유는 종이 조각, 나뭇잎이라는 의미로, 얇은 층이 쌓여 생긴 이 반죽의 상태를 나타내고 있다.

대표적인 제조법 세 가지 종류를 소개한다.

* feuilletage [m] pâte feuilletée [f] 푀이타주, 파트 푀이테, 접이형 파이 반죽.
* détrempe [f] 데트랑프. 밀가루에 물, 소금 등을 넣고 함께 섞어 하나로 뭉친 반죽. 반죽한 가루.

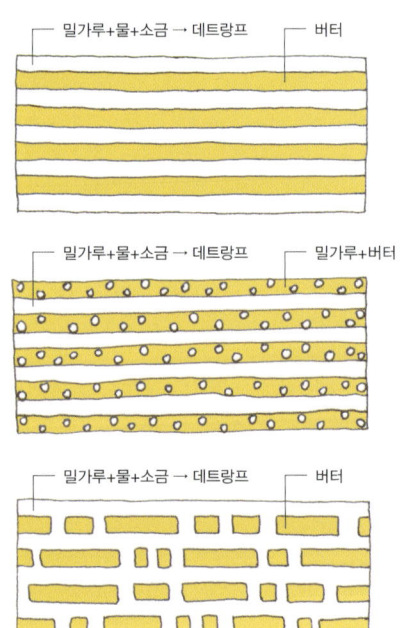

밀가루+물+소금 → 데트랑프   버터

밀가루+물+소금 → 데트랑프   밀가루+버터

밀가루+물+소금 → 데트랑프   버터

* 노란색은 버터, 흰색은 데트랑프를 가리킨다.

푀이타주 오르디네르(feuilletage ordinaire)

정통적인 방법의 보통 푀이타주. 밀가루, 소금, 물로 데트랑프를 만들어 버터를 싸고, 길게 늘여서 접는다. 굽고 나면 쉽게 부서지고 입에서 잘 녹으며, 접이형 파이 반죽을 사용하는 제품에 사용한다. 그러나 수분이 많은 것을 싸서 굽게 되면 반죽이 수분을 흡수해서 반죽 속의 층이 1장의 판처럼 되어 버리므로 입에서 녹는 감촉이 나빠져 버린다.

푀이타주 앵베르세(feuilletage inversé)

앵베르세는 거꾸로라는 의미로, 보통 푀이타주와 반대로 버터에 밀가루를 합쳐 섞어 두고, 약간 부드럽게 만든 데트랑프를 싸서 접는다. 버터가 포함하고 있는 수분이 밀가루에 흡수되기 때문에 버터와 반죽한 밀가루가 잘 섞이지 않으며, 구운 후 잘 부풀고 입에서 녹는 감촉도 좋다. 푀이타주 쉬크레(→p.153)처럼 반죽 그대로 맛보는 과자에 쓰면 좋다.

푀이타주 아 라 미뉘트(feuilletage à la minute)

푀이타주 라피드(feuilletage rapide)라고도 한다. 아 라 미뉘트나 라피드는 빨리, 단시간에 가능하다는 의미로, 속성 접이형 파이 반죽이라고 한다. 밀가루에 깍둑썰기한 버터, 소금, 물을 넣고 대충 섞어 그 상태로 길게 늘여 접는다. 버터의 층은 잘게 잘려져 있다.

굽고 나면 잘 부풀고 바삭바삭하지만 약간 단단하고 입에서 녹는 감촉이 좋지 않다. 반죽형 파이 반죽과 보통 푀이타주의 중간인 듯한 성질로 수분이 많은 크림이나 과일과 함께 써도 촉감이 사라지지 않는다.

* 데트랑프를 따로 만들어 버터를 싸지 않아도 되며, 휴지시키는 시간도 짧아서 좋다. 만들고 나서 시간이 지나면 잘 부풀지 않으므로 가능한 한 빨리 사용해야 한다.

Feuilletage ordinaire 푀이타주 오르디네르

*ordinaire[adj] 보통의.

재료 기본 배합

데트랑프　détrempe
- 박력분 250g　250g de farine
- 강력분 250g　250g de farine de gruau
- 소금 10g　10g de sel
- 냉수 250㎖　250㎖ d'eau froid
- 버터 80g　80g de beurre

버터 370g　370g de beurre
덧가루(강력분)　farine

준비 작업

○ 박력분과 강력분을 합해서 체로 친다(→tamiset).

○ 재료는 차게 해 둔다. 실온이 높을 경우에는 밀가루도 냉장고에서 차게 한다.

데트랑프 만들기

1. 버터는 손가락으로 눌렀을 때 자국이 거의 남지 않을 정도로 딱딱한 것을 사용한다.

2. 냉수에 소금을 녹이고 가루 표면 전체에 뿌리며 넣어 대충 섞어 준다.

3. 가루 속에 수분이 흡수돼 부슬부슬한 상태가 되면 작업대로 옮긴다(반죽의 굳기는 귓불보다 조금 단단한 상태로 조절한다).

4. 옮겨진 반죽을 치대서 하나로 뭉치고, 표면에 십자(+) 모양을 낸다 비닐봉지에 싸서 찬 곳에서 약 1시간 휴지시킨나. 손가락으로 눌러 봤을 때 난 사국이 돌아오지 않을 때까지 충분히 휴지시킨다.

- 버터는 데트랑프의 찰기와 탄력을 약하게 하고 입에서 녹는 감촉도 좋게 한다.

- 아직 반죽이 뭉쳐지지 않아도 수분이 전체적으로 남아 있으면 괜찮다.

- 치댈 때 생긴 글루텐의 찰기(=탄력)가 약해실 때까지 유시시킨나. 충분한 시간 동안 놓아 두어야 늘이는 작업을 하기가 쉽다.

- 실온이 높을 때에는 냉장고에 넣지만, 겨울철에는 실온에 두어도 좋다. 나중에 버터를 쌀 때 녹지 않을 정도면 되며, 너무 차게 한 반죽은 시간이 지나도 글루텐의 찰기가 약해지지 않는 경우가 있다.

데트랑프로 버터 싸기(→beurrage)

5. 냉장고에서 꺼낸 차갑게 굳힌 버터(400g)에 덧가루를 뿌리고 밀대로 두드리면서 속과 겉의 굳기를 조절해 한쪽 변 길이가 20㎝ 정도의 정사각형으로 모양을 다듬는다.

6. 데트랑프를 덧가루를 약간 뿌린 작업대에 올려 십자(+) 모양을 사방으로 눌러 펴 준다. 모양을 다듬은 버터보다 더 큰 정사각형으로 늘여서 그 가운데에 모서리를 돌려서 버터를 놓는다.

7. 마주 보고 있는 반죽의 모서리를 각각 맞추어 붙인다.

8. 네 귀퉁이를 가운데로 모은다.

9. 버터의 모서리를 감싸듯이 밑에서부터 반죽을 들어 올려 가장자리를 합치고, 합친 부분의 반죽을 손가락으로 집어 비틀면서 맞붙인다(빈틈이 없도록 밀폐한다).

10. 이음매를 확실히 닫고 나면 밀대로 전체를 가볍게 두드려 반죽과 버터가 섞이도록 한다.

버터 접기(→tourage)
3절 접기 2회 3번(합계 3절 접기 6회)

11. 반죽에서 자기와 가까운 앞쪽과 멀리 있는 맞은편 쪽 가장자리에서 조금 안쪽으로 들어간 부분을 밀대로 눌러 움푹 패게 한다(그림 2-1).

12. 반죽의 가운데부터 움푹 팬 부분까지 앞뒤로 반죽을 늘여 준다. 반죽이 어느 정도 늘어나면 가장자리의 부풀어 있는 부분을 가운데를 향해 늘여 준다(그림 2-2).

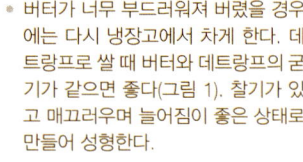

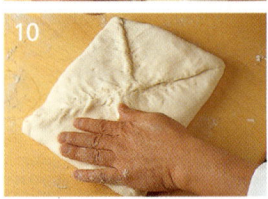

• 버터가 너무 부드러워져 버렸을 경우에는 다시 냉장고에서 차게 한다. 데트랑프로 쌀 때 버터와 데트랑프의 굳기가 같으면 좋다(그림 1). 찰기가 있고 매끄러우며 늘어짐이 좋은 상태로 만들어 성형한다.

[접을 때 주의점]

* 몇 번 접었는지 손가락으로 자국을 내 둔다.
* 반죽을 늘이면서 다시 글루텐이 생기고 또 버터도 부드러워지므로, 3절 접기 2회마다 냉장고에서 충분히 휴지시킨다.
* 덧가루는 강력분을 사용하며, 필요에 따라 적당히 사용한다.

• 합친 부분의 반죽이 다른 부분보다 두꺼워지지 않도록 합친 부분의 반죽을 비틀어 다물게 만들면서 양쪽에서 손가락으로 집어 얇게 만든다. 버터가 같은 두께의 데트랑프로 쌓여 있는 것처럼 한다.

• 항상 밀대의 바로 위에 중심을 두고 균등하게 힘을 가해 일정한 두께로 늘여 준다(p.98).

13. 버터를 싼 상태에서 반죽의 길이가 폭의 3배가 될 때까지 늘이고, 앞쪽 부분을 맞은편 쪽으로 접고 접은 부분의 가장자리를 밀대로 가볍게 눌러 준다.

14. 남은 반죽을 맞은편 쪽으로부터 앞쪽으로 접어 3절 접기 한다. 가장자리를 밀대로 눌러 밀착시키고 전체를 가볍게 두드려 준다(3절 접기 1회 종료).

15. 반죽을 90도 회전시킨다. 반죽이 흐트러지는 것을 방지하기 위해 반죽의 앞쪽과 맞은편 쪽을 밀대로 눌러 움푹 패게 한다. 이 반죽을 가운데로부터 앞뒤로 늘이고 3절 접기를 한 번 하기 전의 크기로 만든다.

16. 13, 14와 같이 3절 접기를 한다(3절 접기 2회째).

17. 반죽을 비닐봉지에 싸서 냉장고에서 충분히 휴지시킨다(1시간 이상). 한 번 더 15, 16의 공정을 반복해서 3절 접기를 총 6회 실시한다. 냉장고에 넣을 때에는 그때마다 반죽의 가장자리에 접은 횟수 표시를 손가락으로 해 둔다.

[접는 방법]

푀이타주는 접는 횟수에 따라 반죽의 부푸는 방법, 씹는 맛, 입에서 녹는 감촉이 다르다. 기호에 따라 3절 접기가 아닌 2절 접기(반으로 접기) 또는 4절 접기*를 하거나 접는 횟수를 바꿔서 층의 수를 변화시키기도 한다.

* 4절 접기
한쪽 가장자리를 적당한 길이로 접고, 반대쪽으로 돌려서 남은 부분을 반으로 접고 다시 한 번 전체를 반으로 접는다.

①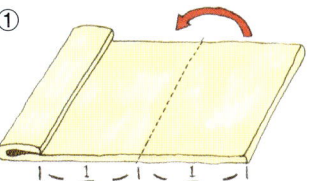

②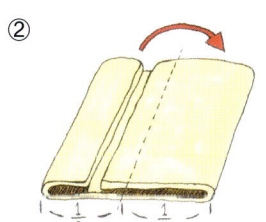

③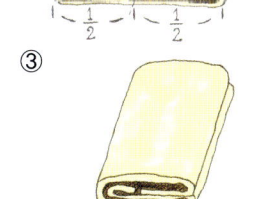

그림 1
[데트랑프와 버터의 굳기가 동일한 경우]

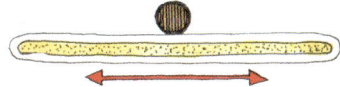

데트랑프와 버터의 굳기가 동일하면 밀대로 늘일 때 같은 타이밍으로 데트랑프와 버터가 균일하게 늘어난다.

[데트랑프가 단단하고 버터가 부드러운 경우]

데트랑프보다 버터가 더 부드러우면 데트랑프보다 버터가 더 잘 늘어난다. 이런 경우 데트랑프를 뚫고 나온 버터가 데트랑프로부터 비어져 나와 예쁜 층이 형성되지 않는다.

[버터가 단단하고 데트랑프가 부드러운 경우]

버터가 단단하고 잘 늘어나지 않은 경우, 데트랑프만 늘어나 버터의 층이 나오지 않고 접이형 파이 반죽의 조직이 형성되지 않는다.

그림 2-1

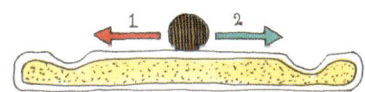

그림 2-2

데트랑프의 가장자리가 찢어져 버터가 새어 나가지 않도록 늘이기 전에 반죽의 앞뒤에 움푹하게 자국을 내 둔다. 가운데부터 바깥쪽을 향해 늘이는데, 그대로 가장자리까지 늘여 버리면 버터가 데트랑프를 뚫고 밖으로 나와 버리므로 양쪽 가장자리에 뭉쳐져 있는 버터를 안쪽으로 밀어 넣는다. 이렇게 하며 버터가 밖으로 새어 나가는 일 없이 데트랑프에 싸여 있는 상태로 늘일 수 있다.

Feuilletage inversé 푀이타주 앵베르세

inversé inverser(반대로 하다)의 과거 분사형으로 '반대의', '뒤집은'이라는 의미.

재료 기본 배합

버터 450g 450g de beurre
박력분 120g 120g de farine
데트랑프 détrempe
　　박력분 225g 225g de farine
　　강력분 225g 225g de farine de gruau
　　소금 10g 10g de sel
　　냉수 300㎖ 300㎖ d'eau froid
덧가루(강력분) farine

준비 작업

○ 박력분과 강력분은 합해서 체로 친다(→tamiser).

○ 재료는 차게 해 둔다. 실온이 높을 경우에는 밀가루도 냉장고에서 차게 한다.

1. 차갑게 굳은 버터에 박력분(120g)을 섞는다. 카드(corne)를 사용해 가장자리로부터 가운데로 밀가루를 덮어씌우고, 접어서 포개듯이 하며 가루를 섞는다.

2. 가볍게 반죽해서 하나로 뭉치고 나면 밀대로 두드려서 사각형(18×26㎝)으로 모양을 다듬는다.

3. 냉장고에서 차게 해서 굳힌다.

데트랑프 만들기

4. 냉수에 소금을 넣어 녹인 후, 함께 체 친 박력분과 강력분에 넣고 제과용 믹서에 팔레트를 끼워 돌린다.

5. 수분이 밀가루 전체에 섞여 전체적으로 거의 하나가 되면 덧가루를 약간 뿌린 작업대로 옮긴다.

● 보통 푀이타주의 데트랑프보다 부드럽다.

6. 반죽이 매끈한 상태가 될 때까지 반죽해서 뭉치고, 냉장고에서 찰기가 약해질 때까지 충분히 휴지시킨다(약 1시간 이상).

버터로 데트랑프를 싸서 3절 접기

7. 3의 버터를 3배 길이의 띠 모양으로 길게 늘이고, 데트랑프를 그 길이의 ⅔로 늘여 준다. 버터와 데트랑프의 앞쪽 면을 맞춰서 버터 위에 데트랑프를 올린다.

버터   데트랑프

8. 버터를 맞은편 쪽에서 자기 앞쪽으로 접어서 겹치고, 포갠 가장자리 버터를 집어 데트랑프를 싸서 맞붙인다.

9. 앞쪽의 남은 부분을 접어서 겹치고, 같은 방식으로 가장자리의 버터를 집어서 맞붙인다(3절 접기 1회째).

10. 반죽의 방향을 90도 돌리고 표면에 덧가루를 약간 뿌려서 밀대로 두드려 준다.

11. 다시 길이가 폭의 3배가 될 때까지 늘이고, 3절 접기를 다시 한다(3절 접기 2회째).

12. 반죽을 비닐봉지에 싸서 약 1시간 이상 냉장고에서 휴지시킨다. 보통 퍼이타주와 같이 다시 3절 접기 2회를 반복해 3절 접기를 총 6회 실시한다.

[접을 때 주의점]

* 몇 번 접었는지 손가락으로 자국을 내둔다.
* 반죽을 늘이면서 다시 글루텐이 생기고 또 버터도 부드러워지므로, 3절 접기 2회마다 냉장고에서 충분히 휴지시킨다.
* 덧가루는 강력분을 사용하며, 필요에 따라 적당히 사용한다.

* 버터가 부드러워지기 시작하므로 빠르게 작업한다.

Feuilletage à la minute (Feuilletage rapide)
푀이타주 아 라 미뉘트 (푀이타주 라피드)

* minute [f] 분, 매우 짧은 시간, 순간.
* rapid [adj] 빠른, 민첩한.

재료 기본 배합

박력분 250g 250g de farine
강력분 250g 250g de farine de gruau
소금 10g 10g de sel
냉수 250㎖ 250㎖ d'eau froid
버터 450g 450g de beurre
덧가루(강력분) farine

준비 작업

○ 박력분과 강력분은 합해서 체로 친다(→tamiser).

○ 재료는 차게 해 둔다. 실온이 높을 경우에는 밀가루도 냉장고에서 차게 한다.

1. 함께 체 친 박력분과 강력분에 2㎝ 정도의 크기로 자른 차갑게 굳은 버터를 넣고 가루를 섞는다.

2. 냉수에 소금을 녹여 1의 표면 전체에 뿌려 준다.

3. 가루와 수분이 잘 섞이도록 크게 전체적으로 섞는다.

● 손으로 크게 밑에서부터 들어 올리듯이 하면서 가루 전체에 수분이 섞이도록 하며, 치대는 작업은 하지 않는다. 또 버터가 녹지 않도록 빨리 섞는다.

4. 떨어지지 않고 대충 붙어 있는 상태의 반죽을 작업대로 옮겨 손으로 눌러 하나로 뭉친다. 모양을 다듬어서 비닐봉지에 싸고 30분 정도 냉장고에서 휴지시킨다.

● 버터는 덩어리 그대로 남아 있어도 괜찮다.

푀이타주의 유래

푀이타주의 역사를 거슬러 올라가 보면 프랑스에서 14세기 초반에 가스토 푀예(gasteaux feuillés)라고 하는 이름의 과자에 대한 기록이 남아 있다. 이것은 푀이타주처럼 층이 있는 형태의 구운 과자였던 것 같은데 자세한 만드는 방법은 전해지지 않고 있다.

17세기 중반의 제과 책에는 현재와 거의 같은 방법으로 파이 반죽을 만드는 방법이 쓰여 있으며, 푀이테 또는 푀이타주라는 단어도 이때부터 사용하게 되었다.

남아 있는 자료로 푀이타주를 처음으로 만든 사람이 누구인지 알아내는 것은 불가능하나, 그 유래에 대해서는 다음과 같은 에피소드가 전해지고 있다.

한 가지는, 프랑스 고전주의 풍경 화가로 유명한 클로드 로랭(1600~1682)이 젊은 시절 과자 장인 견습을 하고 있을 때 고안했다는 것이다. 반죽형 파이 반죽에 버터를 넣는 것을 잊고 나중에 싸서 구웠을 때 층 모양으로 부푼 맛있는 파이가 나왔다는 것이다. 실수로부터 우연히 탄생했다는 이야기이다.

다른 한 가지는, 콩데가(家)의 제과장인 푀예(Feuillet)라는 인물이 만들었다는 것으로 푀이타주와 푀예라는 이름이 비슷해 관련이 있는 것은 아닐까 하는 상상에서 나온 재미있는 이야기이다.

푀이타주를 사용한 과자는 피티비에처럼 아몬드 크림을 넣어서 구운 것이 예로부터 있었으며, 피티비에 마을에서 그 이름으로 구워지게 된 것은 18세기의 일이라고 한다.

---

5. 덧가루를 뿌리고 밀대로 두드려 사각형 (18×26㎝)으로 모양을 만들고 그 사각형 길이의 3배가 되도록 띠 모양으로 길게 늘여 준다.

6. 자기 앞쪽을 맞은편 쪽으로 접어서 겹치고, 남은 반죽을 맞은편 쪽에서 앞쪽으로 접어서 겹쳐 3절 접기를 한다(3절 접기 1회째).

[접을 때 주의점]

* 몇 번 접었는지 손가락으로 자국을 내둔다.
* 반죽을 늘이면서 다시 글루텐이 생기고 또 버터도 부드러워지므로, 3절 접기 2회마다 냉장고에서 충분히 휴지시킨다.
* 덧가루는 강력분을 사용하며, 필요에 따라 적당히 사용한다.

7. 반죽을 90도 회전해서 다시 길게 늘여 준다.

8. 3절 접기를 하고 냉장고에서 약 1시간 이상 휴지시킨다(3절 접기 2회째). 보통 푀이타주와 같이 다시 3절 접기 2회를 반복해 3절 접기를 총 6회 실시한다.

139

Mille-feuille glacé
밀푀유 글라세

* **mille-feuille**[m] 밀푀유. 1,000
  장의(많은) 나뭇잎이라는 의미.
* **glacé**[adj] 당의(퐁당 등)를 입힌.

접이형 파이 반죽을 사용한 대표적인 과자. 미국에서는 나폴레옹 파이라고 불린다. 여러 장의 얇은 층이 있는 접이형 파이를 다시 크림과 함께 층 모양으로 겹쳐 쌓아 만든다.

재료 폭 9㎝×길이 40㎝의 반죽 2개 분량

뢰이타주 기본 배합 feuilletage

크렘 파티시에르 crème pâtissière(→p.40)

　우유 1리터 1 litre de lait

　바닐라 빈 1개 1 gousse de vanille

　노른자 240g 240g de jaunes d'œufs

　설탕 300g 300g de sucre semoule

　박력분 60g 60g de farine

　커스터드 파우더 60g 60g de poudre à crème

살구 잼 confiture d'abricots

퐁당 fondant

카카오매스 pâte de cacao

시럽(설탕 1 : 물 1) sirop

덧가루(강력분) farine

* 보통 뢰이타주 또는 뢰이타주 앵베르세 둘 중 어떤 것을 사용해도 괜찮다.

반죽 굽기

1. 뢰이타주(3절 접기 6회)를 2등분해서 각각 40×60㎝의 철판보다 조금 큰 직사각형 모양으로 늘여 준다 (→abaisser).

2. 피케 한다(→piquer).

* 확실하게 구멍을 내어 놓아야 부풀 때 찌그러지지 않는다.

3. 물을 바른 철판에 올리고 냉장고에서 약 1시간 휴지시킨다.

4. 밖으로 비어져 나온 여분의 반죽은 잘라 낸다 (→ébarber).

5. 200℃로 예열한 오븐에서 약 30분간 굽는다. 도중에 반죽이 부풀어 오르면 망을 얹어 가볍게 눌러 주고 너무 부풀어 오르지 않도록 한다.

6. 노릇노릇하게 색이 나고, 속까지 잘 구워지면 망 위에서 식힌다.

* 파이가 얇으므로 식히는 동안 휘지 않도록 위에도 망을 얹어 두는 것이 좋다.

조립하기

7. 뢰이타주를 폭 9㎝, 길이 40㎝로 나눠 자른다. 뢰이타주 1장당 가장자리를 잘라 내고 6장이 나오므로 밀푀유 1개당 5장을 사용하고 남는 것은 잘게 잘라 둔다 (miette). 크렘 파티시에르를 짜고 뢰이타주와 크림을 번갈아 가며 층층으로 겹친다.

8. 맨 위 5장째의 뢰이타주는 평평한 면을 위로 해서 얹고, 판을 얹어 가볍게 누른 후 냉장고에서 차게 해 굳힌다.

9. 윗면에는 졸여 놓은 뜨거운 살구 잼을 바른다. 잼이 식어 완전히 굳을 때까지 놓아 둔다(굳고 나면 그 위에 퐁당을 바른다).

* 잼을 바름으로써 파이의 표면을 평평하게 다듬을 수 있다.

* 살구 잼은 식어 굳었을 때, 손에 들러붙지 않는 상태가 될 때까지 졸여서 사용한다. 그렇지 않으면 퐁당을 발랐을 때 살구 잼이 섞여 지저분해져 버린다.

퐁당 준비하기

10. 퐁당을 손으로 반죽해서 전체적으로 매끄러운 상태로 만든다. 퐁당을 냄비에 넣고 시럽을 조금씩 부어 가며 섞는다.

11. 떠 올려 늘어뜨리면 천천히 흘러 떨어지며, 떨어진 부분의 형태가 잠시 남아 있을 정도의 굳기로 조절한다.

12. 중탕을 해 약 40℃로 데운다. 너무 부드러워지지 않도록 하며, 나중에 과자에 바르기 좋은 굳기로 다시 조절한다.

- 냄비 안에 붙어 있는 퐁당은 카드 등으로 긁어 내, 당화(재결정화)되는 것을 막는다.
- 사람의 체온 정도로 데워졌을 때 늘어뜨려서 떨어진 흔적이 바로 사라질 정도로 부드러우면 된다.

13. 12의 퐁당 소량을 다른 용기로 옮겨 중탕으로 녹인 카카오매스를 넣고 섞는다.

14. 거기에 시럽을 넣어 준다.

15. 하얀 퐁당과 같은 굳기로 조절한다.

- 우선 퐁당 자체를 사용 가능한 굳기로 만든 후 카카오매스를 넣는다. 카카오매스를 넣으면 단단하게 굳어지므로 다시 시럽을 넣어 조절한다.

완성하기

16. 9의 잼이 굳고 나면 12의 하얀 퐁당을 바른다.

17. 바로 15의 퐁당 쇼콜라를 가는 선 모양으로 짠다.

18. 대나무 꼬치를 대고 그려 화살 깃 무늬를 만든다. 우선 대나무 꼬치로 동일한 방향으로 균등한 폭의 선을 그어 모양을 낸다. 그 다음에 그 모양을 나누듯이 반대 방향으로 그리면 화살 깃 무늬가 생긴다. 퐁당이 굳을 때까지 그대로 둔다.

19. 측면에 비어져 나와 있는 크림을 평평하게 다듬고 미에트(7에서 남은 푀이타주를 잘게 자른 것)를 묻힌다.

퐁당 다루는 방법

퐁당은 사용하기 전에 작업대에 꺼내 매끄러워질 때까지 잘 반죽한다. 그리고 용도에 맞는 굳기에 맞춰 시럽을 넣어 다시 반죽하고, 이것을 사람 체온 정도(40℃)로 데워 굳기를 조절해 과자에 바른다. 체온만큼 데운 퐁당이 아직 단단한 경우에는 시럽을 더해 조절하고, 너무 부드러워진 경우에는 반죽한 퐁당을 더해 주면 좋다. 퐁당을 데우는 것은 굳기를 조절하는 것과 동시에 일단 조금 녹임으로써 설탕 결정 크기를 가지런히 하고, 온도가 내려가 재결정화했을 때 세밀하고 광택이 날 수 있게 하기 위해서이다. 너무 가열하면 녹은 결정이 거칠어져 광택이 없고 식감이 좋지 않은 퐁당이 되어 버리므로 40℃ 이상 가열하지 않는다.

퐁당

재료

굵은 백설탕 1kg   1kg de sucre
물엿 250g   250g de glucose
물 300㎖   300㎖ d'eau

졸인 시럽을 반죽해서 세밀하게 결정화를 시켜 하얀 페이스트 상태로 만든 것. 진하게 졸인 시럽이 식으면 설탕이 과포화가 되어 교반의 충격으로 하얗게 결정화된다. 크림 형태로 살살 녹는 듯한 식감이 있어 과자 표면을 감싸는 당의로 사용한다. 양주, 커피 에센스, 카카오매스 등으로 풍미를 내거나 착색을 하는 것도 가능하다.
직접 만들어 사용해도 되지만 쌍법 세쿰은 첨가물이 들어 있어 안정되어 있는 상태이므로 보존성이 좋다. 보관할 때는 랩에 싸거나 용기에 넣어 표면에 시럽을 발라 건조하지 않게 한다.

퐁당 준비하기

1. 냄비에 물, 설탕, 물엿을 넣고 116~118℃(petit boulé →p.61)까지 졸인다.

* 바닐라 빈을 넣어도 좋다. 다만 완성됐을 때 바닐라의 검은 씨가 남는다.
* 굵은 백설탕은 설탕보다 조금 결정이 크며 정제도는 비슷한 정도로 높다. 단맛에 특징이 없고, 녹여서 졸여도 탁해지지 않으므로 퐁당이나 사탕을 만들 때 자주 사용한다.

2. 대리석 작업대에 식용유를 바른 메탈 바(barre →p.338)로 틀을 만들고 1의 시럽을 붓는다.

3. 시럽의 표면에 가볍게 물을 뿌리고 식을 때까지 잠시 놓아 둔다.

* 물을 뿌림으로써 표면의 결정화를 막는다.

4. 식고 나면 메탈 바를 빼고, 물엿 같은 상태로 굳은 시럽을 나무 주걱으로 섞는다.

5. 전체가 하얗게 되고 촉촉한 왁스 같은 상태가 될 때까지 힘차게 반죽한다. 왁스 상태로 굳으면 작은 덩어리로 나눠서 식힌다.

6. 분쇄기에 갈아 좀 더 결을 곱게 하고, 밀폐 용기에 넣어서 보관한다.

분쇄기 broyeuse
밋 보앙의 커터와 2개의 롤러로 아몬드 등을 분쇄하고 급게 가는 기계. 탕푸르 탕이나 프랄리네를 만들 때도 사용한다. 롤러의 간격을 조절하면 분말의 고운 정도를 바꾸거나 페이스트 상태로 갈아 으깰 수 있다.

물엿
전분으로 만든 점액 상태의 엿. 전분을 산(酸)으로 분해하는 산 당화 엿(표백한 흰 물엿)과 전분 분해 효소를 이용한 효소 당화 엿이 있다. 포도당(글루코오스)이나 맥아당(말토오스)과 덱스트린, 그 외의 올리고당이 혼합 상태로 되어 있는 것으로 분해 방법이나 정도에 따라 특성이나 단맛이 달라지지만, 일반적으로 단맛은 설탕(수크로스)의 반 정도이다. 점조성, 비정질성(결정을 석출하지 않는 특성), 보습성이 있고, 엿은 만들 때 시럽에 끈기를 갖게 해 갈라지기 어렵게 하거나 엿이나 퐁당의 재결정화, 당화를 막는 작용을 한다. 또 구움과자 등의 반죽을 촉촉하게 하기 위해 넣는다.

살구 잼(→p.81)confiture d'abricots

잼은 과일을 보존해 두기 위해 고안된 보존 식품으로 당도 60~70% 이상이고,
끓여 소독한 병에 채워 밀폐하면 상온에서 장기간 보존 가능하다.

재료 기본 배합
살구(반으로 잘라 씨를 뺀 것) 1kg 1 kg d'abricots
설탕 800g 800g de sucre
물 300㎖ 300㎖ d'eau

살구
장미과의 열매. 껍질에는 짧은 털이 있으며 과육은 오렌지색
으로 부드럽고 새콤달콤하다. 과일 중에서 카로틴이 풍부하
다. 가운데에 딱딱한 껍질에 싸인 핵(씨) 1개가 있으며, 그 안
의 하얀 부분을 행인이라고 한다. 아몬드와 비슷한 향이 있
으며 약, 향료로 사용하고 아마레토 등 리큐어의 원료가 되
기도 한다. 일본에서는 신슈(信州) 등에서 재배되는데, 생과
일은 상하기 쉬우므로 그다지 유통되지 않고 통조림이나 잼
등으로 가공하는 일이 많다. 미국에서 냉동 살구가 수입되고
있어 잼이나 시럽 절임 등에 이용 가능하다. 또 건조시킨 말
린 살구(abricot sec)는 불려서 콩포트를 만들거나 프루츠 케
이크 등에 사용한다.

1. 동으로 만든 볼에 살구와 설탕
을 넣고 섞어, 수분이 나올 때
까지 약 하루 동안 놓아 둔다.

2. 물을 넣고 센 불에서 나
무 주걱(spatule en bois)
으로 저어 가며 졸인다.

3. 끓으면 떫은 물을 걷어
낸다.
- 냉동 살구라면 언 상태로 써도
무방하다. 생과일일 경우에는 씨
를 빼면 껍질을 벗기지 않고 써
도 괜찮다.

4. 살구가 살짝 뭉개질 정도로 익
을 때까지 한동안 졸인다.
- 가열함으로써 과일에 포함된 펙틴(→p.
339)이 녹아서 나오며, 그로 인해 잼
이 겔화 한다.

5. 물리네트로 거른다.
* moulinette 물리네트. 회전식 체

6. 다시 볼로 옮겨 104~106℃
로 졸인다.
- 나파주용 농도가 필요할 경우에는
기본 배합에 펙틴을 작은 스푼으로
1~2 스푼 정도 넣어 주면 좋다.

동(銅) 볼 bassine à blanc
프랑스어로는 흰자용 볼이라는 의미로 흰자를 거품 낼 때에
는 동으로 만든 볼을 사용하면 거품이 잘 난다고 하여 그렇게
불리고 있다. 직화로 가열하는 것도 가능하며, 열전도가 잘되
므로 고온의 시럽을 만들 때, 잼을 졸일 때, 또 프랄린을 만들
때 등에도 사용한다. 동 냄비는 바닥의 각진 부분이 눌어붙
기 쉽지만, 이 볼은 바닥이 둥글어서 저을 때에도 편리하다.

종이 코르네 만드는 방법

종이 코르네는 가는 선이나 작은 점 등 세밀한 모양을 그릴 때, 또 소량으로 뭔가를 짜낼 때 사용한다.
크림이나 초콜릿, 퐁당 등을 채워 뾰족한 끝을 잘라 짜낸다.

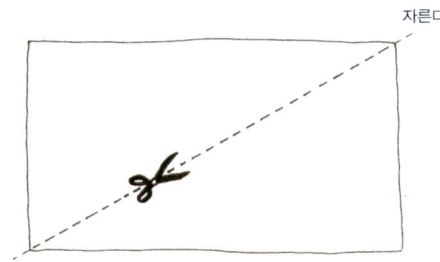

세로와 가로의 길이의 비가 2대 3 정도의 직사각형의 종이
(하드롤지 또는 쿠킹 페이퍼가 좋다)를 준비한다. 대각선
으로 잘라 직각 삼각형으로 만든다. 긴 변이 깍지를 대신할
끝의 뾰족한 부분이 되므로 일직선으로 자른다.

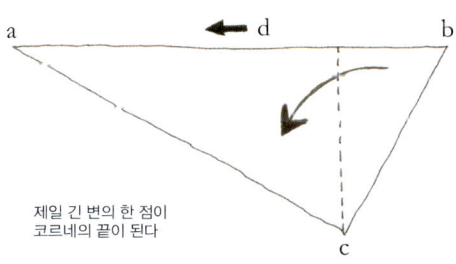

d를 중심으로 해서 bc가 ac에 포개지듯이 원뿔 모양으로 말
아 간다. 종이가 1장으로 된 부분이 있으면 코르네가 찢어
지므로 모든 부분의 종이가 이중으로 겹치도록 말아 준다.
끝을 바늘 끝처럼 가늘게 하기 위해 종이가 어긋나거나 움
직이지 않도록 단단히 여민다(감기는 마지막 부분은 종이
가 3겹이 되도록 한다).

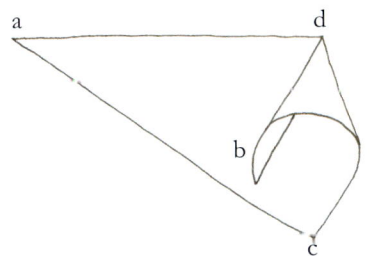

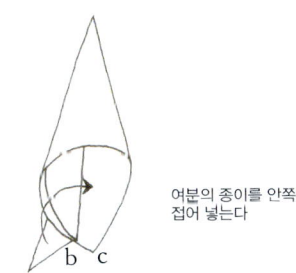

여분의 종이를 안쪽으로
접어 넣는다

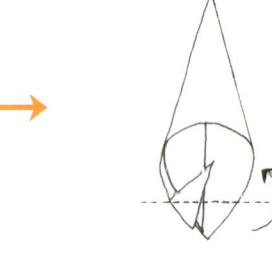

적선 부분을 안쪽으로
접어 넣는다

Pithiviers
피티비에

오를레아네 지방 루아레 주의 도시 피티비에의 과자로 유명하다.
프랑스어로 로자스(rosace, 장미꽃 모양이라는 뜻)로 불리는, 표면의
방사상 모양이 특징이다.

재료 지름 20cm의 반죽 2개 분량

뢰이타주 기본 배합 feuilletage
크렘 다망드 기본 배합×1.5 crème d'amandes(→p.111)
달걀물(전란을 풀어 거른 것) dorure
슈거 파우더 sucre glace
덧가루(강력분) farine

1. 뢰이타주를 4등분해 각각 한 변이 약 25cm의 정사각형 [지름 20cm의 볼로방 틀(vol-au-vent)보다 조금 더 큰]으로 늘여 준다(→abaisser). 종이에 올려 잠시 냉장고에서 휴지시킨다.

2. 물을 바른 투르티에르(tourtière)에 뢰이타주 1장을 얹고, 가운데에 지름 16cm의 볼로방 틀을 대고 원형 자국을 낸다.

3. 원의 바깥쪽에 붓(pinceau)으로 물을 약간 바른다. 안쪽에 크렘 다망드를 짜고 표면을 매끄러운 돔 모양으로 다듬는다.

4. 다른 반죽 1장을 각을 엇갈리게 해서 얹는다.

5. 공기를 빼면서 크렘 다망드 위에 딱 맞게 씌운다.

• 반죽을 비스듬하게 45도 엇갈리게 겹치면, 구웠을 때 반죽의 줄어드는 방향이 평균화되므로 전체가 균일하게 둥글게 나온다.

6. 크림 위에 지름 16cm의 볼로방 틀을 대고 그 주변을 손가락으로 확실히 눌러 위아래의 반죽을 붙인다. 냉장고에서 1시간 정도 반죽이 확실히 굳을 때까지 휴지시킨다.

7. 지름 약 20cm의 볼로방 틀을 얹고 여분의 반죽은 잘라 낸다(→ébarber).

8. 칼등으로 가장자리에 얕게 칼집을 낸다(→chiqueter).

9. 달걀물을 바르고(→dorer), 표면에 얕게 줄무늬를 넣는다(→rayer).

• 줄무늬를 넣을 때에는 투르티에르를 자기 앞쪽으로 돌려 가면서 방사상의 칼집을 자기 앞쪽에서 반대쪽으로 차례대로 낸다.
• 칼이 가운데부터 바깥쪽으로 돔의 곡선에 따라 움직임으로써 자연스럽게 칼날이 기울어져 깊고 예쁘게 칼집을 낼 수 있다.
• 중심부는 깊게 칼집을 내면 로자스 무늬가 망가지므로 얕게 줄을 긋는 정도로만 한다. 가장자리에 가까워질수록 칼끝을 깊게 찝어넣는데 크림까지 닿지 않도록 주의한다. 크림까지 칼집이 들어가면 구웠을 때 속의 크림이 터져 나와 지저분하게 완성이 된다.

10. 줄무늬에 따라 칼끝으로 몇 군데를 찔러 수증기가 빠져나갈 구멍을 뚫는다(→piquer).

11. 200℃로 예열한 오븐에 넣고 굽는다. 도중에 층이 부풀고 색이 나면 온도를 180℃로 낮춰 40~50분간 굽는다.

12. 고운 색이 나게 구워지면 일단 오븐에서 꺼내 망으로 옮겨 표면 전체에 골고루 슈거 파우더를 뿌린다. 다시 투르티에르에 얹어 200℃로 예열한 오븐에 넣고 표면이 광택이 있는 카라멜 상태가 될 때까지 굽는다(→caraméliser).

147

Puits d'amour

퓌이 다무르

일드프랑스 지방에서 18세기부터 만들어진 과자로, 작은 원형의 파이 셸에 바닐라 또는 프랄리네 풍미의 크렘 파티시에
르를 채우고, 크림의 표면에 설탕을 뿌려 카라멜리제 한 것이다. 혹은 파이 셸에 잼을 채운 것을 말한다.
여기서 소개하는 퓌이 다무르는 노르망디 지방의 제과점 뒤퐁(Dupont)의 명물이다. 낙농이 번성한 지방답게 발효 생크
림을 사용하는 등 가게의 개성에 맞춰 현대적으로 해석하고 있다.

* puits [m] 우물.
* amour [m] 사랑.

재료 지름 6.5㎝의 밀라송 틀 24개 분량

푀이타주 기본 배합 feuilletage
달걀물(전란을 풀어 놓은 것) dorure
크렘 아 퓌이 다무르 crème à puits d'amour
├─ 크렘 파티시에르(약 620g) crème pâtissière(→p.40)
│   ├─ 우유 500㎖ 500㎖ de lait
│   ├─ 바닐라 빈 1개 1 gousse de vanille
│   ├─ 노른자 80g 80g de jaunes d'œufs
│   ├─ 설탕 125g 125g de sucre semoule
│   ├─ 커스터드 파우더 40g 40g de poudre à crème
│   └─ 박력분 20g 20g de farine
├─ 바닐라 에센스 extrait de vanille
├─ 발효 생크림 500㎖ 500㎖ de crème épaisse
└─ 이탈리안 머랭 500㎖ 500㎖ de meringue italienne(→p.187)
    ├─ 흰자 125g 125g de blancs d'œufs
    ├─ 물 60㎖ 60㎖ d'eau
    └─ 설탕 180g 180g de sucre semoule
즐레 드 프랑부아즈 gelée de framboise
├─ 프랑부아즈 퓌레 125g 125g de purée de framboise
├─ 물 50㎖ 50㎖ d'eau
├─ 설탕 50g 50g de sucre semoule
├─ 물엿 25g 25g de glucose
└─ 펙틴 4g 4g de pectine
프랑부아즈 framboise
설탕 sucre semoule

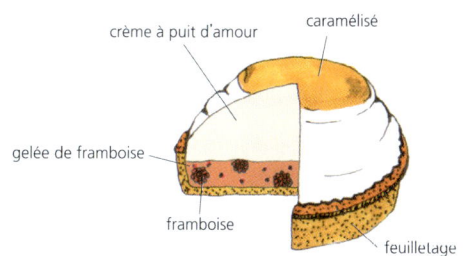

crème à puit d'amour
caramélisé
gelée de framboise
framboise
feuilletage

Puits d'amour

준비 작업

○ 밀라송(millasson) 틀에 버터(분량 외)를 얇게 바른다.

애벌 굽기

1. 푀이타주를 5㎜ 두께로 늘인 후(→abaisser), 피케 한다
(→piquer). 지름 10㎝의 원형 틀로 찍어 낸나.

2. 준비한 밀라송 틀에 반죽을 깐다. 손가락으로 가볍게
눌러 틀에 맞춘 후 잠시 냉장고에서 휴지시킨다.

3. 가장자리의 여분의 반죽은 잘라 낸다(→ébarber).

4. 종이를 깐 다음 누름돌을 넣고 200℃로 예열한 오븐
에서 애벌로 굽는다.

• 도중에 반죽이 부풀어 오르면 망을 얹는다.

5. 15분 정도 지나 반죽의 가장자리가 엷게 색이 나기 시
작하면 종이와 누름돌을 제거하고 안쪽에 달걀물을
바른다(→dorer). 다시 10분 정도 구워 색을 낸 나음 충
분히 식힌다.

즐레 드 프랑부아즈 만들기

6. 펙틴과 같은 양의 설탕을 나눠 담고 섞는다. 남은 설탕
위에 물엿을 얹어 계량한다. 냄비에 프랑부아즈 퓌레
와 물을 넣고 섞어 가며 끓인 다음 설탕과 물엿을 넣
고 녹인다.

• 물엿을 설탕 위에 얹어 계량을 하게 되면 냄비에 넣을 때 다루기 쉬
우며 낭비기 없디.

7. 설탕과 펙틴을 6에 넣고 녹인다.

8. 불을 끄고 체에 거른 후 식힌다.

• 펙틴은 설탕과 섞은 다음 액체에 넣으면 섞기 쉬우며 잘 녹는다.

크렘 아 퓌이 다무르 만들어 채우기

9. 파이 셸에 즐레 드 프랑부아즈를 넣고 프랑부아즈를
2~3개 얹는다.

10. 이탈리안 머랭을 만들어 발효 생크림을 넣고 제과용
믹서로 거품을 낸다.

● 머랭과 발효 생크림은 무게가 아닌 부피로 재며, 같은 양을 섞는다.

11. 크렘 파티시에르를 만들어 바닐라 에센스와 10을 넣
고 섞은 후, 크렘 아 퓌이 다무르를 만든다.

12. 11의 크림을 9 위에 봉긋하게 짠 다음 차게 해서 굳
힌다.

13. 표면에 설탕을 뿌리고 잘 달궈진 카라멜라이저(cara-
méliseur)로 카라멜리제 한다(→caraméliser).

Chausson napolitain
쇼송 나폴리탱

* chausson 슬리퍼.
* napolitain [adj] 나폴리의.

일반적인 프랑스풍의 쇼송은 타원형으로 찍어 낸 파이디주에 사과 등 과일의 콩포트를 끼워 넣고 2절 접기해 굽는다. 그러나 나폴리풍은 이탈리아 나폴리 지방의 명물 과자 '스폴리아텔레'를 응용한 것이다. 나폴리에서는 라드를 사용해 파이 반죽을 만들며, 그 지방의 리코타 치즈에 단맛을 가미한 것을 채워 구워 낸다.

재료 약 16개 분량

푀이타주 기본 배합×1/2 feuilletage
버터 90g 90g de beurre
가르니튀르 garniture
　　파트 아 슈 240g 240g de pâte à choux(→p.164)
　　크렘 파티시에르 160g 160g de crème pâtissière(→p.40)
　　럼주에 절인 건포도 80g 80g de raisins secs macérés au rhum
슈거 파우더 sucre glace
덧가루(강력분) farine

준비 작업

○ 버터는 상온에서 부드럽게 해 둔다.

반죽에 버터 바르고 말기

1. 푀이타주는 25×60㎝의 띠 모양으로 길게 늘이고 (→abaisser), 부드러워진 버터를 얇고 균일하게 펴 바른다.

● 짧은 쪽의 한 변(2에서 말기가 끝나는 부분)은 버터를 가장자리까지 바르지 말고 남겨 둔다.

2. 자기 앞쪽부터 공기가 들어가지 않도록 말아 준다.

3. 말기가 끝나는 부분은 버터가 비어져 나오지 않도록 반죽을 꼭 붙여 버터를 감싼다.

4. 랩으로 싸서 냉장고에서 충분히 차게 해서 굳힌다.

● 물받이 틀(gouttière, 사진) 등에 넣으면 모양이 망가지지 않는다.

아파레유 만들기

5. 크렘 파티시에르를 나무 주걱이나 고무 주걱(palette en caoutchouc)으로 섞어 매끄럽게 한 다음 파트 아 슈를 넣고 섞는다.

성형한 후 굽기

6. 푀이타주를 두께 1.5㎝로 둥글게 자른다(16등분).

● 칼에 덧가루를 뿌리면 반죽이 들러붙지 않고 자르기 쉽다.

7. 덧가루를 뿌린 작업대에 반죽의 자른 면을 위로 향하게 얹고, 밀대로 가볍게 두드려 원형으로 가다듬는다. 다시 밀대를 사용해 타원형으로 늘여 준다(긴 지름 16㎝, 짧은 지름 10㎝ 정도).

8. 철판에 7을 간격을 두고 놓은 후, 반죽의 반에 물을 바르고 아파레유를 동그랗게 짠다. 럼주에 절인 건포도를 올린다.

9. 반죽을 반으로 접어 덮는다. 아파레유 주변의 반죽은 가볍게 눌러서 맞붙인다.

10. 200℃로 예열한 오븐에서 약 30분간 굽는다. 구워지면 망 위에 얹어 식힌 다음 슈거 파우더를 뿌린다.

Feuilletage sucré
푀이타주 쉬크레

왼쪽부터 파예트 프랑부아즈, 파피용, 팔미에, 사크리스탱.

푀이타주를 접는 공정에서 덧가루 대신 설탕을 사용해 접는 반죽을 푀이타주 쉬크레라고 한다.
그것을 여러 가지 모양으로 성형해 구운 과자로, 반죽의 부서짐, 입에서 녹는 감촉, 맛을 즐길 수 있다.

* sucré [adj] 설탕을 넣은, 단.
* palmier [m] 팔미에, 종려나무.
* papillon [m] 파피용, 나비.
* sacristain [m] 사크리스탱, 비튼 파이[가톨릭 용어로 '성구실(향기방)의 담당'이라는 의미].
* paillette [f] 파예트, 스팽글, 얇은 조각.

재료

뵈이타주(3절 접기를 4회까지 한 것) *feuilletage*
- 팔미에 기본 배합×1/2 (완성품 약 35개 분량)
- 파피용 기본 배합×1/2 (완성품 약 50개 분량)
- 사크리스탱 기본 배합×1/2 (완성품 30~40개 분량)
- 파예트 프랑부아즈 기본 배합×1/2 (완성품 약 25개 분량)

설탕 *sucre semoule*

프랑부아즈 잼 *confiture de framboises*

프랑부아즈 잼
라즈베리 잼. 보통 씨가 들어
있는데, 프랑부아즈 씨는 딸기
씨보다 크고 딱딱해 씹을 때
악센트가 된다(→p.285).

설탕 접기

팔미에

파트 쉬크레 오 자망드 만들기

1. 작업대 위에 설탕을 뿌린 다음 3절 접기 4회를 한 뵈이타주를 늘여 준다. 설탕을 묻히면서 3절 접기를 2회 더 한다(3절 접기 총 6회).

팔미에

1. 작업대에 설탕을 뿌리고 준비한 뵈이타주를 직사각형(30×40㎝)으로 늘여 준다(→abaisser). 양쪽 가장자리의 길이를 같게 자르고, 반죽의 표면에 물을 약간 바른다.

2. 반죽의 양쪽 가장자리를 1/6씩 안쪽으로 접고, 손으로 가볍게 눌러서 붙인다.

3. 다시 한 번 양쪽에서 가운데를 향해 같은 길이만큼 접고 손으로 누른다.

4. 가운데를 밀대로 가볍게 눌러 준다.

5. 한쪽에 물을 바르고 반으로 접어 겹친 다음, 밀대로 가볍게 전체를 눌러 밀착시킨다.

• 반죽이 부드러워지면 냉장고에서 차게 해서 굳힌다. 설탕이 녹아 나오면 반죽이 부드러워져서 잘 잘라지지 않는다.

6. 폭 8㎜로 자른다.

7. 자른 면을 위로 향하게 하고 방향을 서로 엇갈리게 한 다음 철판에 간격을 두고 놓는다. 상온으로 돌아올 때까지 둔다. 200℃로 예열한 오븐에 굽고 가장자리에 색이 나면 뒤집어서 주걱으로 단단히 누르고 다시 전체적으로 고운 색이 나게 굽는다.

• 하트 모양으로 크게 부풀지만, 전후좌우로 반죽의 위아래를 서로 엇갈리게 놓기 때문에 서로 들러붙는 일이 없다.

파피용

사크리스탱

파예트 프랑부아즈

파피용

1. 작업대에 설탕을 뿌리고 준비한 푀이타주를 직사각형 (30×40㎝)으로 늘이고 폭 10㎝로 3등분한다.

- 신축 파이 커터에 덧가루(분량 외)를 뿌려서 자르면 좋다.

2. 2장의 표면에 접착용으로 물을 약간 바르고, 3장을 겹쳐 놓는다.

3. 가운데를 가는 봉으로 눌러 움푹 패게 하고, 손가락으로 단단하게 눌러 맞붙인 다음 냉장고에서 차게 해서 굳힌다.

4. 긴 변의 접착되어 있는 면을 잘라 가지런히 한다.

5. 폭 8㎜로 자른다.

6. 움푹 팬 부분을 가볍게 손가락으로 누르고 한 번 비튼다.

7. 자른 면을 위로 향하게 하고 철판에 간격을 두고 놓은 다음 200℃로 예열한 오븐에 굽는다. 가장자리에 색이 나면 뒤집어서 주걱으로 가볍게 누르고 다시 전체적으로 고운 색이 나게 굽는다.

신축 파이 거터 roulette multicoupe
반죽을 일정한 폭의 띠 모양으로 한 번에 여러 장을 자를 수 있다. 폭은 조절 가능하다.

사크리스탱

1. 작업대에 설탕을 뿌리고 준비한 푀이타주를 직사각형 (30×40㎝)으로 늘이고 폭 1㎝ 정도로 자른다.

- 신축 파이 커터에 덧가루(분량 외)를 뿌려서 자르면 좋다.

2. 양손으로 들고 좌우로 비튼다.

3. 철판에 놓고 양 끝을 철반에 물이늣이 누른 다음 200℃로 예열한 오븐에서 완전히 굽는다. 다 구워지면 식히고 나서 적당한 길이로 자른다.

파에드 프랑부아즈

1. 작업대에 설탕을 뿌리고 준비한 푀이타주를 직사각형 (30×40㎝)으로 늘인다. 폭 10㎝로 3등분한 다음 2장의 표면에 물을 약간 바른다. 3장을 겹쳐서 냉장고에 시 차게 해시 굳힌다.

2. 긴 변의 접착되이 있는 면을 질라 가시런히 하고 폭 8㎝의 띠 모양으로 가다듬은 후, 두께 8㎜로 지른다. 자른 면을 위로 향하게 하고 철판에 간격을 두고 놓은 다음 200℃로 예열한 오븐에 굽는다.

3. 구워지면 프랑부아즈 잼을 바르고 2장씩 맞붙인다.

Feuilletage au chocolat 푀이타주 오 쇼콜라

푀이타주에 초콜릿의 풍미를 낼 경우에는 버터에 코코아 파우더를 섞은 다음 이것을 데트랑프에 접어 넣는다. 코코아 파우더 이외에도 분말 상태의 재료가 있다면 이와 같이 풍미를 내는 것이 가능하며 커피, 동결 건조시킨 과일의 파우더, 향초나 향신료 등의 파우더를 생각할 수 있다. 버터와 섞어 반죽하는 재료를 바꾸면 반죽 자체에 다양성이 생기며 과자 창작의 폭이 넓어질 것이다.

재료 기본 배합

데트랑프 détrempe
- 박력분 250g 250g de farine
- 강력분 250g 250g de farine de gruau
- 버터 70g 70g de beurre
- 소금 10g 10g de sel
- 설탕 30g 30g de sucre semoule
- 냉수 250㎖ 250㎖ d'eau froid

버터 400g 400g de beurre
코코아 파우더 40g 40g de cacao en poudre
덧가루(강력분) farine

준비 작업

○ 박력분과 강력분을 합해서 체로 친다(→tamiser).

○ 재료는 차게 해 둔다. 실온이 높을 경우에는 밀가루도 냉장고에서 차게 한다.

1. 보통 푀이타주와 같이 데트랑프를 만들어 냉장고에서 휴지시킨다(→p.133).

2. 조금 딱딱한 버터(400g)에 덧가루를 뿌리고 밀대로 두드리며 속과 겉의 굳기를 조절한다. 코코아 파우더를 뿌려 놓고 그 위에 버터를 얹고, 카드를 사용해 버터 속에 코코아 파우더를 섞어 넣으면서 반죽한다.

3. 한 변의 길이가 약 20㎝인 정사각형 모양으로 빠르게 성형한다.

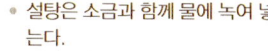
● 설탕은 소금과 함께 물에 녹여 넣는다.

● 너무 부드러워져 버렸을 때에는 냉장고에서 차게 해서 굳힌다. 데트랑프로 버터를 쌀 때 버터와 데트랑프의 굳기가 같으면 좋다.

4. 데트랑프를 버터보다 좀 더 큰 정사각형으로 늘이고, 가운데에 3의 버터를 각을 엇갈리게 해서 올린다.

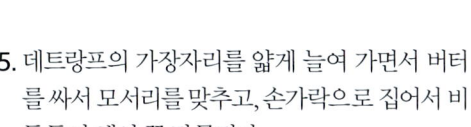

5. 데트랑프의 가장자리를 얇게 늘여 가면서 버터를 싸서 모서리를 맞추고, 손가락으로 집어서 비틀듯이 해서 꼭 맞물린다.

● 버터를 데트랑프로 쌀 때에는 공기가 들어가지 않도록 주의한다.

6. 밀대로 전체적으로 가볍게 두드려 반죽과 버터가 섞이도록 한다.

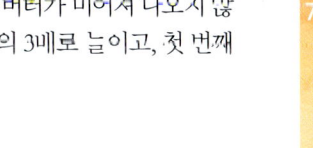

7. 보통 쇠이나주와 같이, 버터가 비어져 나오지 않도록 싱형한 버터 길이의 3배로 늘이고, 첫 번째 3절 접기를 한다.

8. 반죽을 90도 회전시키고 자기 앞쪽과 맞은편 쪽을 밀대로 눌러 움푹 패게 한 다음, 다시 늘인다.

9. 2번째 3절 접기를 한다.

10. 3절 접기 2회마다 냉장고에서 충분히 휴지시킨다. 그때마다 접은 횟수를 손가락으로 자국을 내 둔다. 사용하기 약 1시간 전에 3절 접기를 2회 한다.

● 접은 다음, 반죽을 사용하기까지 시간이 길어지면 버터와 네트랑프가 융합되어 버려서 구웠을 때 잘 부풀지 않고 층이 예쁘게 나오지 않는다. 그러므로 사용하기 직전에 두 번째 3절 접기를 한다.

Mille-feuille chocolat à la menthe
밀푀유 쇼콜라 아 라 망트

초콜릿 풍미의 푀이타주에 민트 풍미의 크림을 샌드한 밀푀유. 밀푀유는 본래 푀이타주+크렘 파티시에르에 딸기 등 과일을 샌드하거나 크렘 파티시에르에 초콜릿, 커피 등의 풍미를 넣는 등, 여러 가지 응용이 가능하다.

* menthe [f] 민트, 박하.

차게 해서 굳힌 후, 잘라서 코코아 파우더를 뿌리고 민트로 장식해 완성한 것.

재료 폭 9cm×길이 40cm의 반죽 2개 분량

푀이타주 오 쇼콜라 기본 분량×1/2 feuilletage au chocolat

크렘 아 라 망트 crème à la menthe

    우유 750㎖ 750㎖ de lait

    민트 잎 15g 15g de feuilles de menthe

    노른자 180g 180g de jaunes d'œufs

    설탕 225g 225g de sucre semoule

    박력분 45g 45g de farine

    커스터드 파우더 45g 45g de poudre à crème

    판 젤라틴 9g 9g de feuilles de gélatine

    쿠앵트로 45㎖ 45㎖ de Cointreau

    생크림(유지방분 48%) 675㎖ 675㎖ de crème fraîche

글라사주 누아르 glaçage noir

    생크림(유지방분 35%) 100㎖ 100㎖ de crème fraîche

    우유 125㎖ 125㎖ de lait

    물엿 50g 50g de glucose

    시럽(물 1 : 설탕 1) 125㎖ 125㎖ de sirop

    파트 아 글라세 300g 300g de pâte à glacer

    초콜릿(카카오분 66%) 100g 100g de chocolat

살구 잼 confiture d'abricots

코코아 파우더 cacao en poudre

초콜릿(장식) chocolat

파트 아 글라세 이부아르(장식) pâte à glacer ivoire

민트(장식) menthe

＊ **파트 아 글라세 이부아르** 씌우는 용도로 쓰는 화이트 초콜릿.

준비 작업

○ 판 젤라틴을 얼음물에 담가 불리고 중탕(→bain-marie)해서 녹인다.

○ 크렘 아 라 망트의 박력분과 커스터드 파우더는 함께 체로 쳐 둔다(→tamiser).

반죽 굽기

1. 푀이타주 오 쇼콜라(3절 접기 6회) 반 정도 양을 40×60cm의 철판보다 조금 큰 직사각형으로 늘여(→abaisser) 피케 한다(→piquer). 물을 바른 철판에 얹고 냉장고에서 약 1시간 휴지시킨 다음, 밖으로 비어져 나온 여분의 반죽을 잘라 낸다(→ébarber). 200℃로 예열한 오븐에서 약 30분간 굽는다(도중에 반죽이 부풀어 오르면, 망을 얹어 너무 심하게 부풀지 않도록 한다). 노르스름하게 색이 나고, 속까지 제대로 구워지면 망 위에서 식힌다.

크렘 아 라 망트 만들기

2. 민트 풍미의 크렘 파티시에르를 만든다. 냄비에 우유와 민트 잎을 넣고 중불에서 끓인다. 끓고 나면 불에서 내려 잠시 뚜껑을 덮고 향이 우러나도록 둔다(→infuser).

3. 노른자를 풀어 설탕을 넣고 섞은 다음 흰 빛을 띠고 찰기가 생길 때까지 휘저어 섞는다(→blanchir).

4. 함께 체로 친 박력분과 커스터드 파우더를 넣고 섞는다.

5. 4에 뜨거운 2를 넣고 섞는다.

6. 거르면서(→passer) 냄비로 옮긴다.

7. 중불에 올려 끊임없이 섞어 가며 가열한다. 끓으면 끈기가 생기므로 계속 저으면서 가열해 살짝 흘러 떨어지는 상태가 되고 광택이 날 때까지 계속 끓인다.

8. 넓은 용기에 얇게 펴고 표면에 랩을 밀착시켜 덮은 다음 얼음물로 재빨리 냉각한다.

9. 고무 주걱으로 저어 다시 매끄럽고 광택이 있는 상태로 만든 다음 쿠앵트로, 녹인 젤라틴을 넣고 섞는다.

• 크림을 너무 차게 해서, 녹인 젤라틴을 넣었을 때 굳어져 버린 상태 또는 들러붙는 상태가 되었을 경우에는 중탕을 해서 매끄러운 상태로 되돌린다.

10. 생크림을 단단하게 잘 거품 내서 9에 넣고 섞는다.

조립하기

11. 푀이타주를 폭 9cm, 길이 40cm로 자른 다음 크렘 아라 망트를 짠다.

12. 푀이타주와 크림을 번갈아 얹는다(1개당 푀이타주 3장).

13. 3장째 푀이타주는 평평한 면을 위로 해서 얹고 그 위에 판을 얹어 가볍게 누르고, 측면을 정리한 후 냉장고에서 차게 해서 굳힌다.

14. 윗면에 졸여서 뜨거운 살구 잼을 바르고 다시 냉장고에서 굳힌다.

• 살구 잼은 차갑게 굳었을 때 손에 들러붙지 않는 상태가 될 때까지 졸여서 사용한다.

글라사주를 만들어 완성하기

15. 생크림, 우유, 물엿, 시럽을 넣고 계속해서 저으면서 가열한다.

16. 끓으면 잘게 자른 파트 아 글라세와 초콜릿을 넣고 녹인다.

17. 계속해서 저으면서 타지 않도록 끓인다.

18. 스푼에 묻혀서 상태를 본다. 처음에는 꺼칠꺼칠하고 광택이 없으나(18번 사진의 오른쪽부터) 졸여지면서 점점 광택이 있는 매끄러운 상태로 굳게 된다(18번 사진의 왼쪽 끝).

19. 14에 18의 따뜻한 글라사주를 입히고, 중탕으로 녹인 파트 아 글라세 이부아르, 초콜릿, 민트로 장식한다.

18

민트

꿀풀과의 향초. 박하. 종류는 많지만 자주 사용하는 것은 스피어민트와 페퍼민트이다. 스피어민트는 향이 비교적 은은하며 과자나 디저트의 장식으로 자주 사용된다. 페퍼민트는 청량감이 강하며 리큐어, 허브티, 당과에 사용된다. 초록색을 실리는 장식으로는 세르피유(cerfeuil, 영어로는 처빌)도 자주 사용한다. 세르피유는 미나리과의 향초로 마치 레이스처럼 섬세한 잎의 모양이 예쁘나. 풍미가 온화하므로 민트와 틸리 입에 넣어도 파자의 맛에 영향을 끼치지 않는다.

슈 반죽 과자

Pâte à choux

파트 아 슈

파트 아 슈는 굽기 전에 열을 가하는 유일한 반죽이다. 찰기가 있는 페이스트 상태로, 구우면 부풀어 오르고 속은 비어 있다. 이것은 반죽에 포함된 수분이 중심부에서 수증기가 되어 팽창해 반죽을 확대하고, 반죽에 찰기가 있어 고무풍선처럼 늘어나기 때문이다. 수증기가 완전히 빠져 버렸을 때는 반죽도 완전히 구워져서 굳어지며, 속은 빈 상태로 유지된다. 파트 아 슈에 마치 풀 같은 찰기가 있는 것은 밀가루에 포함된 전분의 호화(α화) 때문이다. 호화란 전분이 물을 흡수해 팽윤되며 찰기가 있는 상태가 되는 것인데, 호화가 되려면 어느 일정한 온도에 도달하는 것이 필요하며(밀가루 전분의 경우에는 87℃ 이상), 파트 아 슈를 가열해 만드는 것은 이런 이유 때문이다.

파트 아 슈를 만드는 방식에는 두 가지가 있다. 하나는 베샤멜 소스를 만드는 요령으로, 버터를 가열해 녹인 후 밀가루를 넣고 가볍게 볶은 다음 수분을 넣어 가루를 호화시키고 달걀을 넣는 방법이다. 그러나 이 방법은 현재는 잘 쓰지 않는다. 지금은 일반적으로 물과 버터를 함께 끓인 다음 거기에 밀가루를 넣어 호화시킨 후에 달걀을 넣어 만들고 있다.

단맛이 하나도 나지 않는 반죽이므로 달콤한 크림을 채우는 과자뿐만 아니라, 작게 구운 슈에 여러 가지 요리를 채운 오르되브르 등으로도 자주 만들어진다. 또한 이 반죽은 튀겨서 먹기도 한다.

기본 반죽

Pâte à choux 파트 아 슈

재료 기본 배합

물 200㎖ 200㎖ d'eau
버터 90g 90g de beurre
소금 약간(1g) 1 pincée de sel
박력분 120g 120g de farine
달걀 약 200g(약 4개) 200g d'œufs

* 버터를 대신해 쇼트닝이나 마가린 또는 샐러드유 등
  액체 기름도 괜찮지만, 풍미는 버터가 가장 우수하다.

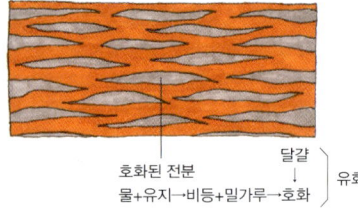

호화된 전분 ← 달걀 → 유화
물+유지→비등+밀가루→호화

재료의 역할

유지

* 반죽에 유연성을 준다.
* 필요 이상의 글루텐 형성을 억제한다.
* 유지가 들어감으로써 구울 때 반죽이 고온이 되고, 수분의 기화가 급격히 일어나 잘 부푼다.

밀가루+액체

* 전분+수분→가열→호화된 전분립(粒)
* 단백질+수분→반죽→글루텐(반죽에 신장성을 주고, 부푼 모양을 유지한다)

달걀

* 유지와 수분이 함께 섞이는 반죽의 상태를 노른자의 유화 작용으로 안정시킨다.
* 글루텐의 신장성을 높이고 반죽이 잘 늘어나게 한다.
* 반죽의 굳기를 조절한다(부드럽게 한다).
* 열을 가함으로써 응고된다.

준비 작업

○ 박력분을 체로 친다(→tamiser).

○ 버터는 녹이기 쉽도록 상온으로 해 놓는다.

○ 달걀을 상온으로 해 놓는다.

1. 냄비에 물, 작게 자른 버터, 소금을 넣고 중불에 올린다.

2. 버터가 완전히 녹고 액체가 끓을 때까지 가열한다.

3. 끓고 나면 불에서 내려 박력분을 한번에 넣고 덩어리가 생기지 않도록 나무 주걱(spatule en bois)으로 전체적으로 잘 섞는다.

4. 한 덩어리가 되면 중불에 올려 나무 주걱으로 반죽을 냄비 표면에 펼치듯이 힘차게 섞으면서 여분의 수분을 날리고, 반죽에 고루 열을 가한다. 냄비 바닥에 반죽의 얇은 막이 들러붙게 되면 불에서 내린다.

5. 반죽을 볼로 옮기고, 식기 전에 풀어 놓은 달걀을 조금씩 넣으며 확실하게 섞어 준다.

6. 완성.

완성된 반죽은 가능한 한 빨리 사용한다. 시간이 지나면 호화된 전분이 원래의 상태로 돌아가 버려서(노화), 잘 부풀지 않는다. 굽기까지 시간이 걸린다면 반죽의 표면에 꽉 짠 젖은 행주를 덮어 건조하지 않도록 한 후 상온에 놓아둔다.

● 유지는 밀가루의 글루텐이 물이나 달걀 등 다른 재료에 매끄럽게 녹도록 하는 작용을 해, 식감을 좋게 하고 잘 부풀게 하며 반죽이 잘 늘어나게 한다. 다시 말하면 가루를 넣을 때, 유지는 녹아서 액체 중에 분산되어 있어야 한다. 또한 유지가 완전히 녹지 않은 상태에서 밀가루를 넣으면 전분의 호화가 방해를 받을 수 있다.

● 밀가루 전체에 열과 수분을 균등하게 전달하고, 포함된 전분을 충분히 호화시킨다.

● 불에 올려 한동안 저어, 가루에 흡수되지 않은 여분의 수분이 없어지도록 증발시키는 것과 동시에, 재가열해 전분을 완전히 호화시킨다(→dessécher).

● 냄비에서 막 꺼낸 반죽에 달걀을 넣으면 달걀이 익어 버릴 수도 있어서 주의할 필요가 있지만, 약간 고온의 상태가 반죽과 달걀을 잘 섞이게 한다.

● 반죽이 식지 않도록 달걀은 실온으로 해서 사용한다. 슈 반죽은 식으면 굳어져 버리고, 날살이 들어가는 양이 적게 되어 잘 늘어나지 않는다.

● 큰 슈 과자를 만들 때는 되게 하고, 작은 과자일수록 넣는 달걀의 양을 늘려 부드러운 반죽으로 만든다.

● 저온, 건조는 전분의 노화를 촉진한다.

Choux à la crème
슈 아 라 크렘

슈 반죽은 '베샤멜 소스 등의 기본이 되는, 밀가루를 버터에 볶은 루로부터 탄생한 것은 아닐까'라고 생각된다. 부드러운 반죽을 기름에 튀기게 되면 속이 비게 된다는 것은 예로부터 알려져 있었으므로 현재 슈 반죽을 튀겨 만드는 베네 수플레(beignet soufflé)와 같은 것이 슈의 선조였던 것은 아닐까?
16세기 초에 이탈리아로부터 프랑스 왕에게 시집간 카트린 드 메디시스의 요리사가 슈 아 라 크렘을 연상시키는 과자를 만들어 냈다는 말도 있지만, 그것은 반죽을 오븐에 굽고 덜 구워진 상태에서 꺼내 속을 도려내고 거기에 크림을 채워 넣은 것이었다. 17세기가 되면서 반죽을 오븐에 넣고 속이 비도록 굽는, 지금과 같은 모양의 슈가 만들어졌다는 것을 알 수 있다.

* chou[m] (복수형 choux) 양배추.

재료

파트 아 슈 기본 배합(지름 6㎝의 반죽 25개 분량) pâte à choux
달걀물(전란을 풀어 체에 거른 것) dorure
버터(철판용) beurre
덧가루(강력분) farine
* 슈 아 라 크렘(20개 분량) Choux à la crème
　┌ 크렘 파티시에르 기본 배합 crème pâtissière(→p.40)
　└ 슈거 파우더 sucre glace
* 슈 아 라 크렘 샹티이(20개 분량) Choux à la crème chantilly
　┌ 크렘 파티시에르 기본 배합 crème pâtissière
　├ 크렘 샹티이 crème chantilly
　│　┌ 생크림 500㎖ 500㎖ de crème fraîche
　└　└ 슈거 파우더 40g 40g de sucre glace
슈거 파우더 sucre glace

* 깍지는 좌우로 움직이지 말고 철판의 한 점에 반죽을 짜 내듯이 한다. 깍지를 수직으로 조금씩 위로 들어 올리듯이 해서 짠다(→dresser).

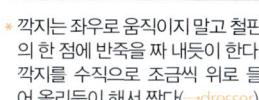

생크림의 거품 내기

프랑스어로 거품 낸 생크림을 크렘 푸에테(crème fouettée), 설탕을 넣어 거품 낸 생크림은 크렘 샹티이(crème chantilly)라고 한다. 지금은 일반적으로 생크림의 8% 설탕을 넣는다. 생크림 중의 유지방은 입자(지방구)가 상태로 수분과 섞여 있다. 휘저어 섞으면 서로끼리 연결되어 공기를 포집하고, 걸쭉한 상태로 안정된다. 단, 너무 많이 휘저어 섞으면 지방구의 응집이 진행되어 수분과 분리되고, 매끈한 상태는 없어져 버석버석하게 된다. 생크림은 차게 두며, 거품을 내는 동안에도 온도가 오르지 않도록 반드시 차게 하면서 진행한다. 상온의 생크림을 거품 내게 되면 유지방이 응집되기 쉬워져 분리되기 쉽다(→p.24 : 생크림).

준비 작업

○ 짤주머니(poche)를 준비한다(→p.45).

○ 오븐을 200℃로 예열한다.

파트 아 슈 굽기

1. 철판에 녹인 버터를 얇게 바른 다음, 강력분을 가볍게 뿌린다.

* 버터를 너무 많이 바르게 되면 구웠을 때 바닥이 떠 버린다.

2. 지름 13㎜의 원형 깍지를 끼운 짤주머니(poche à douille unie)에 파트 아 슈를 넣고 지름 6㎝의 원형이 되도록 짠다.

* 파트 아 슈의 굳기는 용도에 따라 다르지만, 짰을 때 그 모양을 유지할 수 있을 정도가 좋다. 짠 반죽이 퍼지면 너무 부드러운 것이고, 좋은 모양으로 구워지지 않는다. 또한 너무 딱딱하면 굽는 동안 반죽이 잘 부풀지 않으며, 작고 딱딱한 슈가 되어 버린다.

3. 짠 반죽의 표면을 다듬으면서 달걀물을 바른 후(→dorer), 포크에 달걀물을 묻혀 반죽 표면을 가볍게 격자 모양으로 눌러가며 정돈한다.

* 철판에 달걀물이 떨어지면 반죽이 잘 부풀지 않으므로, 반죽의 표면에만 바르도록 주의한다. 또한 너무 많이 바르지 않도록 한다.

4. 200℃로 예열한 오븐에서 약 35분간, 곱게 색이 나도록 굽는다. 일반적으로는 표면에 색이 나고 충분히 뼈대(조직)가 형성되면(굽기 시작한 지 약 20~25분 후), 오븐의 환기구를 열고 좀 더 잘 굽는다. 다 구워지면 망으로 옮겨 식힌다.

* 오븐의 온도가 낮으면 충분히 부풀지 않으므로 주의한다. 그러나 온도가 너무 높거나 오븐의 윗불이 너무 강하게 되면, 부풀기 전에 반죽이 딱딱하게 구워지고, 속의 수증기는 반죽의 어딘가 약한 부분을 뚫고 나오므로 예쁜 모양으로 부풀지 않는다. 또한 덜 굽게 되면 오븐에서 꺼낸 뒤 시간이 지나면 오그라든다.

* 슈에 열이 제대로 전달되면 조직이 확실하며 위생상으로도 좋다. 먹을 때 쉽게 부서지는 식감이 느껴지고 크림과 일체되어 맛있다.

크림 채우고 완성하기

5. 슈 아 라 크렘은 구워진 슈 옆쪽으로 톱니 칼(couteau-scie)을 넣어 칼집을 낸다.

6. 크렘 파티시에르를 짜 넣고 슈거 파우더를 뿌린다.

7. 슈 아 라 크렘 샹티이는 구워진 슈의 윗부분을 잘라 떼어 놓고, 크렘 파티시에르, 크렘 샹티이 순으로 짠다.

8. 슈 윗부분을 얹고 슈거 파우더를 뿌린다.

* 크렘 파티시에르는 기호에 따라 그랑 마르니에 또는 쿠앵트로 등으로 풍미를 내두 좋다

* 크렘 샹티이는 볼에 얼음물을 대고 생크림, 슈거 파우더를 넣고 각이 뾰족해질 때까지 거품을 낸다(→fouetter). 짜야 하므로 거품기(fouet)를 천천히 들어 봤을 때 크림의 끝이 살짝 구부러질 정도의 굳기까지 거품을 낸다.

Choux en surprise

슈 앙 쉬르프리즈

내용물과 다른 것으로 겉을 싸는 등, 외관으로는 상상이 되지 않는 맛과 향기 등을 즐길 수 있는, 의외성이 있는 과자나 요리에 쉬르프리즈(서프라이즈)라는 이름이 붙여진다. 흔히 말하는 '파이 슈'로, 푀이타주 반죽으로 슈 반죽을 싸서 구운 것이다.

* surprise [f] 놀라움.
* en ~의 상태로, ~로 만든(재료), ~의 모양을 한(형태) 등의 의미를 나타내는 전치사.

재료 지름 6㎝의 반죽 약 20개 분량

푀이타주 기본 배합×1/2 feuilletage(→p.132)
파트 아 슈 기본 배합 pâte à choux
달걀물(전란을 풀어 체에 거른 것) dorure
크렘 디플로마트 crème diplomate
크렘 파티시에르 기본 배합 crème pâtissière(→p.40)
생크림 500㎖ 500㎖ de crème fraîche
살구 잼 confiture d'abricots
퐁당 fondant
시럽(설탕 1 : 물 1) sirop
피스타치오(장식용) pistaches

반죽 굽기

1. 푀이타주를 두께 2㎜로 늘여(→abaisser), 한 변이 9㎝ 인 정사각형으로 잘라 철판에 놓는다. 지름 13㎜의 원형 깍지를 끼운 짤주머니에 파트 아 슈를 넣고 푀이타주 가운데에 지름 5㎝의 원형으로 둥글고 봉긋하게 짠다(→dresser).

2. 달걀물을 바른다(→dorer).

3. 파트 아 슈를 감싸듯이 푀이타주의 네 모서리를 합쳐 푀이타주를 파트 아 슈에 꼭 붙인다.

4. 200℃로 예열한 오븐에서 40~45분간 고운 색이 날 때까지 굽는다. 다 구워지면 망에 올려 식힌다.

크림을 만들어 채우기

5. 크렘 파티시에르를 매끈하고 윤기가 나는 상태로 풀어 단단하게 거품 낸 생크림(crème fouettée)을 넣고 위아래로 크게 섞는다.

6. 크렘 디플로마트 완성.

7. 4의 슈 측면에 가능한 한 눈에 띄지 않는 위치에 구멍을 뚫는다.

• 코르네 틀(cornet)이나 젓가락 등을 이용해 구멍을 뚫으면 좋다.

8. 크렘 디플로마트를 짜 넣는다.

9. 졸인 뜨거운 실구 잼을 바르고, 그대로 실온에서 굳힌다.

• 소량의 살구 잼을 스테인리스 받침내 등에 떨어뜨려 보고, 식어 굳으면 손에 들러붙지 않는 상태가 될 때까지 다시 졸여서 사용한다.

10. 퐁당에 시럽을 넣어 흘러 떨어지는 정두 로 굳기를 조절하고, 중탕을 해 체온 정도로 데운 후 9에 바른다. 퐁당이 굳기 전에 잘게 썬 피스타치오를 뿌린다

• 쉬르프리즈에 끼얹는 퐁당은 옅고 투명한 상태로 완성해야 하므로 매우 부드럽게 흘러 떨어지는 상태로 조절한다.

Pont-neuf
퐁뇌프

* pont [m] 다리.
* neuf [adj] 새로운.

퐁뇌프는 프랑스어로 '새로운 다리'라는 의미이다. 파리의 퐁뇌프는 센 강에 떠 있는 시테 섬을 가로질러 놓여 있다. 파이 반죽 표면에 십자 모양을 만든 것이 이 다리와 시테 섬으로 보여 이름이 붙여졌다고 한다.

재료 지름 5cm의 타르틀레트 틀 24개 분량

푀이타주(기본 배합으로 만든 것) ½ 양 feuilletage(→p.132)

가르니튀르 garniture

└ 파트 아 슈(기본 배합으로 만든 것) 300g 300g de pâte à choux
└ 크렘 파티시에르(기본 배합으로 만든 것) 200g 200g de crème pâtissière(→p.40)

슈거 파우더 sucre glace

나파주 루즈 nappage rouge

덧가루(강력분) farine

＊ **나파주 루즈** 빨간 나파주. 레드커런트(→p.285) 등으로 만든다.

준비 작업

○ 틀에 붓으로 물을 발라 둔다.

틀에 푀이타주 깔기(→foncer)

1. 푀이타주를 60×40cm 정도로 늘여(→abaisser) 피케 한다(→piquer).

2. 밀대로 돌돌 말아 늘어놓은 타르틀레트 틀(moule à tartelette) 위에 놓는다.

3. 덧가루를 약간 뿌리고 붓으로 가볍게 눌러 준 후 다시 둥글린 반죽으로 눌러 틀에 끼운다.

＊ 틀에 누르는 용으로 쓰는 반죽은 자투리를 모아 합친 2번 반죽(rognure, 분량 외)을 사용한다.

4. 밀대 2개를 굴려 여분의 반죽을 자르고(→ébarber), 냉장고에서 휴지시킨다.

＊ 밀대가 1개인 경우에는 틀이 뒤집어지고, 반죽이 예쁘게 잘리지 않는다.

가르니튀르를 만들어 채우기

5. 크렘 파티시에르를 매끄럽게 풀고, 파트 아 슈를 넣어 섞은 다음 틀에 짜 넣는다(→dresser).

6. 남은 푀이타주를 폭 5~6mm로 잘라(→p.172) 5의 표면에 십자로 붙인다. 200℃로 예열한 오븐에서 약 20분간 확실하게 구운 후 식힌다.

7. 서로 마주 보는 면에 나파주 루즈를 바른다.

＊ 나파주 루즈의 색이 옅으면 생구스베리 또는 생프랑부아즈(또는 냉동)의 퓌레를 넣어 색을 조절한다.

8. 나파주를 바른 표면에 종이로 만든 틀(→아래 그림)을 대고 슈거 파우더를 뿌린다.

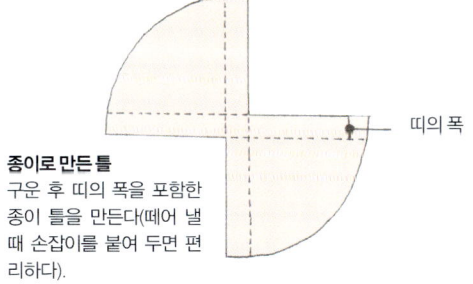

띠의 폭

종이로 만든 틀
구운 후 띠의 폭을 포함한 종이 틀을 만든다(떼어 낼 때 손잡이를 붙여 두면 편리하다).

퐁뇌프 띠 만드는 방법

1. 반죽을 정사각형으로 늘인다.

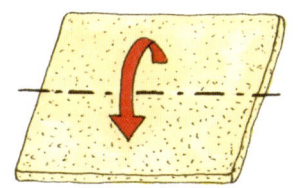

2. 덧가루를 뿌리고 반으로 접어서 포갠다.

3. 칼의 날이 시작되는 부분을 사용해 반죽의 가장자리는 잘라 내지 않고, 한 줄씩 칼집을 넣는다.
 • 날이 시작되는 부분이 직각으로 되어 있는 칼을 사용할 것.

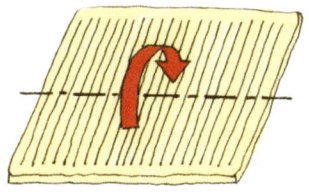

4. 사용할 때는 반으로 접은 반죽을 펴서 양쪽 가장자리를 잘라 낸다.
 • 띠를 떼어 낼 때까지 얽히지 않으므로 빠르게 작업이 가능하다.

Paris-brest
파리 브레스트

파트 아 슈는 반죽의 굳기를 조절하거나 여러 가지 모양으로 짜서 굽고 조합하기에 따라 큰 제품으로 바뀔 수 있다. 파리 브레스트는 파트 아 슈를 큰 고리 모양으로 짜서 굽고, 프랄리네가 들어 있는 크림을 샌드한 과자이다. 프랑스 파리와 브르타뉴 반도 끝에 있는 항구 도시 브레스트(Brest) 간에 1891년 벌인 자전거 레이스를 기념하기 위해 사선거의 바퀴를 본떠 만들었다고 한다.

재료 지름 21㎝의 반죽 2개 분량

파트 아 슈 기본 배합 pâte à choux
달걀물(전란을 풀어 체에 거른 것) dorure
아몬드 슬라이스 amandes effilées
크렘 무슬린 오 프랄리네 crème mousseline au praliné
  ┌ 크렘 파티시에르 기본 배합×½ crème pâtissière(→p.40)
   프랄리네 40g 40g de praliné
   키르슈 30㎖ 30㎖ de kirsch
   크렘 오 뵈르 600g 600g de crème au beurre(→p.60)
    ┌ 버터 450g 450g de beurre
     흰자 120g 120g de blancs d'œufs
     물 70㎖ 70㎖ d'eau
    └ 설탕 200g 200g de sucre semoule
슈거 파우더 sucre glace
버터(철판용) beurre
덧가루(강력분) farine

파트 아 슈 굽기

1. 투르티에르(tourtière)에 버터를 얇게 바르고 지름 21㎝ 볼로방 틀(vol-au-vent)의 가장자리에 강력분을 묻혀 자국을 낸다.

2. 자국을 따라서 파트 아 슈를 링 모양으로 짠다(→dresser) [지름 20㎜의 원형 깍지(douille unie) 사용]. 다른 투르티에르에 같은 방법으로 파트 아 슈를 조금 작은 링 모양으로 짠다(속에 채워 넣을 슈).

● 모양이 망가지지 않고 잘 부풀게 하기 위해 짜 놓은 파트 아 슈보다 조금 큰 세르클(cercle à entremets)을 놓고 구워도 좋다. 세르클에는 얇게 버터를 발라 둔다.

3. 달걀물을 바른다(→dorer).

4. 표면에 아몬드 슬라이스를 얹고, 180℃로 예열한 오븐에서 약 35분간 굽는다.

● 고운 색이 나고 측면을 눌러 봐도 단단하고 확실한 상태가 되도록 굽는다. 작은 링 모양의 슈도 같은 오븐에서 굽는다.

크렘 무슬린 오 프랄리네 만들어 채우기

5. 크렘 파티시에르에 프랄리네를 넣고 섞는다.

● 프랄리네는 대리석 작업대 위에서 비비듯이 섞어 매끄럽게 해 둔다. 시판되고 있는 프랄리네는 보관하는 동안 표면에 유분이 뜨기 때문에 전체적으로 잘 섞은 후에 사용한다.

6. 키르슈를 넣고 섞는다.

7. 크렘 오 뵈르를 만들어 6에 넣는다.

8. 구워진 큰 링 모양의 슈를 가로로 반 가른다.

9. 아래쪽 슈에 별 모양 깍지(douille cannelée, 10발, 지름 11㎜)로 크림 소량을 짠다. 그 위에 조금 작은 링 모양의 슈를 얹고, 슈가 보이지 않도록 다시 크림을 가득 짠다.

10. 위쪽 슈를 얹고 슈거 파우더를 뿌린다.

Saint-honoré
생토노레

크렘 아 생토노레를 짜고 그 위에,
생토노레용 깍지(douille à saint-
honoré)를 사용해 크렘 샹티이를
꽃잎 같은 모양으로 짠 것.

과자를 굽는 사람, 또는 빵을 굽는 사람의 수호성인인 성 오노레에
게 바친 과자이므로 이런 이름이 붙었다고도 하며, 파리의 생토노
레 거리에 과자 가게를 열었던 시부스트(→p.14)의 가게에서 탄생했
기 때문이라고도 한다. 크렘 파티시에르에 머랭을 섞어 가벼운 느낌
을 준 크렘 아 생토노레(다른 이름 크렘 시부스트)를 사용한다. 19세
기에 이 크림과 과자를 실제로 만들어 낸 것은 오귀스트 쥘리앵이
라고도 한다.

크렘 아 생토노레로만 완성한 것.

*Saint-Honoré 성 오노레. 6세기 아미앵의 주교이다. 5월 16일이 축일이다. (과자명의 경
우에는 소문자로 표기한다)

재료 지름 21cm의 반죽 2개 분량

파트 아 퐁세 기본 배합 pâte à foncer(→p.90)
파트 아 슈 기본 배합×1.5 pâte à choux
달걀물(전란을 풀어 체에 거른 것) dorure
카라멜 caramel
　┌ 설탕 500g 500g de sucre semoule
　│ 물엿 100g 100g de glucose
　└ 물 150㎖ 150㎖ d'eau
크렘 아 생토노레(크렘 시부스트) crème à saint-honoré(crème Chiboust)
　┌ 크렘 파티시에르 crème pâtissière(→p.40)
　│　┌ 우유 250㎖ 250㎖ de lait
　│　│ 바닐라 빈 1개 1 gousse de vanille
　│　│ 노른자 120g 120g de jaunes d'œufs
　│　│ 설탕 50g 50g de sucre semoule
　│　└ 박력분 25g 25g de farine
　│ 판 젤라틴 10g 10g de feuilles de gélatine
　│ 키르슈 50㎖ 50㎖ de kirsch
　│ 이탈리안 머랭 meringue italienne(→p.187)
　│　┌ 흰자 200g 200g de blancs d'œufs
　│　│ 설탕 300g 300g de sucre semoule
　└　└ 물 100㎖ 100㎖ d'eau
크렘 샹티이 crème chantilly(→p.167)
　┌ 생크림 300㎖ 300㎖ de crème fraîche
　│ 슈거 파우더 30g 30g de sucre glace
　└ 바닐라 슈거 2 큰 스푼 2 cuillerées à potage de sucre vanillé
피스타치오(얇게 썬 것, 장식용) pistaches
버터(철판용) beurre
덧가루(강력분) farine

준비 작업

○ 판 젤라틴을 얼음물에 담가 불린다.

○ 투르티에르(tourtière)에 버터를 얇게 바른다.

○ 철판에 버터를 얇게 바르고 강력분을 약간 뿌린다.

파트 아 슈를 구워 조립하기

1. 파트 아 퐁세를 두께 2㎜로 늘이고(→abaisser) 피케 한다(→piquer).

2. 투르티에르에 얹은 후 볼로방 틀을 대고 지름 21cm로 잘라 낸 다음 냉장고에서 잠시 휴지시킨다.

3. 달걀물을 전체에 바른다(→dorer).

　• 파트 아 퐁세 대신에 푀이타주(→p.132)의 2번 반죽(rognure)을 사용해도 괜찮다. 파트 쉬크레, 파트 사블레는 약해서 파트 아 슈가 부풀어 오를 때 파이 반죽의 표면이 부서지거나 찢어질 수 있으므로 사용하지 않는다.

4. 파트 아 슈를 지름 9㎜의 원형 깍지를 끼운 짤주머니에 넣고 파트 아 퐁세의 가장자리로부터 5㎜ 안쪽에 링 모양으로 짠다.

　• 조금 높은 위치에서 반죽을 늘어뜨리듯이 해서 깍지에서 나오는 반죽의 모양이 그대로 예쁘게 나올 수 있도록 짠다.

5. 파트 아 슈를 가운데부터 바깥쪽을 향해 나선형으로 짠다. 깍지가 파트 아 퐁세에 닿을 정도로 낮게 해, 파트 아 슈를 눌러 붙이듯이 얇게 짠다. 200℃로 예열한 오븐에서 45분간 굽는다.

　• 가운데에 짜는 파트 아 슈는 구워진 셸에 크림을 너무 많이 채우지 않게 하기 위해서이다.

6. 철판에 파트 아 슈를 지름 2cm의 원형으로 짠다(→dresser).

7. 파트 아 슈의 표면에 달걀물을 바르고(→dorer), 200℃로 예열한 오븐에서 30분간 굽는다.

8. 반죽이 다 구워지면 망으로 옮겨 식힌다. 그 사이에 카라멜을 만든다. 냄비에 물을 넣고 가열한 후, 물엿과 설탕을 넣고 연한 황갈색이 될 때까지 졸인다. 냄비를 찬물에 담가 식힌 다음 카라멜의 색과 굳기를 조절한다.

9. 철판에 얇게 썬 피스타치오를 간격을 충분히 두고 놓는다. 작은 슈의 윗부분에 카라멜을 입히고, 그 면을 아래로 해서 피스타치오 위에 놓고 굳을 때까지 놓아둔다.

10. 슈의 아랫부분에 카라멜을 입히고 5의 링 모양 슈에 간격을 두고 붙인다.

크렘 아 생토노레 만들기

11. 크렘 파티시에르를 만들어 불에서 내린 후 곧바로 물기를 제거한 젤라틴을 넣고 빠르게 섞으며 녹인다. 키르슈를 넣고 섞는다. 크렘 파티시에르와 병행해서 이탈리안 머랭을 만든다. 젤라틴을 넣은 크림이 식기 전에 완성된 따뜻한 머랭의 일부를 넣고 섞는다.

12. 11을 남은 머랭에 넣고 위아래로 크게 섞는다.

• 젤라틴을 넣은 크림은 식으면 굳게 되고, 이탈리안 머랭과 섞게 되면 거품이 꺼지고 만다. 크림이 뜨겁고 부드러울 때 거품이 꺼지지 않도록 완전히 섞는다.

13. 10에 12의 크렘 아 생토노레를 표면이 평평하도록 짠 다음 차게 해서 굳힌다. 지름 14mm 정도의 원형 깍지에 V자 모양의 칼집(대략 폭이 원주의 1/4, 깊이는 깍지 높이의 1/2)이 있는 생토노레용 깍지로 크렘 샹티이를 짠다.

14. 한 번 더 크렘 샹티이를 별 모양 깍지로 짜서 장식한다.

바닐라 슈거
비닐라 향을 넣은 설탕이다. 바닐라 빈을 분쇄해 설탕과 섞은 것과 바닐라 향료로 향을 첨가한 것이 있다. 크렘 파티시에르 등에 사용한 비닐라 빈을 말려 설탕 안에 묻어 두거나, 또는 푸드 프로세서로 곱게 갈아서 분말로 만들어 설탕과 섞어 바닐라 슈거를 만들 수 있다. 향을 넣는 것은 바닐라 지체를 사용하면 지연의 향기를 얻을 수 있어 가장 좋지만, 액체로 추출하지 않으면 안 된다. 또 바닐라 에센스는 향이 너무 강하거나 뒷맛이 남는 경우가 있다. 그러므로 바닐라 슈거를 만들어 두면 손쉽게 자연스러운 바닐라의 향기를 얻을 수 있다.

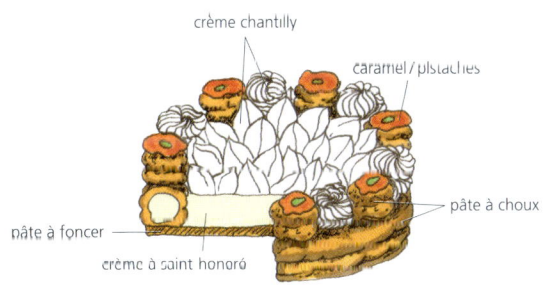

Saint-honoré

Religieuse
를리지외즈

* religieuse [f] 수녀.
* éclair [m] 에클레르. 얇고 긴 막대기 모양의 슈 아 라 크렘으로 표면에 초콜릿이나 커피 풍미의 퐁당을 입히고, 속의 크림도 그중의 하나의 풍미로 한 것. 번개.
* pièce montée [m] 피에스 몽테. 결혼식, 기념일 등의 테마에 맞춰 과자나 당과 등을 장식적으로 조립한 대형 작품.

를리지외즈는 초콜릿 풍미의 검은 퐁당을 입힌 큰 슈 위에 작은 슈를 얹은 것으로, 그 모양과 색조가 수녀의 모습을 연상시켜 이런 이름이 붙게 되었다. 속에는 초콜릿이나 커피 풍미의 크렘 파티시에르를 채운다. 원래 모양은 이처럼 링 모양과 에클레르(éclair)와 같은 모양의 슈를 조립한 피에스 몽테(pièce montée)였던 것 같다.

재료 지름 18cm, 높이 25cm 1개 분량

파트 아 슈 기본 배합 pâte à choux
퐁당 카페 fondant café
    ┌ 퐁당 200g 200g de fondant
    ├ 커피 에센스 5㎖ 5㎖ d'extrait de café
    └ 시럽(물 1 : 설탕 1) 20㎖ 20㎖ de sirop
퐁당 쇼콜라 fondant chocolat
    ┌ 퐁당 200g 200g de fondant
    ├ 카카오매스 50g 50g de pâte de cacao
    └ 시럽(물 1 : 설탕 1) 30㎖ 30㎖ de sirop
누가틴 nougatine
    ┌ 설탕 500g 500g de sucre semoule
    ├ 물엿 50g 50g de glucose
    └ 아몬드 다이스 250g 250g d'amandes hachées
카라멜 caramel
    ┌ 설탕 1kg 1kg de sucre semoule
    ├ 물엿 200g 200g de glucose
    └ 물 300㎖ 300㎖ d'eau
크렘 오 뵈르 오 카페 crème au beurre au café
    ┌ 크렘 오 뵈르 300g 300g de crème au beurre(→p.60)
    ├ 인스턴트 커피 10g 10g de café soluble
    └ 뜨거운 물 10㎖ 10㎖ d'eau chaude
크림 crème
    ┌ 크렘 파티시에르(약 620g) crème pâtissière(→p.40)
    │   ┌ 우유 500㎖ 500㎖ de lait
    │   ├ 바닐라 빈 1개 1 gousse de vanille
    │   ├ 노른자 60g 60g de jaunes d'œufs
    │   ├ 설탕 125g 125g de sucre semoule
    │   ├ 커스터드 파우더 40g 40g de poudre à crème
    │   └ 박력분 10g 10g de farine
    ├ **발효** 생그림 500㎖ 500㎖ de crème épaisse
    ├ 이탈리안 머랭 500㎖ 500㎖ de meringue italienne
    │   ┌ 흰자 125g 125g de blancs d'œufs
    │   ├ 물 80㎖ 80㎖ d'eau
    │   └ 설탕 250g 250g de sucre semoule
    └ 바닐라 에센스 소량 un peu d'extrait de vanille
프랑부아즈 250g 250g de framboises
버터(철판용) beurre
덧가루(강력분) farine

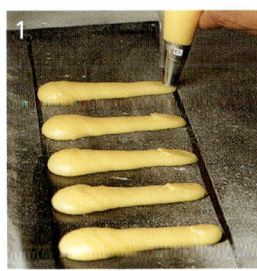

반죽을 가늘고 길게 짜는 경우
깍지를 비스듬히 45도 정도로 기울
여 깍지로부터 나오는 반죽을 철판
에 눕히듯이 짠다(→coucher).

＊가늘고 긴 봉 모양으로 짜서 굽는다
→éclair(에클레르)

퐁당 준비하기
(퐁당의 기본적인 다루는 방법→p.142, 143)

* **퐁당 카페** : 퐁당에 시럽을 넣고 매우 천천
히 흘러 떨어질 정도의 굳기로 조절하고,
중탕으로 체온 정도의 온도로 데운다. 커
피 에센스를 넣고 색과 풍미를 조절한다.

* **퐁당 쇼콜라** : 퐁당에 분량의 시럽보다 20
㎖를 더 넣어 부드럽게 하고, 중탕으로 체
온 정도의 온도로 데운다. 중탕으로 녹인
카카오매스(50℃ 정도)를 넣고 골고루 섞
는다. 카카오매스에 의해 퐁당이 굳어 버
리기 때문에 남은 시럽 10㎖를 넣고 적
당한 굳기와 체온 정도의 온도가 되도록
조절한다.

＊퐁당에 풍미를 내는 카카오매스나 커피
에센스(없으면 인스턴트 커피를 되직하
게 녹여 사용한다)의 양은 정해져 있지
않으므로 퐁당의 색이나 굳기를 보며 조
절한다.

준비 작업

○ 프랑부아즈는 물기를 꽉 짠 젖은 행주로 가볍게 닦는다.

슈를 구워 퐁당 입히기

1. 철판에 버터를 얇게 바르고 덧가루를 약간 뿌린 후 폭
12cm로 선 2개를 표시해 놓고 파트 아 슈를 가늘고 길
게 눈물 모양으로 11개 짠다.

2. 다른 철판에 지름 13cm와 9cm의 링 모양과 지름 4cm의
원형으로 짠다(→dresser).

3. 200℃로 예열한 오븐에서 약 35분간 굽는다.

＊짠 반죽의 크기에 따라 구워진 상태나 다 구워질 때까지의 시간이 다
르므로 주의해야 한다.

4. 눈물 모양의 슈 반과 작은 링 모양의 슈 윗면에 퐁당 카
페를 입힌다. 나머지 슈에는 퐁당 쇼콜라를 입히고 퐁
당이 굳을 때까지 그대로 놓아둔다.

누가틴 대 만들기

5. 동 냄비에 물엿을 넣고 가열하고 나무 주걱(spatule en bois)으로 섞으며 녹인다.

6. 물엿이 부드럽게 녹고 나면 설탕을 조금씩 넣으며 저어 가면서 졸인다.

7. 엷은 카라멜색이 나면 오븐에서 따뜻하게 데운 아몬드 다이스를 넣고 섞는다.

• 아몬드를 그대로 넣게 되면 카라멜의 온도가 내려가서 굳어져 작업하기 힘들어지므로, 아몬드는 미리 오븐에서 따뜻하게 데우고 동시에 여분의 수분도 날린다.

8. 대리석 작업대에 실팻(Silpat)을 깔고 7을 펼친다.

9. 굳기 시작하면 삼각 팔레트(palette triangle)로 전체가 균일한 굳기가 되도록 섞으면서 식힌다.

10. 다루기 쉬운 굳기가 되면 금속으로 만든 밀대(누가 롤러, rouleau à nougat)로 얇게 늘인다(→étaler).

11. 지름 18cm의 망케 틀(manqué)에 끼워 넣어 모양을 다듬는다.

12. 비어져 나온 부분을 잘라 낸다.

• 일련의 작업을 재빠르게 하지 않으면 굳어 버려 실패하므로 주의한다.

13. 차게 해서 굳으면 틀에서 빼낸다.

발효 생크림
생크림에 유산균을 넣고 저온에서 숙성시킨 것. 사워 크림만큼 발효가 진행되어 있지 않기 때문에 산미는 아주 약하지만, 발효에 따른 독특한 풍미를 가지고 있는 감칠맛 나는 크림이다. 농도가 진해서 반고형 상태이다. 열에 강해 졸여서 사용할 수도 있다. 우유를 10~20% 넣으면 거품 내기가 쉽다. 유지방분은 제품에 따라 다르지만 일본 제조사에서는 35~40%로 제조하고 있다. 프랑스에서는 일반적으로 액체로 된 생크림과 구별해 크렘 에페스(crème épaisse), 크렘 두블(crème double)이라고 부른다.

카라멜 준비하기

냄비에 물, 설탕, 물엿을 넣고 졸여 색을 낸다. 냄비를 냉수에 담가 식히고, 카라멜의 색과 굳기를 조절한다.

크림 준비하기

- **크렘 오 뵈르 오 카페** : 크렘 오 뵈르를 만들고, 인스턴트 커피를 뜨거운 물에 녹여서 넣고 섞는다.
- **가운데에 채우는 크림** : 이탈리안 머랭을 만든 다음 발효 생크림을 넣고 제과용 믹서(mélangeur)로 거품을 낸다(→fouetter). 이것과 바닐라 에센스를 부드럽게 푼 크렘 파티시에르에 넣고 잘 섞는다.

조립하기

14. 누가틴의 중심에 병을 놓는다. 눈물 모양 슈의 넓은 쪽 가장자리에 카라멜을 찍은 다음 순서대로 누가틴에 접착한다.

15. 슈의 높이를 맞춰 자르고, 카라멜로 고정하여 병은 빼낸다.

16~17. 크림과 프랑부아즈를 번갈아 가며 채운다.

18. 슈와 슈 사이에 크렘 오 뵈르 오 카페를 짠다.

19. 링 모양의 슈를 얹는다.

20. 크렘 오 뵈르 오 카페로 장식한다.

21. 마지막으로 원형으로 된 슈를 얹고 같은 방법으로 장식해 완성한다.

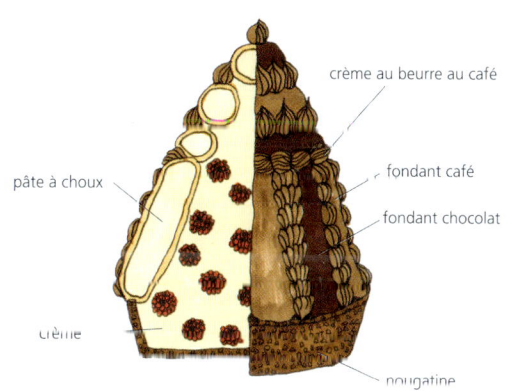

crème au beurre au café

pâte à choux

fondant café

fondant chocolat

crème

nougatine

Religieuse

제6장

머랭 과자
Meringue

므랭그 프랑세즈 • Meringue française
므랭그 쉬스 • Meringue suisse
므랭그 이탈리엔 • Meringue italienne

머랭

머랭은 흰자에 설탕을 넣어 거품을 낸 것으로 반죽 상태인 것도, 건조시켜 구운 것도 보통 머랭이라고 부른다. 흰자는 물보다 표면 장력이 약하기 때문에 휘저어 섞게 되면 쉽게 공기를 포집하며, 또 공기에 닿게 되면 흰자의 주성분인 단백질이 다른 모습으로 바뀌면서 분자가 연결되어 막 상태가 된다. 또 거품을 끌어들여 거품 낸 상태가 유지된다(→p.20 : 흰자의 기포성).

흰자는 끈기가 적을수록 거품을 내기 쉽지만 거품이 거칠어져 버린다. 반대로 탄력과 끈기가 있을수록 거품은 내기 힘들지만 치밀하고 안정된 거품이 완성된다.

설탕은 흰자의 수분을 흡수해 거품을 안정시키는 작용을 한다. 설탕을 넣음으로써 흰자에 끈기가 생기고 흰자는 거품을 내기는 힘들어지지만, 거품은 치밀하고 안정된다.

머랭은 달걀이나 주위의 온도, 거품 내는 법(기계 사용 여부 등), 설탕의 양과 넣는 타이밍에 따른 거품의 결, 광택, 끈기, 그리고 탄력이 어떻게 변화되는지 잘 관찰하면서 원하는 질감을 얻는다.

일반적으로 설탕을 빠른 단계에서 많이 넣게 되면 거품이 곱고 안정되고 탄력이 있는 머랭이 되고, 구웠을 때 끈기가 있으며 겉은 바삭바삭하고 속은 촉촉하게 나오기 쉽다. 설탕의 양을 줄이거나 최대한 늦게 넣게 되면 거품이 거칠고 다소 불안정하지만, 구웠을 때 끈기가 생기기 어렵고, 쉽게 부서지며 입에서 녹는 감촉이 좋다.

	거품 내기 어렵다	거품 내기 쉽다
끈기	강하다	약하다
온도	낮다 (냉장)	높다 (상온)
선도	신선하다	오래됐다
설탕	설탕을 처음부터 넣는다 / 많이 넣는다	설탕의 양을 줄인다 / 최대한 나중에 넣는다

* **온도** : 온도가 높아지면 표면 장력이 약해진다 = 탄력이 없어진다.

* **선도** : 신선한 달걀일수록 농후 난백(끈기가 강한)이 많고, 선도가 떨어짐에 따라 수양성 난백(산뜻한)이 많아진다(→p.20).

* **설탕** : 설탕은 흰자의 점도를 늘리고, 단백질의 변성을 억제한다.

흰자를 거품 낼 때의 주의점

- 유지는 흰자의 거품 내는 것을 방해하므로 볼이나 거품기는 기름기가 남아 있지 않도록 깨끗이 씻고, 완전히 건조한 것을 사용한다.
- 흰자와 노른자를 분리할 때 흰자에 노른자가 섞이지 않도록 주의한다(노른자는 유지를 포함하고 있으므로 거품이 잘 나지 않게 한다).
- 제과용 믹서(mélangeur)를 사용할 경우에는, 거품을 내는 힘이 강하므로 처음부터 설탕을 넣어 거품을 억제해 치밀하고 안정된 거품을 만든다.
- 손으로 거품을 낼 경우에는, 처음부터 설탕을 넣게 되면 거품 내기 힘들기 때문에 우선 설탕을 넣지 않고 거품을 내다가 조금씩 넣어 가면서 거품을 낸다.

Meringue française (meringue ordinaire)
므랭그 프랑세즈 (므랭그 오르디네르)

프렌치 머랭. 흰자에 설탕을 넣고 거품을 내는 기본적인 제조법의 머랭이다. 설탕의 비율이 높지만, 흰자에 거의 같은 양의 설탕을 넣고 거품을 낸다. 제대로 거품을 내고 나서 다시 한 번 설탕을 섞음으로써 끈기가 강하지 않으며 가볍고 부서지기 쉬운 상태로 구워진다. 약간 결이 거칠고, 맛이나 식감이 좋다. 건조시켜 구운 후 크림이나 아이스크림과 조합해 냉과, 빙과의 기본 반죽으로 자주 이용된다.

* français (여성형 française) [adj] 프랑스풍의.   * ordinaire [adj] 보통의.

재료 기본 배합

흰자 180g 180g de blancs d'œufs
실탕 180g 180g de sucre semoule
설탕 180g 180g de sucre semoule

1. 깨끗하게 씻어 수분이나 기름기가 묻어 있지 않은 볼에 흰자와 설탕 일부를 넣고 풀어 준 다음 거품을 낸다(→fouetter).

• 노른자가 들어가지 않도록 주의한다. 노른자는 유지를 포함하고 있기 때문에 흰자를 거품 내는 것을 방해하게 된다.

• 머랭의 끈기나 거품의 상태(결)가 문제가 되지 않는다면, 처음부터 흰자와 같은 양의 설탕을 전부 다 넣고 거품 낼 수도 있다.

2. 남은 설탕을 180g까지 넣고 (흰자와 같은 양까지) 거품을 낸다.

3. 제대로 각이 선 상태가 되면 거품기(fouet)로 전체를 힘 있게 섞은 다음 결을 촘촘하게 하고, 탄력이 있고 광택이 있는 상태로 완성한나(→serrer).

4. 다시 한 번 설탕 180g을 넣고, 고무 주걱(palette en caoutchouc)으로 섞는다. 까지를 끼운 쌀수머니(poche à douille)에 재우고 원하는 모양으로 짠 다음 저온(90~120℃)의 오븐에서 건조시켜 굽는다.

• 나머지 설탕을 넣게 되면 광택은 나빠지고, 까칠까칠한 느낌이 된다.

Meringue suisse (meringue sur le feu)
므랭그 쉬스 (므랭그 쉬르 르 푀)

스위스 머랭. 흰자의 거의 2배 되는 양의 설탕을 넣고 중탕으로 데운 후 거품을 내는 제조법의 머랭. 끈기, 탄력이 가장 강하며 건조시켜 구우면 결이 치밀하고 광택이 있으며 모양이 망가지지 않는다. 딱딱하고 바삭바삭해 씹는 맛이 있고, 므랭그 프랑세즈처럼 약하지 않다. 케이크의 기본 반죽으로도 적합하다. 또한 색을 입혀 인형 등 여러 가지 모양을 만들고, 건조시켜 구워 장식으로 사용한다.

*suisse [adj] 스위스풍의.   *sur le feu 불 위, 불에 올린.

재료 기본 배합

흰자 180g   180g de blancs d'œufs
설탕 360g   360g de sucre semoule

• 여기서는 너무 많이 풀지 않는다. 거품기에 막이 겨우 쳐지는 정도의 끈기가 될 때까지 데운다.

1. 깨끗하게 씻어 수분이나 기름기가 묻어 있지 않은 볼에 흰자를 넣고 가볍게 푼 다음 설탕을 넣고 섞는다.

2. 중탕을 해 거품기로 저으면서 40~50℃로 데운다. 처음에는 건져 올리면 거품기에 막이 쳐 있지만(사진), 데우면 탄력이 떨어져 줄줄 떨어지는 상태가 된다.

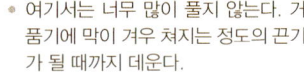

3. 거품기에 막이 쳐지지 않는 것이 좋다.
   (체온 정도로 데워진 상태)

4. 설탕이 녹아 흰자와 섞이면 중탕에서 꺼내, 식을 때까지 힘 있게 거품을 낸다(→fouetter).

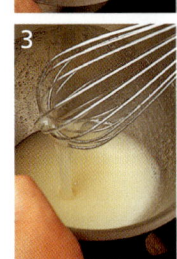

5. 세레(→serrer, 거품기로 세게 섞어 거품을 다듬는 머랭의 완성 공정. 제과용 믹서로 거품을 낼 때에는, 마지막에 거품기를 손으로 빼서 들고 거품을 낸다)를 해서 단단하고 치밀한 상태로 완성한다. 깍지를 끼운 짤주머니에 채운 다음 원하는 모양으로 짜고 저온(90~120℃)의 오븐에서 건조시켜 굽는다.

• 광택이 있고 단단하게 각이 생긴다.
• 이미 흰자에 단단한 탄력이 생겼으므로 처음부터 고속으로 거품을 내도 좋다(흰자와 설탕이 완전히 섞인 상태이기 때문에 단백질의 변성을 방해한다).

Meringue italienne 므랭그 이탈리엔

이탈리안 머랭. 흰자의 2배에 가까운 설탕에 물을 넣고 졸여 시럽(약 120℃)으로 만든다. 흰자를 거품 내면서 그 뜨거운 시럽을 넣는 제조법의 머랭이다. 고온의 시럽을 넣기 때문에 살균이 되어 위생 면에서도 안전하다. 크렘 오 뵈르나 무스, 소르베의 베이스에 사용되며, 입에서 녹는 감촉을 가볍게 하고 단맛을 조절한다. 그러므로 기본 배합을 기준으로, 어떤 것을 조합하느냐에 따라 배합을 바꿔 만들 수 있다. 또 케이크의 표면에 바르거나 짜서 표면을 구워 완성하는 데 사용되지만, 이 머랭만을 건조시켜 구워 과자로 사용하는 경우는 거의 없다.

* italien (여성형 italienne) [adj] 이탈리아풍의.

재료 기본 배합

흰자 180g 180g de blancs d'œufs
설탕 30g 30g de sucre semoule
시럽 sirop
　┌ 물 100㎖ 100㎖ d'eau
　└ 설탕 330g 330g de sucre semoule

1. 깨끗하게 씻어 수분이나 기름기가 묻어 있지 않은 볼에 흰자를 넣고 가볍게 거품을 낸다 (→fouetter).

2. 냄비에 물과 설탕을 넣고 불에 올린 다음 110~120℃로 졸인다(졸이는 온도는 만드는 양과 사용하는 도구의 크기에 따라 조절한다). 시럽이 끓으면 냄비 표면에 튀어 탈 수 있으므로 물에 적신 붓(pinceau)을 준비해 두고 냄비 표면을 씻어 내듯이 한다.

3. 가볍게 거품 낸 1의 흰자에 2의 뜨거운 시럽을 조금씩 볼의 안쪽 면을 타고 내려가듯이 넣어가면서 거품을 낸다.

4. 식을 때까지 잘 거품을 내서 세게 친다(serrer). 치밀하고 광택이 있으며, 적당한 끈기와 탄력이 있는 머랭이 완성된다.

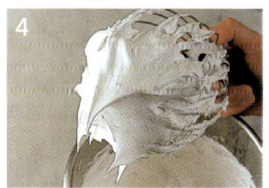

- 흰자는 너무 거품을 내 버리면 이수한다(흰자에 포함된 수분이 밖으로 흘러 나가 버리는 것. 거품의 막이 건조되어 약해지고, 탄성을 잃어 거품이 꺼지기 쉬워진다). 또한 거품 낸 후 방치하게 되면 거품이 가라앉아 버린다. 그렇기 때문에 시럽이 끓는 타이밍에 맞춰 흰자를 거품 내기 시작한다.

- 흰자의 양이 적을 경우에는 시럽이 섞이지 않는 경우가 있기 때문에 시럽을 졸이는 온도를 낮춘다. 또 시럽의 양에 비해 너무 큰 냄비를 사용하면 시럽이 냄비 표면에 단단히 들러붙어 굳어 버린다. 흰자의 양이 많을 경우에는 시럽의 온도가 떨어져 거품이 잘 안 날 수 있으므로 시럽을 졸이는 온도를 높게 한다.

- 볼이나 흰자가 차가우면 시럽이 식어 굳어지는 경우가 있기 때문에 냉장고에 넣어 뒀던 달걀이나 볼은 사용하지 않는 것이 좋다.

- 시럽을 넣은 후에는 머랭의 상태를 보면서 거품을 낸다(제과용 믹서의 경우 고속으로 계속해서 휘저어 섞지 않는 것이 좋다). 너무 많이 거품을 내게 되면 탄력이 없어지고 볼륨이 없는 상태가 되어 버린다. 반대로 너무 적게 거품을 내게 되면 처지고 볼륨이 없는 머랭이 되며, 경우에 따라 액체로 돌아가 버린다.

Mont-blanc

몽블랑

머랭을 밑에 깔고 크렘 샹티이와 갈색의 크렘 오 마롱을 봉긋하게 쌓아 올린 것. 프랑스에서는 디저트(냉과)로 분류되는 경우도 있다. 알프스 산맥을 사이에 두고 프랑스 사부아 지방과 이탈리아 피에몬테 주 등에서 달콤한 밤 페이스트에 거품 낸 생크림을 곁들여 먹은 것이 세련되게 바뀌어 지금의 파리 과자점에서 볼 수 있는 몽블랑이 된 건 아닐까 생각된다. 1903년 창업한 파리의 과자점 안젤리나(Angelina)에서 창업 당시부터 몽블랑이 만들어졌다고 한다. 일본에서는 쇼와(1926년 12월 25일~1989년 1월 7일 사이의 일본의 연호) 시대 초반에 크렘 파티시에르 등을 채운 컵케이크를 기본으로, 밤 조림으로 만든 노란색 크림으로 완성한 몽블랑이 같은 이름의 과자점에서 팔리게 되어 일본의 독자적인 모양으로 퍼졌다.

* mont-blanc [m] 과자 이름.
직역하면 '하얀 산'이라는 뜻.
알프스 산맥의 최고봉 몽블랑
(le mont blanc)을 따서 이름을
붙였다고도 한다.

재료 지름 8cm의 반죽, 약 25개 분량

비스퀴 조콩드(두께 5mm로 구운 것) biscuit Joconde(→p.69)
므랭그 프랑세즈(약 60개 분량) meringue française
   ┌ 흰자 250g 250g de blancs d'œufs
   │ 설탕 200g 200g de sucre semoule
   │ 콘스타치 30g 30g de fécule de maïs
   └ 설탕 260g 260g de sucre semoule
크렘 샹티이 crème chantilly(→p.167)
   ┌ 생크림(유지방분 48%) 500㎖ 500㎖ de crème fraîche
   └ 슈거 파우더 50g 50 de sucre glace
크렘 오 마롱 crème au marron
   ┌ 파트 드 마롱 1kg 1kg de pâte de marron
   │ 럼주 125㎖ 125㎖ de rhum
   └ 버터 375g 375g de beurre
파트 아 글라세 pâte à glacer
슈거 파우더 sucre glace
나뭇잎 모양으로 구운 파트 아 슈(장식용) pâte à choux
밤 모양의 파트 드 마롱(장식용) pâte de marron

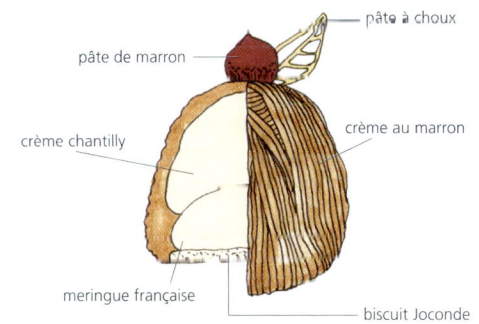

— pâte à choux
pâte de marron
crème chantilly
crème au marron
meringue française
biscuit Joconde

Mont-blanc

준비 작업

○ 버터는 크림 상태로 부드럽게 해 둔다.

므랭그 프랑세즈 만들기

1. 콘스타치 30g과 설탕 260g을 섞어 체로 친다(→tamiser).

2. 먼저 흰자에 설탕 200g 중 1/3을 넣고 풀어 준 다음 거품을 낸다(→fouetter). 나머지 설탕은 거품 내는 과정의 이른 단계에서 넣고 광택이 있는 머랭을 만든다.

- 광택이 있을수록 구운 건조 머랭이 딱딱하고 단단하게 된다.

3. 체로 친 콘스타치와 설탕을 넣고 거품을 꺼뜨리지 않도록 주걱으로 자르듯이 섞는다.

- 콘스타치가 늘어가기 때문에 보다 단단한 머랭으로 구워진다. 철판에 종이를 깔고 지름 15mm의 원형 깍지(douille unie)로 지름 6cm의 돔 모양으로 짠다(→dresser).
- 평평하게 원반 모양으로 짜도 괜찮지만 그런 경우에는 크림의 양이 위에서 말한 양보다 많이 필요하게 된다.

4. 120℃의 오븐에서 2~3시간, 약간 색이 날 때까지 굽는다. 완전히 건조되고, 머랭이 구워지고 나면 식힌 다음 건조제를 넣은 밀폐 용기에 보관한다.

- 아랫불의 열이 전해지기 쉽기 때문에 균등하게 열이 가해질 수 있도록 철판 2~3장을 겹쳐서 굽는다.
- 100℃ 오븐에 넣어 열을 떨어뜨리고, 하룻밤 놔두어도 괜찮다.

조립하기

5. 비스퀴 조콩드는 4의 머랭보다 조금 작게 찍어 둔다. 건조 머랭에 파트 아 글라세를 입히고 비스퀴 조콩드 위에 얹는다.

- 크림의 수분으로 머랭이 녹는 것을 방지하기 위해 파트 아 글라세로 코팅을 한다.

크렘 샹티이 짜기

6. 생크림에 슈거 파우더를 넣고 봄에 얼음을 대어 차갑게 히먼시 단단히 거품을 낸다. 5의 파트 아 글라세가 굳으면 지름 20mm의 깍지를 사용해 크렘 샹티이를 봉긋하게 짠다.

크렘 오 마롱 짜기

7. 파트 드 마롱에 럼주를 넣고 부드러워진 버터를 넣은 다음 제과용 믹서(mélangeur)로 휘저어 섞어 매끄럽게 한다.

8. 크렘 오 마롱 완성.

9. 크렘 오 마롱을 몽블랑용 깍지를 끼운 짤주머니에 넣은 다음, 가늘게 짜고 크렘 샹티이를 덮는다.

10. 9를 냉장고에서 차게 해서 굳힌다. 표면에 슈거 파우더를 뿌리고 구멍 뚫린 틀(emport-pièce)로 주위에 비어져 나온 여분의 크림을 잘라 낸 다음 케이스로 옮겨 장식을 올린다. 파트 드 마롱으로 모양을 만든 밤은 밑 부분에 파트 아 글라세를 조금 묻혀 고정시킨다.

밤

참나무과. 프랑스어로 마롱(marron) 또는 샤테뉴(châtaigne). 밤나무는 샤테녜(châtaignier)라고 한다. 마롱은 특히 하나의 겉껍질 속에 알이 1개밖에 들어 있지 않고 모양이 좋은 고급 품종을 가리키는 경우도 있는데, 이것은 마롱 글라세에 사용된다. 유럽에서 재배되고 있는 것은 유럽 밤으로 일본 밤보다 전체적으로 작은 알갱이로 과육이 쉽게 갈라지지 않고, 속껍질이 떨어지기 쉬우며 손으로 깨끗하게 벗길 수 있다.

밤은 오래전부터 밀가루를 충분히 만들 수 없었던 산악 지대 등에서 주요한 식량이었으며, 현재도 코르스(코르시카) 또는 중앙산지 지방에서는 밤으로 만든 수프나 밤을 가루로 만들어 죽 상태로 끓인 요리, 밤 가루를 사용한 빵이나 과자가 남아 있다. 프랑스에서는 알데슈 지방, 로제르 지방, 도르도뉴 지방, 코르스(코르시카)가 주산지이다.

- **마롱 글라세(설탕에 절인 밤)** : 질 좋은 큰 알갱이 밤(마롱)의 겉과 속껍질을 제거하고 부드럽게 삶은 다음 연한 시럽에 담갔다 꺼내고 시럽만 조금 졸인다. 밤을 다시 넣고 담그는 작업을 반복하며 서서히 시럽의 농도를 높이면서 밤에 스며들게 한다. 완성되기까지 최소한 5일~1주일이 걸린다. 마지막으로 진한 당액을 입힌 다음 건조시키므로, 표면에 설탕이 하얗게 굳어 있는 것이 특징이다.

- **마롱 오 시로(시럽에 절인 밤)** : 시럽에 절인 밤 통조림. 그 밖에 물로 졸인 통조림(marron au naturel)도 있다. 일본의 설탕이나 물엿으로 졸인 식품처럼 착색되어 있지 않으므로 갈색이다.

- **퓌레 드 마롱(밤 퓌레)** : 설탕이 들어가지 않은 밤 퓌레. 밤을 쪄서 속껍질째 과육을 으깬 것이다. 개봉 후에는 오래가지 않는다.

- **크렘 드 마롱(마롱 크림)** : 밤 퓌레에 설탕, 바닐라를 넣고 부드러운 페이스트 상태로 만든 것. 당도가 높다(40~45%). 이 상태 그대로도 먹을 수 있다.

- **파트 드 마롱(밤 페이스트)** : 밤 페이스트. 찌는 방법 등으로 가열한 과육을 으깨 설탕을 넣고 바닐라의 풍미를 낸 것. 시럽에 절인 밤을 으깬 제품도 있다. 크렘 드 마롱보다 단단하며, 단맛과 향기도 강하지 않아 생크림 등과 섞을 때 사용한다.

몽블랑용 깍지
douille à nid, douille à vermicelle

마롱 오 시로
밤을 시럽에 절인 통조림.
밤 통조림에는 그 밖에 물로 졸인
통조림(마롱 오 나튀렐)도 있다.

사진 왼쪽부터 크렘 드 마롱, 파트 드 마롱, 퓌레 드 마롱

Sévigné
세비녜

* Sévigné [인명] 세비녜 부인
(Madame de Sévigné) 또는
세비녜 후작 부인(Marquise
de Sévigné) (1626~1696).
17세기 프랑스 귀족이다. 그
무렵 안주인의 방, 살롱(salon)
에 귀족 또는 문화인이 모여
자유로운 교류가 이루어졌었
다. 그런 살롱을 주최했던 여
성 중 하나로, 딸에게 보낸 편
지기 유명이다. 그 당시 파티
의 모습을 써서 보낸 편지에
는 샹티이 성에서 콩데 공(公)
이 개최한 연회의 비용이나,
그때의 요리사 바텔의 죽음의
경위에 대해서도 쓰여 있다.

므랭그 프랑세즈를 응용한 이 과자의 독특한 반죽을 사용해 만든다. 이름은 17세기 프랑스 궁정 문화의 중심 인물이었던 세비녜 부인의 이름을 따서 붙였다.

재료 지름 5㎝의 반죽 25개 분량

파트 아 세비녜 pâte à sévigné
　므랭그 프랑세즈 meringue française
　　흰자 250g 250g de blancs d'œufs
　　설탕 90g 90g de sucre semoule
　　설탕 160g 160g de sucre semoule
　탕 푸르 탕 브뤼트(조금 굵은 것) 200g 200g de T.P.T. brut
　우유 500㎖ 500㎖ de lait
크렘 오 뵈르 오 프랄리네 crème au beurre au praliné
　파트 아 봉브 pâte à bombe
　　노른자 120g 120g de jaunes d'œufs
　　설탕 200g 200g de sucre semoule
　　물 70㎖ 70㎖ d'eau
　버터 450g 450g de beurre
　프랄리네 100g 100g de praliné
슈거 파우더 sucre glace

준비 작업

○ 버터는 실온에서 부드럽게 해 둔다.

므랭그 프랑세즈 만들기

1. 깨끗하게 씻어 수분이나 기름기가 묻어 있지 않은 볼에 흰자를 넣고 설탕 90g의 일부를 넣는다. 녹이며 풀어 준 다음 거품을 낸다(→fouetter).

　• 노른자가 들어가지 않도록 주의한다. 노른자에는 유지가 들어 있기 때문에 흰자를 거품 낼 때 방해한다.

2. 1에서 남은 설탕을 넣고, 단단한 각이 설 때까지 거품을 낸다.

3. 마무리는 거품기로 전체를 힘 있게 섞은 다음 결이 치밀하게 되도록 다듬고, 탄력이 있으며 광택이 있는 상태로 만든다(→serrer).

4. 다시 한 번 설탕 160g을 넣고 고무 주걱으로 자르듯이 섞어 준다.

파트 아 세비녜 만들어 굽기

5. 볼에 탕 푸르 탕 브뤼트를 넣고 표면 전체에 우유를 뿌린다.

6. 머랭의 일부를 넣고 전체적으로 섞어 준다.

7. 섞이고 나면 나머지 머랭을 넣고 섞는다.

8. 7을 지름 16㎜의 원형 깍지를 끼운 짤주머니(poche à douille unie)에 넣어 지름 5㎝ 원형으로 봉긋하게 50개를 짠다(→dresser).

9. 표면에 슈거 파우더를 뿌린다.

10. 130℃로 예열한 오븐에서 약 2시간, 파트 아 세비녜의 중심까지 제대로 건조시켜 굽는다. 다 구워지면 식힌 다음 건조제를 넣고 밀봉시켜 둔다.

　• 겉은 즉시 구워져 단단해지지만, 속의 반죽이 구워지지 않으면 식었을 때 가라앉기 때문에 속까지 제대로 건조시킨다.

　• 끈기가 강한 머랭을 만들면 건조시켜 구웠을 때 빈 공간이 생겨 버리는 경우가 있다(아래 사진 오른쪽).

192

크렘 오 뵈르 오 프랄리네 만들기

11. 파트 아 봉브를 만든다. 노른자가 하얗게 될 때까지 거품을 낸다. 냄비에 물, 설탕을 넣고 115~117℃까지 졸인다. 노른자를 휘저어 섞으면서 뜨거운 시럽을 조금씩 넣어 준다.

12. 완전히 식어 리본 상태(→ruban)가 될 때까지 제대로 거품을 낸다. 파트 아 봉브 완성.

13. 버터를 크림 상태로 부드럽게 한 다음 12에 조금씩 넣으며 섞어 크렘 오 뵈르를 만든다.

14. 부드럽게 푼 프랄리네를 크렘 오 뵈르에 넣고 섞는다.

15. 크렘 오 뵈르 오 프랄리네 완성.

조립하기

16. 크렘 오 뵈르 오 프랄리네를 지름 13㎜의 원형 깍지를 사용해 10 위에 짠다. 그 위에 10을 한 개 더 얹는다.

17. 측면에 팔레트 나이프(palette)로 크렘 오 뵈르 오 프랄리네를 바른다.

 • 2개씩 쌓은 공간을 메우듯이 바른다. 윗면에는 바르지 않는다.

18. 측면에 구운 파트 아 세비녜의 부스러기를 묻힌다.

 • 10 중에 모양이 나쁘거나 남은 것을 잘게 잘라 사용한다.

19. 윗면에 슈거 파우더를 뿌린다.

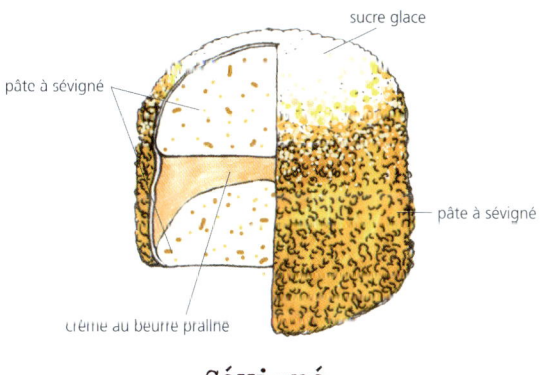

sucre glace

pâte à sévigné

pâte à sévigné

crème au beurre praline

Sévigné

Bitter
비테르

므랭그 쉬스의 응용으로, 코코아 파우더를 넣은 초콜릿 풍미의 머랭, 므랭그 오 쇼콜라를 만든다. 머랭과 무스가 섞여
하나가 된 식감이 특징이다. 무스에 쓴맛이 강한 초콜릿을 사용해 전체적으로 씁쓸한 맛을 살렸다. 프랑스어로 '쓰다'는
amer이지만, 외래어 bitter를 '쓰다'라는 의미로 사용하며 특징을 나타내고 있다.

재료 지름 21cm의 원형 2개 분량

므랭그 오 쇼콜라 meringue au chocolat
　┌ 므랭그 쉬스 meringue suisse
　│　┌ 흰자 400g 400g de blancs d'œufs
　│　└ 설탕 750g 750g de sucre semoule
　├ 설탕 100g 100g de sucre semoule
　└ 코코아 파우더 90g 90g de cacao en poudre
무스 오 쇼콜라 mousse au chocolat
　┌ 파트 아 봉브 pâte à bombe
　│　┌ 노른자 95g 95g de jaunes d'œufs
　│　└ 시럽(보메 30도) 155g 155g de sirop à 30° Bé
　├ 비터 초콜릿(카카오분 61%) 300g 300g de chocolat amer
　└ 생크림(유지방분 38%) 600㎖ 600㎖ de crème fraîche
코코아 파우더 cacao en poudre
초콜릿 메달(장식용) médaillon de chocolat

＊보메 30도 물 500㎖에 설탕 630g을 넣고 끓인 다음 식힌 시럽. 물 1
대 설탕 1의 비율로 만들어진 시럽을 사용할 수도 있다(→p.279 : 당도
를 측정하는 방법).

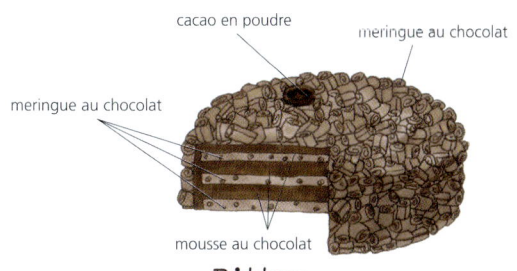

cacao en poudre
meringue au chocolat
meringue au chocolat
mousse au chocolat

Bitter

므랭그 오 쇼콜라 만들기

1. 설탕과 코코아 파우더 90g을 거품기로 함께 섞는다.

2. 므랭그 쉬스에 설탕과 코코아 파우더를 뿌려 넣고, 주 걱으로 바닥부터 떠 올리듯이 충분히 섞는다.

3. 철판에 종이를 깔고 지름 7㎜의 원형 깍지를 끼운 짤 주머니에 넣어 나선형으로 짜서(→dresser) 지름 20cm 의 원형 6장을 만든다.

4. 남은 반죽은 봉 모양으로 짠다.

5. 100℃로 예열한 오븐에서 최소한 3시간, 가능하면 4~5 시간 동안 굽는다. 그대로 식힌 후 종이를 떼어 낸다. 식은 머랭은 건조제를 넣고 밀폐 용기에서 보관한다.

● 100℃ 오븐에 넣어 열을 떨어뜨리고, 하룻밤 놔두어도 괜찮다.

무스 오 쇼콜라 만들기

6. 파트 아 봉브를 만든다. 노른자에 시럽을 넣고 저으면 서 중탕으로 83℃까지 데운다. 체로 거른 다음 상온으 로 식을 때까지 충분히 거품을 낸다.

● 파트 아 봉브는 노른자와 시럽을 함께 휘저어 섞은 것. 크림, 냉과의 베이스로 사용한다. 그 외에도 고온(115~117℃)의 시럽을 넣으면 서 섞는 방법(→p.72)과, 노른자와 설탕을 하얗게 거품을 낸 다음 끓 인 우유를 넣고 섞어 약한 불에서 졸이는 방법이 있다.

7. 6의 파트 아 봉브에 중탕으로 녹인 비터 초콜릿을 넣 고 섞는다.

● 비터 초콜릿을 넣고 너무 많이 섞게 되면 단단해져 버리기 때문에 가볍게 섞는다.

8. 생크림은 거품기에 겨우 걸릴 정도로 거품을 낸다 (→fouetter).

● 생크림은 들어 올렸을 때 비로 떨어져도, 살짝 자국이 남는 정도까 지 거품을 낸다.

9. 7을 넣고 섞는다.

조립하기

10. 지름 21㎝의 세르클(cercle)의 안쪽 면에 무스 오 쇼콜라를 바른다.

11. 원형으로 구운 므랭그 오 쇼콜라를 종이가 붙었던 면을 아래로 해서 1장 넣는다.

• 므랭그 오 쇼콜라는 지름 20㎝의 볼로방 틀(vol-au-vent)을 대어 여분의 머랭은 잘라 내고 모양을 다듬어 둔다.

12. 지름 9㎜의 원형 깍지로 무스를 짠 다음 똑같은 방향으로 머랭을 1장 더 올린다.

13. 무스를 짠 다음 종이가 붙어 있었던 평평한 면을 위로 해서 남은 머랭 1장을 얹는다.

14. 표면을 단단히 누른 다음 다시 한 번 무스를 발라 다듬는다. 냉장고에서 무스가 완전히 굳을 때까지 차게 한다.

15. 무스가 굳고 나면 토치로 세르클을 따뜻하게 한 다음 빼내고, 표면을 정리한다. 봉 모양으로 구운 머랭을 길이 2~3㎝로 자른 다음 표면 전체에 붙인다.

16. 코코아 파우더를 뿌리고 초콜릿 메달로 장식한다.

Succès praliné
쉬세 프랄리네

쉬세는 머랭에 아몬드 등의 견과류의 가루를 넣고 원형으로 구운 다음 크렘 오 뵈르 오 프랄리네를 샌드한 과자이다. 고소한 풍미를 가지고 있으며, 표면은 바삭바삭하지만 속은 폭신하며 부드러운 것이 특징이다. 원하는 모양이나 크기로 짜서 다른 크림이나 무스와 조합할 수도 있다. 밀가루를 전혀 넣지 않는 배합도 있다.

* succès [m] 성공, 히트작.
* praliné [adj] 프랄리네 풍미의, 프랄리네를 넣은.

재료 지름 18㎝의 반죽 3개 분량

파트 아 쉭세 *pâte à succès*
　　흰자 250g *250g de blancs d'œufs*
　　설탕 60g *60g de sucre semoule*
　　아몬드 파우더 200g *200g d'amandes en poudre*
　　슈거 파우더 140g *140g de sucre glace*
　　박력분 10g *10g de farine*
크렘 오 뵈르 오 프랄리네 *crème au beurre au praliné*(→p.60)
　　므랭그 이탈리엔 *meringue italienne*
　　　흰자 120g *120g de blancs d'œufs*
　　　설탕 120g *120g de sucre semoule*
　　　물 70㎖ *70㎖ d'eau*
　　버터 450g *450g de beurre*
　　프랄리네 120g *120g de praliné*
슈거 파우더 *sucre glace*
버터(철판용) *beurre*
마지팬 장미(장식용) *pâte d'amandes*

준비 작업

○ 철판에 버터를 바르고 종이를 깔아 둔다.

파트 아 쉭세 만들어 굽기

1. 아몬드 파우더, 박력분, 슈거 파우더를 함께 섞는다.

2. 체로 친다.

3. 흰자를 풀고, 매끈한 상태가 되면 설탕의 일부를 넣고 제과용 믹서(mélangeur)로 거품을 낸다(→fouetter). 어느 정도 거품이 나면 남은 설탕을 넣고 다시 한 번 거품을 낸다.

• 탄력이나 끈기가 생기지 않고 씹히는 맛이 좋은 머랭이 필요하므로 설탕은 처음부터 많이 넣지 않고, 대부분 나중에 넣는다.

4. 거품기로 들어 올렸을 때 각이 생길 때까지 거품을 냈다면, 전체적으로 힘 있게 섞은 다음 치밀하게 결이 생기도록 거품을 다듬는다(→serrer).

5. 1의 가루를 조금씩 넣고 볼을 돌려 가면서 거품을 꺼뜨리지 않도록 주걱으로 힘 있게 섞는다.

6. 파트 아 쉭세의 완성.

7. 지름 9㎜의 원형 깍지를 끼운 짤주머니에 넣어 지름 18㎝의 원형이 되도록 나선형으로 짠다(4장이 나온다)(→dresser).

8. 200℃로 예열한 오븐에서 15분간 굽는다.

9. 구워지면 지름 18㎝의 볼로방 '틀(vol-au-vent)을 대고 여분의 가장자리를 잘라 낸다(→ébarber).

조립하기

10. 쉭세는 철판에 닿아 있던 평평한 면을 아래로 해 둔다. 별 모양 깍지(douille cannelée, 11발, 지름 10㎜)를 끼운 짤주머니로 크렘 오 뵈르 오 프랄리네를 짠다.

11. 쉭세의 잘라 낸 자투리를 크림 위에 뿌리고, 쉭세를 1장 더 철판에 닿아 있던 면을 위로 해서 얹고 냉장고에 넣어 크림을 촉촉하게 한다.

12. 윗면에 얇게 크림을 바르고 표면을 정리한다.

13. 슈거 파우더를 뿌리고 충분히 뜨겁게 가열한 쇠꼬챙이로 태워 포인트를 준다.

14. 마지팬으로 만든 장미(→p.55)로 장식한다.

크렘 오 뵈르 오 프랄리네 만들기
므랭그 이탈리엔과 버터로 크렘 오 뵈르를 만들고, 매끄럽게 푼 프랄리네를 넣는다.

Macaron aux framboises

마카롱 오 프랑부아즈

마카롱에 대해
크게 나누어 평평한 원반형과, 봉긋한 원형에 크림이나 잼을 샌드해 2장을 맞춰 붙인 것이 있다. 반죽의 베이스는 머랭으로 만들며, 머랭을 만드는 방법, 다른 재료와 조합하는 방법에 따라 마카롱의 완성도가 좌우된다. 이 책에서는 작은 과자이므로, 프티 푸르로서 전통적인 마카롱을 소개한다(마카롱 드 낭시→p.316, 마카롱 무→p.318).

마카롱은 역사가 오래된 과자로 16세기에 이탈리아로부터 전해졌다는 설도 있으나, 8세기에 이미 투렌느 지방의 코르 므리(Cormery, 앵드르 에 루아르)의 수도원에서 만들어졌다고도 한다. 주재료는 흰자, 설탕, 아몬드 파우더로 프랑스 각지에 모양, 질감이 다른 마카롱이 있다. 일반적으로 지름 3~5㎝ 정도의 크기지만, 여기서는 마카롱 반죽을 크게 구워 크림과 프랑부아즈를 샌드해 앙트르메로 완성한다.

재료 지름 15cm의 반죽 2개 분량

파트 아 마카롱 pâte à macaron

　흰자 200g 200g de blancs d'œufs

　설탕 50g 50g de sucre semoule

　탕 푸르 탕 500g 500g de T.P.T

　슈거 파우더 200g 200g de sucre glace

크렘 아 라니스 crème à l'anis

　크렘 파티시에르 250g 250g de crème pâtissière(→p.40)

　　우유 500㎖ 500㎖ de lait

　　설탕 125g 125g de sucre semoule

　　박력분 20g 20g de farine

　　콘스타치 20g 20g de fécule de maïs

　　노른자 120g 120g de jaunes d'œufs

　　바닐라 빈 1개 1 gousse de vanille

　생크림 90㎖ 90㎖ de crème fraîche

　페르노 25㎖ 25㎖ de Pernod

프랑부아즈 약 60개 60 framboises

슈거 파우더 sucre glace

스타 아니스(8각)(장식용) anis étoilé

바닐라 빈(장식용) gousse de vanille

* crème à l'anis 아니스 풍미의 크림
* anis [m] 아니스, 아니스 씨

마카롱 만들기

1. 탕 푸르 탕과 슈거 파우더를 거품기로 함께 섞는다.

2. 함께 체로 친다.

3. 흰자를 풀고, 매끈한 상태가 되면 설탕의 일부를 넣고 제과용 믹서로 거품을 낸다(→fouetter). 어느 정도 거품이 나면 남은 설탕을 넣고 다시 한 번 거품을 낸다. 거품기로 들어 올렸을 때 각이 생기고, 약간 너무 많이 각이 선 듯한 정도가 될 때까지 단단하게 거품이 나면 거품을 다듬는다(→serrer).

• 탄력이나 끈기가 생기지 않고 씹히는 맛이 좋은 머랭이 필요하므로 설탕은 처음부터 많이 넣지 않고, 대부분 나중에 넣는다.

4. 체로 친 가루류를 조금씩 넣고, 볼을 돌려 가면서 주걱으로 섞는다. 처음에는 사진과 같이 버석버석한 상태.

5. 거품을 꺼뜨리고, 광택이 나며 뚝뚝 떨어질 정도가 될 때까지 섞어 반죽의 굳기를 조절한다(→macaronner).

• 탄력이 강한 머랭을 만들어 버리면 여기서 굳기 조절이 잘 되지 않고, 예쁜 마카롱이 나오지 않는다.

6. 지름 15㎜의 원형 깍지를 낀 짤주머니에 넣고 실팻(Sil-pat) 위에 지름 15cm의 원형이 뇌노록 나선형으로 짠다 (4장 분량의 배합).

• 종이일 경우에는 반죽의 바닥이 달라붙어 벗겨 내기 어렵기 때문에 실팻을 사용하면 좋다. 구워지면 마카롱이 완전히 식을 때까지 벗기지 않는다. 뜨거울 때 벗겨 내려 하면 바닥이 실팻에 붙어 버려 떨어져 나가서 평평하지 않다.

7. 윗불 200℃, 아랫불 140℃ 오븐에 절판을 2장 겹쳐 깔고 피에가 나올 때까지 굽는다. 피에가 나오면 160℃로 예열한 오븐으로 옮겨 속까지 제대로 구운 다음 그대로 식힌다.

• **피에(pied)** . 미가공 표면에 빈죽의 텅분이 닝화해 얇은 막이 생기며, 설반에 놓아 있는 반죽의 즉변에서 속의 반죽이 분출되어 나온다. 이것을 피에('발'이라는 의미)라고 부르는데, 마카롱 무(부드러운 마카롱)의 특징이다.

• 식으면 실팻에서 깨끗하게 떼어진다.

크렘 아 라 니스 만들기

8. 크렘 파티시에르를 만든다. 주걱으로 부드럽게 푼 다음 페르노를 넣는다. 여기에 단단하게 거품 낸 생크림을 넣고 섞는다.

● 페르노는 기호에 맞게 크림이 조금 초록색이 될 정도로 많이 넣어도 좋다.

조립하기

9. 마카롱 1장을 평평한 면을 위로 해서 놓고, 크렘 아 라 니스를 지름 13㎜의 원형 깍지로 마카롱보다 조금 작게 짠 다음 가장자리에 프랑부아즈를 늘어놓는다.

10. 마카롱을 1장 더 얹는다. 슈거 파우더를 얇게 뿌린 다음 프랑부아즈, 스타 아니스, 바닐라 빈으로 장식한다.

아니스 계열의 리큐어

파스티스는 리코리스(감초)와 아니스, 펜넬 등으로 향을 입힌 리큐어로 알코올 도수가 40도 이상이다. 상쾌한 풍미와 청량감이 있다. 중성 알코올과 아니스 에센스(아네톨)를 섞은 액체에 리코리스 등을 1~2일 절여서 여과한 다음 설탕을 넣고 만든다. 물을 타서 희석하면 유백색으로 탁해지며, 식전주로 마신다. 리칼, 파스티스 51 등이 유명하다. 아니스 술은 아니스, 8각, 펜넬을 사용하며 알코올 도수 40도 이상이다. 페르노 등.
아니제트는 아니스 풍미의 단맛이 강한 리큐어이다. 알코올 도수는 페르노나 파스티스보다 낮으며, 25~40도이다. 투명하며 물로 희석하면 유백색으로 탁해진다.

아니스

미나리과의 향초. 새잎, 씨앗을 이용한다. 리코리스와 비슷한 단맛의 풍미가 있으며, 씨앗이나 씨앗을 가루로 만든 것이 과자나 빵의 반죽에서 사용되고 있다. 스타 아니스와는 종류가 다른 식물이지만, 향의 성분이 아네톨이 공통적이다.

스타 아니스(8각)

붓순나뭇과 교목의 열매. 향신료로서 중국, 동남아시아에서 요리에 사용되고 있다. 16세기에 유럽에 전해졌고, 아니스의 대용품으로 사용되었다.

리코리스

콩과의 다년초. 뿌리에 글리시리진이라는 설탕보다 수십 배의 단맛이 있는 물질이 들어 있고, 추출액이나 건조 분말이 감미료로 사용되고 있다.

(사진 왼쪽부터)

베르제 블랑(Berger Blanc)
남프랑스의 베르제사(社)의 아니스 술. 리코리스(감초)를 사용하지 않으므로 파스티스에는 속하지 않는다.

파스티스 51(Pastis 51)
스위스 페르노사(社)의 파스티스. 1951년에 탄생했다. 리코리스, 8각, 펜넬을 사용한다.

페르노(Pernod)
스위스 페르노사(社)의 아니스 술. 물을 넣으면 녹색을 띤 노란색으로 바뀐다.
1797년 페르노 씨가 압생트(absinthe)라는 쑥 등 10여 종의 향초, 향신료를 배합한 리큐어를 만들고 프랑스를 중심으로 즐겨 마셨지만, 신경을 해치는 독성이 있다 하여 1915년에 제조가 금지되었다. 이 같은 압생트의 대체품으로 제1차 대전 후에 발매된 것이 페르노로, 아니스 외에 8각, 코리앤더 등 15종류의 향초, 향신료를 배합하고 있다. .

Tarte aux marrons et poires
타르트 오 마롱 에 푸아르

머랭을 베이스로 한 반죽을 짜서 여러 가지 모양을 만들 수 있다. 다쿠아즈(다코와즈) 반죽으로 타르트 셸을 만들어 밤과 서양배의 타르트로 만들었다. 다쿠아즈는 머랭에 아본느 파우더를 넣은 쉭세와 비슷한 반죽을 원형으로 구운 다음 크렘 오 뵈르를 샌드한 과자이다. 프랑스 남서부에 기원을 두고 있으며, '다쿠와'라는 이름은 랑드 지방 닥스(Dax)의 것이라는 의미이다. 일본에서는 엽전형으로 구운 다음 프랄리네 풍미의 크림을 샌드한 모양으로 알려져 있다.

재료 지름 21㎝의 반죽 2개 분량

파트 아 다쿠아즈 pâte à dacquoise
- 흰자 300g 300g de blancs d'œufs
- 설탕 15g 15g de sucre semoule
- 슈거 파우더 210g 210g de sucre glace
- 아몬드 파우더 210g 210g d'amandes en poudre

슈거 파우더 sucre glace

무슬린 오 마롱(4개 분량) mousseline au marron
- 크렘 파티시에르 crème pâtissière(→p.40)
  - 우유 250㎖ 250㎖ de lait
  - 바닐라 빈 1개 1 gousse de vanille
  - 노른자 100g 100g de jaunes d'œufs
  - 설탕 30g 30g de sucre semoule
  - 커스터드 파우더 30g 30g de crème en poudre
- 파트 드 마롱 250g 250g de pâte de marron
- 버터 400g 400g de beurre
- 생크림 300㎖ 300㎖ de crème fraîche

마롱 오 시로 120g 120g de marrons au sirop
시럽에 졸인 서양배 12조각 12 demi-poires au sirop
나파주 nappage
피스타치오(장식용) pistaches
마지팬 잎(장식용) pâte d'amandes
마롱 오 시로(장식용) marron au sirop

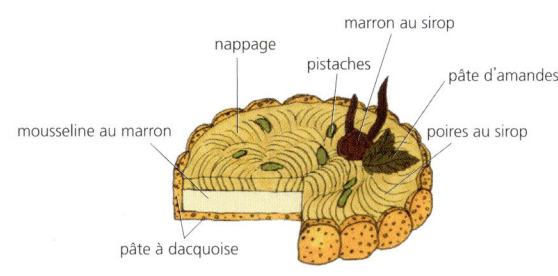

Tarte aux marrons et
aux poires

준비 작업

○ 아몬드 파우더를 체로 친다. 슈거 파우더와 섞는다.

○ 버터는 크림 상태로 부드럽게 한다.

○ 지름 21㎝, 높이 4.5㎝의 세르클에 종이로 바닥을 만든다(→p.59 : 앙트르메용 세르클에 종이를 까는 방법).

파트 아 다쿠아즈 만들기

1. 흰자를 풀고, 매끈한 상태가 되면 설탕 전부를 넣고 제과용 믹서로 거품을 낸다(→fouetter). 거품기로 들어 올렸을 때 각이 생길 때까지 거품을 낸 다음, 전체적으로 힘 있게 섞고 치밀하게 결이 생기도록 거품을 다듬는다(→serrer).

• 설탕 양이 적으므로 바로 버석버석해지기 쉽다. 너무 많이 거품을 내지 않도록 주의한다.

• 흰자는 사용할 때까지 냉장고에서 차게 해 두면 치밀한 결을 가진 안정된 거품이 된다.

2. 볼을 돌려 가며 아몬드 파우더와 슈거 파우더를 조금씩 넣고, 주걱으로 크게 섞는다.

3. 거품이 꺼지지 않도록 가볍게 섞는다. 너무 많이 섞게 되면 반죽이 힘이 없어지므로 버석버석한 상태도 괜찮다.

파트 아 다쿠아즈로 타르트 셸 만들기

4. 지름 15㎜의 깍지를 끼운 짤주머니로 세르클 가장자리에 높이 3㎝ 정도로 짠다(→dresser).

• 세르클에는 버터를 바르지 않으며, 구웠을 때 반죽이 붙어 있도록 한다.

5. 바닥 면은 4와 같은 깍지를 사용해 누르는 느낌으로 나선형으로 짠다.

6. 슈거 파우더를 뿌리고, 녹고 나면 다시 한 번 뿌린 다음 180℃의 오븐에서 30분간 굽는다.

7. 희미하게 색이 날 때까지 구운 다음 표면을 바삭바삭하게 완성한다. 바닥의 반죽이 얇으므로 식으면 조심스럽게 종이를 떼어 내고, 측면은 칼을 집어넣어 빼낸다.

무슬린 오 마롱 만들기

8. 크렘 파티시에르를 주걱으로 섞어서 매끄럽게 풀어 준다.

9. 제과용 믹서에 파트 드 마롱을 넣고 팔레트(→p.28)로 휘저어 섞는다. 부드러워진 버터를 넣고 골고루 섞는다.

10. 매끄럽게 푼 크렘 파티시에르를 넣고 다시 한 번 휘저어 섞는다.

11. 생크림을 묽게 거품 낸다.

12. 생크림을 10에 넣고 힘 있게 섞는다.

◆ 생크림은 앞이 축 늘어질 정도로 거품을 낸다.

조립하기

13. 무슬린 오 마롱을 지름 16mm의 원형 깍지를 끼운 짤주머니에 넣고 다쿠아즈 케이스에 반 정도 높이로 짜 넣는다. 마롱 오 시로를 4등분 정도로 잘라 무슬린 위에 뿌리고, 다시 한 번 무슬린을 케이스에 가득 짠 다음 냉장고에서 차게 해서 굳힌다.

14. 시럽에 졸인 얇게 자른 서양배를 토치로 태워 자국을 낸다.

15. 13 위에 서양배를 늘어놓는다.

16. 나파주를 바른 다음 피스타치오를 뿌리고, 마롱 오 시로와 마지팬으로 만든 나뭇잎(초록색, 노란색의 식용 색소로 착색한다), 바닐라 빈으로 장식한다.

Gâteau Marjolaine
가토 마르졸렌

20세기 전반에 활약한 위대한 요리사 페르낭 푸앵(Fernand Point)의 레스토랑 라 피라미드(La Pyramide)의 디저트로, 가토 쉭세(gâteau succès)라고도 불린다(마르졸렌의 유래는 확실하지 않다). '라 피라미드'는 1933년부터 반세기 이상에 걸쳐 프랑스 레스토랑 가이드 '미슐랭' 3성(최고의 지위)의 평가를 계속 받은 곳이며, 또 보퀴즈, 트루아그로 등 현재 3성을 받는 유명한 레스토랑의 셰프가 수업을 한 곳이기도 하다. 레스토랑이 있는 비엔느(Vienne, 론알프 이제르 지방)는 로마시대의 유적이 많은 곳으로, 그중 하나인 피라미드가 가게 바로 옆에 있다. 과자 표면의 무늬는 가게의 이름이기도 한 피라미드의 유적을 본 뜬 것이다. 겉모습은 단순하지만 독특한 식감의 반죽과 3종류 크림의 조화가 절묘하다. 폭 2㎝ 정도로 얇게 잘라서 대접한다.

재료 9cm×55cm의 반죽 1개 분량

퐁 드 마르졸렌 fond de Marjolaine
- 아몬드 200g 200g d'amandes
- 헤이즐넛 150g 150g de noisettes
- 설탕 220g 220g de sucre semoule
- 박력분 25g 25g de farine
- 머랭 meringue
  - 흰자 240g 240g de blancs d'œufs
  - 설탕 70g 70g de sucre semoule

가나슈 ganache(→p.65)
- 초콜릿(카카오분 56%) 165g 165g de chocolat
- 생크림(유지방분 35%) 150㎖ 150㎖ de crème fraîche

크렘 샹티이 crème chantilly(→p.167)
- 생크림(유지방분 48%) 500㎖ 500㎖ de crème fraîche
- 슈거 파우더 50g 50g de sucre glace
- 버터 40g 40g de beurre

크렘 샹티이 오 프랄리네 crème chantilly au praliné
- 생크림(유지방분 48%) 500㎖ 500㎖ de crème fraîche
- 슈거 파우더 25g 25g de sucre glace
- 프랄리네 100g 100g de praliné
- 버터 40g 40g de beurre

파이테 쇼콜라(싱식용) pailleté chocolat
슈거 피우더 sucre glace
버터(철판용) beurre

준비 작업

○ 철판에 버터를 바른다. 냉장고에 넣었다가 굳힌 다음 다시 한 번 바른다.

● 확실하게 버터를 발라 두지 않으면 붙기 쉽다.

○ 아몬드와 헤이즐넛을 각각 오븐에서 굽는다. 헤이즐넛은 구워지면 체로 걸러서 얇은 껍질을 없앤다.

○ 이외 아몬드와 헤이즐넛을 섞은 다음 설탕 220g을 넣고 분쇄기(broyeuse)로 곱게 갈아 준다. 박력분을 넣고 섞는다.

퐁 드 마르졸렌 만들기

1. 머랭을 만든다. 흰자를 풀고 설탕 일부를 넣은 다음 가볍게 섞는다.

2. 제과용 믹서로 거품을 내면서(→fouetter) 나머지 설탕을 넣는다.

● 처음에 설탕을 넣으면 끈기와 탄력이 있는 머랭이 나와 제품의 씹히는 맛이 나빠진다.

3. 단단하게 거품을 내, 완전히 거품 낸 머랭을 만든다.

● 약간 지나칠 정도로 거품을 낸다. 거품을 덜 내면 거품이 안정되어 다음에 가루류를 넣었을 때 잘 찌그러지지 않고, 얇은 판 모양이 되지 않는다.

4. 준비한 가루를 뿌려 넣으면서 머랭을 찌그러뜨리듯이 섞는다.

5. 건져 올리면 흘러 떨어지는 상태가 될 때까지 섞는다.

● 거품을 찌그러뜨림으로써 반죽을 얇게 늘일 수 있다. 부서져도 작아진 거품이 반죽에 남아 있으므로 구웠을 때 쉽게 부서진다.

6. 버터를 바른 철판(60×40㎝) 2장 반에 얇게 늘인다.

● 매우 얇게 늘인다. 곱게 갈은 견과류의 가루를 한 알씩 늘어놓는 듯한 느낌으로 늘인다.

207

7. 6의 반죽을 220℃의 오븐에서 7분간 구워 곱게 색을 낸다. 식기 전에 9×60cm 크기의 판을 이용해 띠 모양으로 자른다.

8. 자르고 난 다음 바로 망 위로 옮겨 식힌다.

- 철판 1장에 4장을 놓을 수 있다(2장 반으로 총 10장). 가토 마르졸렌 1개에 5장을 사용한다.

- 견과류가 들어 있기 때문에 칼로 자르기 어렵다. 파이 커터를 사용하면 깔끔하게 잘린다.

- 뜨거운 퐁 드 마르졸렌은 부드럽지만 바로 단단해져 부서지므로, 뜨거울 때 망으로 옮겨 식힌다.

9. 조립하기 전날, 양쪽 면에 물을 듬뿍 뿌린 다음 그대로 아무것도 씌우지 않고 냉장고에서 하룻밤 재워 부드럽게 구부러지도록 한다.

- 프랑스에서는 와인 창고 등에 며칠 동안 방치해 둠으로써 자연스럽게 부드럽게 한다.

퐁 드 마르졸렌에 가나슈 바르기

10. 퐁 드 마르졸렌 2장에 가나슈를 얇게 바른다.

11. 2장에 각각 퐁 드 마르졸렌 1장씩을 겹친 다음 판으로 가볍게 눌러 두께를 맞춘다.

크렘 샹티이 만들기

12. 생크림에 슈거 파우더를 넣고 매끈한 상태로 단단히 거품을 낸다.

13. 녹인 뜨거운 버터를 한번에 넣고, 재빨리 전체적으로 섞는다.

14. 완성된 버석버석한 상태의 크림.

- 이것은 버터가 응고돼 그런 것이고 생크림이 분리된 것은 아니다.

15. 11의 한 쌍에 14의 크림을 듬뿍 얹고 표면을 평평하게 다듬는다.

16. 남은 1장의 퐁 드 마르졸렌을 얹고 표면을 평평하게 다듬는다.

크렘 샹티이 오 프랄리네 만들기

17. 생크림에 슈거 파우더를 넣고 거품을 낸다. 프랄리네를 작업대에 꺼내 3각 팔레트(palette triangle)로 잘 풀어 균질의 페이스트 상태로 만든 다음, 거품 낸 생크림을 일부 넣고 매끈한 상태로 섞는다.

18. 17을 남은 생크림에 넣는다. 다시 한 번 녹인 뜨거운 버터를 넣고 단숨에 전체를 섞는다.

19. 크렘 샹티이와 같이 버석버석한 상태가 된다.

20. 16의 표면에 19의 크림을 발라 표면을 평평하게 다듬는다.

21. 가나슈를 바른 다른 한 쌍의 퐁 드 마르졸렌을 판과 함께 얹는다.

22. 측면을 팔레트 나이프로 고르게 한다. 표면을 단단히 눌러 측면에 나온 크림을 발라 펴서 정리한 다음 냉장고에서 단단히 굳힌다.

23. 측면에 파이테 쇼콜라를 묻힌다.

24. 윗면의 판을 치우고, 피라미드 모양으로 잘라 놓은 종이를 얹은 다음 슈거 파우더를 뿌려 모양을 낸다.

파이테 쇼콜라
플레이크 상태의 초콜릿이다. 데커레이션용.

제7장

발효 반죽 과자

Pâte levée

쿠글로프 • Kouglof

사바랭 • Savarin

브리오슈 오 프뤼 콩피 • Brioche aux fruits confits

퀴니아망 • Kouign-amann

파트 르베(발효 반죽)

밀가루와 물을 갠 반죽에 이스트(효모균)를 넣게 되면 이스트가 반죽 속의 전분을 당으로 분해해 흡수하고, 증식할 에너지를 얻는다. 그때 배출되는 탄산가스가 반죽 속에 머물러 반죽에 가벼움과 탄력을 부여한다. 이런 이스트의 작용을 발효라고 하며, 이스트를 넣어 발효된 반죽을 파트 르베(발효 반죽)라고 부른다.

탄산가스가 발생해 반죽을 부풀게 하는 것은 베이킹파우더와 같다. 그러나 이스트는 탄산가스뿐만 아니라 에틸알코올 등 향이나 풍미를 살리는 성분을 동시에 만들어 내기 때문에 이스트로 발효된 반죽은 화학적 팽창제를 사용한 것과는 다른 독특한 풍미가 있다.

7장에서는 기본적으로 제조 방법은 빵과 같지만 설탕, 버터, 달걀, 유제품의 배합이 많은 것을 과자의 일부로 소개한다. 직접 반죽법(스트레이트법)으로 만든 쿠글로프, 녹인 버터를 대량으로 넣고 만든 사바랭, 발효종법으로 만든 브리오슈, 그리고 유지를 안으로 접어 넣은 파트 르베 푀이테(pâte levée feuilletée)를 사용한 퀴니아망, 이런 제품을 프랑스에서는 비에누아즈리(viennoiserie)라고 부른다.

이스트

- **생이스트** : 배양액으로부터 분리한 이스트(효모균)를 압축해 점토 상태의 덩어리로 만든 것이다. 1g에 약 100억 개의 살아 있는 효모균이 들어 있으며, 약 2주간 냉장으로 보존 가능하다. 바로 녹기 때문에 들어가는 물의 일부에 녹여 넣는다.

- **드라이 이스트** : 생효모를 저온 건조한 알갱이 상태의 이스트이다. 발효력은 생이스트의 약 2배이며, 사용량은 반 정도면 된다. 장기간 보존 가능하며, 발효되었을 때 향이 좋다. 수크로스의 분해 효소가 적기 때문에 설탕을 많이 넣는 반죽에는 적합하지 않다. 휴면 상태이므로 이스트 활성이 가장 좋은 40℃ 정도의 온수로 예비 발효시킬 필요가 있다.

- **인스턴트 이스트** : 예비 발효를 할 필요가 없으며, 또 잘 녹도록 가공된 고운 과립 상태의 드라이 이스트이다. 가루에 섞으면 사용 가능하지만, 반죽하는 시간이 짧은 반죽의 경우에는 물에 녹여 넣는 것이 좋다. 드라이 이스트보다 향이 떨어지지만 발효력이 더욱 뛰어나다(드라이 이스트의 80%, 생이스트의 40%의 양으로 같은 발효력을 얻을 수 있다).

* 사용량의 표준은 생이스트를 10으로 했을 때, 드라이 이스트 5, 인스턴트 이스트 4의 배합이면 된다(10 : 5 : 4). 예를 들어, 재료표에 생이스트가 20g이라고 한다면 드라이 이스트는 10g, 인스턴트 이스트는 8g이면 된다.

드라이 이스트

인스턴트 이스트

생이스트

이스트의 발효력 확인하기

물을 넣고 설탕을 뿌린 다음 놓아 둔다. 부피가 늘고 표면 전체에 거품이 생기면 이스트는 살아 있으며 발효되고 있는 것이다. 현재는 품질이 안정되어 대부분 필요 없지만, 가정에서 사용하고 남은 이스트를 사용하는 경우에는 반죽에 넣기 전에 발효되는지 여부를 확인하는 것이 좋다.

반죽의 조직도

탄산가스

밀가루+물+효모

글루텐

* 갠 반죽이 포함하고 있는 효모균이 밀가루의 전분을 탄산가스와 알코올로 분해한다. 이때 생긴 탄산가스는 밀가루와 물로 형성된 글루텐(뜨개질 코 모양의 조직)에 싸여 도망가지 못하고 반죽 속에 머물러 부드러운 조직을 형성한다.

이스트의 활동 온도

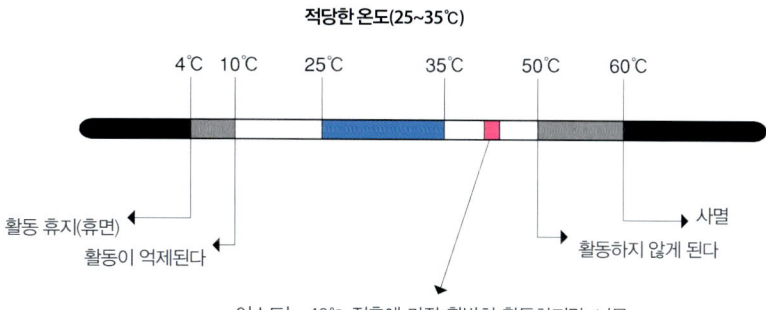

적당한 온도(25~35℃)

4℃ 10℃ 25℃ 35℃ 50℃ 60℃

활동 휴지(휴면)

활동이 억제된다

사멸

활동하지 않게 된다

이스트는 40℃ 전후에 가장 활발히 활동하지만, 너무 증식해 버려 반죽을 부풀게 하는 효과는 약해진다

효모(이스트)의 에너지 생산 과정

반죽에 포함되어 있는 전분이나 설탕(수크로스)은 효소에 의해 분해되고, 이를 통해 효모를 에너지를 얻고 알코올과 탄산가스, 유기산을 만들어 낸다.

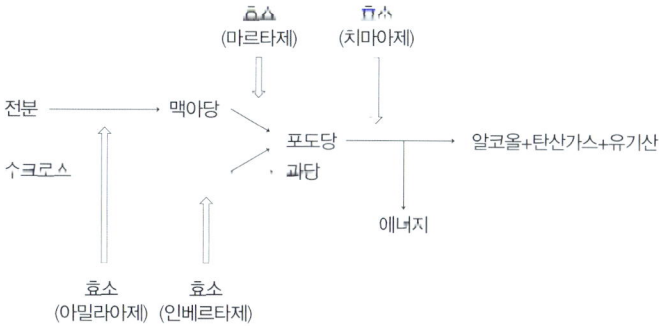

(마르타제) (치마아제)

전분 → 맥아당

수크로스

포도당 → 알코올+탄산가스+유기산

과당

에너지

효소   효소
(아밀라아제) (인베르타제)

Kouglof
쿠글로프

알자스 지방의 과자이다. 브리오슈의 한 종류로, 반죽에 건포도를 넣고 이 과자의 특징을 잘 보여 주는 쿠글로프 틀에 굽는다. 동방 박사 세 사람이 그리스도의 탄생을 축하하러 예루살렘에 가는 도중에 알자스 지방의 마을 리보빌레 (Ribeauvillé)의 도기 직공에게 하룻밤 숙소를 빌리게 된다. 그 답례로 만든 것이 쿠글로프의 시작이라는 전설이 있다. 실제로는 17세기 무렵부터 만들어지기 시작했다.

* kouglof [m] 쿠글로프 틀에 구운 건포도가 들어 있는 브리오슈. 쿠겔호프(kougelhof) 라고도 한다. 독일, 오스트리아에서도 같은 틀로 과자를 굽고, 구겔호프(Gugelhupf) 라고 한다. 오스트리아에서는 카트르 카르(Quatre-Quarts)와 같은 버터 반죽으로 만들어진다.

직접 반죽법(스트레이트법, 직접법)
배합된 재료를 한번에 모두 넣고 반죽하는 방법. 유지를 많이 넣는 경우에는 유지만 어느 정도 반죽한 다음에 넣는다.

재료 지름 18㎝의 쿠글로프 틀 2개 분량

파트 아 쿠글로프 pâte à kouglof
  ┌ 생이스트 15g 15g de levure de boulanger
  │ 우유 80㎖ 80㎖ de lait
  │ 밀가루(프랑스빵용 가루) 250g 250g de farine
  │ 설탕 45g 45g de sucre semoule
  │ 소금 5g 5g de sel
  │ 달걀 50g 50g d'œufs
  │ 노른자 20g 20g de jaunes d'œufs
  │ 브랜디 15㎖ 15㎖ d'eau-de-vie
  │ 그랑 마르니에 15㎖ 15㎖ de Grand Marnier
  └ 버터 85g 85g de beurre
건포도 50g 50g de raisins secs
아몬드 슬라이스 amandes effilées
슈거 파우더 sucre glace
버터(틀, 발효 볼용) beurre
덧가루 farine

* 프랑스빵용 가루 단백질 양은 거의 강력분에 상당한다. 도리고에(鳥越)제분의 '프랑스'(1960년 일본에서 가장 먼저 개발된 프랑스빵용 가루이다. 회분 0.43%, 조단백 12.0%) 등의 제품이 있다. 강력분 9에 박력분 1의 비율로 섞어서 사용해도 괜찮다.
* 건포도가 딱딱한 경우에는 뜨거운 물에 데쳐서 건져 낸다. 럼주에 절여도 좋다.

준비 작업

○ 밀가루는 체로 친다(→tamiser).
○ 버터는 상온에서 부드럽게 한다.

반죽 개기(직접 반죽법)

1. 생이스트를 푼다.

* 품질과 보존 상태가 좋은 이스트는 새콤달콤하고 상쾌한 향기가 나며, 색은 유백색으로 풀 때 끈적거리지 않고 깔끔하게 부서진다.

2. 따뜻하게 데운 우유를 넣고, 거품기(fouet)로 잘 풀어서 이스트를 완전히 녹인다.

* 동절기에는 체온만큼 데운 우유를 사용하며, 3에 넣는 달걀도 중탕으로 약간 데운다. 기온이 높으면 데우지 않아도 된다.

3~4. 제과용 믹서(mélangeur) 볼에 체로 친 밀가루를 넣고 샘 모양으로 판다(→fontaine). 패인 곳에 설탕, 소금을 넣고 푼 달걀과 노른자를 넣은 다음 2를 넣는다.

5. 브랜디, 그랑 마르니에도 넣고 전체를 주걱으로 가볍게 섞는다.

6. 제과용 믹서 후크(→p.28)를 사용해 반죽한다.

7~8. 어느 정도 뭉쳐지면 부드러워진 버터를 조금씩 넣으면서 섞는다.

* 발효 반죽을 만드는 경우, 버터는 글루텐을 흩어지게 하는 작용을 하기 때문에 처음부터 넣게 되면 반죽이 뭉쳐지지 않으므로 어느 정도 반죽한 후에 넣는다. 입에서 잘 녹고 탄력이 약한 쿠글로프를 만들기 위해서는 반죽에 글루텐이 나오지 않은 상태에서 버터를 넣기 시작한다.

9. 믹서 볼에 반죽이 붙지 않게 되며, 하나로 뭉쳐진다.

10. 덧가루를 뿌린 작업대에 꺼내어 세게 내리친 다음 깔끔하게 정리한다.

11. 건포도를 반죽에 얹고, 반죽을 뒤집어 작업대에 가볍게 내리친 다음 건포도를 섞어 넣는다.

발효시키기

12. 반죽의 표면을 밑으로 잡아당기듯이 해서 표면을 깔끔하게 둥글린다. 이음매를 아래로 해서 버터를 얇게 바른 볼에 넣는다.

13. 습도 75%, 온도 30℃의 건조기(빵 반죽 발효에 적정한 온도와 습도를 유지하는 구조를 갖춘 장치 또는 방)에 넣고, 반죽이 2배로 부풀 때까지 발효시킨다 (약 70분). (발효 상태를 확인하는 방법→p.223)
  • 반죽을 발효시킬 때 건조기를 사용하지 않는 경우에는 따뜻한 곳에 두고, 건조되지 않도록 비닐 표면에 버터를 발라 덮어 둔다. 발효해 부풀기 때문에 반죽이 들러붙지 않도록 비닐에 버터를 바르고, 또한 충분히 여유를 두고 비닐을 씌운다.

틀에 넣기

14. 쿠글로프 틀에 부드러운 크림 상태의 버터를 바르고, 아몬드 슬라이스를 묻힌다.
  • 아몬드 슬라이스를 붙이는 대신, 아몬드 알갱이를 틀 바닥의 패인 곳에 하나씩 붙여 구워도 좋다.

15. 발효된 반죽을 덧가루를 뿌린 작업대에 꺼내고 손바닥으로 평평하게 눌러 가볍게 가스를 빼낸다. 2등분해 하나씩 둥글게 만든다.

16. 이음매를 아래로 해서 작업대에 놓고 밀대로 반죽의 중심에 구멍을 낸다.

17. 양손으로 반죽을 들고 틀 가운데의 통이 통과할 수 있도록 구멍을 넓혀 도너츠형으로 만든다.

18. 준비한 틀에 이음매를 위로 해서 넣는다.

마지막으로 발효시키기

19. 습도 75%, 온도 30℃에서 거의 틀 가득 부풀 때까지 발효시킨다(약 40분).

굽기

20. 건조를 막기 위해 반죽의 표면에 물을 뿌리고, 200℃로 예열한 오븐에서 약 35분간 굽는다. 다 구워지면 망으로 옮겨 식히고, 표면에 슈거 파우더를 뿌려 장식한다.
  • 틀이 깊고, 아래로부터 열이 전해지기 어렵기 때문에 가능하면 아랫불을 강하게 한다.
  • 설탕의 배합이 많아 구울 때 색이 나기 쉬우므로, 달걀물은 바르지 않는다.

브랜디
과일(원래는 포도)을 발효시켜 다시 한 번 증류해 만든 높은 도수의 알코올이다. 영어로 브랜디(brandy)이며, 프랑스어로는 오 드 비(eau-de-vie)라고 한다. 프랑스의 코냑(cognac)과 아르마냑(armagnac)이 포도를 원료로 한 브랜디로서 유명하다. 그 밖에도 사과로 만든 칼바도스(calvados)나 서양배, 체리, 살구 등을 원료로 한 여러 가지 프루츠 브랜디(eau-de-vie de fruit)가 있다. 술통에서 숙성시킨 것들은 호박색으로 순하며, 향기로운 풍미를 가지고 있다. 술통에서 숙성시키지 않은 것들은 무색으로 투명하며, 원료인 과일의 풍미를 느낄 수 있다. 과자의 향을 내는 데 외에, 럼주처럼 과일을 절일 때 사용해도 좋다.

쿠글로프 틀 moule à kouglof
전통적으로 도자기가 많지만, 금속제도 있다. 어느 것이나 두껍고 깊으며, 비스듬하게 줄무늬가 나 있다. 불이 닿기 쉽도록 중앙부에 구멍이 있다.

Savarin
사바랭

18세기 중반 낭시에 궁정을 가지고 있던 로렌 공 스타니스와프 1세(→p.13)의 요리사가 쿠글로프에 럼주를 부은 디저트를 만들었는데, 로렌 공이 애독서 '천일야화'의 주인공 이름을 따서 알리바바라고 이름을 지었다고 한다.

19세기 초, 파리의 과자점 스토레(Stohrer)에서 바바 오 롬(럼주 풍미의 바바)이라는 이름으로 팔리기 시작하면서 널리 퍼졌으며, 그 가게에서 배운 과자 상인인 오귀스트 쥘리앵이 모양을 바꾸고 미식가 브리야 사바랭의 이름을 따서 사바랭이라고 이름을 붙였다. 보통 바바의 반죽은 건포도를 넣고 디리올 틀에 굽지만, 사바랭은 건포도를 넣지 않고 사바랭 틀에 굽는다. 또 전통적인 바바의 시럽에는 럼주를 사용하지만, 사바랭은 기호에 따라서 여러 가지 술을 사용한다.

재료 지름 15㎝의 사바랭 틀 1개, 지름 5㎝의 사바랭 틀 15개 분량

파트 아 사바랭 pâte à savarin
- 생이스트 25g 25g de levure de boulanger
- 물 250㎖ 250㎖ d'eau
- 밀가루(프랑스빵용 가루) 500g 500g de farine
- 설탕 50g 50g de sucre semoule
- 소금 10g 10g de sel
- 달걀 250g 250g d'œufs
- 버터 125g 125g de beurre

트랑페용 시럽 sirop à tremper
- 물 1ℓ 1 litre d'eau
- 설탕 400g 400g de sucre semoule

럼주 rhum
나파주 nappage
크렘 샹티이(장식용) crème chantilly(→p.167)
- 생크림(유지방분 48%) 200㎖ 200㎖ de crème fraîche
- 슈거 파우더 20g 20g de sucre glace

과일(장식용 : 사과, 딸기, 키위, 프랑부아즈, 블루베리) fruits
민트(장식용) menthe
버터(틀용, 발효 볼용) beurre

준비 작업

○ 밀가루는 체로 쳐 둔다(→tamiser).

○ 버터는 녹여서 식힌다.

○ 틀에 부드러운 크림 상태의 버터를 바른다.

반죽하기

1. 생이스트를 풀고 물을 넣은 다음 거품기로 잘 섞어 완전히 녹인다.

   • 하절기에는 상온의 물을 사용하고, 달걀도 냉장고에서 꺼내 바로 사용해도 좋다. 그러나 동절기에는 미지근한 물(체온 정도)을 사용하며, 달걀도 중탕으로 약간 데운다.

2. 제과용 믹서 볼에 체로 친 밀가루를 넣고, 가운데를 샘 모양으로 판다(→fontaine). 패인 곳에 설탕, 소금을 넣는다.

3. 1과 푼 달걀을 넣는다.

4. 주걱으로 전체를 가볍게 섞는다.

5~6. 제과용 믹서 후크를 사용해 전체가 균일하게 섞일 때까지 반죽한다.

   • 이 배합에서는 반죽이 상당히 부드러운 상태여도 좋다. 버터가 섞이기 어려워지므로 글루텐의 탄력이 생기지 않게 하기 위해 지나치게 반죽하지 않는다.

7. 녹인 버터를 넣고 다시 한 번 반죽한다.

8. 천천히 흘러 떨어질 정도로, 매끄럽게 늘어나듯이 되면 반죽 완성.

발효시키기

9. 얇게 버터를 바른 볼에 옮긴다.

10. 습도 75%, 온도 30℃로, 반죽이 2배로 부풀 때까지 발효시킨다(약 30분).

틀에 넣기

11. 발효가 끝나면 카드(corne)로 두드리듯이 바닥부터 섞은 다음 반죽의 가스를 빼고, 지름 15㎜의 원형 깍지를 끼운 짤주머니(poche à douille unie)에 채운다.

12. 틀에 버터를 바르고 틀의 60% 정도까지 반죽을 짜 넣는다.

13. 손가락으로 눌러 틀의 가장자리에서 반죽을 자르듯이 해서 공기가 들어가지 않도록 단단히 바닥까지 채운다.

마지막 발효 시키기

14. 틀을 철판에 늘어놓는다.

15. 습도 75%, 온도 30℃에서 반죽이 틀의 80%까지 부풀어 오르도록 발효시킨다(큰 틀은 약 15분, 작은 틀은 약 10분).

● 작은 사바랭 틀에 넣은 반죽은 틀 가득 부풀어 오를 때까지 발효시킨다.

굽기

16. 200℃로 예열한 오븐에서 약 30분간, 전체가 곱게 색이 날 때까지 굽는다(큰 틀은 약 30분, 작은 틀은 약 25분).

17. 틀에서 빼낸 다음 망에서 식힌다.

● 갈색이 나고, 표면이 단단하며, 속은 버석버석한 건조 상태가 될 때까지 충분히 굽는다. 굽고 난 다음 최소한 하루는 지난 후에 완성한다.

사바랭 틀(대·소)
moule à savarin
큰 틀은 링 모양, 작은 틀은 중앙에 돌기가 있다.

다리올 틀
dariole
바바 틀이라고도 한다. 약간 입이 벌어진, 깊이가 있는 틀이다.

시럽을 스며들게 하기(→tremper)

18. 냄비에 트랑페용 시럽의 물과 설탕을 넣고 가열한다. 끓어오르면 거품을 걷어 내고, 불을 약하게 해 보글보글 가볍게 끓는 상태를 유지한다.

● 시럽은 당도계(비중계)로 재서, 따뜻한 상태로 14°Bé가 되도록 조절한다.

● **°Bé** : 보메 도(degré Baumé)의 약자이다. 비중 단위. 여기서는 당액의 농도를 표시한다(→p.279 : 당도를 측정하는 방법).

19. 18의 시럽에 사바랭을 패인 방향을 아래로 향하게 해서 넣고, 구멍 뚫린 국자(écumoire) 등으로 때때로 가볍게 누르거나 위아래로 뒤집어 가며 시럽을 속까지 충분히 스며들게 한다.

● 틀에 닿아 있었던 패인 면은 부드러워 시럽이 스며들기 쉬워서 단시간도 괜찮지만, 구울 때 윗면이 되었던 부분은 단단하고 시럽이 스며들기 어렵기 때문에 시간이 걸린다.

20. 손가락으로 눌러서, 부드러워져 심이 남아 있지 않은 것을 확인한다.

● 시럽을 강하게 끓이면 너무 익어서 뭉개져 버리므로 주의한다. 이 반죽은 시럽을 흡수하기 쉽기 때문에 담그는 것만으로도 비교적 빨리 스며든다. 글루텐이 형성된 탄력이 있는 반죽의 경우에는, 시럽이 스며들기 어려우므로 시간을 들여 졸이듯이 트랑페한다.

21~22. 큰 틀의 것은 망에 얹어 시럽에 담그고, 국자(louche)로 시럽을 떠서 부어 가며 스며들게 한다(냄비가 작아 뒤집어지지 않는 경우).

23. 넓적한 용기를 댄 망 위에서 여분의 시럽을 제거하고, 럼주를 뿌린다(→arroser).

● 넓적한 용기에 모인 시럽과 럼주는 냄비에 넣어 다시 사용 가능하다. 다시 사용할 경우에는 시럽이 졸아들어 당도가 진해졌을 수도 있기 때문에 물을 넣고 14°Bé로 조절한다.

24. 사바랭이 식으면 졸인 뜨거운 나파주를 바르고, 크렘 샹티이, 민트, 과일 등으로 장식한다.

Brioche aux fruits confits
브리오슈 오 프뤼 콩피

브리오슈는 버터, 달걀을 넣은, 풍미가 진한 빵의 대표작이다. 주로 약간 사치스러운 아침 식사로 일요일 아침 등에 먹지만, 과자로 취급하는 경우도 있다. 프랑스 각지에서 파트 아 브리오슈를 사용한 전통적인 과자를 볼 수 있다. 여기서 소개한 모양의 브리오슈 오 프뤼 콩피는, 브리오슈 시누아(brioche chinois) 또는 브리오슈 쉬스(brioche suisse)라고도 부른다.

발효종법
빌가루의 일부에 이스트와 물을 넣고 발효시켜 발효종을 만들고, 이를 남은 재료와 섞어 반죽을 만드는 방법이다. 설탕이 많은 배합도 안정된 발효를 얻을 수 있으며, 부드럽고 볼륨 있게 구워진다.

재료 지름 24㎝의 망케 틀 1개 분량

파트 아 브리오슈 pâte à brioche
　┌ 발효종 levain
　│　┌ 생이스트 20g 20g de levure de boulanger
　│　│ 물 100㎖ 100㎖ d'eau
　│　└ 밀가루(프랑스빵용 가루) 100g 100g de farine
　│ 밀가루(프랑스빵용 가루) 400g 400g de farine
　│ 설탕 40g 40g de sucre semoule
　│ 소금 5g 5g de sel
　│ 달걀 250g 250g d'œufs
　└ 버터 200g 200g de beurre
프랑지판 frangipane
　┌ 크렘 파티시에르 75g 75g de crème pâtissière(→p.40)
　└ 크렘 다망드 150g 150g de crème d'amandes(→p.111)
럼주에 절인 과일 fruits confits macérés au rhum
　┌ 체리(비가로종) 100g 100g de bigarreaux confits
　│ 오렌지 필 100g 100g d'écorces d'orange confites
　│ 안젤리카 50g 50g d'angéliques confites
　│ 호두 50g 50g de noix
　│ 건포도 50g 50g de raisins secs
　└ 럼주 rhum
달걀물 dorure
살구 잼 confiture d'abricots
버터(틀, 발효 볼용) beurre
덧가루 farine

준비 작업

○ 과일과 호두를 건포도와 같은 정도의 크기로 자른 다음, 건포도와 합쳐 럼주에 최소 1주일간 절여 둔다.

○ 밀가루는 체로 친다(→tamiser).

○ 틀에 부드러운 크림 상태의 버터를 바른다.

○ 반죽용 버터를 실온에서 부드럽게 한다.

발효종 만들기

1. 생이스트를 풀고 물을 넣은 다음 거품기로 잘 섞어 완전히 녹인다.

• 물은 하절기에는 상온에 두고, 다음에 넣는 달걀도 냉장고에서 꺼내 바로 사용한다. 동절기에는 미지근한 물(체온 정도)을 사용하며, 달걀도 중탕으로 약간 데운다.

2. 볼에 체로 친 밀가루를 넣고 1을 조금씩 넣으면서 손으로 섞어 반죽한다.

3. 전체가 균일해지면 하나로 뭉친다.

4. 습도 75%, 온도 30℃에서 반죽이 2배로 부풀 때까지 발효시킨다(약 25분).

본반죽

5. 제과용 믹서 볼에 체로 친 밀가루를 넣고 샘 모양으로 판다(→fontaine). 패인 곳에 설탕, 소금, 풀어 놓은 달걀을 넣고 발효종을 넣는다.

6~8. 충분히 탄력이 생겨 매끄러워질 때까지 제과용 믹서 후크를 사용해 반죽한다.

• 반죽이 볼로부터 완전히 떨어져, 후크의 회전에 의해 볼에 부딪혀 철썩철썩 소리가 나게 되면 좋다.

9. 버터를 조금씩 넣어 가면서 다시 한 번 반죽한다.

• 본반죽을 할 때 버터를 처음부터 넣게 되면 글루텐의 형성을 방해하므로, 버터는 반죽에 탄력이 생기고 나서 조금씩 나눠 넣는다.

10. 일단 반죽의 연결이 끊기지만, 버터가 섞여 반죽이 볼에 붙지 않게 되며 하나로 뭉쳐질 때까지 반죽한다.

발효시키기

11. 덧가루를 뿌린 작업대에 꺼내어 반죽을 아래로 잡아당기듯이 해서 표면의 반죽을 깔끔하게 둥글린다.

12. 이음매를 아래로 해서 얇게 버터를 바른 볼에 넣는다.

13. 습도 75%, 온도 30℃에서 반죽이 2배로 부풀 때까지 발효시킨다(약 40분).

핑거 테스트 하기(발효 상태를 확인하기)

14. 손가락으로 찔러 보아 깨끗하게 자국이 남는 상태가 되면 좋다. 손가락 자국이 비로 없어져 버리는 경우는, 아직 발효가 부족해 반죽에 탄력이 있는 것이다. 손가락으로 찌를 때 반죽 전체가 꺼져 버리는 경우는, 너무 많이 발효가 된 것이다.

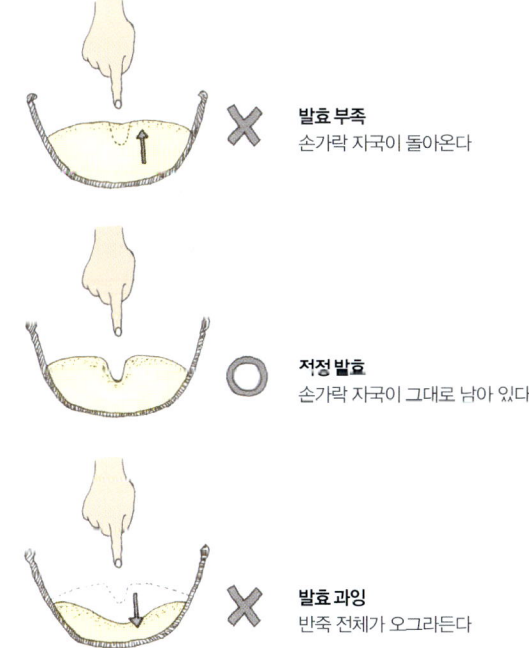

발효 부족
손가락 자국이 돌아온다

저정 발효
손가락 자국이 그대로 남아 있다

발효 과잉
반죽 전체가 오그라든다

버터를 많이 포함한 반죽이므로 성형하기 쉽게 하기 위해 냉장고에서 반죽을 차게 해서 굳힌다. 냉장고 안에서는 이스트의 활동은 둔해지고, 발효는 거의 진행되지 않는다. 전날 반죽을 만들고, 하루 동안 냉장고에 넣어 두어도 좋다.

• 버터를 많이 포함한 반죽이므로 성형하기 쉽게 하기 위해 냉장고에서 반죽을 차게 해서 굳힌다. 냉장고 안에서는 이스트의 활동은 둔해지고, 발효는 거의 진행되지 않는다. 전날 반죽을 만들고, 하루 동안 냉장고에 넣어 두어도 좋다.

• 냉장고에 넣어 두는 동안에도 1~2회 가볍게 가스를 빼내고, 반죽의 안쪽도 확실하게 차게 해 둔다.

프랑지판 만들기
크렘 파티시에르를 매끄럽게 푼 다음 크렘 다망드에 넣고 섞는다.

성형

17. 덧가루를 뿌린 작업대에 반죽을 꺼내 1/4을 잘라 낸다.

18. 지름 40㎝의 원형으로 늘인다.

19. 4개로 접은 다음 버터를 바른 망케 틀(manqué) 위에 얹고 반죽을 펼친다.

20. 마른 행주를 둥글게 해서 반죽을 누르면서, 틀에 딱 맞춰서 집어넣는다(→foncer). 냉장고에서 휴지시키고 반죽을 차게 해서 굳힌다.

21. 남은 반죽을 광목 위에서 약 30×30㎝의 사각형으로 늘인다.

22. 프랑지판을 납작한 깍지(douille plate)를 끼운 짤주머니에 넣고, 반죽 위에 평평하게 짠다.

23. 프랑지판의 표면을 팔레트 나이프(palette)로 고르게 한 다음, 럼주에 절인 과일을 물기를 짜내 균등하게 뿌리고, 광목을 사용해 말아 준다.

24. 만 반죽을 폭 4㎝로 자른다(7~8개 나온다).

25. 20의 틀 가장자리 여분의 반죽을 잘라 낸다(→charber).

26. 24의 반죽 6개를 틀에 균일하게 넣는다.

마지막 발효 시키기

27. 습도 75%, 온도 30℃에서 틀 가득 부풀 때까지 발효시킨다(약 45분). 반죽이 충분히 부풀면 표면에 달걀물을 바른다(→dorer).

• 적정한 발효가 되면 발효 냄새(상쾌한 향기)가 나지만, 발효 과잉이 되면 알코올 냄새가 남는다. 발효 부족이면 이스트 자체의 냄새가 남는다.

굽기

28. 180℃로 예열한 오븐에 넣고 전면이 노르스름하게 색이 날 때까지 굽는다(약 45분). 다 구워지면 틀에서 빼낸다. 식으면 표면에 살구 잼을 발라 완성한다.

• 살구 잼은 다시 졸여서, 식었을 때 굳어 손에 들러붙지 않는 상태로 만든다. 부드럽게 조절한 퐁당을 잼 위에 발라도 좋다(→p.169의 10).

펀치(가스 빼기)

15. 발효시킨 반죽을 덧가루를 뿌린 작업대에 꺼낸 다음, 손으로 가볍게 눌러 평평하게 하고, 두 겹으로 접어서 가스를 뺀다.

16. 비닐을 깐 넓적한 용기에 얹은 다음 비닐을 씌워서 냉장고에서 휴지시킨다.

Kouign-amann
퀴니아망

브르타뉴 지방의 두아르느네(Douarnenez) 일대에서 만들어진 구움과자이다. 브르타뉴어로 Kouign는 '과자', amann은 '비디'라는 의미이다. 퍼프 크배에 유염 비디와 설빙을 겹이 넣이 구운 깃이다. 원래는 크고 평평한 원형으로 민들었다고 하는데, 현재는 만드는 사람에 따라 모양이나 크기가 다르다. 따뜻할 때에 먹어도 좋다.

재료 지름 8㎝의 세르클 24개 분량

데트랑프 détrempe

    생이스트 20g 20g de levure de boulanger

    물 300㎖ 300㎖ d'eau

    밀가루(프랑스빵용 가루) 500g 500g de farine

    설탕 50g 50g de sucre semoule

    소금 15g 15g de sel

    럼주 30㎖ 30㎖ de rhum

접어 넣는 용 버터 300g 300g de beurre

설탕 sucre semoule

버터(발효 볼용) beurre

덧가루 farine

준비 작업

○ 밀가루는 체로 친다(→tamiser).

데트랑프 만들기

1. 제과용 믹서 볼에 체로 친 밀가루를 넣고, 샘 모양으로 판다(→fontaine). 패인 곳에 설탕, 소금을 넣는다.

2. 풀어서 정해진 분량의 물에 녹인 이스트와 럼주를 넣는다.

3. 전체를 주걱으로 가볍게 섞는다.

4~5. 제과용 믹서의 후크를 사용해 거의 하나로 뭉쳐질 때까지 반죽한다.

• 반죽에 탄력이 생기게 할 필요는 없으므로 너무 많이 반죽하지 않는다. 탄력이 너무 강하면 나중에 버터를 싸기 힘들어진다.

데트랑프 발효시키기

6. 덧가루를 뿌린 작업대에 5를 꺼내 표면의 반죽이 펴지도록 깔끔하게 둥글린다.

7. 이음매를 아래로 해서 얇게 버터를 바른 볼에 넣는다.

8. 습도 75%, 온도 30℃에서 반죽이 2배로 부풀 때까지 발효시킨다(약 90분).

• 발효 상태를 확인하는 방법(→p.223)

펀치하기(가스 빼기)

9. 덧가루를 뿌린 작업대에 발효시킨 데트랑프를 꺼낸다.

10. 손이나 밀대로 가볍게 눌러 가스를 빼면서 평평하게 한다.

11. 비닐로 싸서 냉장고에 넣고, 버터를 싸도 녹지 않을 정도가 될 때까지 반죽을 차게 한다.

• 냉장고 안에서는 이스트의 활동이 둔해져, 발효는 거의 진행되지 않는다. 전날 반죽을 만들고, 하룻밤 냉장고에 넣어 두어도 좋다.

• 냉장고에 넣어 두는 동안에도 1~2회 가볍게 가스를 빼내서, 반죽의 안쪽도 확실하게 차게 해 둔다.

버터를 접어 넣기

12. 버터에 덧가루를 뿌리면서 밀대로 두드려, 반죽과 비슷한 정도의 굳기로 조절하고 30×20㎝로 성형한다.

13. 냉장고에서 꺼낸 반죽.

14. 차게 한 반죽을 30㎝의 사각형으로 늘인다.

15. 반죽의 앞쪽에 12의 버터를 얹는다.

16. 버터가 얹혀 있지 않은 쪽의 반죽을 버터 위로 접어 겹친다.

17. 16을 반으로 접는다.

18. 반죽의 방향을 90도 돌려 가로 30㎝, 세로 90㎝로 늘인다.

19. 3절 접기를 한 후 비닐로 싸서 냉장고에서 40분간 휴지시킨다.

20. 설탕을 듬뿍 뿌리면서 세로를 가로 길이의 3배로 늘인다.

21. 3절 접기를 한 번 더 한다.

* 접는 횟수를 늘리면 늘릴수록 층은 얇아지지만, 빵의 볼륨이 없어지고, 결이 치밀하며 단단하고 쫄깃한 식감이 된다.

성형하기

22. 반죽의 반을 40×30㎝로 늘인 후, 쿠킹 페이퍼(papier cuisson) 위에 얹는다.

23. 10㎝의 사각형으로 자른다. 신축 파이 커터(roulette multicoupe)를 사용하면 좋다.

• 반죽이 달라붙으면 자르기 전에 냉동한다. 냉장을 하면 설탕이 녹아 버려 더 달라붙는다.

24. 네 모서리를 중심 쪽으로 모아서 접는다.

25. 각을 중심을 향해 밀어 넣고, 중심을 손가락으로 단단히 눌러 붙인다.

① 네 모서리를 접는다

② 밀어 넣는다

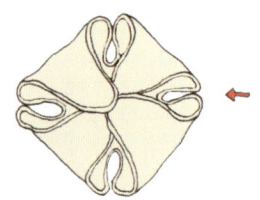

마지막 발효 시키기

26. 쿠킹 페이퍼를 깐 철판에 세르클(cercle)을 늘어놓는다. 25의 반죽의 밑에 설탕을 묻힌다.

27. 세르클에 넣는다. 차게 굳어진 반죽이 느슨해지고, 표면이 부드러워질 때까지 상온에서 휴지시킨다(약 1시간).

28. 휴지시켜 조금 발효된 상태.

• 접어 넣은 버터가 녹아 버리면 층 모양으로 구워지지 않기 때문에 너무 온도가 높은 곳에서 발효시키지 않는다.

굽기

29. 180℃로 예열한 오븐에서 표면이 바삭바삭한 카라멜 상태가 될 때까지 굽는다(약 35분).

• 도중에 표면이 고르지 않게 부풀어 오르면, 철판을 씌워 평평하게 되도록 굽는다.

디저트

일본에서 디저트라고 하면 식후에 먹는 단것을 말하지만, 프랑스어의 데세르(dessert)는 '식사 후에 식탁을 치우다'라는 의미의 desservir라는 동사로부터 만들어진 단어이다. 넓은 의미로는 단 과자류만이 아니라 치즈나 과일 등을 포함한, 요리 후에 먹는 모든 것들을 말한다. 반면, 앙트르메(entremets)*¹는 디저트로 제공되는 단 과자만을 가리킨다.

제과점(pâtisserie)에서 만드는 과자류 전반을 앙트르메라고 할 수 있지만*², 그 외에 제과점에서는 다루지 않는 앙트르메도 있다. 주로 레스토랑의 주방에서 요리사가 만들기 때문에 앙트르메 드 퀴진(entremets de cuisine)이라고 한다.

앙트르메 드 퀴진은 다시 앙트르메 쇼(entremets chauds, 따뜻한 디저트)와 앙트르메 프루아(entremets froids, 차가운 디저트=냉과)로 나누어진다.

* 1 '요리 mets[메]'와 요리의 '사이 entre[앙트르]'를 의미하며, 12세기경 대 연회 도중에 개최된 음악이나 춤, 미술 등의 여흥을 나타내는 말이었다. 그 후 고기나 생선 요리를 보충하는 야채 요리나 단것을 가리키게 되었고, 현재는 단 과자류만 가리킨다.

* 2 제과점에서 만드는 앙트르메는 앙트르메 드 퀴진(entremets de cuisine)과 비교해서 앙트르메 드 파티스리(entremets de pâtisserie)라고도 한다.

앙트르메용 반죽

Pâte à entremets 파트 아 앙트르메

앙트르메 드 퀴진의 대표적인 것으로 크레이프, 와플, 베네, 수플레를 들 수 있다. 이런 따뜻한 앙트르메용 반죽은 역사와 내력을 간직한 전통적인 반죽으로, 지방의 풍토나 종교적인 행동이나 축제와 관계가 깊다.

이러한 반죽은 대부분 올인원법이라는, 재료를 한번에 합쳐서 섞는 방법으로 만든다. 그러나 모든 재료를 단지 섞으면 되는 것은 아니다. 덩어리가 생기거나, 반죽에 탄력이나 찰기가 생기면 이상적인 반죽이 되지 않기 때문에 섞는 방법, 넣는 순서에 관한 기본적인 지식을 잘 알지 못하면 만들어지지 않는다.

단단한 것에 부드러운 것을 조금씩 넣는 것이 기본이며, 가루에 액체를 넣은 다음 가루를 뭉쳐 반죽을 만들거나 또는 단단한 반죽에 액체를 넣은 다음 녹이면서 늘여 간다. 반대로, 액체에 가루를 한번에 넣게 되면 덩어리가 생기며 매끄러운 반죽이 되지 않는다.

화과자에서는 반죽의 액체 양이 많아 반죽에 글루텐(부질)을 형성시키지 않기 위해 액체에 가루를 한번에 넣는 경우가 있지만, 양과자의 경우에는 덩어리가 생기기 쉬우므로 그렇게 작업하는 경우는 없다. 반죽에 끈기나 탄력이 생겨 버렸다 하더라도, 충분히 휴지시킴으로써 탄력을 약화시키고, 매끄럽게 입에서 녹는 반죽을 만드는 것이 가능하기 때문이다. 또한 덩어리지기 쉬운 가루류, 예를 들어 펙틴과 같이 입자가 고운 분말은 설탕과 같이 입자가 거칠고 물에 녹기 쉬운 것과 함께 골고루 섞어 사용하게 되면 분산되기 쉽다는 것도 기억해 두자.

Crêpes normandes
크레프 노르망드

그레이프라고 하면 우선 브르타뉴 지방을 떠올릴지도 모르지만, 인접한 노르망디의 명물이기도 하다. 또한 노르망디 지방은 사과의 산지로 특히 유명하며, 술도 포도로 만든 와인보나 사과로 만든 시드르가 사랑 받고 있다. 과자 크레이프는 여성 명사이지만, 똑같은 철자의 남성 명사는 '줄어든 직물, 견직물'이라는 의미가 있다.

재료 지름 20㎝의 크레이프 12장 분량

파트 아 크레프 pâte à crêpes

　박력분 75g　75g de farine
　설탕 35g　35g de sucre semoule
　소금 소량　un peu de sel
　달걀 100g　100g d'œufs
　우유 250㎖　250㎖ de lait
　버터 15g　15g de beurre

폼 노르망드 pommes normandes

　사과 400g　400g de pommes
　칼바도스 50㎖　50㎖ de calvados
　설탕 40g　40g de sucre semoule
　버터 40g　40g de beurre

폼 세셰(장식용) ※별도 내용 참조 pommes séchées
바닐라 아이스크림 glace à la vanille(→p.280)
바닐라 빈(장식용) gousse de vanille
버터 beurre

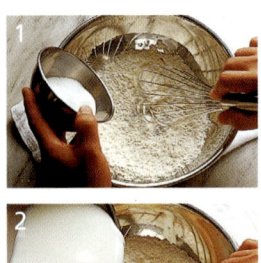

장식용 폼 세셰 만드는 방법

1. 사과를 매우 얇게 잘라, 시럽(물 1 : 설탕 1)을 끓여서 넣고, 과육이 투명해질 때까지 약한 불로 졸인다.
2. 실팻(Silpat)에 꺼내어 늘어놓고, 80~100℃로 예열한 오븐에 약 2시간 동안 넣어 건조시킨다(→sécher).
3. 단단하게 건조되고 나면 식혀서 밀폐 용기에 건조제를 함께 넣어 보관한다.

크레이프 팬 poêle à crêpes
크레이프 전용 프라이팬. 철제로 된 것이 많다. 일반 프라이팬보다 두께가 있고, 당분을 많이 포함한 반죽이라도 쉽게 타지 않는다. 또한 가장자리가 얇고 퍼져 있어 얇게 구울 때에도 팔레트 나이프 등을 찔러 넣어 뒤집는 것이 용이하며, 구운 후에도 모양을 망가뜨리지 않고 접시로 옮기기 쉽다. 사용 후에는 기름이 배어 사용하기 쉽도록 하기 위해 씻지 않고 행주로 깨끗하게 닦는다.

준비 작업

○ 박력분은 체로 친다(→tamiser).

○ 우유는 상온으로 해 둔다.

파트 아 크레프 만들기

1. 볼에 박력분, 설탕, 소금을 넣고 거품기(fouet)로 섞는다.

● 최대한 글루텐을 형성시키지 않도록 밀가루에 액체를 넣기 전에 설탕과 합해서 섞어 둔다.

2. 가루류를 샘 모양으로 파서(→fontaine), 가운데의 패인 곳에 달걀을 넣고, 우유 일부(약 1/4)를 조금씩 넣어 가면서 멍울이 생기지 않게 매끈하게 녹여 푼다.

● 소량의 액체로 먼저 반죽을 뭉쳐 둔다. 이로써 다음에 넣는 녹인 버터가 표면에 떠오르지 않고 반죽에 섞이기 쉬워진다.

3. 헤이즐넛 버터(beurre noisette)를 만든다. 크레이프 팬에 버터를 넣고 중간불로 가열한다. 큰 거품이 생겼다 점차 사라지고 소리가 조용해질 때까지 가열해 태운다.

● 헤이즐넛 버터는 약간 타서 연한 갈색(누아제트=개암나무색)이 된 버터.

● 버터를 태우면 특유의 향기가 난다.

4. 2에 3의 헤이즐넛 버터를 조금씩 넣으면서 섞는다.

● 기본적으로 우유를 넣기 전에 버터를 합한다. 먼저 다량의 수분이 들어가면 유지가 떠 버린다.

5. 나머지 우유를 조금씩 풀어 녹이듯이 넣어 가면서 잘 섞는다.

● 우유가 차가우면 버터가 굳어져 멍울이 생기므로, 상온의 우유가 좋다.

6. 체로 걸러(→passer), 멍울이 없는 매끈한 상태로 만든다. 국자(louche)의 등으로 떠 보면 표면이 얇고 균일하게 덮여 있고, 손가락으로 글씨를 써 보면 그 자국이 남을 정도의 굳기가 좋다.

● 완성된 반죽은 글루텐이 형성되어 있으므로, 가능하면 1시간 정도 놓아두어 반죽을 휴지시키고 탄력을 약하게 한다.

반죽 굽기

7. 기름이 잘 배인 크레이프 팬을 약한 중간 불로 가열하다가 연기가 약간 나면 불에서 내린 다음, 반죽을 국자의 80%(약 40㎖)의 양만큼 떠서 흘려 넣는다. 크레이프 팬을 돌려 가면서 반죽을 전체적으로 편다.

- 크레이프 팬은 가열한 다음, 뺨에서 10㎝ 정도 떨어뜨려 들어 봤을 때 열기를 느낄 수 있는 정도가 되면 반죽을 넣기에 적당한 온도이다.

- 반죽에 버터가 포함되어 있으므로 크레이프 팬에 기름을 두르지 않아도 괜찮다. 만약 사용한다면, 버터만으로는 타기 쉬우므로 녹인 버터와 식용유를 같은 양으로 섞으면 좋다.

- 반죽을 붓기 전에, 필요하다면 크레이프 팬을 젖은 행주 위에 얹어 열을 조절한다. 너무 뜨거우면 반죽이 끓고, 표면에 거품 자국이 남아 지저분해진다.

- 반죽이 얇고 균일하게 흘러 퍼지게 하기 위해 너무 많은 양을 넣지 않는다.

8. 다시 프라이팬을 중간 불에 올린다.

9. 반죽의 표면이 마르고, 가장자리에 색이 나면 불에서 내린 다음, 팔레트 나이프(palette)나 테이블 나이프를 사용해 뒤집는다.

10. 재빨리 반대편을 굽고, 평평한 곳에 꺼내 식힌다.

폼 노르망드 만들기

11. 사과는 4조각으로 자르고 껍질과 심을 제거한 다음 얇게 자른다. 프라이팬을 강한 불에 올려 버터를 녹인 다음 사과를 넣는다.

- 사과는 물을 묻히지 않는다(싱거워진다). 산화해서 색이 변해도 후에 볶기 때문에 신경 쓰지 않아도 된다.

12. 볶은 후, 사과의 표면이 조금 투명해지고 말랑말랑해지면 설탕을 3회 정도 나눠서 뿌려 넣는다. 가볍게 섞으면서 색을 내며 가열한다.

- 사과의 표면에 붙어 있는 설탕이 녹고 나면 다시 설탕을 넣는다. 설탕을 한번에 넣게 되면 사과의 수분이 나오기 쉽고, 카라멜 상태가 되기 어렵다.

13. 설탕이 카라멜 상태가 되고 나면 불에서 내린 다음 칼바도스를 넣고 다시 가열해 알코올을 날린다 (→flamber).

- 불에 올린 채 알코올을 넣게 되면, 넣는 도중에 알코올에 불이 붙어 화상을 입을 수도 있다. 일단 불에서 내려 알코올을 넣고, 다시 불에 올려 프라이팬의 가운데를 가열해 알코올을 태워 날린다.

담기

크레이프로 따뜻한 폼 노르망드를 싸서 그릇에 담고, 바닐라 아이스크림, 폼 세셰, 바닐라 빈을 올린다.

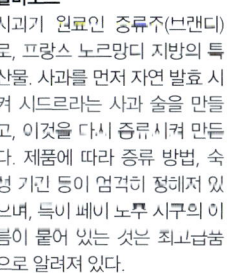

칼바도스
사과가 원료인 증류주(브랜디)로, 프랑스 노르망디 지방의 특산물. 사과를 먼저 자연 발효 시켜 시드르라는 사과 술을 만들고, 이것을 다시 증류시켜 만든다. 제품에 따라 증류 방법, 숙성 기간 등이 엄격히 정해져 있으며, 특히 페이 노주 시구의 이름이 붙어 있는 것은 최고급품으로 알려져 있다.

Far breton
파르 브르통

브르타뉴 지방의 향토 과자이다. 말린 플럼이나 건포도 등을 넣고 만든다. 원래 파르는 밀, 또는 밀이나 메밀가루 죽을 가리켰다. 최근에는 틀에 파이 반죽을 넣어(셸만 먼저 구워 둔다) 구운 플랑같은 파르도 볼 수 있다.

재료 지름 21㎝의 도자기 플랑 틀 2개 분량

아파레유 appareil
  박력분 130g 130g de farine
  설탕 100g 100g de sucre semoule
  소금 약간 1 pincée de sel
  달걀 130g 130g d'œufs
  우유 330㎖ 330㎖ de lait
  생크림(유지방분 47%) 330㎖ 330㎖ de crème fraîche
  럼주 20㎖ 20㎖ de rhum
말린 플럼 24개 24 pruneaux
버터(틀용) beurre

플랑 틀 moule à flan
얇은 도자기로 만들어졌으며, 아파레유 등 액체 상태의 것을 부어 굽는 데 사용한다. 지름은 크고 작은 것이 있다. 이 외에도, 타르트용 틀로 금속제이며 바닥이 없이 측벽만 있는 링 모양의 것도 플랑 틀이라고 부르는 경우가 있다.

준비 작업

○ 박력분은 체로 친다(→tamiser).

○ 플랑 틀에 버터를 얇게 바른다.

1. 말린 플럼의 씨를 뺀다.

2. 준비한 플랑 틀에 늘어놓는다.
  • 확실히 건조되어 독특한 냄새가 신경 쓰일 경우에는, 따뜻하게 데운 시럽(설탕 250g, 물 335㎖, 럼주 25㎖)에 절여 부드럽게 한 다음 사용해도 좋다. 단지 장시간 절여두면 감칠맛이 달아나므로 주의한다.

3. 볼에 체 친 박력분, 설탕, 소금을 넣고 섞는다.
  • 액체를 넣기 전에 밀가루와 설탕을 섞어 두면 글루텐이 쉽게 생기지 않는다.

4. 3을 샘 모양으로 판 다음(→fontaine), 가운데의 패인 곳에 달걀을 넣고 우유를 조금씩 넣어 가면서 섞는다.

5. 생크림을 넣고 섞은 다음 체에 걸러(→passer) 멍울이 없는 매끈한 상태가 되게 한다. 20~30분 휴지시켜 탄력을 약하게 한다.
  • 생크림이 거품이 나지 않도록 푸는 듯한 느낌으로 합한다.

6. 5에 럼주를 넣고 섞은 다음 2의 틀에 흘려 넣는다. 200℃로 예열한 오븐에서 30~40분간 색이 잘 나도록 굽는다. 기호에 맞게 슈거 파우더를 뿌려 완성해도 좋다.

말린 플럼

장미과의 낙엽수 유럽자두나무의 열매 플럼을 건조한 것. 프룬이라고도 한다. 플럼에는 노란색, 초록색, 빨간색, 자주색이 있고, 어느 것이나 다 생식이 가능하지만, 이 중에서 빨간색이나 자주색의 것만 말린 플럼이 된다. 원래는 천일 건조를 했지만, 현재는 오븐을 이용해 제조한다.

또 고온의 당액에 넣어 탈수하는 방법도 있다. 칼륨, 철 등의 미네랄이 풍부하다. 프랑스에서는 귀엔 지방의 아장산(사진)이나 투렌 지방의 것이 유명하다. 아장에서 재배되는 대표적인 플럼은 달걀 모양으로, 진한 적자색의 껍질에 하얗게 가루를 뿌린 듯한 것이 특징이다. 프륀 당트(prune d'ente)* 라고 부르다 큰 알로 부드럽고 풍미가 좋은 말린 플럼이 된다[프뤼노 다장(pruneaux d'Agen)].

*ente 접목용의 받침 나무

플럼(프륀 prune)

장미과로 복숭아와 가까운 종류의 과일이다. 고대 그리스에서 재배가 시작되었고, 12세기에 십자군이 시리아의 디미스쿠스로부터 유럽에 가지고 들어와 퍼졌다(서양 자두). 품종에 따라 복숭아를 작게 한, 혹은 체리를 크게 한 듯한 모양, 달걀 모양 등이 있으며 껍질, 과육의 색도 변화가 풍부하다.

• 서양 자두(대부분 8~9월에 나온다)
  렝클로드(reine-claud) : 주로 프랑스 남서부에서 재배된다. 껍질이 적자색의 품종과 황록색의 품종이 포함되어 있으며, 과육은 초록색이 나는 노란색이다. 달고 향이 좋으며, 즙이 많다.
  미라벨(mirabelle) : 프랑스 동부에서 주로 재배된다. 작고 둥글며, 껍질은 오렌지색이 나는 노란색이다. 과육도 노란색이며, 부드럽고 달다.
• **크베치(quetsche)** : 주로 프랑스 동부에서 재배. 껍질은 약간 검은 적자색으로 과육은 노란색이다. 신미가 있으며 생으로도 먹지만, 잼이나 과일 브랜디의 원료도 된다.

Beignets aux pommes
베녜 오 폼

베녜는 옷을 입혀서 튀긴 것, 또는 반죽만 튀긴 요리나 과자를 말한다. 파인애플이나 바나나 등 사과 외의 과일 중 가열
해도 무너지지 않고 강한 산미를 느낄 수 없는 것이 어울린다.

재료 기본 분량

파트 아 베녜 pâte à beignets
　박력분 125g 125g de farine
　소금 약간 1 pincée de sel
　달걀 50g 50g d'œufs
　식용유 25㎖ 25㎖ d'huile
　맥주 100㎖ 100㎖ de bière
　머랭 meringue
　　흰자 60g 60g de blancs d'œufs
　　설탕 30g 30g de sucre semoule
사과 3개 3 pommes
설탕 sucre semoule
키르슈(또는 칼바도스 등) kirsch(ou calvados)
시나몬 슈거 sucre à la cannelle
시나몬 풍미의 아이스크림 glace à la cannelle
슈 반죽(장식용) pâte à choux
민트(장식용) menthe
튀김용 기름 friture

＊시나몬 슈거는 슈거 파우더와 시나몬 파우더를 5대 1의 비율로 섞는다.
＊시나몬 풍미의 아이스크림은 글라스 아 라 바니유(→p.280)의 바닐라
　빈을 시나몬 스틱으로 바꿔 만든다.

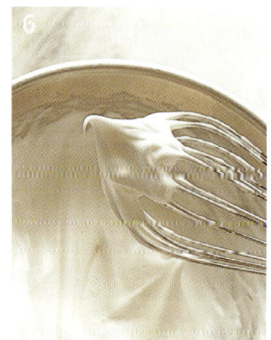

준비 작업

○ 박력분은 체로 친다(→tamiser).

사과 준비하기

1. 사과는 껍질을 벗기고, 심은 도려 낸다. 두께 5㎜로 둥
　글게 잘라 쟁반에 늘어놓는다.

＊심을 제거하는 도구(vide-pomme)를 위아래로 찔러 도려 낸다. 한쪽
　편으로만 밀어 넣게 되면 사과가 갈라진다.

2. 설탕과 키르슈를 양면에 뿌리고 잠시 둔다.

파트 아 베녜 만들기

3. 볼에 박력분과 소금을 넣는다.

4. 샘 모양으로 파서(→fontaine)가운데의 패인 곳에 달걀
　을 넣고, 식용유, 맥주를 가래대고 조금씩 넣어 가면
　서 섞는다.

5. 가장자리의 박력분과 섞어 가며 매끈한 반죽으로 민
　든다. 20~30분 휴지시켜 탄력을 약하게 한다.

6. 머랭을 만든나. 볼에 흰사를 넣고 푼 나음 실낭을 넣고
　촘촘해질 때까지 거품을 낸다(→fouetter)

7. 5에 머랭을 넣고, 기포를 망가뜨리지 않도록 가볍게 섞
　는다.

사과에 파트 아 베녜 입혀 튀기기

8. 2의 사과 물기를 닦고 파트 아 베녜에 넣은 다음 전체적으로 반죽을 입힌다.

• 대나무 꼬치를 사용하면 좋다.

9. 여분의 반죽은 떨어뜨린 다음 180℃의 튀김용 기름에 넣고 튀긴다(→frire). 서로 들러붙지 않도록 기름 가운데에 한번에 많이 넣지 않는다.

• 기름 온도가 낮으면 튀기는 동안 사과로부터 수분이 빠져 사과가 말라 버린다.

10. 반죽 전체가 부풀어 오른다. 때때로 뒤집어 가면서 전체적으로 예쁜 엷은 갈색으로 튀기고 기름은 제거한다.

• 사과는 생으로도 먹을 수 있기 때문에, 반죽에 열이 가해지면 된다.

담기

그릇에 담고, 시나몬 풍미의 아이스크림을 곁들인 다음 시나몬 슈거를 뿌린다. 튀긴 슈 반죽이나 민트로 장식한다.

시나몬

스리랑카 원산의 녹나뭇과의 상록수 시나몬(다른 이름은 실론육계)의 나무껍질을 벗겨 건조시킨 향신료이다. 독특하고 품위 있는 달콤한 향기가 있으며, 청량감 있는 희미한 매운맛을 느낄 수 있다. 특히 사과와 잘 어울린다. 스틱 모양과 분말로 된 것이 있으며, 과자만이 아니라 요리에도 폭넓게 사용된다. 이 나무는 스리랑카나 인도 남부에 분포되어 있지만, 근연 식물인 카시아(중국 남부나 인도차이나 반도에 분포)나 육계(일본)도 같은 향신료로, 시나몬이라는 이름으로 판매되는 경우가 있다. 풍미는 떨어진다.

Bugnes
뷔뉴

리옹의 명물인 튀긴 과자로, 카니발(사육제) 때에 만들어진다.
Bugnes는 중세 프랑스어인 buignet(혹)가 바뀐 단어이다. 발효
반죽을 이용하며, 모양은 기호에 따라 여러 가지가 있다.

재료 기본 분량

생이스트 20g 20g de levure de boulanger
우유 120㎖ 120㎖ de lait
강력분 300g 300g de farine de gruau
설탕 30g 30g de sucre semoule
소금 3g 3g de sel
노른자 60g 60g de jaunes d'œufs
코냑 50㎖ 50㎖ de cognac
오렌지 꽃물 5㎖ 5㎖ d'eau de fleur d'orange
버터 60g 60g de beurre
슈거 파우더 sucre glace
버터(볼용) beurre
덧가루(강력분) farine
튀김용 기름 friture

준비 작업

○ 강력분은 체로 친다(→tamiser).

○ 달걀과 우유는 상온에 놓아둔다(겨울에는 체온 정도
　로 데운다).

○ 버터는 중탕(→bain-marie)으로 녹인다.

1. 생이스트는 손으로 푼 다음 우유를 넣고 거품기로 잘
　섞어 이스트를 완전히 녹인다.

2. 볼에 강력분, 설탕, 소금을 넣고 거품기로 섞은 다음 샘
　모양으로 가운데를 판다(→fontaine).

3. 가운데 패인 곳에 노른자를 넣고 1을 넣어 가면서 섞
　는다.

4~5. 코냑, 오렌지 꽃물(사진4), 녹인 버터(사진5)를 차례
　대로 넣어 가며 다시 한 번 섞는다.

6. 다시 손으로 가장자리의 가루와 섞으며 하나로 뭉친
　다. 덧가루를 뿌린 작업대로 옮겨 반죽 표면이 매끈하
　게 될 때까지 내리친 다음 전체적으로 잘 섞이게 한다.

7. 반죽의 표면이 매끈해졌으면 둥글린 다음 버터를 바른
　볼에 이음매를 아래로 해서 넣는다.

8. 냉장고에서 2배로 부풀 때까지 발효시킨다. 발효되면
　펀치(가스 빼기)를 해 철판에 펼쳐서 냉장고에서 휴지
　시켜 차갑게 둔다.

9. 작업대에 광목을 깔고 덧가루를 뿌린 다음, 그 위에
　반죽을 꺼낸다. 밀대로 눌러 가면서 가스를 가볍게 빼
　내며, 2~3㎜ 두께로 늘이고 다시 냉장고에서 굳힌다.

＊ 그 다음, 틀로 찍어 내기 쉽도록 두꺼운 천에 놓고 작업하면 좋다.

10. 나뭇잎 모양 틀(emporte-pièce cannelé ovale)로 찍는다.

- 길이 13cm, 폭 8cm인 틀 사용(약 25장 가능)

11. 칼집을 3개 낸다.

12. 칼집을 넓히듯이 손으로 당겨서 늘린 다음 160℃의 기름에서 튀긴다(→frire).

13. 색이 잘 나게 튀겨지면 기름을 털어 낸다. 식으면 슈거 파우더를 뿌린다.

코냑
프랑스 서부 샤랑트 지방의 도시 코냑을 중심으로 한 지역에서 생산되는 포도 브랜디이다. 특정 품종의 포도로 만든 화이트 와인을 단식 증류기로 2회 증류한 다음, 오크 통에서 숙성시킨다. 숙성 년수에 따라 정해진 명칭 (VSOP, XO 등)이 있으며, 또 오래 숙성된 것과 그렇지 않은 것을 섞는 경우도 많다. 코냑 지방은 그랑드 샹파뉴 지구나 프티트 샹파뉴 지구 등 법률로 6개의 구역으로 나뉘어져 각각 질이 다른 코냑을 생산한다. 또한 앞의 2구에서 만들어진 코냑을 블렌드(그랑드 샹파뉴 지구산 50% 이상)한 것을 「피 샹파뉴」라고 불린다.

오렌지 꽃물
비터 오렌지 꽃이 봉오리를 물에 담가, 증류해 얻은 휘휘로로부디 정유(등회유)를 분리해 채취한 것. 과일 오렌지와는 다른 향으로, 반죽이나 크림, 딩과의 향을 입히는 데 사용한다.

241

Soufflé à la vanille
수플레 아 라 바니유

수플레는 '부풀어 오른 것'이라는 의미이다. 수플레는 머랭이 포집하고 있는 공기가 가열되어 팽창하면서 부푼다. 틀은 측면이 퍼지지 않은 수직인 것을 사용하고, 오븐에서 꺼내면 가라앉기 전에 바로 서빙해야 한다.
디저트 수플레는 우유가 들어간 반죽으로 만드는 것과 과일 베이스인 것이 있다. 전자는 뵈르 마니에(혹은 루)를 우유로 푼 아파레유, 또는 크렘 파티시에르로 만든다.

재료 지름 8cm의 코코트 틀 12개 분량

아파레유 appareil
　뵈르 마니에 beurre manié
　　버터 100g 100g de beurre
　　박력분 100g 100g de farine
　우유 500㎖ 500㎖ de lait
　바닐라 빈 1개 1 gousse de vanille
　흰자 60g 60g de blancs d'œufs
　노른자 160g 160g de jaunes d'œufs
　바닐라 에센스 extrait de vanille
　머랭 meringue
　　흰자 240g 240g de blancs d'œufs
　　설탕 140g 140g de sucre semoule
슈거 파우더 sucre glace
버터(틀용) beurre
설탕(틀용) sucre semoule

*뵈르 마니에는 같은 양의 버터와 밀가루를 섞은 것.

틀 준비

틀 준비

○ 버터는 실온에 두어 포마드 상태로 부드럽게 한다.

○ 틀 안쪽에 크림 상태의 버터를 바르고 (사진a), 설탕을
　가득 넣어 틀을 돌려 가면서 전체적으로 묻힌 다음(사
　진b), 여분은 털어 낸다.

아파레유 만들기

1. 바닐라 빈을 세로로 반 갈라 우유에 넣은 다음 가열해
　끓기 직전까지 데운다.

2. 버터와 박력분을 섞어 뵈르 마니에를 만든다.

3. 1의 우유를 2의 뵈르 마니에에 넣고 풀어 준다.

4. 3을 체에 걸러(→passer) 냄비에 넣는다.

• 열이 닿아 체로 거르기 힘들어지므로 주의한다. 바닐라 빈을 제거한
　우유에 뵈르 마니에를 넣어도 좋다.

5. 매끈한 상태가 될 때까지 거품기로 저으면서 졸인다. 크
　림의 끈기가 없어져 흘러 떨어지는 상태가 되면 좋다.

6. 흰자와 노른자를 섞어 풀고, 5를 물에서 내려 빠르게
　저으면서 섞는다. 볼로 옮긴 다음 주걱으로 저으면서
　식히고, 바닐라 에센스를 넣어 섞는다.

• 재빠르게 섞지 않으면 달걀이 굳어져 버린다.

7. 머랭을 만든다. 흰자를 푼 다음 설탕을 2~3회 나눠 넣
　으면서 거품을 낸다(→touetter).

8. 세레(→serrer)를 해, 입자가 곱고 광택이 있는 단단한
　머랭을 만든다.

9. 머랭을 매끈하게 푼 다음 6에 넣고 기포가 망가지지 않
　도록 전체를 가볍게 섞는다.

• 6은 식어 있을 것. 뜨거우면 여기서 머랭에 열이 넣게 되어 구웠을
　때 부풀지 않는다.

틀에 넣고 굽기

10. 준비한 틀에 아파레유를 틀 가득 짜 넣는다[깍지 없는 짤주머니(poche) 사용].

11. 표면을 팔레트 나이프로 다듬는다.

12. 가장자리는 손가락으로 깨끗이 닦아 낸다.
200℃로 예열한 오븐에서 10~15분간 굽고, 다 구워지면 표면에 슈거 파우더를 뿌려 곧바로 내놓는다.

● 바로 꺼져서 표면에 주름이 잡히므로, 재빠르게 서빙한다.

코코트 틀 cocotte
측면이 수직으로 되어 있는 도자기로 된 틀. 수플레를 만들기 좋으며, 수플레 틀이라고도 한다. 반죽을 넣고 구워 그대로 빠르게 서빙이 가능하도록 모양도 보기 좋다. 또 열이 균등하게 전해지므로 예쁘게 부푼다.

Soufflé aux pommes
수플레 오 폼

과일의 풍미를 살린 따뜻한 디저트로, 퓌레를 베이스로 해 만드는 수플레이다.

재료 지름 7.5㎝, 높이 3.5㎝의 내열 용기 8개 분량

아파레유 appareil
┌ 사과 7개(1개 200g) 7 pommes
│ 버터 25g 25g de beurre
│ 화이트 와인 50㎖ 50㎖ de vin blanc
│ 바닐라 빈 1/2개 1/2 gousse de vanille
│ 설탕 200g 200g de sucre semoule
│ 칼바도스 30㎖ 30㎖ de calvados
│ 레몬즙 1/4개 분량 jus de 1/4 de citron
│ 머랭 meringue
│   ┌ 흰자 150g 150g de blancs d'œufs
└   └ 슈거 파우더 25g 25g de sucre glace

소스 오 미엘 sauce au miel
┌ 설탕 50g 50g de sucre semoule
│ 물 50㎖ 50㎖ d'eau
└ 꿀 50g 50g de miel

사과(장식용) pommes
피스타치오(장식용) pistaches
슈거 파우더 sucre glace
버터(틀용) beurre
설탕(틀용) sucre semoule

＊장식용 사과는 얇게 썰어 설탕을 뿌린 다음, 버터를 얹어 오븐에서 굽는 다. 밑에 파이 반죽을 깔고 구워도 좋다.

틀 준비

○ 용기 안쪽에 크림 상태의 버터를 바르고 (사진a), 설탕을 가득 넣어 용기를 돌려 가면서 전체적으로 입힌 다음 여분은 털어 낸다 (사진b).

아파레유 만들어 굽기

1. 냄비에 버터, 바닐라 빈을 넣고 가열한다. 사과를 4개로 잘라 껍질과 심을 제거하고, 냄비에 넣은 다음 볶는다.

2. 사과 표면이 투명해지면 화이트 와인을 넣고 뚜껑을 덮은 다음 180℃로 예열한 오븐에 넣는다.

3. 사과에 열이 통하면(꼬치가 쑥 통과할 정도) 물기를 제거해 체에 거른 다음(→tamiser), 매끈한 퓌레로 만든다(정량 500g).

4. 3에 설탕을 넣고 섞는다.

5. 가열해 104℃까지 졸인다(잼 정도의 굳기). 식으면 칼바도스, 레몬즙을 넣고 섞는다.

6. 머랭을 만든다. 흰자를 푼 다음 설탕을 2~3회에 나눠 넣으면서 거품을 내고(→fouetter), 촘촘한 입자의 광택이 있는 단단한 머랭을 만든다.

틀 준비

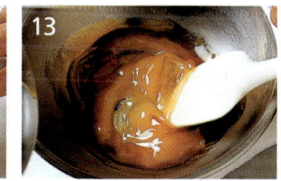

7. 머랭을 5에 넣고 기포가 망가지지 않도록 전체적으로 가볍게 섞는다.

• 5는 식어 있을 것. 뜨거우면 여기서 머랭에 열이 닿게 되어 버린다.

8. 7의 아파레유를 준비한 용기에 가득 짜 넣는다(깍지 없는 짤주머니 사용).

9. 표면을 팔레트 나이프로 다듬고, 가장자리도 손가락으로 깨끗이 닦아 낸다.

10. 중탕(→bain-marie)한 다음, 200℃로 예열한 오븐에서 10~15분간 굽는다.

• 중탕으로 열을 가하면, 촉촉한 상태로 완성된다. 혹시 수플레 아 라 바니유와 같이 표면을 단단한 상태로 완성시키고 싶은 경우에는, 중탕 없이 오븐에서 구우면 된다.

소스 오 미엘 만들기

11. 설탕을 냄비에 넣고 가열한 다음 나무 주걱(spatule en bois)으로 섞어 색을 입히면서 녹인다.

12. 불을 끈 다음 물을 넣고 섞는다. 다시 불에 올려 카라멜을 끓여 녹인다.

13. 꿀에 뜨거운 12를 조금씩 넣으며 섞는다.

담기

접시에 장식용 사과(갓 구운 뜨거운 것)를 얹은 다음 구운 수플레를 뒤집어 틀에서 빼내 담는다. 피스타치오로 장식한 다음 소스 오 미엘을 뿌린다.

Gaufres

고프르

기원은 고대 그리스에서 만들어진 '오벨리오스'로 거슬러 올라간다. 프랑스에서는 우블리(oubris →p.12)로 불리며, 뜨거운 철판 사이에 반죽을 넣어 얇게 구운 과자였다. 13세기경에는 움푹하게 패여 있는 틀이 고안되어, 이것을 이용하면 벌집을 연상시키는 모양이 되었기 때문에 고프르(벌집이라는 의미가 있다)라고 불리게 되었다. 영어로는 와플(waffle)이어서, 일본에서는 와플이라고 부르는 경우가 많다.

재료 10×10㎝ 12장 분량

파트 아 고프르 pâte à gaufres

박력분 125g　125g de farine
베이킹파우더 10g　10g de levure chimique
설탕 25g　25g de sucre semoule
소금 2g　2g de sel
노른자 40g　40g de jaunes d'œufs
우유 175㎖　175㎖ de lait
버터 40g　40g de beurre
흰자 60g　60g de blancs d'œufs
크렘 샹티이 crème chantilly(→p.167)
슈거 파우더 sucre glace
꿀 miel
프랑부아즈(장식용) framboise
민트(장식용) menthe
버터(틀용) beurre
식용유(틀용) huile

고프르 틀(와플 메이커)
gaufrier
고프르(와플)를 굽는 전용 기계. 격자 모양의 무늬가 있는 2장의 철판 사이에 반죽을 넣은 다음 끼워 굽는다. 전기식(뒤 사진)과 직접 불에 닿는 타입(앞쪽 사진)이 있다. 테플론 가공 되어 있는 것이 사용하기 쉽다.

준비 작업

○ 박력분은 체 친다(→tamiser).

○ 버터는 중탕(→bain-marie)해 녹인다.

○ 틀용 버터는 녹여 같은 양의 식용유와 섞어 둔다.

파트 아 고프르 만들기

1. 체 친 박력분, 베이킹파우더, 설탕, 소금은 거품기로 섞는다.

2. 가루류는 샘 모양으로 파서(→fontaine), 가운데의 패인 곳에 노른자를 넣고 우유를 조금씩 넣어 가면서 섞는다.

3. 녹인 버터를 조금씩 넣어 가면서 섞는다. 10분 정도 휴지시켜 탄력을 약하게 한다.

4. 흰자 를 촘촘히 푹신하게 거품 낸다(→fouetter).

5. 4를 3에 넣고 가볍게 섞는다.

굽기

6. 고프르 틀을 데워 준비한 틀용 버터와 식용유를 얇게 바른 다음 반죽을 흘려 넣는다.

7. 뚜껑을 덮고 굽는다.

＊ 불에 직접 대어 굽는 틀의 경우에는, 양면에 색이 잘 나게 굽기 위해 적당한 온도로 뒤집으며 굽는다.

8. 예쁘게 색이 잘 나게 구워지면, 망 위로 옮겨 식힌다. 크렘 샹티이, 프랑부아즈로 장식하고 슈거 파우더, 꿀, 민트로 장식한다.

차가운 디저트

크림이나 과일을 베이스로 한 과자로, 차갑게 할수록 맛있게 먹을 수 있는 것을 냉과(entremets froids)라고 부른다. 응고제 (젤라틴, 펙틴, 한천 등)를 이용해 냉장고에서 차갑게 굳힌 과자, 푸딩과 같이 달걀의 열 응고를 이용해 굳히고 보다 맛있게 즐기기 위해 차갑게 식혀 내놓는 과자, 버터나 초콜릿에 포함되어 있는 지방분에 따라 차갑게 굳혀 만드는 무스류, 또는 계절 과일을 시럽이나 와인 등에 부드럽게 졸여 차갑게 식힘으로써 과일의 풍미를 돋보이게 하고, 식욕을 증진시키는 과일 콩포트를 소개한다.

응고제(겔화제)

액체를 겔 상태(탄력이나 부드러움이 있는 상태)로 굳히는 첨가물.

	젤라틴 (→p.48)	한천	펙틴 (→p.339)	카라기난(→p.259)
원료	우골, 소가죽, 돼지가죽	홍조류(꼬시래기 등)	감귤류의 껍질, 사과	홍조류(진두발, 돌가사리)
주성분	콜라겐 (단백질)	다당류(식이섬유)	다당류(식이섬유)	다당류(식이섬유)
상태	분말, 판 모양	분말, 봉 모양, 실 모양	분말	분말
녹이는 온도와 조건	50~60℃. 물에 불려 넣는다. 오래 가열하면 겔화력이 약해진다.	90~100℃. 물에서 불린 다음, 끓여서 녹인다.	90~100℃. 설탕과 섞어 액체에 넣고, 끓여 녹인다.	50℃ 이상. 설탕과 섞어 액체에 넣고, 80℃ 이상에서 끓여 녹인다.
겔화 온도	15~20℃. 20℃ 이하(냉장고 안 등)에서 식힌다.	30~40℃. 상온에서 굳는다.	상온에서 굳는다. HM펙틴 : 60~80℃ LM펙틴 : 30~40℃	30~75℃. 상온에서 굳는다. 겔화 속도가 빠르다.
조건	산(酸)에 조금 약하다(PH 3.5 이상이면 겔화). 단백질 분해 효소를 포함한 과일(파파야, 키위, 파인애플 등)은 겔화가 불가능하다.	산에 약하다. PH 4.5 이상.	산에 강하다. HM펙틴 : PH가 낮고(산성), 당도가 높을수록 빠르고 강하게 겔화한다(PH 2.7~3.5, 당도 55~80%). LM펙틴 : 산성~중성 (PH 3.2~6.8)으로, 칼슘, 마그네슘 등의 미네랄에 반응해 겔화한다.	PH 3.5 이상이면 겔화한다. 단백질(특히 밀크카세인), 칼슘이 있으면 빠르고 강하게 겔화한다. 로커스트빈검과 병용하면 탄력이 생긴다.
겔의 특징	부드럽고 탄력, 끈기가 있다. 입안에서 잘 녹는다.	탄력, 끈기가 없으며 입에서 부서진다. 부드럽다.	강한 탄력이 있다. LM펙틴은 약간 부드럽다.	부드럽고 적당히 탄력이 있다. 제품에 따라 다르다.
녹는 온도	25~30℃. 여름에 실온에서 방치하면 녹는다. 일단 녹은 것을 다시 겔화하면 강도가 약해진다.	70℃. 실온에서 안정적이다. 일단 녹여 다시 굳혀도 똑같이 굳는다.	90~100℃. 실온에서 안정적이다. 일단 녹은 것을 다시 겔화하면 강도가 약해진다.	겔화되는 온도보다 5~10℃ 높은 온도가 되면 녹는다. 실온에서 안정적이다. 녹인 다음 다시 굳히면 원래대로 돌아간다.
보수성	녹지 않는 온도를 유지하면 거의 이수하지 않는다.	이수되기 쉽다. 설탕을 많이 넣어 보수성을 높이면 좋다.	최적의 조건에서 빗나가면 이수한다.	이수되기 쉽다.
냉동 내성	냉동 불가	냉동 불가	냉동 가능	냉동 가능
영양가	소화 흡수된다. 338kcal/100g.	소화되지 않으므로 0kcal.	소화되지 않으므로 0kcal.	소화되지 않으므로 0kcal.

Bavarois

바바루아

바바루아(바바로아)라는 이름은 독일의 비이에른(바바리아) 지방(프랑스어로 Bavière)에서 유래됐지만 기원은 아마 프랑스로, 앙토냉 카렘 시대에 벌써 젤라틴으로 굳히는 프로마주 바바루아라는 냉과가 만들어졌었다(프로마주는 치즈 상태로 굳힌 것이라는 의미) 현재는 일반적으로 크렘 앙글레즈 노는 과일 퓌레에 젤라틴을 넣은 다음 기품을 낸 생크림과 섞어 굳힌 것을 바바루아라고 정의하고 있다.

재료 지름 21㎝의 트루아 프레르 틀 약 1개 분량

바바루아 bavarois
　┌ 크렘 앙글레즈 crème anglaise
　│　┌ 우유 750㎖ 750㎖ de lait
　│　│ 바닐라 빈 1개 1 gousse de vanille
　│　│ 노른자 180g 180g de jaunes d'œufs
　│　└ 설탕 180g 180g de sucre de semoule
　│ 판 젤라틴 15g 15g de feuille de gélatine
　│ 바닐라 에센스 소량 un peu d'extrait de vanille
　└ 생크림(유지방분 45%) 150㎖ 150㎖ de crème fraîche
크렘 샹티이 crème chantilly(→p.167)
　┌ 생크림(유지방분 45%) 200㎖ 200㎖ de crème fraîche
　└ 슈거 파우더 16g 16g de sucre glace
각종 과일 fruits
민트(장식용) menthe

준비 작업

○ 판 젤라틴은 얼음물에 담가서 불린다.

틀 준비 작업

○ 틀을 얼음물에 담가 둔다.

크렘 앙글레즈 만들기

1. 노른자를 푼 다음 설탕을 조금씩 넣으며 섞는다.

2. 뽀얗게 올라올 때까지 휘저어 섞는다(→blanchir).

3. 바닐라 빈을 세로로 갈라서 씨를 긁어 낸 다음, 우유
　에 넣는다. 깍지도 넣고 끓기 직전까지 데운 다음 2에
　넣고 섞는다.

4. 체에 거르면서 다시 냄비로 옮긴다. 중간 불에 올려
　나무 주걱으로 냄비 바닥을 문지르듯이 섞으면서 졸
　인다.

　• 처음에는 나무 주걱으로 떴을 때 흘러 떨어지는 상태이다.

5. 액체가 끊임없이 움직이는 것처럼 냄비 바닥부터 제대
　로 섞어 주며, 걸쭉해질 때까지 졸인다.

　• 나무 주걱으로 떠 보면 표면에 얇게 덮히는 정도의 농도가 되면 완성
　이다. 약 82~84℃가 된다(나프 상태, à la nappe).

6. 불린 젤라틴(부드럽게 불면 여분의 물기를 짜낸다)을
　넣고 녹인다.

7. 체에 걸러(→passer) 볼에 옮긴다. 볼을 얼음물에 대고 고무 주걱(palette en caoutchouc)으로 끊임없이 섞으면서 식히고, 식으면 바닐라 에센스를 넣는다.

* 너무 차게 하면 굳어 버린다. 랩을 씌워서 볼을 수돗물에 대고 때때로 저어 주면서 상온이 될 때까지 둔다. 생크림과 섞기 직전 걸쭉해질 때까지 식히면 좋다.

바바루아 만들기

8. 생크림이 거품기에 걸릴 정도로 걸쭉해질 때까지 거품을 낸다(→fouetter). 크렘 앙글레즈를 거품 낸 생크림에 넣는다.

* 비슷한 정도의 굳기, 아니면 부드러운 쪽을 단단한 쪽에 섞듯이 넣는다.

9. 틀에 흘려 넣고, 얼음물에 또는 냉장고에 넣어 차게 굳힌다.

10. 틀을 따뜻한 물에 살짝 댄 다음 접시를 대고 뒤집어서 틀에서 빼낸다.

* 접시에 살짝 물을 발라 두면 바바루아를 얹었을 때 중심에서 벗어나도 움직일 수 있다.

11. 가운데에 과일을 넣고, 민트로 장식한다.

12. 크렘 샹티이를 바바루아 가장자리에 짠다.

트루아 프레르 틀 trois-frères
트루아 프레르는 3명의 형제라는 의미이다. 19세기 파리의 유명한 과자 직인 쥘리앵 3형제(→p.14)가 고안한 구움과자용 틀이다. 그리고 얕은 링 모양으로, 쿠글로프 틀과 같이 비스듬하게 비틀어진 소용돌이 무늬도 되어 있다. 알루미늄, 스테인리스 등의 금속제의 구움과자용 틀은 열전도가 잘되며, 냉과에 사용할 수 있다.

Blanc-manger

블랑망제

하얀 음식이라는 의미로, 가장 오래전부터 만들어졌던 냉과라고 한다. 원래는 아몬드의 열매를 갈아 으깬 다음, 짜서 얻은 아몬드 밀크만으로 만드는 것이었으나 현재는 대부분 우유에 향을 입혀 젤라틴으로 굳혀 만든다. 영국에서는 우유에 콘스타치를 넣고 끓인 다음 차갑게 굳힌 디저트를 블랑망제라고 부른다.

재료 지름 6cm의 푸딩 틀 약 15개 분량

아파레유 appareil
┌ 우유 400㎖ 400㎖ de lait
│ 아몬드 100g 100g d'amandes
│ 설탕 100g 100g de sucre semoule
│ 판 젤라틴 12g 12g de feuille de gélatine
│ 아마레토 60㎖ 60㎖ d'amaretto
└ 생크림(유지방분 45%) 360㎖ 360㎖ de crème fraîche

크렘 앙글레즈 crème anglaise(→p.281)
┌ 우유 500㎖ 500㎖ de lait
│ 바닐라 빈 1/2개 1/2 gousse de vanille
│ 노른자 120g 120g de jaunes d'œufs
└ 설탕 120g 120g de sucre semoule

각종 과일 fruits
민트(장식용) menthe

*향이 좋은 아몬드를 사용한다. 유럽산 비터 아몬드의 교배종 등이 좋다.

준비 작업

○ 판 젤라틴은 부드럽게 될 때까지 찬물에 담가 둔다.

○ 아몬드는 뜨거운 물로 껍질을 벗긴다.

1. 우유와 아몬드를 믹서(mixeur)에 넣은 다음 아몬드를 곱게 분쇄한다.

2. 냄비로 옮겨 설탕을 넣고 가열한다.

3. 저으면서 끓여 설탕을 녹이고, 아몬드 향을 낸다.

4. 끓기 직전에 불을 끄고 뚜껑을 덮어 20분 정도 우려낸다.

5. 결이 고운 천을 소쿠리에 깔고 볼로 밭쳐서 거른다 (→passer).

6. 천을 양손으로 짜서 액체를 확실하게 짜낸 다음 계량한다(약 400㎖).

* 젤라틴에 대한 액체의 양에 따라 완성된 굳기가 달라지기 때문에 여기서 반드시 계량할 것. 부족하면 우유를 더 넣는다.

7. 물에 불린 젤라틴을 중탕으로 녹여서 넣고 섞는다.

8. 아마레토로 풍미를 입힌다.

9. 생크림이 걸쭉해질 때까지 거품을 낸다.

10. 8을 뒤섞으면서 얼음으로 식히고, 9의 생크림과 비슷한 정도로 걸쭉해지면 9를 넣고 섞어 합친다.

11. 용기에 흘려 넣고, 냉장고에서 차갑게 굳힌다.

12. 과일(시럽에 졸인 서양배, 키위, 딸기, 블루베리)을 마세두안(macédoine, 한 변이 4~5㎜인 주사위 모양)으로 자른다.

13. 11 위에 크렘 앙글레즈를 붓고, 과일과 민트 잎으로 장식한다.

• 과일은 기호에 맞는 술로 버무려서 얹어도 좋다.

Gelée de pamplemousse
즐레 드 팡플르무스

즐레라는 단어는 퓌레 상태의 잼을 가리키는 경우도 있지만, 여기서는 젤라틴 또는 한천 등 응고제를 사용해 차갑게
굳힌 젤리를 말한다. 껍질을 이용해, panier(바구니)와 같이 만들었다.

재료 그레이프프루트 케이스 4~5개 분량

그레이프프루트 4~5개 4 à 5 pamplemousses
즐레 드 팡플르무스 gelée de pamplemousse
    그레이프프루트 과즙 430㎖ 430㎖ de jus de pamplemousse
    물 300㎖ 300㎖ d'eau
    설탕 110g 110g de sucre semoule
    펄아가8(카라기난 제제) 15g 15g de carraghénane
    키르슈 30㎖ 30㎖ de kirsch
    레몬즙 30㎖ 30㎖ de jus de citron
아몬드 슬라이스(장식용) amandes effilées
크렘 샹티이(장식용) crème chantilly(→p.167)

그레이프프루트
귤과의 감귤류. 19세기에 미국에서 왕귤나무와 오렌지를 교배해 만들었다. 열매가 포도와 같이 송이 모양으로 열려 그레이프프루트라고 불린다. 과즙이 많고, 오렌지보다 당분은 적어서 과일 중에서는 칼로리가 낮다. 과육이 노란색인 품종과 빨간색인 품종(루비)이 있다.

1. 그레이프프루트는 윗부분 1/3을 수평으로 자른다. 절단면부터 5㎜ 두께로 양끝으로부터 칼집을 넣는다.

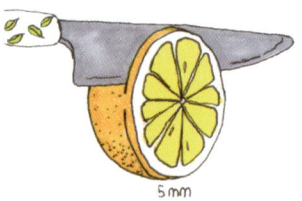

2. 가운데 중앙은 떨어지지 않도록 연결해 둔다(완성됐을 때 사진과 같이 일으켜서 가운데에 리본을 묶어 바구니의 손잡이처럼 된다).

3. 과육과 껍질 사이에 칼을 넣어 분리시킨다.

4. 절단면에 스푼을 천천히 넣어서 과육을 파낸 다음 과즙을 짠다.

5. 카라기난 제제와 설탕을 섞어 둔다.

• 카라기난 제제는 설탕과 섞어 두면 멍울이 생기기 어렵고 쉽게 녹는다.

6. 냄비에 물을 넣고 불에 올려 냄비 가장자리에 작은 거품이 나올 정도로 끓인 다음 불에서 내린다. 거품기로 섞으면서 5를 조금씩 뿌려 넣으며 녹인다.

7. 다시 불에 올려 끓인다.

8. 볼에 그레이프프루트 과즙을 넣고 거품기로 저으면서 7을 넣는다.

9. 키르슈, 레몬즙을 넣는다.

10. 4의 껍질을 세르클(cercle) 위에 수평으로 얹어 안정 시킨 다음 9를 재빨리 붓는다. 냉장고에서 차갑게 굳 힌다.

· 오렌지나 레몬의 경우에는 고정시키기 위해 바닥을 수평으로 조금 자르는 경우가 있지만, 그레이프프루트는 껍질이 얇고 바닥이 빠지 는 경우가 있기 때문에 자르지 않는 것이 좋다.

11. 젤리 위에 크렘 샹티이를 짜고, 아몬드 슬라이스로 장식한다.

12. 칼집을 냈던 껍질을 들어 올려 리본을 묶는다.

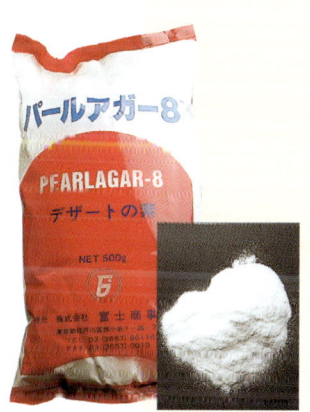

카라기난

홍조류(돌가사리, 진두발 등)의 추출물로 다당 류(식이섬유)의 한 종류이다. 겔화, 증점작용 이 있고, 식품 첨가물로서 허가를 받았다. 정 제된 카라기난에는 3개의 타입이 있으며, 각 각 성질이 다르다. 그것들의 조합이나, 다른 증전제(건류)와의 조합으로, 여러 가지 겔화 특성(탄력, 시감 등)이나 편리한 성질(냉동 내 성 등)을 겸비한 카라기난 제제가 만들어져 있 다. 일반적으로 미네랄(칼슘 등)이나 단백질(밀크 카세인 등)에 따라 겔화력이 증가하고, 70~80℃에서 녹으며 실온에서 굳는 것이 큰 특징이다(차가운 물이나 차가운 우유에 녹는 제품도 있다).

· 이 책에서 사용한 카라기난 제제……펄아가 8(후지상사)

Crème renversée au caramel
크렘 랑베르세 오 카라멜

랑베르세는 뒤집었다는 의미이다. 응고제를 사용하지 않고, 달걀의 열 응고성을 이용해 만든 냉과이다. 뒤집지 않고 틀 그대로 내놓는 것은 플랑(flan), 프티 포 드 크렘(petit pot de crème) 등의 이름으로 불린다. 달걀, 우유, 설탕 섞은 것을 영어로 커스터드, 프랑스어로 크렘 당트르메(crème d'entremets)라고 하며, 쪄서 굳히면 푸딩류가 되며 걸쭉해질 때까지 졸인 액체 상태의 것은 냉과나 크림의 베이스로, 또는 디저트 소스로 사용한다(→p.252 크렘 앙글레즈).

재료 지름 21㎝의 망케 틀 1개 분량

아파레유 appareil
    우유 750㎖ 750㎖ de lait
    바닐라 빈 1개 1 gousse de vanille
    달걀 250g 250g d'œufs
    설탕 150g 150g de sucre semoule
    바닐라 에센스 소량 un peu d'extrait de vanille

카라멜 caramel
    설탕 150g 150g de sucre semoule
    물 150㎖ 150㎖ d'eau

생크림(유지방분 45%) 300㎖ 300㎖ de crème fraîche

카라멜을 만들어 틀에 붓기

1. 동 냄비에 설탕과 물을 넣고 가열한다.

2. 가장자리로 튄 시럽을 물에 적신 붓(pinceau)으로 닦아 낸다.

3. 냄비 가장자리부터 엷은 갈색이 된다.

• 120℃를 넘으면 시럽이 튀지 않으므로 물에 적신 붓은 필요 없다.

4. 전체가 엷은 갈색이 되면, 불을 끈 다음 냄비의 여열로 색이 날 때까지 기다린다.

5. 카라멜색이 나게 되면 거품이 부풀어 오르므로, 거품이 가라앉기를 기다린다.

6. 적당한 색이 되면 물에 냄비를 넣어 식히고, 그 이상 색이 나는 것을 방지한다.

7. 곧바로 틀에 부은 다음 바닥 전체에 펴서 굳을 때까지 둔다.

• 남은 카라멜은 종이(실리콘 수지 가공지) 위에 조금씩 떨어뜨려 굳힌 뒤 보존해 둔다. 다음에 푸딩을 만들 때 그대로 틀에 넣어 사용할 수 있다. 또 우유 등 액체에 넣고 데워서 녹이면 카라멜 풍미의 액체가 되거나, 카라멜 풍미의 크림이나 반죽을 만들 때 사용 가능하다.

아파레유 만들기

8. 달걀을 풀고, 설탕을 넣으며 섞는다.

• 탄력을 끊으면 입안에서 녹는 감촉이 좋아진다. 가볍게 섞기만 해서 탄력이 있게 완성시켜도 좋다

9. 바닐라 빈을 세로로 갈라 씨를 긁어 낸 다음 우유에 넣고 깍지도 넣어서 체온 정도로 데워 8에 넣는다.

• 바닐라 씨는 아파레유 바닥에 가라앉고, 완성되어 뒤집었을 때 표면에 검은 입자가 뭉쳐져 있게 된다. 그것을 피하고 싶다면 바닐라를 가르지 말고 넣는다.

10. 체에 거르고(passer) 바닐라 에센스를 넣는다.

11. 떠 있는 거품은 퍼 낸다.

틀에 붓고 굽기

12. 아파레유를 카라멜을 넣은 틀에 붓는다.

- 이때, 표면에 알코올을 스프레이로 뿌리면 간단히 거품을 없앨 수 있다.

13. 종이 타월을 깐 철판에 12를 얹고, 틀의 높이 반 정도까지 뜨거운 물을 붓고 중탕(→bain-marie)한다. 160℃로 예열한 오븐에서 35분간 굽는다.

- 표면에 막이 생기면 맛이 나빠지기 때문에, 푸딩의 표면이 굳으면 알루미늄 포일 등으로 덮어 두면 좋다.

담기

14. 다 구워지면 상온에 두고 식으면 냉장고에서 차게 해서 단단하게 굳힌다. 틀에서 빼낼 때는, 먼저 틀 가장자리를 손가락으로 가볍게 누르고, 필요하면 틀의 안쪽에 칼을 넣어 안쪽에 붙어 있는 푸딩을 떼어 낸다.

15. 물에 축인 접시를 대고 뒤집는다.

- 접시를 적셔 놓으면, 옮긴 푸딩의 위치가 미끄러져도 이동이 가능하다.

16. 틀을 살짝 떼어 낸다.

- 남은 카라멜에 물을 넣고 녹인 다음 부드럽게 한 것을 소스로 곁들여도 좋다.

- 기호에 따라 크렘 푸에테를 곁들인다.

Mousse au chocolat

무스 오 쇼콜라

무스는 거품이라는 의미로, 녹인 초콜릿이나 과일 퓌레에 거품 낸 생크림이나 머랭 등을 넣고 푹신한 식감으로 굳힌 것을 가리킨다. 무스만 냉과로 내놓거나, 스펀지 반죽과 조합시켜 여러 가지 앙트르메를 만들 수 있다. 바바루아와 무스를 구별하기는 애매한데, 기포를 보다 많이 포함하고 가벼운 것을 무스라고 하는 경우가 많다.

재료 지름 7cm의 반구형 틀 6개 분량

무스 오 쇼콜라 mousse au chocolat
- 커버추어 (카카오분 56%) 125g 125g de couverture
- 파트 아 봉브 pâte à bombe
  - 노른자 80g 80g de jaunes d'œufs
  - 시럽(30°Bé) 125㎖ 125㎖ de sirop
- 생크림(유지방분 38%) 250㎖ 250㎖ de crème fraîche

시럽에 졸인 서양배 poire au sirop(→p.49)
버터(틀용) beurre
제누아즈(또는 비스퀴) 지름 7cm, 두께 5mm 6장 génoise(→p.50)
앵비바주 imbibage
- 그랑 마르니에 Grand Marnier
- 시럽(물 2 : 설탕 1) sirop
나파주 뇌트르 nappage neutre
민트(장식용) menthe
초콜릿 시가레트(장식용) cigarette de chocolat
쿨리 도랑주 coulis d'orange
- 오렌지 2개 2 oranges
- 설탕 sucre semoule
- 콘스타치 fécule de maïs

1~3. 시럽에 졸인 서양배를 세로로 반으로 잘라서 심을 빼낸 다음 얇게 자른다.

4. 반구형 틀에 버터를 얇게 바른 다음 서양배를 붙여 (→chemiser) 냉장고에서 휴지시킨다. 틀에서 비어져 나온 서양배는 그대로 둔다.

파트 아 봉브 만들기

5. 노른자를 풀고, 상온의 시럽을 조금씩 넣어 가면서 섞는다.

● 끓인 시럽을 넣어도 좋다.

6. 중탕(→bain-marie)해 살살 섞어 가면서 노른자에 열을 가한다.

7. 걸쭉해지며 전체가 크림 상태가 되면 체에 걸러(→passer) 다른 볼로 옮긴다.

8. 식고 뽀얗게 올라올 때까지 거품을 낸다(→fouetter).

• 핸드 믹서로 단단히 거품을 내도 좋다.

9. 커버추어를 잘게 잘라서 중탕으로 녹인 다음 파트 아 봉브에 넣고 거품기로 섞는다.

10. 생크림을 거품기에 겨우 걸릴 정도의 굳기까지 거품 을 낸 다음, 9에 넣고 고무 주걱으로 섞는다.

11. 10을 4의 틀에 짜 넣는다.

12. 제누아즈로 뚜껑을 덮고 그랑 마르니에를 넣은 시럽 을 스며들게 한다(→imbiber). 냉장고에서 차갑게 굳 힌다.

• 앵비바주는 시럽과 그랑 마르니에를 2대 1로 합해 사용한다.

13. 비어져 나와 있는 서양배는 잘라 내고 다듬는다.

14. 틀을 뜨거운 물에 담가 살짝 데운 다음 접시 위에 엎 어 틀을 빼낸다. 표면에 나파주 뇌트르를 바르고 민 트 잎과 초콜릿 시가레트으로 장식한다. 접시에 쿨 리 도랑주(오렌지 과즙, 설탕, 콘스타치를 섞어 끓여 식힌 것)를 뿌린다.

나파주 뇌트르

neutre는 「중간의」라는 의미로, 나파주 뇌트르는 펙틴과 설탕 등으로 만들어진 무색투명의 나파주이다(p.48). 끓여 녹이지 않고 그대로 바를 수 있으며, 열을 가하세 뇌면 녹아 버리는 무스 등의 표면에 바를 때 사용하는 경우가 많다. 표면에 광택을 주며, 건조되지 않도록 보호하는 역할을 한다.

Mousse au citron
무스 오 시트롱

초콜릿 무스는 초콜릿이 함유하고 있는 유지가 차가워지면 굳지만,
레몬 무스는 유지가 적기 때문에 젤라틴을 보충해 모양을 만들어 준다.

재료 레몬 케이스 약 20개 분량

무스 오 시트롱 *mousse au citron*

┌ 달걀 200g *200g de jaunes d'œufs*
│ 설탕 120g *120g de sucre semoule*
│ 레몬즙 165㎖ *165㎖ de jus de citron*
│ 버터 85g *85g de beurre*
├ 판 젤라틴 8g *8g de feuilles de gélatine*
│ 생크림(유지방분 45%) 500㎖ *500㎖ de crème fraîche*
└ 슈거 파우더 165g *165g de sucre glace*

가르니튀르 *garniture*

┌ 냉동 프랑부아즈 250g *250g de framboises surgelées*
│ 설탕 60g *60g de sucre semoule*
└ 판 젤라틴 8g *8g de feuilles de gélatine*

제누아즈(또는 비스퀴) 두께 8mm *génoise*(→p.50)
민트(장식용) *menthe*
프랑부아즈(장식용) *framboise*
시럽에 절인 레몬 껍질(장식용) *zeste de citron confit*

┌ 레몬 껍질 *zeste de citron*
└ 시럽 (물 1 : 설탕 1) *sirop*

준비 작업

○ 판 젤라틴은 냉수에 넣어 부드럽게 해 둔다.

○ 레몬 표피(노란색 부분만)를 채 쳐서(julienne) 뜨거운 물에 삶아 시럽에 끓여 둔다.

○ 레몬 껍질로 케이스를 만든다. 레몬은 가로로 윗부분 1/3을 잘라 내고, 과육을 파낸다(→p.258 3~4). 바닥이 되는 면의 껍질은 수평으로 조금 잘라 내어 안정되게 한다.

○ 파 낸 과육은 짜서 레몬즙 165㎖를 준비한다.

무스 베이스 만들기

1. 냄비에 풀어 놓은 달걀을 넣고, 설탕을 넣는다. 설탕이 섞이고 나면 레몬즙, 버터(딱딱한 상태로 작게 자른)를 넣고 가열한다.

2. 거품기로 가볍게 저으면서 끓기 직전까지 가열한다.

• 레몬의 산으로 인해 녹이 슬기 쉬우므로 냄비는 동 냄비(가능하면 도금되어 있지 않은 것)를 이용하고, 거품기를 냄비에 강하게 대거나, 비비지 않는다.

3. 걸쭉해지고 나면 불에서 내리고 물에 불린 젤라틴을 넣는다. 볼에 옮겨서 식힌다.

가르니튀르 만들기

4. 냉동 프랑부아즈의 일부를 얼린 그대로 냄비에 넣고 가열한다. 나무 주걱으로 눌러 으깨면서 열을 가한다. 어느 정도 녹아서 부서지면 설탕을 넣는다.

5. 좀 더 으깨 가면서 끓이고, 완전히 녹으면 불에서 내려 판 젤라틴을 넣고 녹인다.

6. 남은 프랑부아즈는 얼린 그대로 넣고 전체적으로 섞는다.

7. 볼에 옮겨 담아 그대로 둔다.

• 남겨 두었던 냉동 프랑부아즈를 넣기 때문에 금방 식고 굳는다.

완성하기

8. 과육을 파낸 레몬 껍질에 제누아즈를 깐다.

9. 생크림에 슈거 파우더를 넣고 각이 뾰족하게 날 때까지 거품을 낸다(→fouetter). 3의 1/3을 거품 낸 생크림에 넣고 섞은 다음 나머지도 넣고 거품을 꺼뜨리지 않도록 가볍게 섞는다.

10. 9를 지름 13㎜의 원형 깍지를 끼운 짤주머니(poche à douille unie)에 넣고 8의 반 정도까지 짜서 넣는다. 7의 가르니튀르를 풀어서 작은 스푼 하나씩 넣는다.

11. 남은 9를 나선형으로 짜서(→dresser) 냉장고에서 차갑게 굳힌다.

● 기본적으로는 버터로 굳히는 무스로, 젤라틴은 그것을 보충하는 역할을 한다.

12. 시럽에 절인 레몬 껍질과 생프랑부아즈, 그리고 민트로 장식한다.

Sabayon

사바용

사바용에 생크림과 젤리틴을 넣어 냉가로 만든 것 사바용의 기원은 이탈리아의 *zabaione*이다. 와인, 설탕, 노른자를 베이스로 한 크렘 당트르메(crème d'entremets)의 한 종류로, 일반적으로 따뜻할 때 먹는다.

재료 완성된 것 500㎖ 분량

노른자 80g 80g de jaunes d'œufs
설탕 100g 100g de sucre semoule
화이트 와인(단맛) 120㎖ 120㎖ de vin blanc
생크림(유지방분 45%) 250㎖ 250㎖ de crème fraîche
판 젤라틴 6g 6g de feuilles de gélatine
초콜릿 원형 플레이트(장식용) plaquette de chocolat
크렘 샹티이(장식용) crème chantilly(→p.167)

* 화이트 와인 대신에 샴페인으로 만들어도 좋다.

준비 작업

○ 판 젤라틴은 찬물에 불려 둔다.

1. 노른자는 풀고 설탕을 넣고 섞은 다음 뽀얗게 올라올 때까지 거품기로 단단하게 섞어 준다(→blanchir).
2. 화이트 와인을 조금씩 넣어 주면서 섞는다.
3. 뜨거운 물로 중탕(→bain-marie)을 하면서 힘 있게 섞어 준다.
4. 푹신하고 입자가 고운 크림 상태가 될 때까지 거품기로 휘저어 섞으면서 달걀에 열을 가한다.

 * 보통 사바용의 경우에는 이 공정으로 완성이 된다.

5. 불에서 내리고 중탕으로 녹인 판 젤라틴을 넣는다. 더욱 입자가 고운 크림 상태가 될 때까지 충분히 거품을 내고 (→fouetter), 상온이 될 때까지 저으면서 식힌다.
6. 생크림을 얼음물에 대고 거품을 낸다. 거품기에 살짝 걸려 걸쭉하게 흘러 떨어질 정도가 좋다.
7. 6의 생크림에 5를 넣고 가볍게 섞는다.

 * 생크림이 약간 딱딱하므로 생크림에 사바용을 넣고 섞는다.

8. 거품기로 떠 봤을 때 천천히 흘러 떨어져 자국이 남을 정도의 굳기로 한다.
9. 잔(coupe)에 흘려 넣고, 표면을 평평하게 다듬은 다음 냉장고에서 차갑게 굳힌다.
10. 크렘 샹티이를 짠 다음 초콜릿으로 장식하고 비스퀴 드 랭스를 곁들인다.

레드 와인, 화이트 와인
포도를 원료로 한 양조주. 레드 와인은 껍질이 거무스름한 포도 품종을 껍질째 압착해 과즙에 껍질의 색소(폴리페놀)를 옮겨 발효시켜 만든다. 떫은맛인 것, 진한 깊이가 있는 맛인 것이 있다. 화이트 와인은 하얀 포도만이 아니라 검은 포도로도 만들지만, 그 경우에도 색이 들어가지 않도록 과즙을 짠다. 과일 맛이 나며 산미를 느낄 수 있는 것 등이 있다. 두 가지 다 쌉쌀한 맛이 나는 것, 단맛이 나는 것이 있다.

비스퀴 드 랭스 Biscuit de Reims

랭스는 샹파뉴(샴페인)를 생산하는 샹파뉴 지방의 중심 도시로, 비스퀴 드 랭스는 대략 300년 전에 이 마을에서 샹파뉴의 '안주'로서 만들어졌다. 엷은 핑크색으로, 설탕을 묻혀 구운 표면과 속까지 바삭바삭한 가벼운 식감이 특징이다. 샴페인에 적셔 먹는다.

반죽 pâte

- 설탕 140g   140g de sucre semoule
- 바닐라 슈거 20g   20g de sucre vanillé
- 노른자 60g   60g de jaunes d'œufs
- 흰자 90g   90g de blancs d'œufs
- 박력분 125g   125g de farine
- 식용 색소(적) 소량   un peu de colorant rouge

설탕 sucre semoule

1. 노른자를 풀고 설탕과 바닐라 슈거를 넣는다. 중탕으로(→bain-marie) 리본 상태(→ruban)가 될 때까지 섞는다. 불에서 내려 식을 때까지 다시 섞는다. 식용 색소를 물에 녹인 다음 넣고 섞는다.

2. 흰자를 단단하게 거품 낸 다음 1에 넣고 섞는다.

3. 체 친 박력분을 뿌려 넣는다.

4. 지름 13mm의 원형 깍지를 끼운 짤주머니에 반죽을 넣고, 종이를 깐 철판에 길이 6cm로 짠다.

5. 설탕을 뿌린 다음 여분의 설탕은 제거하고, 180℃로 예열한 오븐에서 약 15분간 반죽 속까지 제대로 굽는다.

Œufs à la neige

외프 아 라 네주

*neige [f] 눈.

아 라 네주는 금방 녹아 없어지는 눈이라는 의미로, 눈처럼 거품 낸 흰자를 뜨거운 물에서 굳힌 디저트이다. 크렘 앙글레즈에 띄워 내놓기 때문에 일 플로탕트(île flottante, 수면에 떠 있는 듯이 보이는 섬이라는 뜻)라고도 불린다.

재료 지름 8cm의 것 5~6개 분량

머랭 meringue
- 흰자 250g(약 8개 분량) 250g de blancs d'œufs
- 설탕 125g 125g de sucre semoule
- 소금 약간 1 pincée de sel

물 eau
레몬즙 jus de citron
레몬 껍질 zeste de citron
아몬드 슬라이스 amandes effilées
카라멜 caramel
- 설탕 250g 250g de sucre semoule

크렘 앙글레즈 crème anglaise(→p.281)
- 우유 500mℓ 500mℓ de lait
- 바닐라 빈 1개 1 gousse de vanille
- 노른자 80g 80g de jaunes d'œufs
- 설탕 125g 125g de sucre semoule

준비 작업

○ 아몬드 슬라이스는 로스트한다.

1. 머랭을 만든다. 흰자에 소금과 설탕 1/3을 넣고 녹이며 풀어 준다.

2. 거품을 내면서(→fouetter) 나머지 설탕을 2~3회에 나눠 넣으며 단단한 머랭을 만든다.

3. 완성된 머랭. 머랭을 단단하게 거품 내지 않으면 열 전달이 나빠지며, 마시멜로와 같은 상태로 완성되지 않는다.

4. 입구가 넓은 냄비에 물, 레몬즙, 레몬 껍질을 넣고 불에 올린다. 냄비 바닥에 작은 기포가 생겨 뜰 정도로 끓으면, 들러붙지 않도록 기름을 바른 국자(용량 180mℓ)에 3의 머랭을 봉긋한 구형으로 담아서 채운다.

5. 둥글게 모양을 다듬고, 고무 주걱으로 머랭을 긁어 내 덧에 세서 뜨거운 물에 넣는다.

* 물이 너무 뜨거우면 머랭의 표면이 단단하게 굳거나, 속까지 열이 닿기 어렵다. 또한, 표면의 식감도 나빠지기 때문에 뜨거운 물은 삭는 기포가 떠오르는 상태를 유지한다(80℃).

6. 때때로 뒤집어 가면서 머랭 속까지 균등하게 열이 닿을 수 있도록 약 10분간 데친다.

7. 열기의 상태는 눌러 봤을 때 머랭의 탄력으로 판단한다. 처음에는 손으로 만졌을 때 손에 머랭이 붙는다. 속까지 열이 닿지 않았을 때는 눌러 보면 탄력이 없으며 머랭이 깨질 것 같다. 그러나 열이 전달됨에 따라 탄력이 생기며, 조금 힘을 주어 뜨거운 물에 밀어 넣어도 깨지지 않는다.

8. 열이 닿고 나면 물기를 짜낸 젖은 행주 위에 꺼내어 물기를 없앤다. 식으면 냉장고에서 충분히 차갑게 한다.

● 속까지 열이 닿지 않게 되면 식었을 때 꺼져 버리고 만다.

크렘 앙글레즈 만들기
머랭을 식히는 동안에 크렘 앙글레즈를 만든다.

9. 표면이 가공된 종이(쿠킹 페이퍼 등)에 머랭을 놓고, 아몬드 슬라이스를 얹는다.

10. 분량의 설탕을 전부 녹여서 졸인 다음, 나무 주걱으로 떠 보았을 때 적당한 카라멜색으로 색이 나면 9의 표면에 재빠르게 뿌려 준다. 잠시 놓아두어 표면의 카라멜을 식혀 굳힌다.

● 카라멜을 만들 때 물을 사용하지 않기 때문에 냄비에 설탕을 조금씩 녹여 가면서 넣어 카라멜 상태로 졸인다. 너무 태워서 쓰지 않도록 주의할 것.

11. 여분의 카라멜을 잘라 내고, 접시에 식힌 크렘 앙글레즈를 뿌린 다음 10의 머랭을 띄운다.

Compote de pruneaux

콩포트 드 프뤼노

콩포트는 설탕으로 부드럽게 끓인 과일이다. 잼 상태가 될 때까지 졸인 것도 있다. 향신료나 와인으로 풍미를 내고 과일 모양이 남도록 완성시킨 것은 디저트로 제공된다.

재료

말린 플럼 20개 20 pruneaux
레드 와인 750㎖ 750㎖ de vin rouge
설탕 250g 250g de sucre semoule
레몬(둥글게 자름) 3장 3 rondelles de citron
시나몬 스틱 1개 1 bâton de cannelle
클로브 clou de girofle
민트(장식용) menthe

1. 냄비에 레드 와인, 설탕, 시나몬, 클로브를 넣는다. 레드 와인 대신에 화이트 와인으로 만들어도 좋으며, 후추 등을 넣어도 좋다.

2. 레몬은 껍질을 줄무늬 모양으로 벗긴 다음 둥글게 잘라 1에 넣고 끓인다.

 • 레몬은 장식용으로 잘라 두고, 그릇에 담을 때 사용한다. 레몬 대신에 오렌지를 사용해도 좋다.

3. 와인에 향신료 등의 풍미가 충분히 나게 되면, 말린 플럼을 넣고 다시 끓인다.

4. 끓고 나면 불을 끄고 유산지로 접착시켜 뚜껑을 덮은 다음, 완전히 식혀 냉장고에서 하룻밤 재워 둔다. 나눠서 그릇에 담은 후 민트로 장식한다.

 • 끓인 즙은 냉장고에서 보관하고, 당도를 조절해 그라니테(→p.286)로 이용 가능하다.

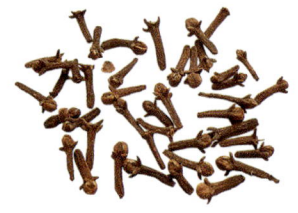

클로브
정향. 도금양과 교목의 봉오리를 건조시킨 것. 못과 같은 모양을 하고 있다. 강한 향과 혀가 얼얼할 정도의 자극성을 가지고 있으며, 방부 효과가 있다.

빙과

Glace

빙과

빙과는 일반적으로는 아이스크림(글라스, glace)이나 셔벗(소르베, sorbet)으로 불리며, 재료를 크림(크렘 앙글레즈, crème anglaise)이나 과즙으로 가공해 냉동 응고시킨 과자를 말한다.

빙과의 맛은 물, 기름, 공기로부터 복잡한 에멀션(유화)에 의해 만들어진다. 물을 얼리면 단단한 얼음이 되지만 유화되는 재료(단백질, 전분, 지방 등), 또는 얼리는 방법(공기의 함유량)에 따라 맛이나 가벼움이 바뀐다.

빙과의 역사는 오래되어, 고대 아라비아나 중국의 왕후, 귀족들은 쌓인 눈이나 얼음을 빙실이나 깊은 우물에 보존해 두고, 한창 더울 때 과즙이나 벌꿀을 뿌려 먹었다고 전해진다. 천연의 눈이나 얼음을 원료로 하지 않고 빙과를 만드는 것이 가능해진 것은 16세기 초에 발견된 냉각 기술 *¹ 덕분이다. 현재에는 냉동 기술의 진보에 따라 사계절 관계없이 맛있는 빙과를 즐길 수 있다.

빙과의 제조 판매에 관해서는, 달걀이나 유제품 등 세균에 오염되기 쉬운 재료를 사용하기 때문에, 위생상의 안전을 위해 법적인 규격이 갖추어져 있다 *².

또 빙과의 보존은 영하 20℃ 이하가 바람직하다. 보존 온도가 높고, 녹았다가 굳었다가 하는 것을 반복하게 되면 결정이 커져 버려 꺼칠꺼칠하거나 기름기가 많아져 풍미가 떨어진다.

---

* 1 16세기 이탈리아 파도바 대학 교수, 마르크 안토니우스 지마라가 물에 초석을 넣으면 초석이 용해할 때 흡열 작용으로 물이 냉각되는 것을 발견했다.

* 2 아이스크림류의 정의(일본의 경우)

  [아이스크림류] 생우유, 우유 그리고 특수 우유 또는 이것을 원료로 해 제조한 식품을 가공하거나, 또는 주요 원료로 한 것을 동결한 것으로 유고형분 3.0% 이상을 포함한 것(발효유 제외).

• **아이스크림** : 유고형분 15.0% 이상 (유지방분 8.0% 이상), 세균 수 10만 이하(Slg당 : S= 표준 평판 배양법), 대장균군 음성

• **아이스밀크** : 10.0% 이상 (3.0% 이상), 5만 이하(Slg당), 대장균군 음성

• **락토아이스** : 3.0% 이상, 5만 이하 (Slg당), 대장균군 음성

• 법률상의 빙과는 아이스크림류 이외의 유제품이 아닌 빙과를 가리킨다.

  (이 책에서는 용기 등에 넣어 판매를 목적으로 하지 않기 때문에 이 규격에는 준하지 않는다)

당도를 측정하는 방법

당도를 나타내는 단위에는 비중계를 사용해 재는 보메도와, 굴절 당도계를 사용해 측정하는 브릭스도가 있다. 비중계가 액체에만 사용할 수 있는 데 반해 굴절 당도계는 퓌레나 잼과 같이 고형 물질을 다량 함유한, 농도가 있는 것도 간단히 측정이 가능하다.

물 1,000㎖에 설탕 1,000g을 넣은 시럽(1대 1 시럽)은 당도 50%, 브릭스도 50%이고 보메도는 27.3도이다.

보메도

보메 비중계에 따라 액체의 농도를 표시한 도수이다. 비중의 단위. 비중계(densimètre)를 발명한 프랑스 화학자 보메(Baumé, 1728~1804)의 이름을 따랐다.

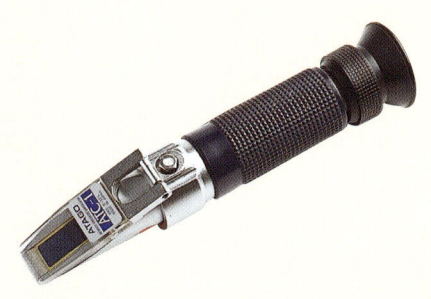

브릭스도

당도 단위의 하나로, 19세기 독일의 발명가 브릭스(A. F. W. Brix, 1798~1890)의 이름을 따랐다. 17.5℃로 액체나 과일 등에 포함되어 있는 「수크로스」의 중량을 퍼센트(%)로 표시한다.

브릭스계(굴절 당도계, 굴절계, réfractomètre)로, 액체를 통과하는 빛의 굴절률을 측정해 브릭스도로 환산한다(1%를 1브릭스도로 한다).

안정제

안정제

아이스크림이나 셔벗에 거친 얼음의 결정이 생기는 것을 막아 고운 입자로 완성하고, 또 이수를 막아 부드러운 식감을 유지하도록 하는 식품 첨가물이다. 겔화제가 주성분으로, 식품의 점성을 높여서 성분을 안정시킨다. 아라비아검, 키산탄검, 로커스트빈검, 구아검 등 식물성 검질, 카라기난 등의 해초 추출물, 젤라틴 등이 사용된다. 시판 아이스크림이나 셔벗에는 사용 목적에 따라 증점제, 안정제 또는 후료 중에서 적절한 용도명이 기재되어 있다. 또 휘핑크림의 보형성을 좋게 하기 위해서도 사용된다.

빙과에 반드시 사용해야 하는 것은 아니지만 첨가하지 않을 경우, 어느 정도 냉동고에서 보존했을 때에 결정이 거친 상태가 되기 쉽다. 단, 갓 만들어진 것을 제공할 때는 첨가하지 않아도 괜찮다.

(빙과용 안정제의 예)

Vidofix : 구아검 제제(구아검 40%, 포도당 60%) 구아검은 인도 등에서 재배되는 콩과의 구아라고 하는 식물의 종자로부터 추출한 다당류이다. 찬물에 넣으면 찰기가 생긴다. 증점, 보수의 효과가 있다.

Glace à la vanille
글라스 아 라 바니유

바닐라 풍미의 아이스크림이다. 처음에 빙과는 셔벗 형태만 있었으나, 17~18세기에는 유제품이나 달걀의 지방분과 공기가 융합된 크림 형태의 빙과가 만들어지게 되었다. 기본 글라스 아 라 바니유는 노른자와 우유로 만든 크렘 앙글레즈를 베이스로 해, 생크림을 넣어 만든다. 또한 휘저어 섞어서 작은 기포를 들여보내면서 동결시키므로, 부드러우며 식감이 좋은 것이 특징이다.

재료

크렘 앙글레즈 *crème anglaise*
- 우유 500㎖ 500㎖ de lait
- 바닐라 빈 1개 1 gousse de vanille
- 노른자 120g 120g de jaunes d'œufs
- 설탕 110g 110g de sucre semoule

생크림 150㎖ 150㎖ de crème fraîche
바닐라 에센스 *extrait de vanille*

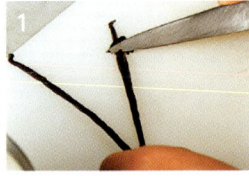

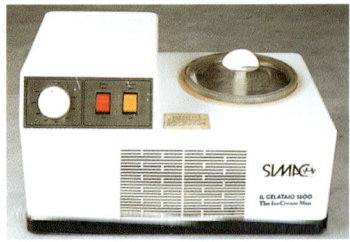

크렘 앙글레즈 만들기

1. 바닐라 빈은 세로로 칼집을 내고 칼끝으로 훑어서 씨를 빼낸다. 냄비에 우유를 넣고, 바닐라 씨와 껍질을 넣어 끓인다.

2. 볼에 노른자를 넣고 거품기(fouet)로 푼 다음 설탕을 넣고 뽀얗게 될 때까지 휘저어 섞는다(→blanchir).

3. 우유를 조금씩 넣어 가면서 매끄럽게 풀어 준다.

4. 다시 냄비에 넣어 불에 올리고, 나무 주걱(spatule en bois)으로 저으면서 83℃까지 졸인다.

5. 나무 주걱으로 떠 봤을 때 표면에 얇게 덮힐 정도로 걸쭉해지면 좋은 것이다(→nappe).

6. 체에 걸려 볼에(→passer) 넣고, 얼음물에 대고 저으면서 재빨리 식힌다.

글라스 아 라 바니유 완성하기

7. 6에 생크림, 바닐라 에센스를 넣고 섞는다.

8. 소르베티에르에 넣어서 얼린다.

9. 완성. 접시에 담아 시가레트를 곁들인다.

소르베티에르 sorbétière, sorbetière
아이스크림 프리저. 아이스크림, 셔벗의 제조에 필요한 기계이다. 주걱 모양의 날개가 회전하면서, 재료를 휘저어 기포를 포집하는 동시에 주위부터 냉각, 동결시킨다. 대형의 서치식, 그리고 탁상형이 있으며, 한번에 가능한 양이나 걸리는 시간은 제품에 따라 다르다. 가정용은 용기를 냉동고에 냉각시켜 두고 재료를 넣어 회전 날개를 세트하고, 전기로 돌리면서 동결시키는 방식인 것도 있다.

Sorbets
소르베

셔벗. 기본적으로 유제품이나 달걀은 사용하지 않고, 과즙이나 퓌레에 시럽 등을 넣어 당도를 높인 다음 휘저어 섞어 공기를 포집하며 얼린 것. 아이스크림보다 입자가 거칠지만, 그라니테보다 부드럽게 완성된다.

Sorbet au citron 소르베 오 시트롱

재료

물 250㎖ 250㎖ d'eau
설탕 120g 120g de sucre semoule
물엿 30g 30g de glucose
레몬즙 300㎖ 300㎖ de jus de citron
안정제 5g 5g de stabilisateur
설탕 5g 5g de sucre semoule

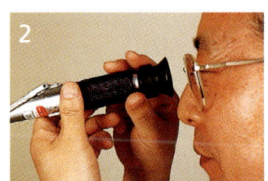

1. 레몬즙의 당도를 측정한다. 브릭스계의 유리 면에 레몬즙을 균등하게 얇게 펴 바른다.

2. 뚜껑을 덮고 밝은 쪽을 향해 눈금을 읽어 낸다.

• 레몬의 당도는 대략 8% 정도이다.

3. 물에 설탕 120g을 넣고 끓여서 시럽을 만든 다음 20℃까지 식힌다(당도는 대략 58%). 레몬즙에 시럽, 물엿을 넣고 섞는다.

• 시럽의 양을 가감해 완성된 후의 당도가 26~28%가 되도록 조절한다. 필요한 시럽 양의 기준은 피어슨 사각법 참조.

4. 안정제와 설탕 5g을 섞어서 3에 뿌려 넣고 녹인다.

• 여기서 하루 놔두면 걸쭉해지며, 맛이 각을 느낄 수 있다.

5. 소르베티에르에 넣고 얼린다.

6. 완성. 파트 아 시가레트로 만든 코르네에 수북이 담는다.

피어슨 사각법

당도 조절을 할 때 편리한 계산 방법이다. 유지방이나 알코올 농도의 조절에도 사용한다.

당도 A%와 B%인 것을 섞어 C%로 하고 싶은 경우, C의 수치를 대각선의 교점으로 해서 사각형을 아래와 같이 그린다. D와 E에는 대각선에 있는 %의 수치가 큰 쪽에서 작은 쪽을 뺀 숫자를 기입한다.
이 그림을 기초로 하고, 밑의 공식을 통해 A%의 액체의 양(㎖)에 내해, B%의 액체가 몇 ㎖ 필요한지 계산이 가능하다(구하는 B%의 액체 양을 x로 한다).

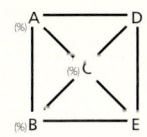

(A와 C, B와 D는 큰 수치에서 작은 수치를 뺀다)
$A - C = E$
$C - B = D$
$x(㎖) = A\%의\ 액체\ 양(㎖) \times \dfrac{E}{D}$

예) 당도 10%의 오렌지 과즙 600㎖에 당도 60%의 시럽을 넣고, 당도 30%로 하려면 시럽 몇 ㎖를 넣으면 될까?

오렌지 과즙의 당도를 A, 시럽의 당도를 B라고 하면
$E = C - A = 30 - 10 = 20$
$D = B - C = 60 - 30 = 30$
$x = 600 \times 20 \div 30 = 400$
시럽을 400㎖ 넣으면 된다.

Sorbet à la framboise 소르베 아 라 프랑부아즈

재료
프랑부아즈 퓌레 500g *500g de purée de framboise*
시럽(브릭스도 30%) 250g *250g de sirop*
레몬즙 20㎖ *20㎖ de jus de citron*
안정제 3g *3g de stabilisateur*
설탕 3g *3g de sucre semoule*

프랑부아즈
영어로 라즈베리. 장미과의 관목 나무딸기류의 열매로 검은색이나 보라색인 것도 있으나, 주로 빨간 것을 가리킨다. 작은 알갱이 모양의 열매가 모여 이루어진 지름 2㎝ 정도의 집합과로, 익으면 속이 비어 있다. 새콤달콤하며, 신선한 것은 향이 좋다. 과육이 부드러워 보존이 어렵기 때문에, 냉동 또는 퓌레로 해 냉동한 것이 자주 이용된다. 잼으로 만들어 이용하는 경우도 많다. 또 프랑부아즈로 만든 브랜디, 리큐어도 있다.

1. 프랑부아즈 퓌레, 시럽, 레몬즙을 섞는다.
  * 퓌레는 생프랑부아즈 또는 냉동 프랑부아즈를 믹서에 돌려서 체에 거른다. 또는 시판 퓌레(→p.338)를 사용한다.
2. 안정제와 설탕을 섞는다.
3. 1에 2를 뿌려 넣고 녹인다.
4. 소르베티에르에 넣고 얼린다.

Sorbet à la mangue 소르베 아 라 망그

재료
망고 4개 *4 mangues*
레몬즙 *jus de citron*
시럽(브릭스도 30%) 약 350㎖ *350㎖ de sirop*
안정제 5g *5g de stabilisateur*
설탕 5g *5g de sucre semoule*

망고
옻나뭇과 교목의 열매이다. 과육은 끈끈하고 부드러우며, 강한 단맛과 농후한 향이 있다. 일본에 수입되는 것은 주로 멕시코산 애플 망고(왼쪽 사진)와, 필리핀산 펠리칸 망고(카라바오종, 오른쪽 사진)이다. 애플 망고는 둥글고, 익으면 껍질이 빨갛고 과육은 오렌지색이 된다. 펠리칸 망고는 납작하며, 껍질과 과육 모두 노란색이다. 속에 납작하고 큰 씨가 있기 때문에 생선을 손질하는 듯한 요령으로, 씨의 위아래로 잘라 내어 과육을 뺀다.

1. 망고는 과육을 믹서에 넣고 레몬즙을 뿌려 퓌레로 만든다.
2. 볼에 넣어 시럽을 넣고, 레몬즙으로 맛을 조절한다.
3. 안정제와 설탕을 섞는다.
4. 2에 3을 뿌려 넣고 녹인다.
5. 소르베티에르에 넣고 얼린다.

Sorbet à l'orange 소르베 아 로랑주

재료
오렌지 과즙(브릭스도 10%) 1ℓ *1 litre de jus d'orange*
설탕 200g *200g de sucre semoule*
레몬즙 40㎖ *40㎖ de jus de citron*
안정제 20g *20g de stabilisateur*
설탕 20g *20g de sucre semoule*

오렌지
귤과의 감귤류. 발렌시아 오렌지와 배꼽귤이라고도 하는 네이블 오렌지 계가 대표적인 품종이다. 그 밖에 이탈리아, 스페인 등에서는 과육이 빨간 블러드 오렌지가 많이 재배되고 있다. 오렌지는 15세기 들어 제노바와 스페인의 상인들이 아랍의 여러 나라로부터 유럽에 들여왔지만, 근세까지는 사치스러운 과일로 식탁을 장식하거나 선물에 대한 답례품으로 사용되었다.

1. 오렌지 과즙에 설탕 200g, 레몬즙을 넣는다.
2. 안정제와 설탕 20g을 섞어 1에 뿌려 넣고 녹인다.
3. 소르베티에르에 넣고 얼린다.

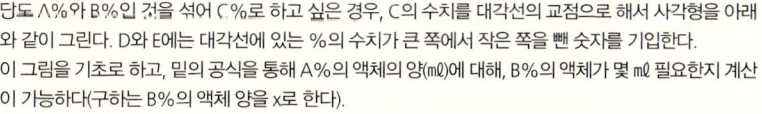

베리

베리는 과즙이 많은 과실류(장과) 중에 특히 알갱이가 작은 것을 가리킨다. 예전에는 산야에 자생하는 것을 이용했지만, 최근에는 대부분이 재배되고 있다. 생으로 먹는 것 외에도 타르트, 콩포트, 잼, 파트 드 프뤼 등에 사용하며, 리큐어나 브랜디의 원료도 된다. 색이 예쁘며, 모양이 귀여우므로 과자의 장식으로서도 효과적이다.

딸기, 프랑부아즈, 그로제유(까치밥나무 열매), 에렐(월귤나무 열매)과 같은 빨간 베리류(오디, 카시스 등 엄밀하게는 빨갛지 않은 베리를 포함하고 있는 경우도 있다)와 체리를 포함해, 프뤼 루즈(fruits rouges, 빨간 열매)라고 부른다.

[ ] 안은 영어/프랑스어 이름 순

장미과

<딸기>
[strawberry / fraise]
p.39 참조

<산딸기(와일드 스트로베리, 유러피안 스트로베리)>
[wild strawberry / fraise des bois]
열매는 작지만 향이 좋다. 건조시킨 잎을 허브티로 사용한다. 본래는 야생 딸기이지만, 현재는 재배되고 있다.

<나무딸기>
[라즈베리 raspberry / framboise]
나무딸기속 중에 열매가 익으면 꽃받침에서 떨어져 속이 비게 되는 것.

[블랙베리 blackberry / mûre(mûre sauvage)]
나무딸기속 중에, 라즈베리와 달리 과육이 꽃받침째로 줄기에서 떨어지는 것. 처음에는 빨갛지만 검게 익으며, 과육이 비교적 단단하다.

[듀베리 dewberry]
블랙베리 중에, 키가 작으며 줄기가 뻗어 나가는 것. 블랙베리보다 조금 크다.

＊ 라즈베리와 블랙베리를 교배시켜 미국에서 재배되고 있는 품종으로 로건베리(loganberry), 보이젠베리(boysenberry), 테이베리(tayberry) 등이 있다.

뽕나뭇과

<오디>
[빌베리 mulberry / mûre]
블랙베리와 비슷한 모양의 검자주색의 열매. 산미가 적고 단맛이 있다.

진달랫과

<월귤나무>
[블루베리 blueberry, 빌베리 bilberry / myrtille, airelle myrtille]
프랑스어로 미르티유는 블루베리와, 같은 종류인 빌베리를 가리킨다. 진달 랫과 월귤나무속의 작은 관목으로, 완두콩 크기의 열매는 청자수색으로 산미가 강하다. 생으로 먹거나, 잼, 타르트 등에 사용한다. 유럽에서는 빌베리(미르티유 데 부아라고도 한다), 미국 북부에서는 로부시 블루베리 그리고 하이부시 블루베리 2종류가 자생하고 있다. 하이부시계가 주로 품종 개량되며, 큰 알갱이의 블루베리가 재배되고 있다. 프랑스산 냉동품은 알갱이가 작고 속이 빨갛다.

<넌출월귤>
[크랜베리 cranberry / canneberge]
미국 북부의 습지대가 원산지이다. 선명한 빨간색의 달걀 모양의 과실로, 산미가 강하므로 생으로는 거의 먹지 않으며, 잼이나 주스 등으로 가공한다. 요리에도 사용되며, 특히 추수 감사절이나 크리스마스의 칠면조 로스트에는 크랜베리 소스를 반드시 곁들인다.

[카우베리 cowberry, 마운틴 크랜베리 mountain cranberry / airelle rouge]
프랑스 북동부, 독일, 북유럽 등에 자생하는, 크랜베리의 근연종이다. 잼으로 만드는 경우가 많다.

까치밥나뭇과
＊ 식물학 분류법에 따라서는 범의귓과에 포함된다.

<까치밥나무>
[레드커런트 redcurrant / groseille]
커런트라는 영어 이름은, 송이 모양으로 붙은 열매가 포도(커런트 레이즌)와 비슷하다는 것에서 유래했다. 지름 수 밀리미터의 둥근 빨간 열매가 7~10개 모여 송이 모양이 된다. 과즙이 많다. 생으로도 먹지만 구연산을 많이 포함하고 있어 산미가 강하고, 펙틴도 풍부하므로 잼으로 가공되는 경우가 많다. 주스나 리큐어 등으로도 만들어진다. 빨간 까치밥나무 무리 중에, 열매가 흰색인 흰 까치밥나무도 있으며, 빨간 까치밥나무보다 단맛이 있다.

[블랙커런트 blackcurrant / cassis(groseille noire)]
검고 작은 과실이 송이 모양이며, 과즙이 많고 향이 좋다. 프랑스에서는 부르고뉴 지방이 주산지이다. 과자, 잼에 사용된다. 또 카시스 리큐어(크렘 드 카시스, crème de cassis)도 생산량이 많으며, 크렘 드 카시스와 화이트 와인을 베이스로 한 칵테일 「키르」(디종 시장의 이름을 붙였다)도 식전주로서 유명하다.

<구스베리>
[구스베리 gooseberry / groseille à maquereau]
과실은 까치밥나무보다 알갱이가 크고, 사주색의 깃과 초록색을 띤 흰색에 가까운 종류가 있다. 프랑스에서는 로렌 지방 등에서 주로 재배되고 있지만, 네덜란드나 영국에서 대량으로 재배되고 있다. 고등어(maquereau) 요리에 곁들이는 새콤달콤한 소스에 사용하기 때문에 프랑스에서는 그로제유 아 마크로라는 이름이 붙었다.

Granité aux pêches
그라니테 오 페슈

셔벗의 한 종류. 과즙, 커피, 술 등으로 풍미를 낸 당도가 낮은 시럽(브릭스 25% 보메 14도 이하)을 냉동고에서 얼린 것이다. 얼리는 도중에 몇 번 포크 등으로 풀어 주고, 굵은 설탕 같은 입자로 얼린다.

그라니테는 프랑스어로 화강암과 같은 '우툴두툴한 상태'를 의미하는 단어로, 이 빙과의 질감을 나타내고 있다.

재료

복숭아 5개 5 pêches
레드 와인 500㎖ 500㎖ de vin rouge
물 500㎖ 500㎖ d'eau
설탕 400g 400g de sucre semoule
바닐라 빈 1개 1 gousse de vanille
레몬즙 20㎖ 20㎖ de jus de citron
민트(장식용) menthe

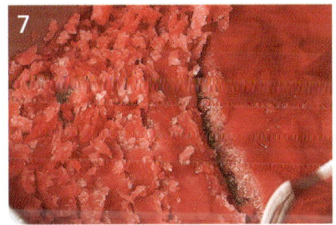
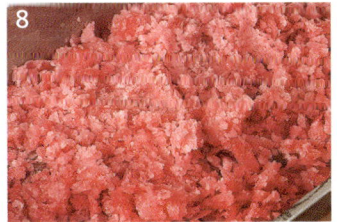

준비 작업

○ 복숭아 껍질을 뜨거운 물로 벗긴다(→émonder). 복숭아 껍질에 십자로 칼집을 낸 다음, 뜨거운 물에 잠깐 넣었다가 얼음물에 담가 껍질을 벗긴다.

복숭아 콩포트 만들기

1. 냄비에 물, 레드 와인, 설탕, 레몬즙, 바닐라 빈을 넣고 끓인다.

2. 껍질을 벗긴 복숭아를 넣는다.

3. 종이 뚜껑(가운데에 구멍을 낸 것)을 덮고 약한 불로 졸이며 복숭아를 익힌다. 졸인 즙에 담가 종이 뚜껑을 덮은 채로 식힌다.

● 꼬치로 찔러 보았을 때, 가볍게 쑥 들어가면 익은 것이다.

4. 하룻밤 담가 놓은 다음 복숭아를 꺼낸다.

그라니테 만들기

5. 복숭아 졸인 즙을 넙적한 용기에 얕게 붓는다.

● 졸인 즙은 물(미네랄 워터가 좋다)을 넣고 브릭스도 25%로 소설한다. 당도가 부족할 경우에는, 시럽 또는 설탕을 넣는다.

6. 냉동고에 넣고 굳으면 포크로 뒤섞어 준다.

7. 다시 냉동고에 넣고 굳어지면 포크로 뒤섞어 준다. 반복할수록 고운 그라니테가 된다.

8. 진눈깨비 모양으로 얼린다. 완성. 글라스에 담고 복숭아 콩포트를 얹은 다음 민트로 장식한다.

Parfait
파르페

아이스크림 이전부터 만들어진 빙과로, 파트 아 봉브(Pâte à bombe)를 베이스로 해 거품 낸 크림 등을 넣고 섞어 동결시킨 것들이 있는데 파르페도 그중 하나이다. 또 파르페 등의 빙과 반죽에 다양한 풍미를 내고, 머랭이나 스펀지 반죽을 조합시키거나, 틀에 넣고 냉동고에서 굳힌 것을 앙트르메 글라세(entremets glacés)라고 부른다.

파르페는 생크림의 비율이 높고, 또 소르베티에르를 사용하지 않고 만들기 때문에 아이스크림보다 입자가 치밀하게 굳고 깔끔하게 자를 수 있어 앙트르메 글라세에 자주 사용된다.

재료 지름 16㎝의 파르페 틀 1개 분량

파트 아 봉브 pâte à bombe
  노른자 120g 120g de jaunes d'œufs
  설탕 90g 90g de sucre semoule
  물 30㎖ 30㎖ d'eau
생크림(유지방분 45%) 400㎖ 400㎖ de crème fraîche
바닐라 빈 1개 1 gousse de vanille
크렘 샹티이 crème chantilly(→p.167)
  생크림(유지방분 45%) 200㎖ 200㎖ de crème fraîche
  설탕 20g 20g de sucre semoule
민트(장식용) menthe
머랭 꽃(므랭그 쉬스, 장식용) fleur de meringue(meringue suisse)(→p.186)
비스퀴 조콩드(지름 16㎝ 1장) biscuit Joconde(→p.69)

파트 아 봉브 만들기

1. 냄비에 설탕과 물을 넣고 가열해 115℃까지 졸인다. 졸이는 동안에 바닐라 빈을 세로로 갈라서 씨를 훑어 낸 후 노른자에 넣고 휘저어 섞는다.

2. 노른자가 뽀얗게 올라오고 시럽이 완성되면 뜨거운 시럽을 노른자에 조금씩 넣으며 완전히 식을 때까지 섞어 준다.

3. 완성된 파트 아 봉브.

파트 아 봉브와 생크림 섞기

4. 생크림을 파트 아 봉브와 같은 굳기로 거품 낸다.
• 각이 서지만, 끝이 부드럽게 휘는 정도.

5. 생크림에 파트 아 봉브를 넣고 섞는다.

조립하기

6. 틀에 붓고, 윗면에 비스퀴 조콩드를 얹어 랩을 씌운 다음 냉동고에서 굳힌다.
• 파르페용 반구형 틀(봉브 틀)을 사용한다.

완성하기

틀에 흐르는 물을 대고, 파르페가 분리된 것을 확인하고 나면 접시를 위에 씌우고 뒤집어서 파르페를 접시에 빼낸다. 크렘 샹티이를 짜고, 민트, 바닐라 빈, 머랭으로 만든 꽃으로 장식한다(머랭 꽃은 머랭에 색을 입히고, 꽃 모양으로 짠 다음 건조시키며 굽는다).
• 틀에서 빼낼 때 뜨거운 물에 담그면 파르페가 녹고, 틀과 파르페 사이에 공기가 들어가기 힘들기 때문에 틀이 벗겨지지 않는다.

Soufflé glacé au Grand Marnier

수플레 글라세 오 그랑 마르니에

따뜻한 디저트인 수플레 모양을 본떠, 수플레 틀의 가장자리보다 높아지도록 반죽을 채워서 냉동고에서 차게 굳힌 앙트르메 글라세. 파트 아 봉브에 거품 낸 생크림을 넣어 만들며, 결이 곱고 가벼운 맛 또한 수플레를 모델로 하고 있다.

재료 지름 15㎝, 높이 8㎝의 수플레 틀 1개 분량

파트 아 봉브 pâte à bombe
- 노른자 80g 80g de jaunes d'œufs
- 물 50㎖ 50㎖ d'eau
- 설탕 50g 50g de sucre semoule

그랑 마르니에 풍미의 크렘 푸에테 crème fouettée au Grand Marnier
- 생크림(유지방분 47%) 500㎖ 500㎖ de crème fraîche
- 그랑 마르니에 50㎖ 50㎖ de Grand Marnier

이탈리안 머랭 meringue italienne
- 흰자 120g 120g de blancs d'œufs
- 물 50㎖ 50㎖ d'eau
- 설탕 150g 150g de sucre semoule

초콜릿(장식용) chocolat

틀 준비

○ 코코트 틀 높이보다 몇 ㎝ 폭이 넓은 무스 필름을 틀에 감아 둔다.

파트 아 봉브 만들기

1. 물에 설탕을 넣고 끓여 시럽을 만든다. 노른자를 볼에 넣고 시럽을 부으며 끓기 직전까지 중탕을 한다. 가장자리부터 응고되기 때문에 때때로 저어서 균등하게 83℃까지 데운다.

• 물과 설탕의 비율이 1대 1인 시럽은 앵비바수 등에 사수 사용뇌므로 제괴점에서 항상 준비해 둔다. 그것을 이용하는 경우에는 따뜻하게 해서 사용한다.

2. 체에 거르고(→passer), 제과용 믹서(mélangeur)로 거품을 낸다.

3. 뽀얗고 걸쭉한 상태가 되어 상온이 될 때까지 섞는다.

이탈리안 머랭 만들기

4. 흰자에 117℃로 졸인 시럽을 조금씩 넣어 가면서 거품을 낸다

수플레 글라세의 아파레유 완성하기

5. 그랑 마르니에 풍미의 크렘 푸에테를 만든다. 생크림을 높게 거품을 내고(→fouetter), 그랑 마르니에를 넣고 섞는다.

6. 파트 아 봉브에 5를 넣고 섞는다.

7. 6에 이탈리안 머랭을 넣고 골고루 섞어 아파레유를 만든다.

8. 틀에 흘려 넣고 표면을 다듬은 나음 냉동고에서 차게 해서 굳힌다.

• 얼리면 중앙이 가라앉는 경우가 있다. 그런 경우에는 남아 있는 아파레유로 채운 다음 차게 해서 굳히면 좋다.

• 여기서는 초콜릿으로 만든 리본으로 장식했다.

Nougat glacé
누가 글라세

당과인 누가와 겉모습이나 풍미가 닮은 앙트르메 글라세. 꿀 풍미의 머랭과 생크림을 더하고, 말린 과일이나 견과류를 듬뿍 넣어 얼려서 만든다.

재료 20×8cm, 높이 6cm 틀 2개 분량

흰자 120g 120g de blancs d'œufs
꿀 200g 200g de miel
생크림(유지방분 47%) 700㎖ 700㎖ de crème fraîche
설탕 절임 체리 50g 50g de bigarreaux confits
건포도 50g 50g de raisins secs
오렌지 필 50g 50g d'écorce d'orange confite
키르슈 100㎖ 100㎖ de kirsch
피스타치오 25g 25g de pistaches
아몬드 카라멜리제 amandes caramélisées
　┌ 아몬드 100g 100g d'amandes
　│ 물 25㎖ 25㎖ d'eau
　│ 설탕 75g 75g de sucre semoule
　└ 버터 10g 10g de beurre
비스퀴 조콩드 biscuit Joconde(→p.69)
피스타치오 풍미의 크렘 앙글레즈 crème anglaise à la pistache
　┌ 우유 250㎖ 250㎖ de lait
　│ 노른자 60g 60g de jaunes d'œufs
　└ 피스타치오 페이스트 80g 80g de pâte de pistache
민트(장식용) menthe
초콜릿(장식용) chocolat

준비 작업

○ 체리(비기로종), 건포도, 오렌지 필은 크기를 맞춰서 잘
　게 썬 다음 키르슈에 절인다.

○ 피스타치오는 껍질을 뜨거운 물에 벗긴 다음 잘게 썬다.

○ 아몬드 카라멜리제도 잘게 썬다.

1. 냄비에 꿀을 넣고 130℃까지 졸인다.

2. 볼에 흰자를 넣고 가볍게 거품을 낸다(→fouetter). 1의
　꿀을 조금씩 넣어 가면서 거품을 낸다.

3. 식을 때까지 계속해서 섞어, 단단한 머랭을 만든다.

4. 생크림을 가볍게 거품 낸다.

5. 3의 머랭에 4의 생크림을 조금씩 넣으면서 섞는다.

6. 잘게 썬 체리, 건포도, 오렌지 필, 피스타치오, 아몬드
　카라멜리제를 넣고 크게 섞는다.

앙트르메 글라세용의 직사각형 틀.
양면이 뚜껑으로 되어 있다.

7. 틀에 비스퀴 조콩드를 깐다.

8. 6을 넣고 표면을 고르게 한다. 랩을 씌워 냉동고에서 차게 해서 굳힌다.

• 최소한 하룻밤 재운다.

완성하기

틀에서 빼내어 접시에 담고, 민트와 초콜릿으로 장식을 한다. 피스타치오 풍미의 크렘 앙글레즈를 곁들인다.

• 뜨거운 물에 적셔 꼭 짠 젖은 행주를 틀 주위에 가볍게 대고 밑에서 밀어 올리듯이 하면서 틀을 뺀다. 바닥이 고정된 틀은 틀의 바닥에 흐르는 물을 대고 안쪽의 누가 글라세를 조금 녹여서 빼낸다. 누가 글라세나 파르페와 같이 생크림을 많이 포함하고 있는 빙과는 틀을 중탕으로 데우게 되면 크림이 녹아 틀과의 사이에 공기가 들어가는 빈틈이 없어져 빼내기 어려워진다.

[아몬드 카라멜리제 만드는 법]

1. 동으로 된 볼에 물과 설탕을 넣는다.

2. 오븐에서 가볍게 로스트한 아몬드를 넣는다.

3. 약한 불에서 천천히 졸인다.

4. 시럽이 끈기가 있는 상태(117℃)로 졸여지면 불을 끄고 계속해서 섞는다.

5. 섞는 동안에 아몬드 주위에 시럽이 당화한다(설탕의 결정이 생겨 하얗게 된다).

6. 다시 가열해 당화한 설탕을 녹여 카라멜 상태로 만들어 아몬드에 휘감기게 한다.

7. 불에서 내려 버터를 입힌다.

8. 철판에 펼치고 한 알씩 분리시켜서 식힌다. 식으면 피스타치오와 같이 잘게 썰어 둔다.

[피스타치오 풍미의 크렘 앙글레즈 만드는 법]

노른자와 피스타치오 페이스트를 함께 푼 다음 끓인 우유를 조금씩 넣으면서 섞는다. 불에 올려 83℃까지 졸인 다음 체로 걸러서 얼음물에 댄 볼에서 식힌다.

피스타치오 페이스트
피스타치오를 갈아서 페이스트 상태로 만든 것. 로스트해 간 것, 설탕이나 유지, 착색제를 첨가한 것 등 제품에 따라 풍미나 색이 다르다.

프티 푸르
Petits fours

프티 푸르

한입 크기로 만든 과자의 총칭을 프티 푸르라고 한다. 앙토냉 카렘(1783~1833. 프랑스 요리사, 제과 장인)에 의하면, 대형 앙트르메를 구운 후 오븐의 남은 열을 사용해 구워서 프티 푸르(petit 작은, four 부뚜막)라는 명칭이 붙었다고 한다. 프티 푸르는 크게 분류해 프티 푸르 세크(petits fours secs, sec : 마른)와 푸티 프르 프레(petits four frais, frais : 신선한)가 있다.

오븐에서 반죽을 한입 크기로 구운 튈, 마카롱, 쿠키 등을 프티 푸르 세크라고 한다.

프티 푸르 프레에는 에클레르 등 과자를 한입 크기로 축소해 만든 것과 타르트 셸이나 스펀지에 크림을 넣거나 짜서 한입 크기로 성형하고 표면을 퐁당으로 마무리한 프티 푸르 글라세(petits fours glacés)가 있다.

그 외에도 설탕에 절인 과일이나 마지팬을 사용한 프뤼 데기제(fruits déguisés)나, 마지팬을 성형해 구운 프티 푸르 다망드(petits fours d'amandes)라고 불리는 것도 있으나 일반적으로 이것들은 당과(콩피즈리)로 분류되는 경우가 많다.

프티 푸르는 코스 요리를 끝내고, 디저트를 제공한 뒤 커피와 함께 자유롭게 집어 먹을 수 있도록 식탁에 내놓는다.

Petits fours frais

프티 푸르 프레

* frais [adj] 신선한.
* glacé [adj] 낭씨트 인인.

프티 푸르 중 생케이크에 해당하는, 오래 보존되지 않는 것이 프티 푸르 프레이다. 반죽한 파이 반죽으로 타르틀레트보다 작은, 한입에 먹을 수 있는 크기의 셸을 만들고 크림을 채운 다음 퐁당 등으로 씌워 마무리하는 프티 푸르 글라세 등 다양한 프티 푸르 프레를 소개한다.

Bateaux chocolat 바토 쇼콜라

* bateau [m] 배.

재료

파트 쉬크레 pâte sucrée(→p.105)
크렘 다망드 crème d'amandes(→p.111)
가나슈 ganache(→p.65)
퐁당 쇼콜라 fondant chocolat(→p.179)
금박(장식용) feuille d'or

1. 냉장고에서 꺼낸 파트 쉬크레(기본 분량의 1/2)를 밀대로 두드려 굳기를 조절한다.

2. 가볍게 반죽해 사각형으로 다시 정리한다.

3. 덧가루를 뿌리면서 밀대로 대략 40×40cm, 약 2mm 두께로 밀어 늘인다(→abaisser).

4. 프티 푸르 틀(바르케트 : 배 모양)을 조금씩 간격을 두고 늘어놓은 다음 그 위에 반죽을 밀대로 말아서 덮는다(약 17개 분량).

5. 반죽의 표면에 덧가루를 뿌리고 붓으로 가볍게 눌러 반죽을 틀 가운데로 넣는다. 남은 반죽을 둥글린 것에 덧가루를 묻혀 틀에 반죽을 밀착시킨다.

6. 밀대 2개를 굴려 여분의 반죽을 제거한다(→ébarber).

7. 손가락으로 눌러 반죽을 틀에 딱 맞도록 밀착시킨다(→foncer).

8. 크렘 다망드를 짜 넣는다.

• 가득 채우면 부풀어 터질 수 있으므로 적게 넣는다.

9. 180℃ 오븐에서 굽는다. 구워지면 철판 위에서 뒤집어 표면을 평평하게 한다. 틀에서 빼내어 망에서 식힌다.

10. 표면에 가나슈를 지름 9mm 원형 깍지(douille unie)를 이용해 4개의 산 모양으로 짠다. 냉장고에서 하룻밤 차게 해서 굳힌다.

11. 바닥에 칼을 찔러 넣은 다음 굳기와 온도를 조절한 퐁당 쇼콜라에 가나슈 부분을 담근 후 천천히 건져 내어 여분의 퐁당을 떨어뜨린다.

12. 금박으로 장식하고 굳을 때까지 놓아둔다.

프티 푸르 틀 moule à petits fours
타르틀레트 틀을 한층 더 작게 축소한 틀. 원형, 사각형, 배 모양, 마름모 모양 등 여러 가지 모양이 있다. 어느 정도 수량을 갖춰 두면 사용하기 쉽다.

Barquettes aux marrons 바르케트 오 마롱

* barquette [f] 작은 배.

재료

파트 쉬크레 pâte sucrée
크렘 다망드 crème d'amandes
크렘 오 마롱 crème au marron(→p.190)
┌ 파트 드 마롱 225g 225g de pâte de marron
│ 버터 60g 60g de beurre
└ 럼주 15㎖ 15㎖ de rhum
퐁당 fondant
퐁당 쇼콜라(장식용) fondant chocolat
초콜릿 얇은 판(장식용) plaquette de chocolat

1. 프티 푸르 틀(바르케트)에 파트 쉬크레를 밀착시키고(→foncer), 크렘 다망드를 채워 넣은 다음 굽는다.

2. 식으면 크렘 오 마롱을 봉긋하게 산 모양으로 얹는다. 냉장고에서 하룻밤 차게 해서 굳힌다.

   • 케이스 테두리를 따라 같은 각도로 팔레트 나이프를 대어 고른다.

3. 굳기와 온도를 조절한 흰 퐁당으로 표면을 덮는다. 중앙에 퐁당 쇼콜라로 선을 그린 다음 초콜릿으로 만든 얇은 판으로 장식한다.

Marrons 마롱

* marron [m] 밤.

재료

파트 쉬크레 pâte sucrée
크렘 다망드 crème d'amandes
크렘 오 마롱 crème au marron
레드커런트 잼 confiture de groseille

1. 프티 푸르 틀(타르틀레트)에 파트 쉬크레를 밀착시키고(→foncer), 크렘 다망드를 채워 넣은 다음 굽는다.

2. 식으면 크렘 오 마롱을 별 모양 깍지(douille cannelée)를 끼운 짤주머니(poche)에 넣어 링 모양으로 짠다(→dresser).

3. 크렘 오 마롱 가운데에 레드커런트 잼을 짜서 넣는다.

Mokas 모카

* moka [m] 커피 빈의 품종명. 볶은 콩을 넣은 진한 커피. 커피 풍미의 케이크. 아라비아 반도 예멘 공화국의 항구 도시 Moka에서 유래되었다.

재료

파트 쉬크레 pâte sucrée
크렘 다망드 crème d'amandes
크렘 오 뵈르 crème au beurre(→p.60)
퐁당 카페 fondant café(→p.179)
커피 민스 초콜릿(장식용) grain de café

1. 프티 푸르 틀(정사각형)에 파트 쉬크레를 밀착시키고(→foncer), 크렘 다망드를 채워 넣은 다음 굽는다.

2. 식으면 크렘 오 뵈르를 파리미드 모양으로 쌓아 올린다. 냉장고에서 하룻밤 차게 해서 굳힌다.

   • 팔레트 나이프를 같은 각도로 내어서, 자르듯이 해 모양을 다듬는다.

3. 굳기와 온도를 조절한 퐁당 카페로 표면을 덮고, 커피 빈즈 초콜릿으로 장식한다.

Hérissons 에리송

*hérisson [m] 고슴도치.

재료

파트 쉬크레 pâte sucrée(→p.105)
크렘 다망드 crème d'amandes(→p.111)
가나슈 ganache(→p.65)
코코아 파우더 cacao en poudre
금박(장식용) feuille d'or

1. 프티 푸르 틀(타르틀레트)에 파트 쉬크레를 밀착시키고(→foncer), 크렘 다망드를 채워 넣은 다음 굽는다.
2. 식으면 가나슈를 쌓아 올린 다음 팔레트 나이프로 각을 세운다. 냉장고에서 차게 해서 굳힌다.
3. 코코아 파우더를 뿌린 다음 금박을 흩뿌린다.

Fraises 프레즈

*fraise [f] 딸기.

재료

파트 쉬크레 pâte sucrée
크렘 다망드 crème d'amandes
크렘 파티시에르 crème pâtissière(→p.40)
그랑 마르니에 Grand Marnier
프랑부아즈 즐레 gelée de framboise
딸기 fraise
피스타치오(장식용) pistaches

1. 프티 푸르 틀(원형)에 파트 쉬크레를 밀착시키고(→foncer), 크렘 다망드를 채워 넣은 다음 굽는다.
2. 식으면 표면의 가운데에 크렘 파티시에르(그랑 마르니에를 넣어 풍미를 입힘)를 짠 다음 딸기를 얹는다.
3. 딸기에 프랑부아즈 즐레(고형분을 포함하고 있지 않은 젤리 상태의 잼)를 바른 다음 피스타치오로 장식한다.

Confits 콩피

*confit [m] 설탕 절임.

재료

파트 쉬크레 pâte sucrée
크렘 다망드 crème d'amandes
설탕 절임 과일 fruits confits
퐁당 fondant
피스타치오(장식용) pistaches

1. 프티 푸르 틀(타원형)에 파트 쉬크레를 밀착시키고(→foncer), 크렘 다망드를 채워 넣은 다음 굽는다.
2. 식으면 곱게 다진 설탕 절임 과일을 얹고, 굳기와 온도를 조절한 핑크색 퐁당으로 덮은 다음 피스타치오로 장식한다.

petits fours frais

Tuiles aux amandes
뛸 오 자망드

*tuile [f] 기와, 기와 모양의 쿠키.

프티 푸르 세크의 하나이다. 이것만 먹기도 하지만, 아이스크림이나 셔벗 등을 곁들이는 경우도 많다. 장식뿐만 아니라, 차가움을 완화시키는 역할을 한다.

재료 지름 5~6㎝, 약 40개 분량

박력분 30g 30g de farine
설탕 75g 75g de sucre semoule
소금 1g 1g de sel
흰자 60g 60g de blancs d'œufs
버터 25g 25g de beurre
바닐라 에센스 extrait de vanille
아몬드 슬라이스 75g 75g d'amandes effilées
버터(철판용) beurre

준비 작업

○ 오븐을 200℃로 예열한다.

○ 철판에 버터를 바른다.

○ 버터 25g은 중탕(→bain-marie)으로 녹인다.

○ 박력분은 체로 친다(→tamiser).

1. 박력분, 설탕, 소금을 넣어 섞은 다음 잘 풀어 놓은 흰자를 넣으며 섞는다.

2. 녹인 버터를 넣고 부드럽게 될 때까지 섞은 다음 바닐라 에센스를 넣는다.

3. 아몬드 슬라이스를 섞고, 상온에서 잠시 휴지시킨다.

4. 반죽을 스푼으로 떠서 버터를 바른 철판에 큰 숟가락 하나씩 떨어뜨려 놓는다.

5. 포크에 물을 적셔 지름 6㎝ 정도로 편다.

• 철판이 비칠 정도로 얇게 편다. 틈새가 생겨도 괜찮다.

6. 200℃ 오븐에서 전체가 색이 날 때까지 굽는다. 구워진 순서대로 삼각 팔레트(palette triangle)로 철판에서 떼어낸 다음 뜨겁고 말랑말랑할 동안에 철판에 닿아 있었던 면을 위로 해서 튈 틀에 넣고 모양을 잡아 그대로 식힌다.

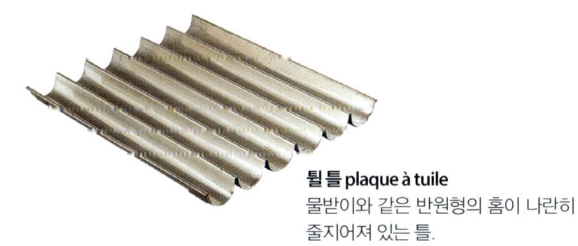

튈 틀 plaque à tuile
물받이와 같은 반원형의 홈이 나란히 줄지어져 있는 틀.

Tuiles dentelles
튈 당텔

작은 구멍이 잔뜩 뚫려 있으며, 레이스라는 이름처럼 섬세한 프티 푸르 세크.

* dentelle [f] 레이스, 레이스 모양의 것.

재료 지름 5~6㎝, 약 20개 분량

설탕 25g 25g de sucre semoule
브라운 슈거 25g 25g de sucre brun
물 25㎖ 25㎖ d'eau
박력분 25g 25g de farine
버터 25g 25g de beurre
아몬드 다이스 25g 25g d'amandes hachées
버터(철판용) beurre

준비 작업

○ 박력분은 체로 친다(→tamiser).

○ 버터 25g은 중탕(→bain-marie)으로 녹인다.

○ 오븐을 200℃로 예열한다.

○ 철판에 버터를 바른다.

1. 설탕, 브라운 슈거를 함께 섞은 다음 물을 넣고 녹인다.

2. 박력분을 넣고 부드럽게 될 때까지 섞는다.

3. 녹인 버터를 넣고 섞는다.

4. 아몬드 슬라이스를 넣은 뒤 냉장고에서 반죽을 축축하게 한다.

5. 짤 수 있는 굳기가 되면 지름 12㎜ 깍지를 낀 짤주머니에 넣고 철판에 충분히 간격을 두고 짠 다음(→dresser), 철판을 가볍게 작업대 위에서 두드린 후 펼친다.

6. 200℃ 오븐에서 약 15분간 굽는다. 색이 노릇하게 나면 오븐에서 꺼낸다.

7. 2~3분 지나고 살짝 굳어지면 삼각 팔레트로 철판에서 떼어낸 다음 철판에 닿아 있었던 면을 위로 해서 튈 틀에 넣고 모양을 잡고 그대로 식힌다.

◦ 뜨거우면 부드러워 변형되거나 부서지기 때문에 살짝 식혀서 굳어지면 튈 틀에 옮긴다.

Galettes bretonnes
갈레트 브르톤

브르타뉴 지방의 전통적인 과자. 사블레와 닮은 부서지기 쉬운 식감으로, 이 지방의 독특한 유염 버터 풍미를 풍부하게 느낄 수 있다.

* **galette** [f] 평평하고 둥근 과자.   * **breton** [adj] 여성형 bretonne. 브르타뉴 지방의.

재료 지름 6cm, 25개 분량

유염 버터 250g 250g de beurre demi-sel
설탕 110g 110g de sucre semoule
소금 5g 5g de sel
노른자 40g 40g de jaunes d'œufs
럼주 15㎖ 15㎖ de rhum
박력분 220g 220g de farine
베이킹파우더 2g 2g de levure chimique
아몬드 파우더 150g 150g d'amandes en poudre
달걀물(노른자, 카라멜) dorure(jaune d'œuf, caramel)
버터(철판용) beurre
덧가루(강력분) farine

준비 작업

○ 박력분, 베이킹파우더, 아몬드 파우더는 함께 체로 친다.

○ 재료는 전부 냉장고에서 차게 해 둔다.

• 버터는 손가락으로 눌렀을 때 자국이 거의 남지 않는 정도의 굳기로 사용한다.

○ 달걀물은 재료를 함께 섞어 거른다(→passer).

○ 오븐을 180℃로 예열한다.

○ 철판에 버터를 바른다.

1. 버터와 가루류를 푸드 프로세서(cutter)에 돌린다.

2. 보슬보슬한 고운 슈트로이젤 상태로 만든다(→sablage).

3. 설탕을 넣고 다시 섞는다.

4. 소금, 노른자, 럼주를 섞은 다음 3에 넣는다.

5. 다시 한 번 섞은 다음 슈트로이젤 상태가 되면 작업대로 꺼낸다.

6. 슈트로이젤 상태의 반죽을 카드(corne)로 접어서 쌓아 올려 누르듯이 해서 하나로 뭉친다. 매끈하게 뭉쳐지면 냉장고에서 다루기 쉬운 굳기가 될 때까지 충분히 차게 굳힌다.

7. 1cm 두께로 밀어 늘이고(→abaisser), 다시 냉장고에서 굳힌다.

• 1cm 높이의 대를 반죽의 양쪽에 놓고 밀면 균등한 두께로 늘일 수 있다.

8. 달걀물을 바르고(→dorer), 지름 5cm의 세르클(안쪽에 버터를 바른다)로 찍어 낸다.

9. 틀을 낀 채로 철판에 나란히 놓은 다음 포크로 줄 모양을 넣는다.

10. 180℃ 오븐에서 15~20분간 확실히 색이 날 때까지 굽는다.

• 베이킹파우더가 들어 있어 반죽이 늘어날 수 있기 때문에 구워질 때까지 틀을 끼워 둔다. 다 구워지면 틀을 빼고 식힌다.

Cigarettes
시가레트

프티 푸르 세크의 하나이다. 시가레트 반죽은 구운 후 뜨거울 때 알루미늄 컵 등에 넣고 모양을 잡아 빙과의 용기로 사용할 수 있다.

* cigarette [f] 담배, 시가렛.

재료 길이 5㎝, 약 40개 분량

파트 아 시가레트 *pâte à cigarettes*
┌ 버터 70g *70g de beurre*
│ 슈거 파우더 70g *70g de sucre glace*
│ 흰자 70g *70g de blancs d'œufs*
│ 박력분 70g *70g de farine*
└ 바닐라 에센스 *extrait de vanille*
지안두야 *gianduja*
커버추어 *couverture*
버터(철판용) *beurre*

준비 작업

○ 박력분은 체로 친다(→tamiser).

○ 버터는 실온에 두고 부드럽게 한다.

○ 오븐을 200℃로 예열한다.

○ 철판에 버터를 바른다.

○ 커버추어는 템퍼링(→p.360)한다.

1. 볼에 버터를 넣고 거품기(fouet)로 섞으며 부드러운 크림 상태로 푼 다음 슈거 파우더를 조금씩 넣으며 섞는다.

2. 잘 풀어 놓은 흰자를 조금씩 넣으며 섞는다.

● 버터가 단단해지지 않도록 흰자는 실온에 둔다. 분리될 것 같으면 박력분을 조금 넣어도 좋다.

3~4. 바닐라 에센스를 넣고 섞은 다음 박력분을 넣고 매끈해질 때까지 섞는다.

5. 1.5㎜ 두께의 아크릴 판을 지름 8㎝의 원형만큼 파 낸 다음 버터를 바른 철판에 올리고, 원의 중심에 반죽을 카드로 문질러 바른다.

6. 200℃로 예열한 오븐에서 5~10분간 굽는다.

7. 반죽이 대강 중심까지 색이 나고 나면, 색이 난 것부터 그때그때 오븐에서 꺼낸다.

8. 식기 전에 재빨리 얇은 봉에 감아서 모양을 다듬고, 끝부분을 아래로 해서 단단히 누른다. 바로 봉을 빼낸다.

9. 식으면 중탕으로 녹인 지안두야를 양 끝에 짜 넣은 다음 굳힌다.

10. 템퍼링을 한 커버추어를 양 끝에 찍은 다음 시가레트의 말린 끝부분을 아래로 해서 셀로판에 놓아 두고 굳힌다. 커버추어에 피스타치오 등을 뿌려도 좋다.

지안두야
곱게 갈아 으깬 헤이즐넛을 넣은 커버추어. 카카오분 32%, 무지방 기키오분 8% 이상, 헤이즐넛 20~40%. 밀크 커버추어를 베이스로 한 것도 있다[발로나사(社)의 시인투아는 전지분유가 26% 포함되어 있다].

Palets aux raisins

팔레 오 레쟁

랑그드샤(langue-de-chat)와 매우 비슷한 반죽으로 만든 프티 푸르 세크이다.

* palet [m] 과녁에 던지는 평평한 둥근 돌.

재료 지름 4cm, 50개 분량

반죽 pâte
- 버터 75g 75g de beurre
- 설탕 75g 75g de sucre semoule
- 소금 소량 un peu de sel
- 달걀 50g 50g d'œufs
- 럼주 rhum
- 박력분 90g 90g de farine

럼주에 절인 건포도 raisins secs macérés au rhum
- 건포도 1개당 3알 raisins secs
- 럼주 rhum

살구 잼 confiture d'abricot

럼주 풍미의 글라스 아 로 glace à l'eau au rhum
- 슈거 파우더 100g 100g de sucre glace
- 물 약 15㎖ 15㎖ d'eau
- 럼주 약 15㎖ 15㎖ de rhum

버터(철판용) beurre

준비 작업

- 건포도를 럼주에 절인다(최소한 2~3일).
- 박력분은 체로 친다(→tamiser).
- 버터는 실온에 두어 부드럽게 한다.
- 오븐을 180℃로 예열한다.

1. 볼에 버터를 넣고 거품기로 저으면서 부드럽게 한 다음 설탕, 소금을 넣고 섞어 준다.
2. 달걀에 럼주를 조금 넣고 풀어 준 다음 1에 넣고 섞는다.
3. 박력분을 넣고 섞는다.
4. 철판에 종이를 깐 다음 간격을 두고 지름 3cm 정도로 봉긋하게 짠다(지름 9㎜ 원형 깍지 사용).
5. 럼주에 절인 건포도를 물기를 없애고 3알씩 얹은 다음 180℃ 오븐에서 약 15분간 굽는다.
6. 다 구워지면 식기 전에 졸인 살구 잼을 바른다.

럼주 풍미의 글라스 아 로 만들기

7. 슈거 파우더에 럼주를 넣고 거품기로 섞는다.
8. 다시 물을 넣고 슈거 파우더를 녹인 다음 매끈하게 흐르는 상태로 소절한다.
9. 6의 잼이 굳으면 준비한 글라스 아 로를 얇게 바른다.
10. 종이를 떼낸 다음 망 위에서 나란히 놓고 말린다.

＊ 글라스 아 로가 굳기 전에 종이를 떼어놓지 않으면, 글라스 아 로에 균열이 생긴다.

Bâtons maréchaux

바통 마레쇼

'원수(元帥)의 지팡이'라는 독특한 이름의 프티 푸르 세크이다.

* bâton [m] 봉, 지팡이.
* maréchal [m] 복수형 maréchaux 원수.
* bâtons maréchaux [m] 원수의 지팡이.

재료 길이 5㎝, 100개 분량

반죽 pâte
- 아몬드 파우더 125g 125g d'amandes en poudre
- 박력분 30g 30g de farine
- 설탕 90g 90g de sucre semoule
- 머랭 meringue
  - 흰자 150g 150g de blancs d'œufs
  - 설탕 60g 60g de sucre semoule

아몬드 다이스 amandes hachées
커버추어 couverture
버터(철판용) beurre

준비 작업

○ 박력분과 아몬드 파우더는 함께 체로 친다.

○ 오븐을 180℃로 예열한다.

○ 철판에 버터를 바른다.

○ 커버추어는 템퍼링(→p.360)한다.

1. 체로 친 아몬드 파우더와 박력분에 설탕을 넣고 섞는다.

2. 흰자를 푼 다음 설탕 60g을 2~3회에 나눠 넣으면서 거품을 낸다(→fouetter).

3. 각이 꼿꼿하게 생길 때까지 거품을 내고 마지막에 세레 한다(→serrer).

4~5. 3의 머랭에 1의 가루류를 뿌려 넣으면서 고무 주걱으로 섞는다.

6. 철판에 간격을 두고 5㎝ 길이로 짠다(지름 9㎜ 원형 깍지 사용)(→dresser).

7. 가장자리 한 줄에 아몬드 다이스를 가득 뿌린다.

8. 철판을 기울여서 앞쪽으로 아몬드가 떨어지듯이 해서 반죽 표면에 아몬드 다이스를 입힌다. 반대쪽도 똑같이 전체적으로 입히고, 여분의 아몬드 다이스는 종이에 떨어뜨린다.

9. 180℃ 오븐에서 15분간 굽는다. 다 구워지면 망 위에서 식힌 다음 아몬드가 붙어 있지 않은 면에 템퍼링을 한 커버추어를 묻힌다.

✤ 커버추어 또는 살구 잼 등을 묻혀 2장을 붙여 맞추는 경우도 있다.

Rochers aux noix de coco

로셰 오 누아 드 코코

코코넛이 들어 있는 머랭을 건조시키며 구운 것. 심플한 건조 머랭도 프티 푸르 세크라고 할 수 있다.

* rocher [m] 바위 산.

재료 약 25개 분량

반죽 pâte

┌ 흰자 80g 80g de blancs d'œufs
│ 설탕 200g 200g de sucre semoule
└ 코코넛(갈은 것) 150g 150g de noix de coco râpées

커버추어 couverture

* noix de coco [f] 코코넛. 코코넛의 열매. 또는 그 배유를 건조시킨
  것. 가늘고 길게 채 친 모양, 프레이크, 분말 등이 있다. 은은한 단맛
  이 있으며, 유지를 많이 포함하고 있다. 산화하기 쉽기 때문에 밀봉
  해 보관한다.

준비 작업

○ 오븐을 170℃로 예열한다.

○ 커버추어를 템퍼링(→p.360)한다.

1. 흰자는 심지가 풀리도록 잘 풀어 준 다음 설탕을 넣
   는다.

2. 거품기의 철사 부분을 들고 볼을 문지르듯이 섞는다.

 • 기품기로 들어 올렸을 때 천천히 흘러 떨어지는 상태가 되면 좋다.

3. 코코넛을 넣고 섞는다. 코코넛이 흰자의 수분을 흡수
   해 잘 섞일 때까지 상온에서 2~3시간 휴지시킨다.

 • 흰자와 코코넛을 섞은 뒤 곧바로 굽게 되면 흰자가 아래로 가라앉
   아 버린다.

4. 한입 크기로 뭉친 다음 손끝으로 삼각뿔 모양으로 다
   듬는다.

5. 불소 수지 가공된 철판에 간격을 두고 늘어놓는다.

 • 보통 철판을 사용하는 경우에는 버터를 발라 둔다.

6. 170℃ 오븐에서 30분간 구운 다음 전체가 색이 나면
   망에 옮겨 식힌다.

 • 표면에 색이 나고 바삭바삭해지면 된다.

7. 템퍼링을 한 커버추어를 모세 바닥에 입힌다

8. 표면을 가공한 종이(유산지, 실리콘 수지 가공의 쿠킹
   페이퍼 등) 위에 늘어놓고 굳을 때까지 놓아 둔다.

Macarons de Nancy

마카롱 드 낭시

* Nancy 낭시, 로렌 지방의 도시.

17세기부터 낭시의 카르멜 수도원에서 만들어진 마카롱이다. 비밀 레시피였으나, 프랑스 혁명 때 수도원이 해산되면서 거리로 도망간 두 명의 수녀가 자신들을 숨겨 준 이에게 사례로 이 마카롱을 만들어 주었다고 한다. 그 후 유명해진 마카롱으로, 평평하며 표면에 균열이 있는 것이 특징이다.

재료 지름 5㎝, 23개 분량

아몬드 파우더 125g 125g d'amandes en poudre
슈거 파우더 200g 200g de sucre glace
박력분 20g 20g de farine
흰자 100g 100g de blancs d'œufs
시럽 sirop
　　設탕 100g 100g de sucre semoule
　　물 40㎖ 40㎖ d'eau

준비 작업

○ 박력분, 슈거 파우더는 각각 체로 친다(→tamiser).

○ 철판에 종이를 깐다.

○ 오븐을 180℃로 예열한다.

1. 흰자를 풀어서 심지를 없앤 다음 슈거 파우더를 넣고 섞는다.

2. 아몬드 파우더를 넣고 거품기로 섞는다.

3. 박력분을 넣고 매끈해질 때까지 섞는다.

4. 설탕과 물을 함께 끓여서 107℃까지 졸여 시럽을 만든다. 조금 식힌 다음 3에 넣는다. 거품기로 떠 봤을 때 천천히 흘러 떨어지며 잠시 자국이 남을 정도가 되면 랩을 씌워 짤 수 있을 정도의 군기까지 상온에서 휴지시킨다.

5. 지름 14㎜의 원형 깍지를 끼운 짤주머니에 반죽을 넣고 종이를 깐 철판에 간격을 두고 지름 5㎝ 정도로 짠다.

6. 행주를 축축이 적셔 가볍게 짜고, 반죽을 가볍게 두드리듯이 눌러서 표면을 매끈하게 한 다음 모양을 다듬으면서 두께를 균등하게 한다.

7. 180℃ 오븐에서 약 20분간 굽는다. 도중에 5분 정도 지나 표면이 갈라지기 시작하면 댐퍼를 열고 증기를 뺀다. 다 구워지면 철판과 종이 사이에 물을 흘려 넣어 마카롱의 바닥을 뜸 들인 다음 종이에서 떼어 낸다.

Macarons mous
마카롱 무

표면이 매끈하며, 속이 단단하면서 부드러운 마카롱. macaron lisse, macaron parisien이라고도 한다. 굽고 있는 도중에 속부터 부드러운 반죽이 뚫고 나와 마카롱의 테두리에 프릴과 같이 붙은 「피에」도 이 마카롱의 특징이다.

* mous [adj] 부드러운.

재료 약 60개 분량

반죽 *pâte*

아몬드 파우더 125g *125g de d'amandes en poudre*
슈거 파우더 225g *225g de sucre glace*
머랭 *meringue*
흰자 110g *110g de blancs d'œufs*
슈거 파우더 30g *30g de sucre glace*

살구 잼 *confiture d'abricot*

준비 작업

○ 오븐 2대를 각각 200℃와 170℃로 예열한다.

○ 철판에 종이를 깐다.

1. 아몬드 파우더와 슈거 파우더를 함께 체로 친다.

2. 흰자를 풀고 분량의 슈거 파우더를 전부 넣은 다음 거품을 낸다(→fouetter).

3. 단단히 각이 서는 머랭을 만든다.
   ● 색이나 향을 입히는 경우에는 머랭에 식용 색소, 향료를 넣는다.

4. 머랭에 체로 친 가루류를 뿌려 넣으면서 고무 주걱으로 섞어 합친다.
   ● 코코아 파우더로 색과 풍미를 입히는 경우에는 가루류와 함께 체로 친 다음 넣는다.

5. 가루가 보이지 않을 때까지 구석구석 섞은 다음, 섞인 머랭의 거품을 어느 정도 부수는 것으로 반죽의 굳기를 조절한다(→macaronnet).
   ● 짰을 때 반죽이 서서히 흐르며, 표면이 매끈하게 되지만 돔 모양을 유지하는 굳기로 조절한다.

6. 종이를 깐 철판에 5의 반죽을 간격을 두고 지름 3㎝ 정도로 봉긋하게 짠다(지름 9㎜ 원형 깍지 사용). 표면이 매끈한 원형이 되고 약간 건조한 상태가 될 때까지 놓아 둔다.

7. 철판을 2, 3장 겹친 다음 200℃ 오븐에 넣는다. 테두리에 반죽이 비어져 나오면(이 부분을 피에라고 부른다) 170℃ 오븐으로 옮겨 약 10분간 굽는다.

8. 다 구워지면 종이와 철판 사이에 물을 흘려 넣어서 마카롱 바닥을 뜸 들인다.

9. 마카롱을 종이에서 떼어 내고 시힌다.

10. 평평한 면에 살구 잼을 바른 다음 2개를 1조로 해서 붙여 맞춘다.

당과

인간에게 있어 단맛은 욕구가 강한 미각으로 기분을 편안하게 하며, 개방적으로 만들어 준다. 고대로부터 사람들은 자연에서 얻을 수 있는 꿀이나 과일로 단맛을 즐겨 왔는데 과자의, 특히 당과의 역사는 거기서부터 시작됐다고 해도 과언이 아니다.

아몬드 등의 견과류나 향신료(씨앗)에 꿀을 고루 묻힌 것이 최초의 당과이며, 설탕을 사용하게 된 것은 더 나중의 일이다.

사탕수수와 사탕무가 설탕의 2대 원료이다. 그중 사탕수수는 고대로부터 존재는 알려져 있었지만, 열대 식물이어서 유럽에 보급된 것은 중세 말기, 십자군 원정이 있고 동방과 교류가 활발하게 되었을 무렵으로 추측된다. 당시 설탕은 매우 귀중한 것으로, 현재의 누가나 드라제의 원형에 해당하는 과자가 세례 등 중요한 의식용으로 만들어졌다.

유럽에서 당과의 발달이 확고하게 된 것은 19세기. 한랭한 지방에서도 재배 가능한 사탕무로부터 설탕을 얻는 방법이 발견되었기 때문이다. 나폴레옹 1세 시대가 되어 사탕무를 사용한 설탕의 공업 생산이 시작되고, 설탕이 대량으로 공급되게 되면서 당과는 대발전을 이루었다.

그리고 현재에도 당과는 과자 만들기에 종사하는 우리들을 사로잡는 과자 중 하나이다. 당과의 매력은 과자 만들기에서 빠뜨릴 수 없는 설탕에 숨겨진 많은 특성에 있다.

수용성으로 다른 재료와 섞이기 쉽고, 조형성이 있으며(당액의 졸인 온도에 따라 냉각시 상태가 가지각색으로 변화한다), 녹은 설탕이 재결정화해 제품에 변화를 준다. 설탕은 또 카라멜화해 과자의 표면 조직을 단단하게 형성하며, 단백질의 변성을 늦춰 흰자의 기포를 안정시키고 치밀한 상태로 만든다. 또한 젤리화를 촉진하며, 방부성이 있다. 이런 설탕의 여러 가지 성질을 얼마나 잘 사용하는지에 따라 당과의 완성품이 완전히 바뀐다.

마지팬

프랑스어로는 파트 다망드, 독일어로는 마르치판이다.
아몬드와 설탕을 페이스트 상태로 한 반제품으로, 과자·당과의 재료, 데커레이션 등에
사용한다. 프랑스와 독일은 아몬드와 설탕의 비율이나 제조법이 다르다.

독일풍 마지팬

마르치판 로마세(Marzipanrohmasse)

일본에서 보통 로마지팬이라고 부르는 것은 이 타입의 것이 많다. 아몬드와 설탕의 비율은 2:1로, 아몬드의 비율이
높다. 습기가 있는 아몬드를 설탕과 섞어 롤러로 갈고, 가열(직화 또는 스팀 로스트 등)해 완성한다.
◎ 마르치판 로마세의 배합 규정
설탕/35% 이하, 수분/17% 이하, 지방분/28% 이상

마르치판(Marzipan)

마르치판 로마세를 기초로 슈거 파우더를 넣고 만든다. 슈거 파우더는 로마세와 같은 분량까지 넣을 수 있으며, 당
분은 약 68%이다.

프랑스풍 마지팬

파트 다망드 크뤼(pâte d'amandes crue)

아몬드와 설탕의 비율은 기본적으로 1:1이다. 뜨거운 물로 벗긴 직후의 습기 있는 아몬드와 설탕을 섞어 롤러로
갈아서 만든다.

파트 다망드 퐁당트(pâte d'amandes fondante)

뜨거운 물로 벗겨 완전히 건조시킨 아몬드와, 물엿을 넣고 졸인 시럽을 섞어 시럽을 결정화(당화)시켜 롤러로 갈아
서 만든다. 아몬드와 설탕의 비율은 1:2 이상이다.

파트 다망드 퐁당트

아몬드에 뜨거운 시럽을 서우면서 하얗게 결정화시키고,
식히고 나서 롤러로 갈아 페이스트 상태로 만든 것. 마지
팬이라고도 하며, 시판 제품도 있다.

Pâte d'amandes crue 파트 다망드 크뤼

로마지팬. 뜨거운 물로 갓 벗긴 눅눅한 아몬드를 사용하므로 그 수분으로 설탕이 녹아 페이스트 상태로 뭉쳐지지만, 수분이 부족한 경우에는 흰자를 넣어 보충한다. 아몬드와 설탕의 비율은 2:1로 배합이 다른 제품도 있다. 가열하지 않기 때문에 그대로 먹는 경우는 없으며, 흰자를 넣어 부드럽게 해 짠 다음 고온의 오븐에서 구워 프티 푸르를 만든다. 또는 버터케이크 등의 반죽에 넣는다.

재료 완성품 500g

아몬드 250g 250g d'amandes
설탕(또는 흰색 굵은 설탕) 250g 250g de sucre semoule
흰자 50g 50g de blancs d'œufs

1. 아몬드를 뜨거운 물에 벗긴다(→émonder). 아몬드를 충분히 뜨거운 물에 넣은 다음 껍질이 불 때까지 데친다. 껍질을 벗길 수 있게 되면 냉수에 담가 식힌다.

2. 수분을 제거하고 1개씩 손가락 마디로 껍질을 벗긴다.

3. 껍질을 벗긴 아몬드는 행주로 수분을 제거한 다음 볼에 넣고 설탕과 섞어 합한다.

4. 분쇄기(broyeuse)의 날 부분으로 먼저 대충 부순다.

5. 날의 간격을 서서히 좁혀 가면서 3회 정도 분쇄
해 곱게 만든다.

● 마지막은 양쪽 칼날의 간격이 없어진 상
태로 켠다.

7. 계속해서 조금씩 롤러에서 분쇄한다. 롤러의 간
격을 조금씩 좁히면서 여러 번 반복한다.

9. 아주 고운 분말 상태로 만든다.

● 롤러에 넣는 횟수를 늘리고, 1회마다 좁히
는 놀력의 식은 좁치시 서서히 곱게 갈아
야 아몬드에서 기름이 잘 나오지 않는다.

10. 볼에 옮겨서 소량의 흰자를 넣고 고무 주걱(pal-ette en caoutchouc)으로 섞어 뭉친다.

● 흰자의 양은 전체가 촉촉하게 뭉쳐질 정도(500g에 약 1개 분량 50g 정도).

11. 다시 한 번 롤러에 넣고 페이스트 상태가 되면 작업대로 옮겨 손으로 반죽해 귓불 정도의 굳기로 완성한다.

12. 하나로 뭉쳐서, 밀봉 가능한 용기에 넣거나 랩으로 싸서 찬 곳에서 보관한다. 흰자가 들어 있기 때문에 위생 면에서 주의가 필요하다. 빨리 사용하도록 한다.

Pâte d'amandes fondante 파트 다망드 퐁당트

로마지팬과 구분해 간단히 마지팬이라고 부른다. 얇게 늘여서 케이크의 표면을 덮거나, 색을 입혀 꽃이나 동물 등의 모양을 만들고 장식한다. 또 작게 만들어 드라이 프루츠 등과 조합해 설탕을 입히거나, 또 당과를 만들 수도 있으며 술 등으로 풍미를 입혀 봉봉 오 쇼콜라의 센터로 사용한다.

재료 완성품 약 600g 분량

아몬드 150g 150g d'amandes 물엿 75g 75g de glucose 키르슈 kirsch
설탕 350g 350g de sucre semoule 물 125㎖ 125㎖ d'eau

1. 아몬드를 뜨거운 물로 벗긴다(→émonder). 아몬드를 충분히 뜨거운 물에 넣는다.

2. 껍질이 불어 손가락으로 간단히 벗길 수 있게 될 때까지 데친다.

3. 껍질을 벗길 수 있게 되면 냉수에 담근 다음 식힌다.

4. 수분을 제거한 다음 1개씩 손가락 마디로 알맹이를 눌러 껍질을 제거한다. 껍질을 벗긴 아몬드를 철판에 펼친 다음 저온의 오븐에서 완전히 말려 둔다.

 • 자연 건조도 괜찮다.

5. 냄비에 물, 설탕, 물엿을 넣고 가열한다.

 • 물엿은 점성이 있어 다루기 어렵지만, 분량이 설탕 위에 얹어 계량해 함께 넣게 되면 용기에 붙어 남게 되는 경우도 없으며 낭비가 없다

6. 135℃까지 졸인다.

• 냄비 표면에 튀는 시럽을 그대로 두면 결정화하거나 눌어붙기 때문에 물에 적신 붓으로 냄비 표면을 씻어 낸다. 붓을 시럽에 담그지 않도록 주의한다(→p.61: 당액을 졸일 때의 주의점).

7. 뜨거운 물에 벗겨 건조시킨 아몬드를 제과용 믹서(mélangeur)로 섞으면서 6의 시럽을 조금씩 넣는다.

8. 시럽이 하얗게 결정화(당화)될 때까지 섞는다.

9. 작업대에 펼쳐 완전히 열이 없어질 때까지 식힌 다음 동시에 수분을 날린다.

• 따뜻할 때 롤러에 넣게 되면 설탕이 녹아 끈적거리거나, 아몬드로부터 기름이 나와 버린다.

10. 분쇄기 날 부분에서 우선 곱게 부순다.

11. 아몬드가 잘게 썰린 정도의 상태가 되면 분쇄기 롤러에 넣는다.

• 아몬드는 급하게 갈면 기름이 배어 나오기 때문에 한번에 갈지 말고 단계적으로 갈 것. 아몬드에서 기름이 나오게 되면 뭉치기 힘들고 보존성도 나빠진다.

12. 서서히 롤러의 간격을 좁히면서 여러 번 분쇄한 다음 보슬보슬 고운 분말로 만든다.

13. 고운 분말이 되면 볼에 옮긴 다음 향을 입히고 뭉치기 쉽게 하기 위해 키르슈를 조금 뿌리고 손으로 섞어서 굳기를 조절한다. 다시 롤러에 넣고 페이스트 상태로 만든다. 볼에 다시 옮겨서 손으로 반죽을 해 굳기를 살핀 다음 필요한 만큼의 키르슈를 넣고 한 번 더 롤러에 넣어 매끈하게 만든다. 작업대에 꺼내서 슈거 파우더를 뿌리고(분량 외), 반죽해 뭉친다.

• 귓불 정도의 굳기.

14. 밀봉 가능한 용기에 넣거나 랩에 싸서 시원한 장소에서 보관한다.

아몬드가 분말 상태로 되는 과정

a
분쇄기에 넣기 전의 상태

b
날에 켠 상태

c
롤러로 2~3회 분쇄한 상태

d
아몬드와 설탕이 균등히 고운 분말로 된 상태

Petits fours aux amandes
프티 푸르 오 자망드

파트 다망드 크뤼를 여러 가지 모양으로 구운 프티 푸르이다. 베녜(beignet)로 불리기도 한다.
프티 푸르(작은 과자) 중에서는 드미 세크(demi-sec)로 분류되고 있다.

* poche [f] 짤주머니

베이스 반죽 재료 기본 분량

파트 다망드 크뤼 250g 250g de pâte d'amandes crue
흰자 blanc d'œuf
슈거 파우더(덧가루용) sucre glace
달걀물 dorure
아라비아 검 100g 100g de gomme arabique
물 150㎖ 150㎖ d'eau

부재료

* 포슈 비가로(Poches bigarreaux, 기본 분량으로 35개 분량)
  설탕 절임 체리 35개 35 bigarreaux confits
* 포슈 오랑주(Poches orange, 기본 분량으로 40개 분량)
  오렌지 필 écorce d'orange confite
* 피뇽(Pignons, 기본 분량으로 40개 분량)
  잣 pignons
* 누아제트(Noisettes, 기본 분량으로 15개 분량)
  식용 색소(초록색, 노란색) colorant vert, colorant jaune
  헤이즐넛 60개 60 noisettes

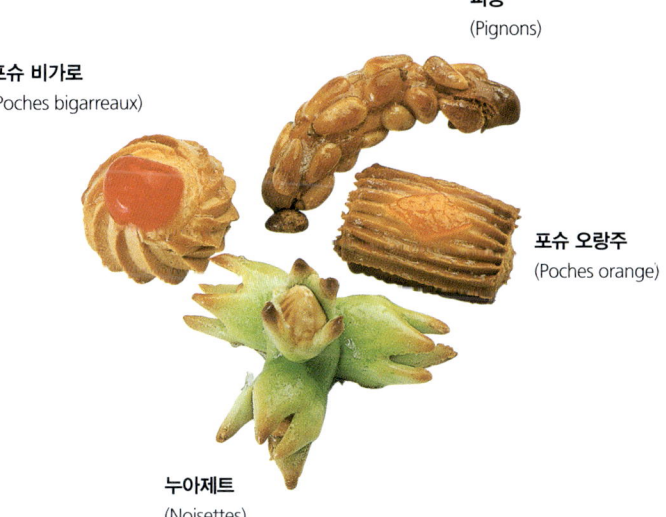

피뇽
(Pignons)

포슈 비가로
(Poches bigarreaux)

포슈 오랑주
(Poches orange)

누아제트
(Noisettes)

베이스 반죽 만들기

1. 파트 다망드 크뤼에 흰자를 넣고 굳기를 조절한다.
2. 기드(corne)로 자르며 섞은 다음 굳기를 살펴 보고 필요시에는 다시 흰자를 보충한다.
3. 작업대에 밀어 펴듯이 해 매끈하게 한다(→fraser, fraiser).

포슈(비가로와 오랑주) : 반죽을 철판에 짠 다음 굽기

1. 별 모양 깍지(지름 8㎜, 10발)를 끼운 짤주머니(poche à douille cannelée)를 이용해 둥글게 짠다.

2. 설탕 절임 체리를 얹는다.

3. 톱니 모양 깍지(douille à bûche)를 이용해 5㎝ 길이로 2번 겹쳐서 짠다.

4. 다이아몬드 모양으로 자른 오렌지 필로 장식한다.

5. 하룻밤 건조시킨다. 달걀물을 바르고(→dorer) 200℃로 예열한 오븐에서 5분간 구워 표면이 노릇노릇해지도록 색을 낸다.

● 포슈는 높은 온도로 굽고, 노릇노릇하게 색이 난 부분과 하얀 부분의 차이를 확실히 낸다.

6. 아라비아 검에 물을 넣고 중탕(→bain-marie)으로 따뜻하게 녹여 둔다.

7. 식기 전에 붓(pinceau)으로 아라비아 검 용액을 바른다.

피뇽 : 반죽을 성형해 굽기

1. 작업대에 슈거 파우더를 덧가루로 뿌리고, 반죽을 지름 약 2㎝의 봉 모양으로 늘여 준다.

2. 2㎝ 길이로 자른 다음 가늘고 길게 늘여 준다.

3. 손바닥에 풀어 놓은 흰자를 바르고 가늘고 길게 늘인 반죽의 표면 전체에 입힌다.

4. 잣을 넣은 용기 속에 3을 넣은 다음 표면에 고르게 잣을 입힌다.

5. 다시 흰자를 바른 다음 철판에 나란히 놓고 양쪽 끝을 구부려서 초승달 모양으로 다듬는다.

6. 하룻밤 건조시킨다. 달걀물을 바르고(→dorer), 200℃로 예열한 오븐에서 5분간 구워 표면이 노릇노릇해지도록 색을 낸다.

● 잣은 타기 쉬우므로 너무 검게 되지 않도록 주의한다.

7. 식기 전에 붓으로 아라비아 검 용액을 바른다.

누아제트 : 착색시켜 반죽 만들고 성형해 굽기

1. 베이스 반죽을 만들 때 파트 다망드를 반죽해 식용 색소로 연두색을 만든다. 슈거 파우더로 덧가루를 뿌리면서 2㎜ 두께로 늘인다.

2. 4㎝ 폭으로 절단면이 톱니 모양이 되도록 물결 모양 파이 커터로 자른다.

• 사진의 기구는 이 프티 푸르 전용으로 만든 것이다. 파이 커터처럼 날이 회전해 반죽을 자른다.

3. 붓으로 흰자를 바른 다음 헤이즐넛을 2개 얹고 말아준다.

4. 가장자리가 겹쳐진 부분을 떼어 낸다. 가볍게 굴려서 밀착시킨다.

5. 4의 반을 철판에 간격을 두고 1개씩 나란히 놓은 다음 그 가운데에 흰자를 바른다.

6. 남은 반을 90도 접어 구부린 다음 흰자를 바른 위에 1개씩 얹고 단단히 붙인다.

7. 하룻밤 건조시킨다. 달걀물을 바르고(→dorer), 220~230℃로 예열한 오븐에서 5분간 구워 표면이 노릇노릇해지도록 색을 낸다

• 누아제트는 풀어져 모양이 망가지기 쉬우므로 고온의 오븐에서 재빨리 구워 색을 낸다.

8. 식기 전에 아라비아 검 용액을 붓으로 바른다.

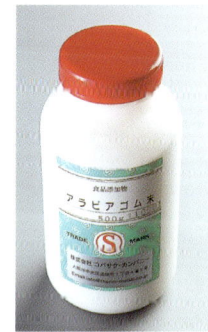

아라비아고무

아라비아 검이라고도 한다. 아라비아고무나무의 나무껍질에 상처를 입혀 채취한 고무질(성분의 80%는 다당체=식물 섬유)이며, 서아프리카의 수단 등에서 생산되고 있다. 분말 또는 용액으로 가공한 제품이 있으며, 무미, 무취로 물에 잘 녹는다(에탄올에는 녹지 않는다). 유지를 수분 중에 분산시키는 유화성이 강하며, 수용액에는 점성이 있다. 식품에 첨가해 유화·안정제, 결합제, 증점제로 이용한다. 당과의 표면에 바르면 표면에 윤기가 있는 막을 만들어 보호하는 역할을 한다(피막성) 식품에 사용되는 검류에는 그 외에도 콩과의 식물로부터 추출한 로커스트 빈 검, 구아검 등이 있다.

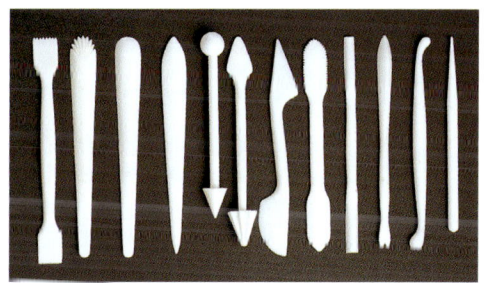

마지팬 공예용 주걱 ébauchoir
마지팬 공예에서 세세한 부분의 모양을 만들 때 사용한다. 점토 공예용 주걱으로 대용해도 좋다.

Fruits déguisés
프뤼 데기제

견과류나 작은 과일을 통째로 사용하는 프티 푸르이다. 파트 다망드를 보충해, 사용한 소재의 원래 모양을 재현한다.

*déguisé 분장시키다, 위조하다라는 의미의 동사 déguiser의 형용사형

재료

파트 다망드 퐁당트 pâte d'amandes fondante
말린 자두 pruneau
설탕 절임 체리 bigarreau confit
호두 noix
헤이즐넛 noisettes
커피 에센스 extrait de café
식용 색소(초록색, 노란색, 빨간색) colorant(vert, jaune, rouge)
슈거 파우더(덧가루용) sucre glace
시럽A sirop
┌ 설탕 2~2.5kg 2 à 2.5kg de sucre semoule
└ 물 1ℓ 1 litre d'eau
시럽B sirop
┌ 설탕 500g 500g de sucre semoule
│ 물 200㎖ 200㎖ d'eau
└ 물엿 100g 100g de glucose

누아
(Noix)

프뤼노
(Pruneaux)

비가로
(Bigarreaux)

누아제트
(Noisettes)

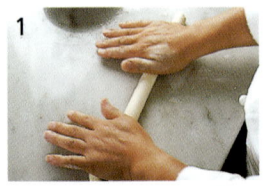
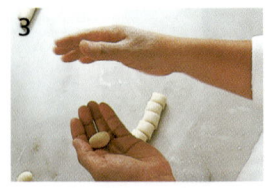

성형 / 비가로

1. 파트 다망드 퐁당트를 지름 2㎝ 정도 크기의 봉 모양으로 늘인다.

2. 2㎝ 폭으로 둥글게 자른다.

3. 가늘고 긴 타원형으로 둥글린다(1개 10g).

4. 설탕 절임 체리는 여분의 시럽을 제거한 다음 2등분하고, 3의 파트 다망드를 사이에 끼운다.

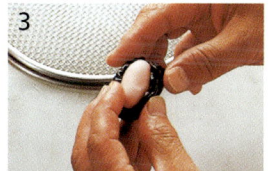

프륀노

1. 말린 자두는 칼집을 낸 다음 씨를 빼낸다.

2. 파트 다망드 퐁당트를 핑크색으로 색을 낸 다음 가늘고 긴 타원형으로 둥글린다(1개 10g).

3. 말린 자두에 채운다.

4. 파트 다망드를 촘촘한 망에 내리눌러서 비스듬한 격자 모양을 낸다.

누아

1. 파트 다망드 퐁당트에 커피 에센스를 넣고 색과 향을 입힌다.

2. 작게 잘라 둥글리고(1개 10g), 세로로 반 나눈 호두에 끼운다.

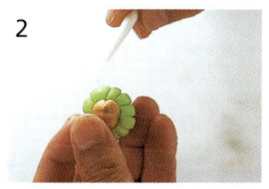

누아제트

1. 연두색으로 색을 내어 둥글린 파트 다망드 퐁당트(1개 15g)에 헤이즐넛을 얹는다.

2~3. 마지팬 공예용 주걱으로 모양을 낸다.

• 파트 다망드를 성형할 때에는 슈거 파우더로 적당히 덧가루를 뿌린다.

완성하기(1)

1. 성형한 셋들을 망 위에 2~3일 놓아두고 건조시킨다.

2. 시럽A의 설탕과 물을 섞어 불에 올린 다음 설탕이 녹고 나면 40℃까지 식힌다. 1을 용기에 넣고 뜨지 않도록 위에 망을 얹은 다음 시럽을 깔때기로 살포시 흘려 넣는다.

• 시럽이 뜨거우면 파트 다망드가 녹기 때문에 반드시 식힌 뒤 사용한다.

3. 완전히 잠기도록 시럽을 넣은 다음 시럽의 표면이 결정화하여 굳지 않도록 랩을 밀착시켜 1~2일 둔다.

• 드뮈 네기제의 표면에 붙은 설탕의 결정 상태를 확인한다.

4. 표면에 예쁜 설탕의 결정이 완성되면 시럽을 세게 하고, 망 위에서 1~2일 건조시킨다.

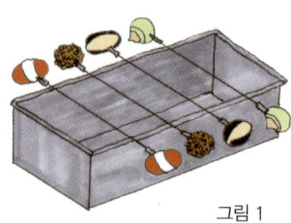

그림 1

완성하기(2)

1. 성형한 것들을 대나무 꼬치의 양 끝에 꿴 다음 파운드 틀 등에 걸쳐 놓고(그림 1) 변형되지 않도록 2~3일 놓아두고 건조시킨다.

2. 시럽B의 재료를 합해 150℃로 졸인다(→p.61).

3. 냄비 바닥에 물을 대고 시럽의 상태를 조절한다.

4~5. 1을 시럽 B에 담갔다가 시럽이 굳을 때까지 놓아 둔다.

6. 늘어지는 여분의 시럽을 가위로 자른다.

● 시럽B 대신에 엷은 색의 카라멜을 만들어 끼었기도 한다.

설탕 절임 체리
씨를 빼내 착색, 설탕에 절인 체리이다. 당도가 70% 이상이 될 때까지 당액을 침투시킨 다음 꺼낸 것.

호두
호두과. 유럽에서 재배되고 있는 것은 페르시아 호두라는 종류로, 원산지 페르시아(현재 이란)에서 지중해 연안 제국을 거쳐 프랑스에 전해졌다. 가장 오래전부터 이용된 견과류라고 한다. 풍양, 다산의 상징으로 여겨진다. 11월 1일의 만성절에는 호두를 먹거나, 불 속에 던져 넣어 깨지는 모양으로 운세를 점치는 풍습이 있다. 70%가 지방분으로 고칼로리이지만, 단백질도 15% 포함되어 있으며 지방분의 63%는 리놀산이다. 비타민B₁이 풍부하다. 껍질을 까면 다른 견과류보다 한층 더 산화하기 쉬우므로 공기에 닿지 않도록 보관하고 빨리 먹는다.

Pâte de fruits
파트 드 프뤼

과일 퓌레나 과즙에 설탕, 물엿 등을 넣고 진하게 졸인 다음 펙틴으로 굳힌 젤리이다.

재료 한 변이 2.5㎝인 사각형 88개 분량

프랑부아즈 퓌레 250g 250g de purée de framboise
청사과 퓌레 250g 250g de pureé de pomme verte
설탕 650g 650g de sucre semoule
물엿 30g 30g de glucose
설탕 50g 50g de sucre semoule
펙틴(HM) 15g 15g de pectine
구연산 12g 12g d'acide citrique
물 12㎖ 12㎖ d'eau
설탕(마무리용 굵은 입자) sucre semoule

* **청사과 퓌레** 사과 퓌레는 펙틴의 보강을 위해 넣는다. 살구 퓌레를
  사용해도 괜찮다. 색, 산미의 조정 역할도 한다.

과일 퓌레(오른쪽 사진 : 프랑부아즈, 왼쪽 사진 : 청사과)
생과일을 믹서에 넣고 퓌레로 만들어도 좋지만, 냉동
퓌레가 연중 시판되고 있으며 또 일본에서는 구하기
힘든 베리류 등도 있다. 무당인 것, 10% 정도 가당
한 것 등이 있기 때문에, 제품에 따라 사용하는 설탕
의 양을 가감한다.

준비 작업

○ 베이킹 시트 또는 실팻 위에 메탈 바(1변 1㎝)를 놓고
  자유롭게 조절 가능한 테두리를 만든다(약 30×25×
  1㎝).

1. 설탕 50g과 펙틴을 섞어 합한다.

 • 펙틴은 입자가 곱고, 직접 액체에 넣게 되면 굳어져 멍울이 생기기
   때문에 설탕과 섞어서 분산되기 좋게 한다.

2. 구연산에 물을 넣고 잘 뒤섞은 다음 녹인다.

3. 냄비에 청사과 퓌레와 프랑부아즈 퓌레, 물엿과 설탕
   650g의 약 반 정도를 넣고 끓인다. 남은 설탕은 종이를
   깐 철판에 펼쳐서 오븐에서 가볍게 따뜻하게 해 둔다.

4. 3이 끓으면 거품기(fouet)로 섞으면서 1을 뿌려 넣는다.

5. 1분 정도 펄펄 끓여서 녹인다.

6. 오븐에서 따뜻하게 한 설탕을 섞어 합한다.

7. 다시 끓여서 109℃(브릭스도 75%)까지 졸인다(→p.279
   : 당도를 측정하는 방법).

8. 바짝 졸아들면 불을 끄고, 물에 녹인 구연산을 넣고
   섞는다.

9. 바로 틀에 흘려 넣는다.

 • 구연산을 넣으면 바로 응고하기 때문에 재빠르게 작업한다.

철심(메탈 바) barre, règle à fondant
금속제의 각봉. 제과용도 있지만 가정용
공구로 팔고 있는 철심도 괜찮다.

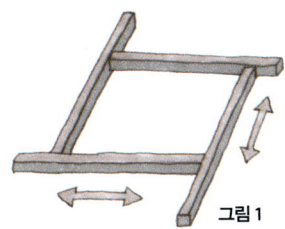

그림 1

10. 전부 다 넣은 다음 두께 1㎝가 되도록 철심을 옮겨 크기를 조절해(그림 1) 그대로 완전히 굳을 때까지 놓아둔다.

11. 손가락으로 만져 봤을 때 단단히 굳었으면 가장자리의 철심을 떼고 표면에 설탕(굵은 입자)을 입힌다. 실팻을 대고 뒤집은 다음 똑같이 설탕(굵은 입자)을 입힌다.

12. 등분 커터를 사용해 한입 사이즈로 나눠 자른 다음 절단면에도 설탕을 입힌다.

등분 커터(guitare)
얇은 와이어로 초콜릿이나 부드러운 낭싸를 한번에 같은 크기의 사각형으로 자르는 재단기이다. 통칭은 기타르이다.

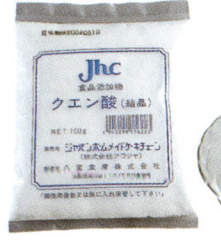

구연산
레몬의 시큼함 등 과일의 산미 성분의 하나로, 과일(특히 감귤류, 딸기 등) 등에 포함되어 있다. 식품 공업에서 ph의 안정화 및 항산화제의 효과 증강 목적으로 사용된다. 파트 드 프뤼에서는 반죽을 산성에 가깝게 만들어, 펙틴의 응고를 돕는다. 과일의 산미를 보충하고, 난맛과의 밸런스를 좋게 하는 효과도 기대할 수 있다.

펙틴(→p.250 : 응고제)
식물의 세포벽을 구성하는 성분의 하나로, 과일의 과육이나 껍질에 많이 포함되어 있다. 적당한 산성의 상태로 다량의 낭분을 넣고 시열하게 되면 사온으로 식었을 때 탄력이 있는 상태로 응고(겔회)하는 성질이 있다. 적당히 익은 과일일수록 펙틴의 함유량이 많고, 잼에 농노가 생기는 깃을 재료인 과일에 포함되어 있는 천연 펙틴의 삭용 때문이다.
펙틴이 적은 과일을 잼으로 만들 때, 시판 펙틴을 넣는 경우가 있다. 이것은 주로 주스 제조 시에 나오는 사과의 짠 찌꺼기나 감귤류의 껍질로부터 추출하며, 건조해 고운 분말 상태로 한 것으로 응고체(셀화제), 안정제로 이용되고 있다.
펙틴은 용도에 따라 여러 가지의 것이 만들어지지만, 그 성질에 띠라 크게 다음의 2가지로 나뉜다.

• HM(고메톡실) 펙틴 : 당도, 산성도가 높을수록 강하게 겔화한다. 일반적으로 잼용 펙틴으로 이용된다. 또는 젤라틴 등으로는 굳지 않는 산미가 강한 과일의 젤리를 만들 때 사용한다.

• LM(저메톡실) 펙틴 : 당도, 산도에 관계없이 미네랄(칼슘이나 마그네슘)이 존재하면 겔화한다. 특수한 잼(저당, 무당)이나 우유를 사용한 차가운 디저트, 나파주의 제조 등에 사용한다.

339

Guimauve

기모브

마시멜로(영어 : marshmallow)를 프랑스어로 기모브라고 한다. 기모브는 아욱과의 양아욱(영어 : marsh mallow)을 가리키는 단어로, 당과의 이름이 된 것은 이 식물의 뿌리에서 추출한 단 점액을 넣어 만들기 때문이다. 또는 그 점액으로 만든 기침을 멈추는 약과 비슷하기 때문이라고도 한다.

재료 23×30×3.5㎝의 철판(용기) 1장 분량

물 150㎖ 150㎖ d'eau
설탕 500g 500g de sucre semoule
물엿 50g 50g de glucose
흰자 120g 120g de blancs d'œufs
젤라틴 30g 30g de gélatine
프루츠 향료(프랑부아즈) 20㎖ 20㎖ d'arôme de fruit
식용 색소(빨간색) colorant rouge
콘스타치 fécule de maïs
슈거 파우더 sucre glace
식용유 huile

준비 작업

○ 젤라틴을 얼음물에 넣고 불린다.

1. 용기 안쪽에 식용유를 얇게 바른다. 바닥에도 가볍게 기름을 바른 다음 종이를 깐다. 콘스타치와 슈거 파우더를 동량으로 섞은 것을 그 위에 뿌린다.
   * 종이는 박리성이 좋은 표면 가공을 한 파피에 퀴송(→p.27)이 좋다.

2. 냄비에 물, 설탕, 물엿을 넣고 끓인다 시럽이 끓기 시작하면 흰자를 기품 내기(→fouetter) 시작한다.

3. 불린 젤라틴을 가볍게 짠 다음 중탕(→bain-marie)으로 녹인다.

4. 시럽은 120℃까지 졸인다(→p.61).
   * 시럽이 120℃로 끓으면 바로 머랭에 부을 수 있도록, 머랭의 흰자 거품이 생기는 타이밍에 맞춰 끓인다.

5. 흰자가 거품이 나면 120℃로 졸인 뜨거운 시럽을 조금씩 넣으며 다시 한 번 거품을 낸다.

6. 녹인 젤라틴이 식기 전에 5에 넣는다.

7. 다시 향료와 색소를 넣은 다음 계속해서 거품을 낸다.

8. 식을 때까지 계속해서 거품을 낸 다음 각이 생기고 부드럽게 늘어지는 상태로 만든다.

9. 준비한 판에 흘려 넣고 표면을 평평하게 다듬는다.

* 짜서 모양을 만드는 경우에는 조금 더 단단하게 거품을 내어, 콘스타치와 슈거 파우더를 동량으로 섞은 것에 짠다.

10. 섞어 놓은 콘스타치와 슈거 파우더를 뿌린 다음 굳고 탄력이 생길 때까지 상온에서 하룻밤 놓아둔다.

11. 판 가장자리에 칼집을 넣고 종이와 판을 대고 뒤집은 다음 판을 빼내고 종이도 떼어 낸다.

12. 적당한 크기로 자른 다음 섞어 놓은 콘스타치와 슈거 파우더에 묻히고 여분의 가루는 떨어뜨린다.

* 사진과 같이 등분 커터를 이용해 한입 크기 또는 막대기 모양으로 잘라도 좋다.

프루츠 향료(프랑부아즈)
과일로부터 추출한 천연 향료. 향을 입히는 동시에 착색의 효과도 있다.

Nougat de Montélimar
누가 드 몽텔리마르

누가는 설탕, 꿀, 견과류를 주재료로 한 당과이다. 휘저어 섞어 공기를 포집해 만드는 흰 누가(nougat blanc)는 부드럽고 끈기가 있는 씹는 맛이 특징이다 남프랑스의 몽텔리마르(드롬 지방)는 누가 마을로 유명한데, 17세기에 몽텔리마르 주변 지방에서 아몬드 재배가 장려되면서 누가의 명산지가 되었다고 한다.

누가 드 몽텔리마르는 대표적인 흰 누가의 하나로, 견과류가 최종 제품의 30%(아몬드 28%, 피스타치오 2%) 이상 포함되어 있어야 한다는 규정이 있다. 이 규정이 충족되면, 몽텔리마르 밖에서 제조된 것도 누가 드 몽텔리마르라는 이름을 붙일 수 있다.

재료 32×30㎝ 1개 분량

A ⎡ 라벤더 꿀 150g 150g de miel de lavende
  ⎣ 물엿 100g 100g de glucose

B ⎡ 흰자 90g 90g de blancs d'œufs
  ⎣ 설탕 20g 20g de sucre semoule

C ⎡ 설탕 200g 200g de sucre semoule
  │ 물엿 100g 100g de glucose
  ⎣ 물 50㎖ 50㎖ d'eau

아몬드 200g(껍질이 붙어 있는 아몬드로 가볍게 로스트한 것) 200g d'amandes
피스타치오(뜨거운 물에 껍질을 벗긴 다음 건조시킨 것) 75g 75g de pistaches
헤이즐넛(가볍게 로스트해 껍질을 제거한 것) 75g 75g de noisettes
웨이퍼(32×30㎝) 2장 2 feuilles de pain azyme
콘스타치 fécule de maïs

준비 작업

○ 종이를 깐 철판에 아몬드, 피스타치오, 헤이즐넛을 펼친 다음 오븐에서 따뜻하게 해 둔다.

1. 제과용 믹서(mélangeur)에 B의 흰자와 설탕을 넣고 거품을 낸다(→fouetter).

2. 냄비에 A의 꿀과 물엿을 넣고 가열한다.
   • 냄비 벽에 사방으로 튄 시럽은 물에 적신 붓으로 흘려 떨어뜨린다.

3. 2를 125℃까지 졸인다(단단한 누가를 만들고 싶을 경우에는 130℃까지 졸인다).

4. 1의 흰자에 뜨거운 3을 조금씩 넣어 가면서 다시 거품을 낸다.

5. 냄비에 C의 설탕, 물엿, 물을 넣고 155℃까지 졸인다(단단한 누가를 만들고 싶을 경우에는 160℃까지 졸인다).
   • 4가 거품이 나면 바로 넣을 수 있도록 타이밍을 맞춰서 졸인다.

6. 4의 제과용 믹서의 거품기를 팔레트(→p.28)로 갈아 끼운다.
   • 거품기로 계속해서 젓게 되면 섞을 수 없게 된다.

7. 5가 졸으면 6에 조금씩 넣으면서 팔레트로 섞는다.

8. 볼 주변을 토치로 따뜻하게 하면서 다시 한 번 섞는다.

9. 얼음물에 소량을 떨어뜨려 식혀 본 다음 완성된 굳기를 확인한다.

• 얼음물에 소량을 떨어뜨려 보았을 때 제대로 굳으며, 손에 들러붙지 않고 적당한 탄력이 있는 상태.

10. 딱 맞는 굳기가 되면 오븐에서 따뜻하게 해 둔 아몬드, 헤이즐넛, 피스타치오를 넣고 나무 주걱(spatule en bois)으로 휘감듯이 섞는다.

11. 웨이퍼 위에 메탈 바를 2개 놓은 다음 10을 균등한 두께로 펼친다.

12. 표면에 콘스타치를 뿌리고 베이킹 시트(→p.27)를 얹은 다음 밀대로 평평하게 늘인다.

13. 베이킹 시트를 제거한 다음 다른 1장의 웨이퍼를 얹고 표면을 밀대로 가볍게 눌러 웨이퍼를 누가에 밀착시킨다.

14. 종이(파피에 퀴송이 좋다→p.27)를 얹고, 판으로 누름돌을 해 굳힌다. 누가가 굳고 나면 메탈 바를 떼어내고 톱니 칼(빵칼, couteau-scie)을 이용해 적당한 크기로 자른다.

웨이퍼(웨하스)
웨이퍼는 프랑스어로 팽 아짐(pain azyme)이라고 한다. pain azyme은 무효모 빵을 가리키며, 원래는 가톨릭 미사에서 성체 배령(성사)에 사용하는 얇은 빵이다.

Nougat de Provence
누가 드 프로방스

공기를 포집하지 않고 만드는 검은 누가(nougat noir)이다. 설탕과 꿀(감미료 중 20% 이상)을 진한 색의 카라멜 상태로 졸인 다음 아몬드, 헤이즐넛, 코리앤더, 아니스 등을 합해 최종 제품의 30% 이상 넣고 오렌지 꽃물로 향을 입힌다(누가 오 미엘이라고 부르려면, 꿀이 20% 이상 필요하다. 단지 '검은 누가'라면 견과류는 15% 이상이면 된다).

재료 32×22cm 1개 분량

설탕 절임 체리(키르슈 절임) 250g 250g de bigarreaux macérés au kirsch
아몬드(껍질이 붙어 있는 아몬드로 가볍게 로스트한 것) 375g 375g d'amandes
피스타치오(뜨거운 물에 껍질을 벗긴 다음 건조시킨 것) 25g 25g de pistaches
설탕 225g 225g de sucre semoule
물 12.5㎖ 12.5㎖ d'eau
라벤더 꿀 150g 150g de miel de lavende
바닐린 vanilline
웨이퍼(32×22cm) 2장 2 feuilles de pain azyme

준비 작업

○ 설탕 절임 체리는 물기를 짜 둔다. 오븐 위에 두고 2~3일
건조시켜 두면 좋다.

○ 철판에 종이를 깔고 아몬드, 피스타치오(뜨거운 물에 껍
질 벗긴 것)를 펼치고 오븐에서 따뜻하게 해 둔다.

1. 동 냄비에 물, 설탕, 꿀, 바닐린을 넣고 가열한다.

2. 나무 주걱으로 섞어 녹여 가면서 졸인다.

3. 150℃까지 졸인다(→p.61).

4. 불에서 내린 다음 설탕 절임 체리와 아몬드, 피스타치
오를 넣고 섞는다.

5. 웨이퍼를 깔고 메탈 바를 2개 얹은 다음 4를 펼친다.

6. 베이킹 시트를 덮고 밀대로 굴리며 표면을 평평하게
한다.

7. 베이킹 시트를 떼어 내고 다른 1장의 웨이퍼를 덮는다.

8. 밀대로 가볍게 밀착시킨다.

9. 종이(파피에 퀴송)를 얹고 판으로 누름돌을 해서 굳
을 때가지 놓아둔다. 굳고 나면 철심을 떼어 내고 적당
한 크기로 자른다.

Caramels mous
카라멜 무

일본의 일반적인 '카라멜'을 프랑스어로 카라멜 무(caramel mou, 부드러운 카라멜)라고 한다. 설탕을 고온에서 가열하면 카라멜화해 갈색으로 색이 나며, 향기로운 풍미를 내는 성질을 살린 당과이다. 설탕, 물엿, 유제품(생크림)을 졸여서 만든다. 설탕에 대한 유제품이나 물엿의 비율을 줄이고, 또 보다 고온에서 졸이게 되면 카라멜 뒤르(caramel dur, 단단한 카라멜)가 된다.

재료 15.5×21×1㎝ 틀 1장 분량

생크림(유지방분 38%) 450㎖ 450㎖ de crème fraîche
설탕 120g 120g de sucre semoule
물엿 120g 120g de glucose
전화당 30g 30g de sucre inverti
바닐라 빈 1개 1 gousse de vanille

1. 바닐라 빈을 반 갈라 칼등으로 씨를 긁어 낸다.

2. 냄비에 생크림을 넣고 바닐라 씨와 껍질, 전화당, 물엿, 설탕을 넣는다.

• 끓어 넘치기 쉽기 때문에 큰 냄비를 사용한다. 카라멜 등 150℃ 정도로 끓이는 경우에는 동 냄비가 좋지만, 120~125℃ 정도라면 스테인리스도 괜찮다.

3. 가열해 나무 주걱으로 저으면서 120~125℃까지 졸인다. 끓고 나면 바닐라 껍질을 제거한다.

• 온도가 1℃ 다르면 완성된 굳기가 전혀 다르게 되어 버린다.

• 바닐라 껍질을 넣은 채로 끓이게 되면 카라멜이 지저분하게 된다.

4. 어느 정도 졸이면 다른 작은 냄비를 따뜻하게 한 다음 바꾼다.

• 큰 냄비로 계속해서 끓이게 되면 너무 졸아 버리거나, 걸게 타 버린다.

5. 전체가 합쳐지고, 저었을 때 냄비 면으로부터 떨어질 정도의 굳기가 될 때까지 졸인다(대략 125℃).

6. 실팻(Silpat)의 뒷면을 위로 한 다음 틀을 얹고 5를 흘려 넣어 펼친다(뒷면을 위로 하는 것은 카라멜의 표면에 무늬를 내기 위해서).

7. 실팻을 작업대에 내리쳐서 기포를 빼내면서 펼치고, 위에도 실팻을 놓고 밀대를 이용해 평평하게 민 다음 그대로 두고 식힌다. 아직 조금 열이 남아 있는 동안에 틀을 떼어 내고 기호에 맞는 크기로 잘라 완전히 식고 굳을 때까지 놓아둔다.

카라멜 틀 cadre à caramel

Bonbons à la liqueur

봉봉 아 라 리쾨르

포화 상태의 진한 시럽에 알코올 도수가 높은 증류주를 섞은 다음 틀에 넣고 굳힌 당과 (리큐어 봉봉). 온도가 내려가면 포화한 설탕이 결정화해 표면에 단단한 껍질이 생기며, 중심부에 알코올이 액상으로 남는다. 알코올 도수가 높은 것이 만들기 쉬우며, 그랑 마르니에 등의 리큐어도 사용하나 위스키나 키르슈, 브랜디 등의 증류주가 자주 사용된다.

* bonbon [m] 한입 크기의 당과, 캔디, 초콜릿.
* liqueur [m] 리큐어.

재료 약 100개 분량

설탕 500g 500g de sucre semoule
물 250㎖ 250㎖ d'eau
위스키(알코올 도수 약 57도) 200㎖ 200㎖ de whisky
밀 전분(또는 콘스타치) fécule de blé

* 위스키 구할 수 있으면 알코올 도수 50도 이상의 것을 사용한다(넣는 양→p.283 : 피어슨 사각법)

준비 작업

○ 밀 전분(또는 콘스타치)은 잘 건조시켜 둔다. 종이를 깐 철판에 밀 전분(또는 콘스타치)을 펼친 다음 오븐에서 40℃ 정도로 따뜻하게 하는 작업을 2~3일 반복해 수분을 제거한다.

* 틀에 사용하는 전분(밀 전분)에 수분이 들어 있으면, 전분에 들어 있는 수분이 틀에 부은 액체를 끌어당겨 전분 내에 침투해 버린다. 전분을 건조시켜 두면 틀에 부은 액체는 전분 표면에 튕겨져 뭉쳐져서 전분 내에 침투하는 경우가 없다.

1. 냄비에 물, 설탕을 넣고 가열한다.

2. 120℃ 정도 될 때까지는 냄비 면에 시럽이 튀기 때문에 물에 적신 붓(pinceau)으로 흘려 떨어뜨린다.

* 방치하면 튄 시럽이 당화하거나 눌어붙어 버린다.

3. 125℃까지 졸인다.

4. 볼에 술을 넣고 뜨거운 3의 시럽을 살살 따라 붓는다.

5. 볼에 섞은 시럽을 다시 냄비에 살살 옮긴 후 다시 원래의 볼에 조심히 붓는다.

6. 이것을 여러 번 반복해 시럽을 술과 잘 섞은 다음 마지막은 볼에 뚜껑을 덮고 식을 때까지 놔둔다(체온 정도).

* 주걱 등으로 섞거나 충격을 주게 되면 당화가 시작돼 버린다. 볼 안쪽을 따르듯이 살살 옮겨 붓는다.

7. 건조시킨 밀 전분을 저온의 오븐(60℃)에서 데운다. 뜨거운 밀 전분을 체로 치면서 따뜻하게 해 둔 나무 상자의 테두리 가득 채운다.

8. 다시 한 번 거품기로 섞은 다음 밀 전분에 공기를 듬뿍 포집한다.

* 가루에 공기를 듬뿍 포집함으로써 10에서 움푹 패게 할 때 모양이 무너지지 않는다.

포화와 과포화

용액(물)에 용매(설탕)를 넣고 녹이게 되면 어느 이상 녹지 않게 되는 한계의 양이 있다. 최대량의 용매를 녹인 액을 포화라고 하며, 한계를 넘어 용매를 넣은 경우에는 과포화라고 한다. 당액이 과포화 상태가 되면 설탕이 재결정화해 분리된다.
포화량은 용액의 온도에 따라 다르며, 예를 들어 진한 시럽에서 뜨거울 때 설탕이 완전히 녹아 있어도 온도가 내려가면 과포화 상태가 되는 경우가 있다. 수분이 증발하거나, 섞거나 충격을 주거나 하는 기계적인 자극으로도 일어난다. 재결정화하는 것을 제과에서는 「당화」, 「설탕이 되돌아가다」라고 부른다.
완성된 제품에서는 바람직하지 않은 변화이지만 당과를 만드는 과정에서 일부러 재결정화를 일으켜 상태의 변화를 이용하는 것도 있다(봉봉 아 라 리쾨르, 퐁당의 제조, 프뤼 데기제의 마무리 등).

9. 표면에 불거져 나온 여분의 가루는 메탈 바 등을 이용해 평평하게 다듬는다.

10. 리큐어 봉봉용의 누름 틀로 9에 움푹 패이게 한다.

11. 6을 충전기(entonnoir à couler)에 넣고 10의 팬 곳에 흘려 넣는다.

12. 위에 콘스타치를 가볍게 뿌린 다음 최소한 반나절 동안 조심히 놓아둔다.

• 급격히 온도가 내려가지 않도록 조금 따뜻한 곳에 놓아두면 작은 결정이 생긴다.

13. 반나절 정도 두고 표면에 막이 생기면, 나무 상자의 크기에 맞춰 휘는 철사나 포크 등으로 깨뜨리지 않도록 조심스럽게 뒤집어 상하를 바꾸고, 다시 한 번 하루 동안 전체가 제대로 굳을 때까지 놓아둔다.

14. 봉봉의 표면에 붙은 가루를 붓으로 털어 낸다. 초콜릿으로 코팅해 완성하는 경우도 있다.

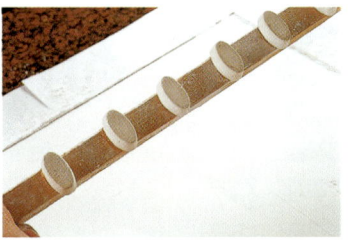

리큐어 봉봉용의 누름 틀 empreintes à liqueur

밀 전분

밀가루 전분. 프랑스나 스위스에서는 콘스타치 다음으로 자주 사용되는 전분으로, 풍미는 콘스타치보다도 좋다. 밀가루에 물을 넣고 거친 글루텐을 만든 다음 전분을 씻어 버려 분리하는 제조법이 일반적으로, 글루텐이라는 부산물을 아미노산이나 베지테리언 미트(식물 단백질)의 제조에도 이용할 수 있다. 호화 온도는 높고(62~83℃), 최고 점도는 낮지만, 점도 변화가 완만하고 비교적 안정되어 있다. 리큐어 봉봉 틀(녹말 상자)에는 밀 전분이 가장 적합하다. 다른 전분과 달리 세포 표면의 셀룰로오스가 처리되어 있으므로 입자가 미끄러지지 않고, 틀로 누른 뒤 잘 무너지지 않기 때문이다.

Pralines
프랄린

투아레의 몽타르지(Montargis)이 명물로, 아몬드에 카라멜 상태로 끓인 설탕을 두 껍게 입힌 당과이다. 17세기, 루이 13세 시대에 원수를 지낸 플레시 프랄랭(Plessis Pralin) 백작 세자르 드 슈아젤(César de Choiseul, 1598-1675)의 전속 요리사 라사뉴(Lassagne)가 고안했고, 주인의 이름을 따서 이와 같은 이름이 붙었다고 한다.

재료 기본 분량

아몬드(껍질 있는 것) 500g 500g d'amandes
흰 굵은 설탕 500g 500g de sucre en grains
물 250㎖ 250㎖ d'eau
바닐라 빈 2~3개 2 à 3 gousses de vanille

* 아몬드는 로스트하지 않는다. 껍질이 있는 것을 사용하며 시럽에 아몬드의 향, 색을 옮긴다.
* 바닐라 빈은 크렘 파티시에르 등에 한 번 사용한 것도 괜찮다.

1. 동으로 만든 볼에 물, 흰 굵은 설탕, 세로로 기른 바닐라 빈을 넣고 불에 올려 끓인다.

• 물에 적신 붓으로 안쪽에 튄 시럽을 씻어 낸다.
• 큰 동 볼을 이용함으로써 아몬드에 불이 잘 통하도록 하며, 설탕이 잘 입혀지도록 한다.

2. 액체가 끓으면 아몬드를 넣고, 수분이 없어진 시럽이 아몬드에 입혀질 때까지 졸인다(117℃ 정도).

• 시럽이 끓으면서 아몬드의 거품이 떠오르지만, 거품은 걷어내지 않아도 된다.

3~5. 불에서 내린 다음 하얗게 당화할 때까지 뒤섞는다.

• 아몬드와 설탕이 완전히 나뉘어진 상태.

6. 굵은 체로 친 다음 아몬드와 설탕의 덩어리로 나눈다.

7. 아몬드를 볼에 다시 넣고 약한 불에서 볼을 돌려 가면서 볶듯이 해 아몬드에 열을 더해 준다.

8. 아몬드에 감긴 당화한 시럽이 녹기 시작하면 6에서 나눈 설탕을 조금 넣고 섞는다. 다시 아몬드 표면의 설탕이 녹으면 설탕을 조금 넣고 표면에 설탕을 겹치며 설탕 옷을 입힌다. 설탕을 전부 다 넣고, 아몬드에 열이 가해지면 작업대 위에 펼쳐서 식힌다.

• 아몬드는 반으로 잘라 봐서 열이 잘 통했는지 확인한다.
• 만드는 양이 적을 경우에는 아몬드 주위에 설탕 옷이 입혀져도 아몬드 가운데까지 열이 통하지 않고 노릇노릇하게 색이 나지 않는 경우가 있다. 그 때문에 미리 아몬드를 살짝 옅게 로스트시킨 후에 사용해도 좋다.

초콜릿
Chocolat

초콜릿

초콜릿은 세피아색의 광택을 내며, 품격이 높은 우아한 이미지와 신비성을 간직한, 모든 사람들이 사랑하는 과자이다. 주재료인 카카오 빈의 원산지는 아마존 강 유역 및 베네수엘라 오리노코 강 유역으로, 고대 멕시코에서는 기원전 2,000년경에 재배되고 있었다고도 한다.

그곳에서의 초콜릿은 카카오 빈을 갈아 으깬 걸쭉한 음료로, 아즈텍인은 거기에 옥수수 가루를 넣거나, 바닐라나 여러 가지 향신료로 향을 내어 마셨다. 이것을 16세기 초 멕시코에 원정을 간 페르난도 코르테스 장군이 스페인에 가지고 돌아갔다. 당초에 초콜릿은 쓰고 맛없는 음료수였으나, 스페인에 전해지면서 설탕을 넣게 되었고, 또 따뜻한 음료로 마시게 되면서 귀족이나 사제들이 매우 진귀하게 여겼으며, 얼마 안 있어 유럽의 상류 계급 사이에 퍼져 갔다.

그 후 약 300년 후, 19세기 네덜란드인 반 호텐이 카카오에서 유지(카카오버터) 일부를 제거해 녹기 쉽고 맛있는 초콜릿을 만들어 냈다. 그리고 그 부산물인 카카오버터에 의해, 음료수였던 초콜릿에서 먹는 초콜릿으로 변신에 성공했다.

그러나 먹는 초콜릿으로 변하면서 큰 문제가 생겼다. 선물로 받은 초콜릿의 뚜껑을 여니 불가사의한 세피아색 광택을 내고 있어야 할 초콜릿이 가루가 날리는 상태로 자리 잡고 있었던 경험을 한 적은 없는가? 이것은 보존 중에 심한 온도 변화가 생겨서 한번 녹은 초콜릿이 다시 굳어 버린 경우에 생기는 블룸이라는 현상으로, 초콜릿에 포함되어 있는 카카오버터가 표면에 떠오르는 것이 원인이다. 먹어도 문제는 없지만, 식감이 나쁘고 깔깔한 초콜릿이 되어 버린다.

녹인 초콜릿을 그대로 식혀 굳히기만 하면 하얗게 가루가 나고(블룸 현상), 예쁜 광택이 있는 상태로 되지 않는다. 또한 식감도 나쁘고 깔깔해져 버린다. 그래서 식감이 좋은 초콜릿 과자를 만들기 위해서는, 조온[영어로 템퍼링(tempering), 프랑스어로 탕페라주(tempérage *¹)]이라는 작업을 한다. 녹인 초콜릿의 온도를 조절하는 것으로, 녹아서 흩어진 카카오버터를 가장 안정된 크기와 모양의 결정으로 모은 다음 그 상태로 굳히는(재결정화하는) 작업으로 일정한 온도(31~32℃)를 유지하며 섞는 항온형 템퍼링과, 온도를 변화시켜 조절하는 승온형 템퍼링이 있다. 승온형 템퍼링은 타블라주 *²(타블리르)법, 수냉법, 접종법이라는 방법을 취한다.

---

* 1 tempérage 탕페라주. 온도(témperature)를 조절하는 작업.

* 2 tablage 타블라주. 탕페라주와 같다. 특히 대리석 등 작업대(table)에 꺼내서 온도를 낮추는 테이블 템퍼링 방법을 가리킨다. 템퍼링을 하는 것을 타블레(tabler)라고도 한다.

초콜릿의 제조 공정

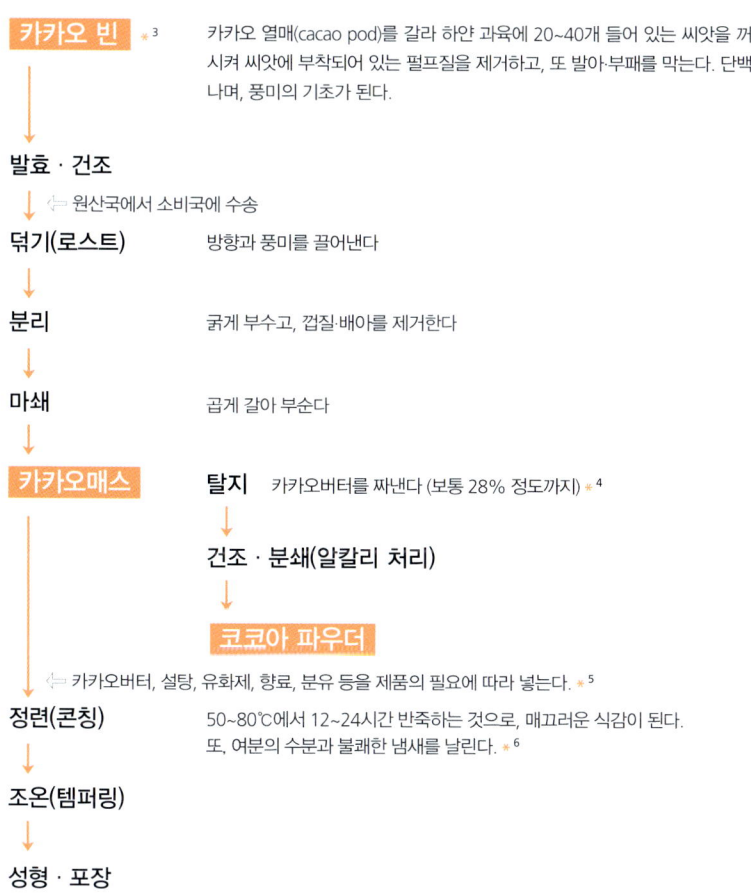

카카오 빈 * 3   카카오 열매(cacao pod)를 갈라 하얀 과육에 20~40개 들어 있는 씨앗을 꺼낸다. 이것을 발효·건조 시켜 씨앗에 부착되어 있는 펄프질을 제거하고, 또 발아·부패를 막는다. 단백질의 분해, 산화가 일어나며, 풍미의 기초가 된다.

↓

발효 · 건조

↓ ⇐ 원산국에서 소비국에 수송

덖기(로스트)   방향과 풍미를 끌어낸다

↓

분리   굵게 부수고, 껍질·배아를 제거한다

↓

마쇄   곱게 갈아 부순다

↓

카카오매스   **탈지**   카카오버터를 짜낸다 (보통 28% 정도까지) * 4

↓

     건조 · 분쇄(알칼리 처리)

↓

     코코아 파우더

↓ ⇐ 카카오버터, 설탕, 유화제, 향료, 분유 등을 제품의 필요에 따라 넣는다. * 5

정련(콘칭)   50~80℃에서 12~24시간 반죽하는 것으로, 매끄러운 식감이 된다. 또, 여분의 수분과 불쾌한 냄새를 날린다. * 6

↓

조온(템퍼링)

↓

성형 · 포장

---

* 3 카카오 빈은 벽오동나뭇과의 교목 카카오나무(테오브로마 카카오)의 씨앗. 크게 나눠서 3종류의 품종이 있으나, 특수한 경우를 빼고 품종이나 산지가 다른 복수의 카카오 빈을 블렌드해 초콜릿을 만든다.

크리올로종
중미 원산. 베네수엘라가 주산지이다. 향이 강하며 쓴맛이 적다. 크리올로종계 단일 카카오 빈으로 만든 초콜릿은 개성적인 풍미가 있어 주목 받고 있다.

포라스테로종
서아프리카(가나, 코트디부아르), 브라질, 말레이시아 등이 주산지이다. 남미 아마존 유역 원산. 쓴맛이 강하며, 카카오의 독특한 맛이 잘 나타난다.

트리니타리오종
트리니다드 토바고 원산. 원산지 외에 자메이카나 자바 섬 등에서 재배되고 있다. 맛, 향이 모두 강하다.

* 4 1828년 네덜란드인 반 호텐이 카카오에서 유지(카카오버터) 일부를 제거해 녹기 쉽고 맛있는 초콜릿을 만들어 냈다

* 5 처음으로 '먹는' 판 초콜릿을 팔기 시작한 것은 1847년 영국이다. 1875년, 스위스에서 초콜릿에 우유를 넣는 제조 방법이 발견되었다.

* 6 1880년 루돌프 린츠가 돌로 된 롤을 굴리며 장시간, 초콜릿을 갈아 으깨고 섞어 반죽하는 기계를 발명했다. 이에 따라 지금과 같이 매끄러운 초콜릿이 만들어지게 되었다.

초콜릿 제품

카카오매스

카카오 빈을 볶고, 분쇄해 페이스트 상태로 만들어 반죽한 것. 카카오리커라고도 하며, 초콜릿의 독특한 쓴맛은 카카오매스에 포함되어 있다. 이것에 당분이나 유제품 등을 넣고 초콜릿을 만든다. 카카오매스를 그대로 굳힌 것은 제과 재료로 사용된다. 단맛이 없고 쓴맛이 강하며 카카오의 풍미가 진하므로, 초콜릿과 함께 넣어 향이나 쓴맛을 더하거나, 단맛을 넣지 않고 초콜릿의 풍미나 색을 진하게 내고 싶을 경우에 사용한다.

카카오버터

상온에서는 고체의 유지. 25℃ 정도에서 부드러워지기 시작하며, 융점은 대략 30℃이다. 녹을 때에는 급격하게 고체에서 액체로 변화하는 성질이 있으며, 그것이 초콜릿의 식감을 좋게 한다.

코코아 파우더

카카오매스를 최고 80% 탈지(20~28%는 지방분을 남긴다)한 다음 알칼리 치리해 산미나 산취를 중화하고 곱게 분쇄해, 녹기 쉬우며 풍미를 좋게 한 것이 코코아 파우더이다. 마시는 용도로는 설탕이나 분유를 넣은 제품도 있으나, 제과에서는 무당의 제품을 사용하며 반죽에 넣거나 마무리에 사용한다. 17세기부터 유럽에서는 음료수로 초콜릿이 유행했으나, 기름이 뜨고 쓴맛이나 떫은맛이 강한 것이었다. 1828년 네덜란드의 C.J 반 호텐이 다진 카카오 빈에서 액체의 지방분(카카오버터)을 추출하는 방법과, 탈지 후의 알칼리 처리를 발명함에 따라, 마시기 쉬운 코코아가 만들어졌다.

초콜릿

카카오 빈(카카오나무의 씨앗)을 볶고 갈아 으깨서 페이스트 상태로 만든 카카오매스(카카오 페이스트라고도 부른다)에 설탕, 유화제 등을 섞어 반죽한 다음 굳힌 것. 반죽할 때에 분유를 넣으면 밀크 초콜릿이 된다. 화이트 초콜릿은 카카오매스에 포함되어 있는 유지(카카오버터)와 분유 등을 사용해 만든다.

일본 국내 초콜릿의 규격

- **순 초콜릿** : 총 카카오분 35%, 카카오버터 18%, 카카오 고형분 17% 이상. 대용 유지 불가. 당분은 수크로스만 55% 이하, 유화제 0.5% 이하, 수분 3% 이하. 일반적으로 제과 재료로 사용된다.
- **초콜릿** : 카카오분의 규격은 순 초콜릿과 같으며 그 밖에 제한이 없기 때문에 대용 유지를 포함한 것도 있으나, 전체적으로 카카오분이 많고 품질이 좋다.
- **준 초콜릿** : 양과자용 초콜릿, 코팅 초콜릿이다. 총 카카오분 15%, 카카오버터 3%, 카카오 고형분 12% 이상. 대용 유지의 첨가가 15% 이상인 것.

커버추어

커버추어는 「커버, 감싸는 것」이라는 의미. 국제 규격에는 총 카카오분(카카오버터+카카오 고형분) 35% 이상으로, 카카오버터 31% 이상, 카카오 고형분 2.5% 이상 포함, 카카오버터 이외의 대용 유지(팜유 등)는 포함하지 않은 초콜릿을 커버추어라고 한다. 레시틴(유화제)과 향료(바닐라)의 첨가는 인정되고 있다. 카카오분 40~60% 정도가 자주 사용되며, 녹이면 유동성이 있고 잘 늘어나며, 템퍼링을 하면 광택이 나고 깨끗하게 굳는다. 원료인 카카오 빈의 종류나 블렌딩에 따라, 또 카카오버터나 카카오 고형분의 비율, 설탕의 비율에 따라 여러 가지 풍미의 제품이 있다.

커버추어. 오른쪽부터 스위트, 화이트, 밀크.

커버추어의 종류

- **스위트(couverture)** : 유(乳) 성분이 들어 있지 않은 플레인. 블랙, 다크라고 하는 경우도 있다. 스위트 커버추어 중에, 비터(bitter), 누아르(noire)라는 상품명이 붙은 것은 단맛을 억제하고 카카오의 풍미를 강하게 낸 것.

- **밀크(couverture lactée 또는 couverture au lait)** : 분유를 넣은 것.

- **화이트(couverture ivoire 또는 couverture blanche)** : 카카오분을 포함하지 않고, 카카오버터에 분유를 넣은 것.

파트 아 글라세, 파트 아 글라세 이부아르

위에 씌우는 용도의 초콜릿. 유동성을 좋게 하기 위해 식물성 유지를 넣은 것. 템퍼링을 하지 않고 사용한다. 수입품은 일반적인 국산 양과자용 초콜릿보다 카카오분이 많고, 풍미가 좋은 것이 많다.

파트 아 글라세

파트 아 글라세 이부아르

템퍼링(탕페라주, Tempérage)

타블라주법(테이블 템퍼링 또는 마블 템퍼링)
중탕으로 녹인 초콜릿의 2/3~3/4 양을 대리석 작업대에 꺼내어 섞으면서 27~28℃로 온도를 낮추고, 원래의 따뜻한 초콜릿에 다시 넣어 섞어 합친 다음 31~32℃로 만든다.

수냉법(볼 템퍼링)
중탕으로 녹인 초콜릿을 볼에 넣고 얼음물에 대어 27~28℃로 온도를 낮춘다.
이후에 중탕을 해 적당한 온도로 맞춘다.

* 볼에 닿아 있는 부분만 급격하게 식어 굳기 시작해 얼룩지기 쉽다.
* 물이 섞여 버릴 위험이 크다.
* 초콜릿의 분량이 많은 경우에는 온도가 내려가는 데 시간이 걸린다.

접종법(시드 템퍼링)
조금 높은 온도에서 녹인 초콜릿에 잘게 다진 초콜릿을 넣은 다음 31~32℃로 온도를 낮춘다.

* 넣은 초콜릿의 안정된 결정이 핵이 되는, 확실한 방법이다.
* 소량의 템퍼링을 할 경우에 좋다. 녹인 초콜릿의 양이나 온도에 따라 넣는 초콜릿의 양을 조절할 필요가 있다.

항온형 템피링
녹인 초콜릿을 일정한 온도로 유지하고, 오랜 시간 섞어 안정된 결정을 얻는 방법이다. 기계를 사용해 대량으로 공장 생산할 때 좋다.

템퍼링의 온도대

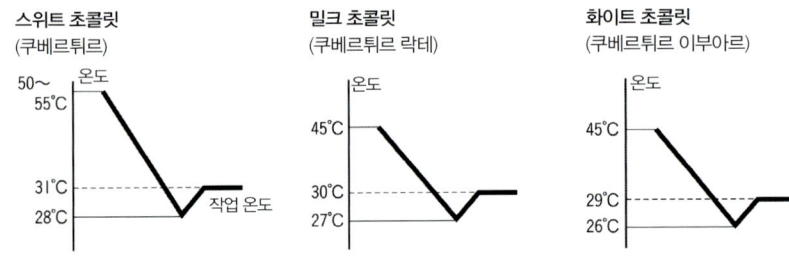

스위트 초콜릿
(쿠베르튀르)
50~55℃ / 온도 / 31℃ / 28℃ / 작업 온도

밀크 초콜릿
(쿠베르튀르 락테)
온도 / 45℃ / 30℃ / 27℃

화이트 초콜릿
(쿠베르튀르 이부아르)
온도 / 45℃ / 29℃ / 26℃

블룸 현상

녹은 초콜릿을 템퍼링하지 않고 그대로 식혀 굳히면 블룸 현상이 생긴다. 블룸은 영어로 '꽃', '꽃이 피다', '과일의 표면에 생기는 하얀 가루'이다.

팻 블룸

카카오버터가 표면에 떠서 굳은 것. 카카오버터가 하얗게 굳고, 하얀 곰팡이와 같은 얇은 막이 덮인다.

(원인)

* 템퍼링 불량.
* 템퍼링 후, 실온이나 센터의 온도가 높아 굳을 때까지 시간이 너무 오래 걸린 경우.
* 보존을 잘못해서, 초콜릿의 표면이 녹아 그대로 다시 굳었다.

슈거 블룸

설탕이 표면에 떠서 녹아 굳은 것. 작은 회색의 반점이 생긴다.

* 급격한 온도 변화(온도 차 10℃ 이상)로 초콜릿의 표면에 물방울이 맺혀(결로), 초콜릿에 포함된 설탕이 녹아 나와 결정이 됐다.

* 온도·습도가 높은 장소, 직사광선이 있는 장소에서의 보관은 피한다. 또 냉장고에서 보관한 것을 갑자기 온도가 높은 곳에 꺼내면 결로해 슈거 블룸이 생겨 버리므로 초콜릿은 18~20℃의 일정한 실온에서 보관·작업하는 것이 바람직하다.

타블라주법의 순서

1. 커버추어는 잘게 다진 다음 볼에 넣는다. 약 60℃의 중탕으로 50~55℃로 녹인다.

- 불에 직접 대지 않고 반드시 중탕으로, 녹이거나 온도를 올리거나 한다. 그때에도 물이나 수증기가 들어가지 않도록 주의한다. 냄비와 볼 사이에 간격이 생기지 않도록, 볼의 지름은 냄비와 같거나 조금 큰 것을 고른다.

2. 1의 2/3~3/4 양을 대리석 작업대 위에 덜어 낸다.

3. 팔레트 나이프(앵글 팔레트 palette coudée)로 얇게 펼친다.

- 초콜릿을 녹이는 온도는 초콜릿의 종류나 제품에 따라 다르기 때문에 타입이 다른 초콜릿은 기본적으로 섞지 않는다.

4. 삼각 팔레트와 앵글 팔레트로 모은다. 다시 펼쳐서 모으고, 이런 작업을 반복해 27~28℃까지 온도를 낮춘다.

5. 온도가 내려감에 따라 끈기와 광택이 생긴다(모은 초콜릿의 표면에 희미하게 막이 덮이는 듯한 상태가 된다).

6. 원래의 볼에 다시 넣어 따뜻한 커버추어와 섞는다. 천천히 섞어 29~31℃로 만든다. 사용하는 동안은 이 작업 온도를 계속 유지한다.

- 33℃ 이하가 되면 안정된 결정이 망가지므로 2번부터 작업을 다시 하고, 이상적인 온도로 낮춘다.
- 대리석 작업대에 굳어 남은 초콜릿은 멍울이 되므로 볼에 넣지 않는다.

7. 템퍼링이 잘 되어 있는지 종이로 찍어서 확인한다.

- 템퍼링이 잘됐는지 알려면 온도를 재고, 적당한 온도이면 두꺼운 종이 등으로 찍어서 잠시 두어 본 다음 윤기가 나게 굳으면 된다.

361

템퍼링을 한 초콜릿은 윤기를 내며 굳는다 (왼쪽 사진). 또 깨끗하게 종이에서 벗겨진다. 템퍼링을 하지 않은 것(45℃로 초콜릿을 녹여 그대로 방치해 둔 것. 오른쪽 사진)은 윤기가 없으며, 유분이 스며 나오고 작은 알맹이가 생겨 표면도 꺼끌거린다. 손가락으로 만지면 바로 녹아 버린다.

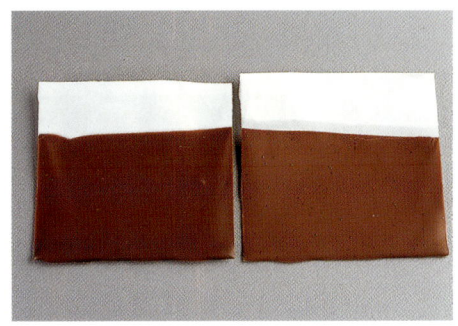

초콜릿 워머
tempéreuse électrique

초콜릿을 넣는 용기의 밑에 물통이 있어 여기에 물을 넣고 전기로 데운다. 위의 용기가 물통을 완전히 덮는 상태가 되므로, 초콜릿에 증기가 들어갈 위험이 없다.

삼각 팔레트
palette triangle

작업대 등에 붙은 것을 긁어 내는 금속제 주걱이다. 탄력성은 거의 없으며, 힘을 써서 사용할 수 있다.

Bouchées au chocolat

부셰 오 쇼콜라

봉봉 오 슈콜라(bonbon au chocolat)라고도 부른다. 초콜릿을 주재료로 한 한입 크기의 과자로, 당과의 일종으로 취급하기도 한다. 가나슈(초콜릿과 생크림으로 만드는 크림), 프랄리네, 퐁당, 신과류 등의 센터(봉봉의 내용물)를 초콜릿으로 코팅(피복)한 것, 또는 초콜릿을 틀에 얇게 붓고 굳힌 다음 가나슈나 과일 퓌레 등으로 채운 것 등 종류가 풍부하다. 제과 중에서도 이런 초콜릿을 중심으로 다루는 부문은 밀가루를 사용한 반죽을 주체로 하는 파티스리(pâtisserie)와 독립되어 있어, 쇼콜라(chocolat)를 다루는 전문점이나 초콜릿 제조업을 쇼콜라트리(chocolaterie)라고 부른다.

363

Mendiants 망디앙

4개의 탁발 수도회 오르드르 망디앙(ordres mendiants) 옷의 색(도미니크회의 흰색, 프란체스코회의 회색, 가르멜회의 다
갈색, 아우구스티누스회의 진보라색)을 본떠 아몬드, 말린 무화과, 헤이즐넛, 건포도의 4종으로 장식한 초콜릿이다. 실제
로는 이 4종 외에 여러 가지 건조 과일이나 견과류를 색을 맞춰서 사용한다.

* mendiant [m] 탁발 수도사. 4종의 말린 과일·견과류를 사용한 과자.

재료 1개 약 4g

커버추어(발로나사(社) 카라크 : 카카오분 56%) couverture
아몬드 amandes
호두 noix
피스타치오 pistaches
건포도 raisins secs
말린 살구 abricots secs

준비 작업

○ 커버추어는 템퍼링한다.

○ 아몬드는 170℃ 오븐에서 로스트해 열을 식혀 둔다.

○ 호두는 반으로 자른다. 기름이 돌면 가볍게 로스트한다.

○ 피스타치오는 껍질을 뜨거운 물에 벗긴 다음 수분을
제거한다.

○ 건포도는 한 알씩 떼어 놓는다.

○ 말린 살구는 피스타치오와 같은 크기로 자른다.

1. 템퍼링을 한 커버추어를 종이 코르네(→p.145)에 채운다.

2. 나무로 된 판에 종이를 깔고, 1의 템퍼링한 커버추어를
지름 약 2㎝ 크기로 짠다.

* 판은 나무로 된 것을 사용한다. 철판, 대리석은 초콜릿의 온도가 바
로 내려가 견과류를 놓기 전에 굳어져 버리기 때문에 사용하지 않
는다. 종이는 박리성이 좋은 표면 가공을 한 파피에 퀴송(→p.27)
이 좋다.

3. 판을 가볍게 바닥에 두드려 지름 약 4㎝로 얇게 넓힌다.

4. 견과류와 말린 과일을 얹고 굳을 때까지 놓아둔다. 굳
고 나면 종이에서 떼어 낸다.

Piémontais 피에몽테

* piémontais '이탈리아 피에몬테주의'라는 형용사. 피에몬테주는 프랑스어로 Piémont.

재료 1개 약 10g

커버추어(발로나사(社) 카라크 : 카카오분 56%) couverture
지안두야 gianduja
헤이즐넛 noisettes

준비 작업

○ 커버추어는 템퍼링한다.

○ 헤이즐넛은 로스트해 열을 식혀 둔다.

1. 알루미늄 케이스 안쪽 선제에 커버추어를 손가락으로 바르고 굳혀 둔다.

2. 지안두야를 60℃ 중탕으로 40℃ 정도로 녹인다. 볼을 물에 대고 전체를 저으면서 서서히 식혀, 짤 수 있는 알맞은 정도의 굳기로 만든다.

* 물은 수돗물 온도로 한다. 너무 식히면 단숨에 굳어져 버리기 때문에 수의한다.

3. 1의 케이스에 지안두야를 별 깍지(douille cannelée, 8발, 지름 8㎜)로 짠다.

4. 헤이즐넛을 한 개씩 얹고 굳힌다.

Truffes

트뤼프

*truffe [f] 서양 송로. 향이 강한 구형의 버섯.

재료 약 50개 분량

가나슈 ganache
　생크림(유지방분 38%) 250㎖ 250㎖ de crème fraîche
　커버추어(발로나사㈜) 카라크 : 카카오분 56%) 300g 300g de couverture
　그랑 마르니에 50㎖ 50㎖ de Grand Marnier
커버추어(발로나사㈜) 카라크 : 카카오분 56%) couverture
코코아 파우더 cacao en poudre

준비 작업

○ 가나슈용 커버추어는 잘게 다진다.

○ 마무리용 커버추어는 템퍼링한다.

가나슈 만들기

1. 생크림을 끓인 다음 다진 커버추어에 넣고 살살 섞어 녹인다.

 • 생크림의 지방분이 높으면 크림의 표면에 유분이 떠 버리기 때문에 유지방분이 낮은 생크림을 사용한다. 초콜릿의 지방분도 너무 높으면 기름이 뜬다. 그런 경우에는 생크림의 온도를 조금 낮춰서 넣으면 좋다.

2. 그랑 마르니에를 넣고 섞는다.

 • 가나슈가 뭉쳐지면 골고루 섞기 어렵기 때문에 따뜻할 때 넣는다.

3. 체에 걸러(→passer) 용기에 흘려 넣고, 랩을 씌워 냉장고에서 짤 수 있는 굳기가 될 때까지 식힌다.

성형하기

4. 짜기 쉬운 굳기가 되면 공기가 들어가지 않도록 카드(corne)로 뭉친다.

5. 원형 깍지(지름 15㎜)를 끼운 짤주머니(poche à douille unie)에 넣은 다음, 종이(파피에 퀴송→p.27)에 봉 모양으로 짠다. 잘라서 둥글릴 수 있는 굳기가 될 때까지 냉장고에 넣어 둔다.

 • 구형으로 짜도 좋다. 봉 모양으로 짜면 완성된 크기를 일정하게 하기 쉽다.

6. 코코아 파우더를 전체에 가볍게 뿌린 나음 2.5㎝ 실이로 자른다.

7. 손에 코코아 파우더를 묻히고 1개씩 둥글려 다시 냉장고에서 단단히 굳힌다.

8. 커버추어를 손바닥에 적당량 덜어 7을 굴려 가며 표면에 커버추어의 얇은 막을 만든다.

 • 부드럽고 녹기 쉬운 가나슈에 기비추이로 얇은 막을 만드는 것으로, 다음에 코팅했을 때 가나슈가 커버추어 속에 녹아들지 않는다. 이런 작업을 프리 코트라 한다.

9. 종이 위에 나란히 놓고 굳을 때까지 상온에 놓아둔다.

10. 9를 템퍼링한 커버추어에 담그고(→tremper), 초콜릿 포크(링 모양)로 건진다. 여분의 커버추어는 고무 주걱(palette en caoutchouc) 등으로 떨어뜨린다.

11. 용기에 넣은 코코아 파우더 위에 떨어뜨린다.

12. 표면의 커버추어가 굳기 시작하면 초콜릿 포크로 줄무늬가 생기도록 굴린 다음 코코아 파우더를 전면에 입힌다.

- 표면의 초콜릿이 굳지 않았을 때 코코아 파우더 속에 섞게 되면, 초콜릿과 코코아가 섞여 초콜릿의 덩어리가 생긴다.

- 사용할 때까지 코코아 파우더 속에 묻어 두고 찬 곳에 둔다. 코코아 파우더에서 꺼내 두면 센터의 가나슈가 녹아 트뤼프의 표면으로 나와 버리는 경우가 있다.

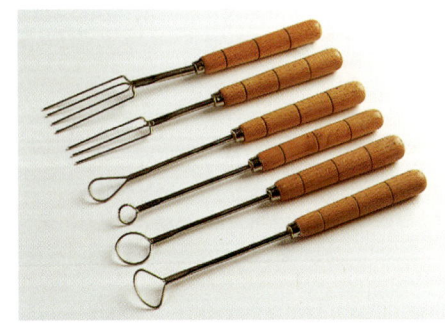

초콜릿 포크
fourchette à tremper

포크 모양이나 링 모양이 있다. 초콜릿 과자를 만들 때 센터를 얹거나 찔러서 커버추어에서 담갔다 꺼낸다. 센터의 크기에 맞는 것을 사용한다.

Oranges

오랑주

* orange [f] 오렌지.

369

재료 약 50개 분량

가나슈 ganache
- 각설탕 1개 1 morceau de sucre
- 오렌지 껍질 zeste d'orange
- 생크림(유지방분 38%) 200㎖ 200㎖ de crème fraîche
- 커버추어(화이트) 350g 350g de couverture ivoire
- 버터 30g 30g de beurre
- 쿠앵트로 20㎖ 20㎖ de Cointreau

커버추어(화이트) couverture ivoire
피스타치오(장식용) pistaches
커버추어(화이트) 케이스(기성품) coques en chocolat ivoire

준비 작업

○ 가나슈용 커버추어는 잘게 다진다.

○ 마무리용 커버추어는 템퍼링한다.

○ 피스타치오는 다진다.

○ 오렌지 표면을 각설탕으로 문질러서 각설탕에 색과 향을 입힌다(사진).

가나슈 만들기

1. 생크림을 냄비에 넣고 오렌지 풍미를 입힌 각설탕을 넣은 후 불에 올려 녹인다.

2. 거품기(fouet)로 저으면서 끓인다.

3. 다진 커버추어에 2를 넣고 살살 섞으며 녹인다.

4. 버터를 넣고 섞으며 녹인다.

5. 상온이 될 때까지 식힌 후, 쿠앵트로를 넣는다.

6. 체에 거르고(→passer) 용기에 흘려 넣은 다음 랩을 씌워 냉장고에서 부드러운 크림 상태가 될 때까지 식힌다.

쿠앵트로
프랑스제 오렌지 리큐어의 상품명. 오렌지 껍질이나 꽃 등으로 향을 입힌 리큐어로, 오렌지를 재료로 하는 반죽이나 크림, 시럽의 향을 입힐 때 사용한다. 오렌지 리큐어는 큐라소(curaçao), 트리플 섹(triple sec) 이라고도 불리며, 그랑 마르니에(→p.54)와 같이 호박색인 것과 쿠앵트로와 같이 무색투명한 화이트 큐라소, 무색투명한 것에 색을 입힌 블루 큐라소 등이 있다.

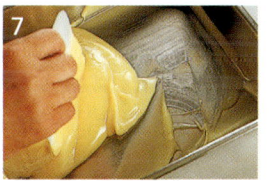

성형하기

7. 가나슈가 짜기 쉬운 굳기가 되면 공기가 들어가지 않도록 카드로 합친다.

8. 원형 깍지(지름 7㎜)를 끼운 짤주머니에 넣고 케이스 속에 90%까지 짜 넣는다.

• 케이스를 사용하지 않는 경우에는, 트뤼프와 같이 가나슈를 손으로 둥글려 만들지만 이 배합으로는 너무 부드럽다.

9. 템퍼링한 커버추어를 종이 코르네(→p.145)에 넣고, 8의 케이스에 가득하게 짜 넣어 뚜껑을 만들고 식혀서 굳힌다.

• 케이스 속에 공기가 들어가면 곰팡이가 생기므로 주의한다. 다만 8에서 가나슈를 너무 많이 넣게 되면 뚜껑에서 새어 나와 뚜껑을 덮을 수 없게 된다.

10. 초콜릿 포크(링 모양)에 얹고 템퍼링을 한 커버추어에 담근다(→tremper). 여분의 커버추어는 고무 주걱으로 떨어뜨린 다음 종이(파피에 퀴송→p.27이 좋다) 위에 놓는다.

• 뚜껑 부분을 아래로 해 종이 위에 놓아두면 좋다.

11. 템퍼링한 커버추어를 종이 코르네에 넣어 얇게 선 모양으로 짠 다음 피스타지오를 표면에 뿌려 장식하고 굳힌다.

커버추어 케이스
속에 **부드러운** 가나슈 등을 채우면, 간단하게 부셰 오 쇼콜라가 만들어지는 반제품이다. 구형으로 트뤼프 볼이라고도 한다[상품명은 발로나사(社) 쿠켈, 슈샤드사(社) 쿠세튼(노루 독일어로 공처럼 둥근 것이라는 의미) 능]. 그 밖에 컵 모양 등도 있다.

Griottes au kirsch

그리오트 오 키르슈

*griotte [f] 체리, 사워 체리.

재료 기본 분량

그리오트(키르슈에 절인) griotte au kirsch
퐁당 fondant
키르슈 kirsch
슈거 파우더 sucre glace
커버추어(발로나사㈜ 카라크 : 카카오분 56%) couverture
파이테 쇼콜라(장식용) pailleté chocolat

* 그리오트 생체리를 시럽에 절이지 않고, 키르슈에 절인 것.
* 파이테 쇼콜라 고운 플레이크 모양의 데커레이션용 초콜릿.

그림 1

퐁당

커버추어

1

2

3

4

5

6

7

알코올에 절인 그리오트
과육이 시큼하며, 생으로 먹지 않는 산미종의 체리(사워 체리)를 가공한 것. 키르슈, 브랜디, 쿠앵트로에 절여서 병조림한 제품이 있다.

준비 작업

○ 커버추어는 템퍼링한다.

1. 그리오트의 수분을 닦아 낸 다음 망 위에 꼬박 하루 동안 놔둔 채 표면을 말린다.

• 물기가 있으면 퐁당이 입혀지기 어렵기 때문에 건조시켜 둔다.

2. 퐁당을 풀어 준 다음 풍미를 위해 키르슈를 넣고 섞어서 굳기를 조절한다.

• 시판되고 있는 단단한 퐁당을 반죽해 키르슈로 부드럽게 한다. 시럽을 넣고 굳기를 조절하지 않는다.

3. 약한 불에서 부드러워질 때까지 가열한다.

• 4에서 사용하기 쉬운 굳기면 된다. 직접 불에 가열하므로 치기워져 굳어지면 윤기가 없어지며, 결은 거칠지만 확실하게 단단한 퐁당이 된다. 남은 퐁당은 다른 제품에는 사용하지 않는다.

4. 그리오트를 3에 입힌다. 퐁당은 꼭지 가까이까지 입히지만, 꼭지에는 묻지 않도록 한다.

• 꼭지 부근에는 퐁당을 입히지 않는다(그림 1). 이것은 초콜릿을 입힌 후에 퐁당이 녹아서 생기는 시럽이 분출되지 않게 하기 위해서이다.

• 작업 도중에도 퐁당이 굳어지면 따뜻하게 하고, 그래도 단단하다면 키르슈를 넣고 데운다.

5. 슈거 파우더 위에 놓고 퐁당을 굳힌다. 템퍼링한 커버추어를 그리오트 바닥 부분에만 묻힌 다음 종이 위에 놓고 굳힌다.

• 퐁당이 녹아 나오지 않도록 바닥 부분을 보강한다(그림 1).

6. 바닥이 굳고 나면 다시 커버추어에 그리오트 전체를 잠기게 한 다음, 꼭지에 걸릴 때까지 담근다(→tremper). 천천히 그리오트를 위아래로 움직여 건져 낸 다음 커버추어 자체의 무게로 여분의 초콜릿은 떨어뜨린다.

• 여분의 커버추어는 고무 주걱 등으로 떨어뜨린다.

7. 파이테 쇼콜라 위에 넣고 그대로 4~5일 둔다.

• 시간이 지나면 그리오트에 들어 있는 술(키르슈)이 주위의 퐁당에 스며들어, 퐁당이 시럽 상태로 녹고 리큐어 봉봉과 같이 속에 액체가 생긴다. 퐁당이 녹을 때까지 1주일 정도 걸리기도 한다(시럽에 절인 그리오트를 사용하면 달아질 뿐 아니라 삼투압이 같기 때문에 퐁당도 녹기 어려워 리큐어 봉봉과 같이 되지 않는다).

Framboisines

프랑부아진

* framboisine 프랑부아즈에서 온 조어(造語).

재료 약 50개 분량

가나슈 아 라 프랑부아즈 ganache à la framboise
- 프랑부아즈 퓌레 125g 125g de purée de framboise
- 전화당 60g 60g de sucre inverti
- 생크림(유지방분 38%) 75㎖ 75㎖ de crème fraîche
- 물엿 15g 15g de glucose
- 커버추어(발로나사㈜ 카라크 : 카카오분 56%) 200g 200g de couverture
- 앵퓌지옹 드 프랑부아즈 20㎖ 20㎖ d'infusion de framboise
- 프루츠 향료(프랑부아즈) 1㎖ 1㎖ d'arôme de framboise
- 버터 30g 30g de beurre

커버추어(발로나사㈜ 카라크 : 카카오분 56%) couverture

준비 작업

○ 가나슈용 커버추어는 잘게 다진다.

○ 남은 커버추어는 템퍼링한다.

가나슈 만들기

1. 냄비에 생크림, 프랑부아즈 퓌레, 전화당, 물엿을 넣고 불에 올린 다음 거품기로 섞으며 끓기 직전까지 데운다.

• 커버추어가 녹는 온도가 되면 끓이지 않아도 된다.

2. 다진 커버추어에 1을 넣고 조심스럽게 섞어 초콜릿을 녹인다.

3. 버터를 넣고 섞어 녹인다.

4. 앵퓌지옹 드 프랑부아즈, 향료를 넣고 섞는다.

5. 체에 거르고(→passer) 용기에 흘려 넣은 다음 랩을 씌워 냉장고에서 잠시 식힌다.

틀 준비하기

6. 틀에 템퍼링한 커버추어를 붓는다. 삼각 팔레트로 여분의 초콜릿은 제거한다.

7. 작업대에 가볍게 두드려서 세세한 신농을 주어 커버추어 속의 기포를 뺀다.

8. 틀을 뒤집어 두드리면서 여분의 커버추어는 떨어뜨린다.

9. 표면에 붙은 여분의 커버추어를 삼각 팔레트로 제거한다. 메탈 바(barre)를 나란히 놓고 그 위에 틀을 엎어 놓은 다음 커버추어가 굳을 때까지 놓아둔다.

10

12

13

11

10. 5의 가나슈가 짜기 쉬운 굳기가 되면 공기가 들어가지 않도록 카드로 합친다. 원형 깍지를 끼운 짤주머니에 넣고, 9의 틀에 80% 정도 짜서 넣는다.

11. 행주 위에 가볍게 틀을 내리쳐서 공기를 빼낸 다음 빈 틈없이 가나슈가 차도록 한다.

12. 템퍼링한 커버추어를 듬뿍 붓고 공기가 들어가지 않도록 가나슈의 표면 전체에 커버추어를 펼치고, 여분의 커버추어는 삼각 팔레트로 떨어뜨린다. 굳을 때까지 둔다.

13. 12의 초콜릿이 완전히 굳고 나면 행주 위에서 틀을 뒤집어 가볍게 두드려서 알맹이를 꺼낸다.

● 커버추어가 제대로 템퍼링이 되어 있으면 굳어지면서 틀보다 조금 줄어들기 때문에 틀에서 뽑기 쉬워진다.

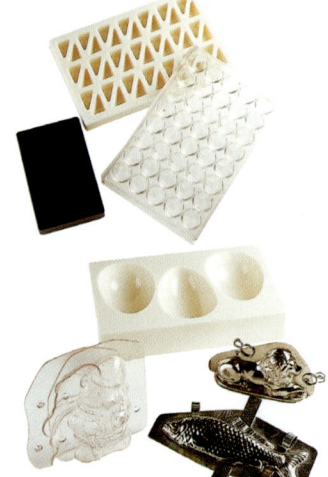

초콜릿용 틀
초콜릿을 굳히는 틀. 합성수지나 스테인리스제 등이 있다. 달걀 모양 등 큰 것은 2장이 1쌍으로 되어 있어, 안쪽에 붓으로 초콜릿을 발라 굳히고, 굳으면 틀에서 떼어 내서 붙여 맞춘다.

앵퓌지옹 드 프랑부아즈
단맛이 적은 리큐어의 한 종류이다. 리큐어와 같이 과일을 알코올에 담가 그 알코올을 여과한 것. 과일 향이 있다. 앵퓌지옹은 설탕을 첨가하지 않으므로 단맛이 적다. 리큐어에는 알코올 20% 전후, 진액이 20% 이상인 것이 많지만 앵퓌지옹은 알코올 25%, 진액이 5~8% 정도가 일반적이다. 프랑부아즈 외에 카시스, 딸기 등을 원료로 한 것이 있다.

Amandes au chocolat

아망드 오 쇼콜라

재료

아몬드 카라멜리제 *amandes caramélisées*

    아몬드 250g *250g d'amandes*
    설탕 50g *50g de sucre semoule*
    물 20㎖ *20㎖ d'eau*
    버터 12.5g *12.5g de beurre*

커버추어(발로나사㈜ 카라크 : 카카오분 56%) *couverture*
코코아 파우더 *cacao en poudre*

준비 작업

○ 아몬드는 170℃ 오븐에서 가볍게 로스트한다.

○ 커버추어는 템퍼링한다.

아몬드를 카라멜리제하기(→caraméliser)

1. 동으로 만든 볼에 물과 설탕을 넣고 가열해 녹인다.

2. 녹고 나면 바로 아몬드를 넣는다.

● 물의 분량이 적으므로 졸아들기 전에 처음부터 아몬드를 넣는다. 또 가열하는 시간도 짧고, 생아몬드를 넣게 되면 속까지 열이 가지 않기 때문에 미리 로스트해 둔다.

3. 시럽이 끓어서 아몬드에 감기고 거의 졸아든 상태 (117℃)가 되면, 불에서 내린 다음 나무 주걱(spatule en bois)을 사용해 시럽이 하얗게 당화(결정화)될 때까지 확실히 섞는다.

4. 전체가 당화되면 다시 약한 불에 올리고 볼을 돌려 가면서 볶는다. 설탕의 결정이 녹아 카라멜 상태가 되고, 아몬드에 달라붙으며 연기가 나면 불을 끈다.

5. 버터를 넣고 아몬드의 표면에 입혀, 들러붙는 것을 방지한다.

6. 철판 위에 펼쳐서 한 알씩 떼어 놓고 식힌다.

커버추어로 코팅하기(→enrober)

7. 아몬드가 완전히 식으면 볼에 넣고 템퍼링한 커버추어를 조금씩 넣으며 섞어서 전체에 입힌다.

8. 커버추어가 굳고, 아몬드가 한 알씩 떨어지면 다시 커버추어를 넣는다.

● 이런 작업을 반복하고, 아몬드의 표면에 취향에 맞는 두께의 초콜릿 층을 씌운다.

9. 마지막으로 소량의 커버추어를 넣고 섞은 다음 코코아 파우더를 체로 쳐서 넣는다.

● 코코아 파우더를 깨끗하게 입히기 위해 커버추어를 조금 넣고 표면에 입혀서 굳기 전에 코코아 파우더를 넣는다. 또는 커버추어를 넣지 않고 코코아 파우더를 넣어도 된다.

10. 체에 쳐서 여분의 코코아 파우더를 제거한다.

제13장

프랑스 과자의 배경 지식
Compléments

포장 • Emballage et décoration
커피 • Café
홍차 • Thé

과자의 연출 – 포장

포장(래핑)은 상품의 보호, 보관, 운반의 편리라는 실용성 외에도 과자에 부가가치를 입히는 기술로서 주목 받고 있다. 실용성은 물론이고, 봤을 때 놀라움과 감동을 주고 선물로서 환영 받으며, 또 계절감 등으로 인상을 남기는 연출이 요구된다. 먼저 싸는 방법, 리본 묶는 방법 등 기본을 익히고, 거기서부터 경험을 쌓으면 목적에 맞는 연출이 자유자재로 가능하게 될 것이다.

프랭탕 (Printemps)

봄의 이미지와 부활절(→p.415)을 결합시켜 초콜릿 달걀(부활절 달걀)이나 암탉을 장식한 디스플레이. 부활절은 추운 겨울이 끝나고 생명의 활동이 가득한 계절이 돌아오는 것을 기뻐하는 축제에 그리스도의 부활을 연계한 것. 여기서 연상되는 희망, 싹틈, 탄생의 이미지를 연한 색조와 유사한 색을 사용한 콘트라스트의 온화함으로 표현하고 있다.

에테 (Été)

하늘이나 바다색인 파란색 계통의 그러데이션. 여름의 바닷가가 연상되는 찬 느낌을 주는 파란색 계통과 은색 리본,포장지가 시원한 인상을 연출하고 있다. 과자는 분위기에 맞춘 색으로 착색한 파트 드 프뤼를 사용.

* 이 장에서 소개하는 기본적인 기술이 있으면, 색채의 조화 또는 대비, 모양, 포장 재료의 질감, 상품(과자)의 특성을 조합해 이와 같이 사계절의 이미지를 표현하는 것이 가능하다.

오톤(Automne)

결실의 가을을 나타냈다. 견과류를 사용한 타르트나 케이크 등, 외관도 미각도 가을을 연상시키는 과자를 중심에 놓고 솔방울 등의 자연 소재를 장식으로 사용하고 있다. 포장지나 리본도 과자가 한층 돋보이는 같은 계열의 색으로 톤을 맞추고 있다.

이베르(Hiver)

독일의 전통적인 크리스마스 과자, 슈톨렌을 사용한 디스플레이. 슈톨렌은 설탕에 절인 과일과 향신료가 들어간 발효 반죽으로 만들고, 표면에 듬뿍 바른 바닐라 슈거가 눈을 연상시킨다. 크리스마스트리를 표현한 삼각형의 상자를 배경으로 해서 크리스마스 컬러인 빨간색과 초록색, 그리고 금색으로 마무리하고 4개의 빨간색 초가 대림절(→p.416) 4주간을 나타내고 있다.

사각형 상자(직사각형) 싸기

* 맞춤 싸기(카라멜 싸기)

직육면체의 상자가 있으면 상자를 회전시키지 않고, 크고 작음에 상관없이 폭넓게 쌀 수 있다. 포장지의 사용량이 적고, 심플하게 싸는 방법이므로 기술적으로 쉽고 마무리가 안정되어 있다. 상자를 뒤집어서 포장하는 것이 불가능한 과자의 경우, 종이의 이음매를 위로 해서 싸면 좋다. 이음매에 실 등을 붙이거나, 리본을 묶어서 완성한다.

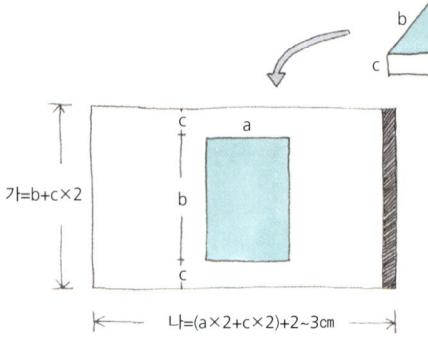

종이의 크기 = 가×나

가: 상자의 높이(위+아래)와 상자 세로의 길이를 더한다.
나: 상자의 사면 길이에 이음매로 종이를 겹치는 부분으로 2~3cm 더한다.

종이 치수 재기(그림)×

종이의 크기는, 세로는 상자 높이* 의 위와 아래의 여유분을 더한 것에 상자 세로의 길이를 더한다(가). 가로는 사면의 길이에 이음매로 종이를 겹치는 시접으로 2~3cm 더한다(나).

* 가능한 한 낭비가 없도록 적합한 크기로 자른다.
* 재고 나면 접은 선을 제대로 내서 자른다.

* **상자의 높이**

상자 높이(c)의 치수 재는 방법은 실제 상자의 높이가 아니라, 상자 높이의 정도에 따라 변화한다.

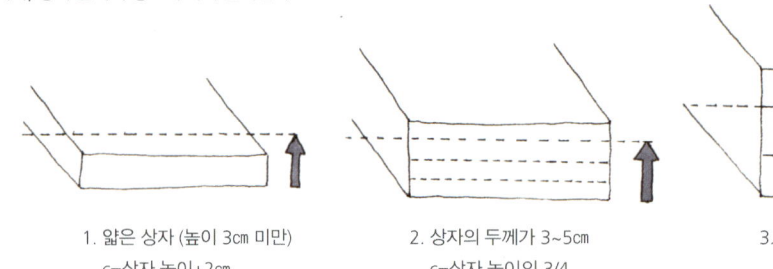

1. 얇은 상자 (높이 3cm 미만)
   c=상자 높이+2cm

2. 상자의 두께가 3~5cm
   c=상자 높이의 3/4

3. 상자의 높이가 6~10cm
   c=상자 높이의 2/3

388

싸는 방법

1. 치수를 잰 종이의 오른쪽 끝을 안쪽으로 약 1cm 접어 둔다.

● 마무리는 오른쪽이 위로 오므로, 종이의 끝이 휘거나 찢어지는 것을 방지하기 위해 안으로 접어 구부린다.

2. 종이의 중심에 상자를 두고, 종이의 크기가 틀림없이 측정되었는지 확인한다. 상자 중심을 향해 우측의 종이를 꺾어 접고, 위치를 정해서 상자의 모양을 따라 딱 맞게 이음매를 모양 내면 일단 원래 자리로 되돌린다. 왼쪽의 종이를 상자 중심을 향해 접고, 상자의 모양을 내 준다. 그 위에 끝을 접은 오른쪽 종이를 겹친다.

● 이음매를 양면 테이프로 붙여도 괜찮지만, 쉽게 뜯는 것을 생각하면 테이프는 가능하면 사용하지 않는 것이 좋다.

3~4. 상자 위아래의 종이를 윗면, 좌측(사진), 우측, 아래의 순으로 접어 넣는다.

5. 아래의 종이는 측면의 삼각형의 바깥쪽 금에 맞춰 끝을 접어 넣고, 카라멜 포장으로 다듬는다. 반대쪽도 똑같이 한다.

● 상자의 두께가 3cm 이상인 경우에는, 사진과 같이 두께의 중심에 이음매가 오도록 다듬는다. 두께가 얇은 상자의 경우에는 윗면과 아랫면이 남아 있는 종이를 상자의 높이에 맞춰 접어 넣어 다듬는다.

리본 묶는 방법

* 십자 묶음(나비 매듭)

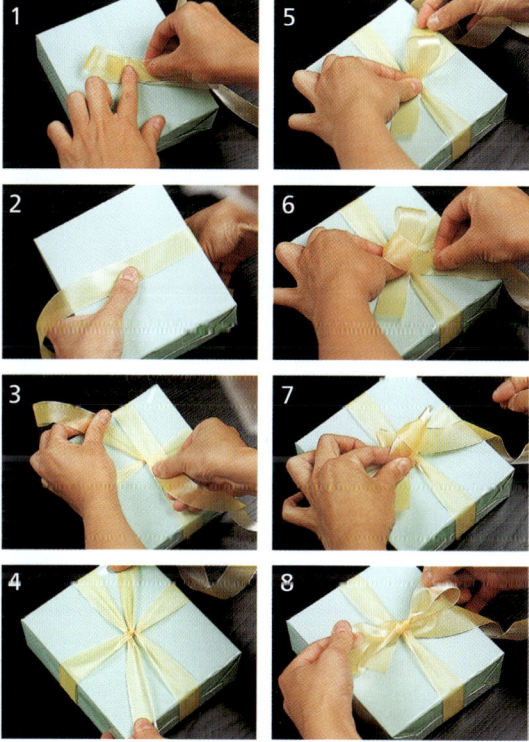

1. 리본의 단으로 나비 매듭의 한쪽의 고리와 늘어뜨린 것의 길이를 정한다.

2. 1에서 정한 길이를 왼쪽 아래로 남겨 두고, 중심부터 좌우, 위아래로 리본을 두른다.

3. 중심에서 교차시켜서 교차된 부분에 왼쪽 리본의 끝을 빠져나가게 한다.

● 리본이 뒤집어지지 않도록 같은 면을 위로 해서 교차시킨다.

4. 위아래로 당겨서 단단히 맨다.

5. 왼쪽 아래 리본으로 고리와 늘어뜨린 것을 만든다(그림①).

6. 오른쪽 위 리본을 5에 돌려서 고리를 만든다(그림②).

7. 오른쪽의 리본을 고리로 해서 6에 통과시킨다(그림③).

8. 좌우의 고리를 당기면서 묶는다(그림④).

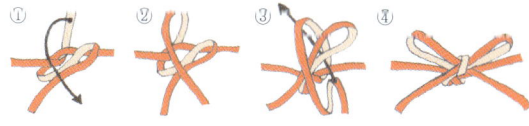

색이 다른 리본으로 변화 주기

1. 색(또는 질)이 다른 리본을 십자로 해서 8의 매듭의 아래로 통과시킨다.

2. 일단 단단히 묶는다.

3. 십자 묶음의 1~8과 같이 나비 매듭으로 한다.

둥근 상자(원통형) 싸기

포장지에 일정한 간격으로 주름을 잡으면서 곡면의 모양에 맞춰 싸는 방법. 원통형의 평평한 것부터 차를 담아 두는 통과 같이 가늘고 긴 것, 타원형의 상자, 등나무로 된 바구니 등도 쌀 수 있다. 주름을 잡은 중심에 실을 붙이거나, 리본을 묶어 목적에 맞게 완성한다.

종이 치수 재기(그림)

* 종이를 재고, 한쪽 끝을 1㎝ 접어 반대쪽으로 꺾은 다음 양면 테이프를 붙인다. 종이 양쪽 끝, 가의 가운데에 표시를 한다.

종이와 상자 높이의 중심에 맞춘다

가 = 바닥 면의 지름+ 상자의 높이

반경
높이
반경

나 = 원둘레+2~3㎝

싸는 방법

1. 원둘레에 맞춰서 종이를 상자에 감고, 가의 중심을 맞춰 두 겹으로 접은 쪽을 위에 덮어서 양면 테이프로 붙인다.

* 양면 테이프의 보호지를 떼어 낼 때는 먼저 중심부를 떼고, 그리고 나서 좌우로 당겨 벗기면서 포장지를 붙여 맞추면 비뚤어지지 않는다.

원통형 아래(바닥)쪽에서 일정한 간격으로 주름을 잡아서 꺾어 접은 다음, 윗면도 똑같이 주름을 잡아서 접는다. 주름을 집을 때에는 먼저 중심을 맞춰서 종이의 길이를 정한다 (사진).

2. 먼저 원의 중심을 향해 곧게 접고, 일정하게 주름을 잡아 접는다. 중심이 점 하나로 통합되도록 반복한다. 마지막의 주름은 처음의 주름을 일으켜서 아래로 끼워 넣는다.

3. 마지막에 가까워져 오면 주름을 잡기 어렵기 때문에 일단 접은 주름을 일으킨 다음 마지막까지 접은 자국을 내어서 다시 되돌려서 끝을 다듬는다.

삼각형 상자 싸기

종이 치수 재기 : (가=상자 높이+삼각형 높이)×(나=삼각형 변의 길이의 합계+2~3㎝)

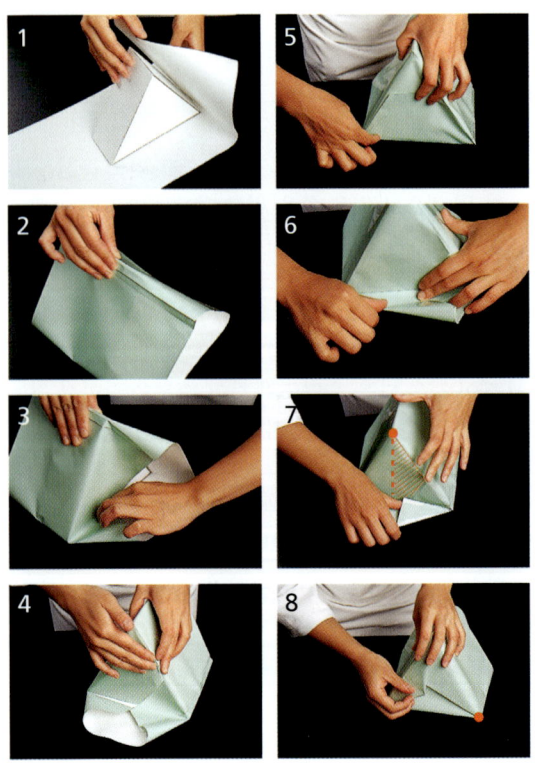

싸는 방법

1. 종이의 긴 변(나)의 끝을 1㎝ 정도 두 겹으로 접고, 접은 면에 양면 테이프를 붙인다. 종이의 짧은 변(가)의 중심과 상자의 높이에 중심을 맞춰서 놓고, 상자의 측면을 따라 종이를 접는다.

2. 삼각형 꼭대기에 1의 테이프를 고정한다.

3~5. 삼각형 변에 따라서 종이를 안으로 접어 넣는다.

6~7. 3변의 각각의 종이를 삼각형이 되도록 모양을 잡아서 접는다.

• 7은 점선의 안쪽으로 접고, 사선 부분을 안쪽으로 접어서 안으로 넣는다.

8. 삼각형으로 접은 꼭지가 만나도록 중심을 향해 접는다(사진은 상자를 회전시켜 밑변인 부분이 접어져 있는 곳). 반대쪽도 똑같이 접는다.

육각형 상자 싸기

종이 치수 재기 : (가─상자 높이+육각형 대각선이 길이) × (나─육각형 변이 길이의 합계+2~3㎝)

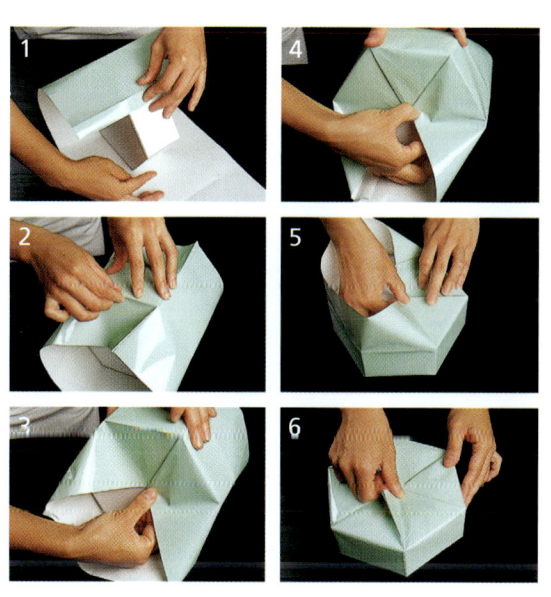

싸는 방법

1. 종이의 긴 변(나)의 끝을 1㎝ 정도 두 겹으로 접고, 접은 면에 양면 테이프를 붙인다. 종이의 짧은 변(가)의 중심과 상자의 높이에 중심을 맞춰서 놓고, 상자의 측면을 따라 종이를 접은 후, 모퉁이에 테이프로 붙인다.

2. 육각형 각각의 변에 맞춰서 종이에 접는 선을 낸다.

3~4. 중심을 향해 삼각형이 되도록 종이를 안쪽으로 접는다.

5~6. 반대쪽도 똑같이 한다.

커피

커피는 꼭두서닛과의 상록수 씨앗을 볶아서 갈아 추출한 것. 커피나무는 하얀 꽃을 피우며, 1~2㎝의 타원형의 초록색 열매를 맺는다. 익어서 빨갛게 된 열매를 수확해, 껍질과 과육을 제거하고 속의 씨앗(2개 들어 있다)을 건조시킨 것이 커피빈(생두)이 된다.

커피가 만들어지기까지

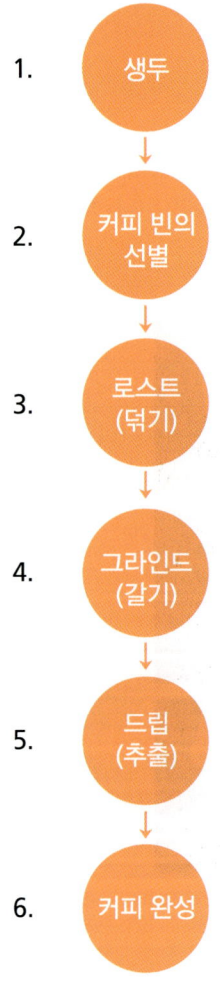

1. 생두

2. 커피 빈의 선별

3. 로스트 (덖기)

4. 그라인드 (갈기)

5. 드립 (추출)

6. 커피 완성

＊ 좋은 커피를 만들기 위해서는 2~5의 기본적인 조건을 충족시킬 필요가 있다.

커피의 3원종

커피 빈에는 대략 40품종이 있다고 하지만, 이것들은 다음의 3가지 원종에서 파생된 것이다.

아라비카종(에티오피아 원산)
* 가장 많이 재배되며, 많이 이용된다. 주로 레귤러 커피용.

로부스타종(콩고 원산)
* 인스턴트 커피나 리퀴드 커피(캔이나 페트병 등)의 원료로 쓰는 경우가 많다.

리베리카종(라이베리아 원산)
* 현재는 거의 재배되지 않는다. 품종 개량을 위한 교배용.

커피의 산지

커피 재배에 알맞은 기후의 지역은 대략 북회귀선에서 남회귀선의 사이에 위치해 있고, 커피 벨트라고 부른다.

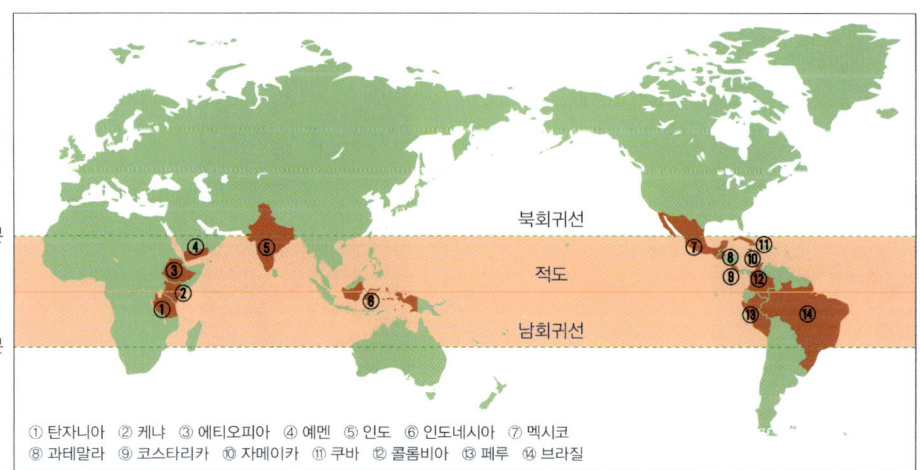

① 탄자니아 ② 케냐 ③ 에티오피아 ④ 예멘 ⑤ 인도 ⑥ 인도네시아 ⑦ 멕시코
⑧ 과테말라 ⑨ 코스타리카 ⑩ 자메이카 ⑪ 쿠바 ⑫ 콜롬비아 ⑬ 페루 ⑭ 브라질

아시아

만델링(인도네시아)
생두의 갈색이 나는 색이 특징. 강하게 로스트하면 맛있다.

중남미

블루 마운틴(자메이카)
단맛과 적당한 산미가 있어 맛있다. 고급품으로 유명하다.

브라질
세계 1위의 생산량. 블렌드의 베이스에 사용된다.

콜롬비아
신맛, 쓴맛의 밸런스가 좋아 블렌드의 베이스에 적합하다.

아프리카

킬리만자로(탄자니아)
산미가 강하고, 야생적인 풍미.

커피 빈의 선별(핸드 피크)

정상 콩

커피 빈의 좋고 나쁘고를 한마디로 말할 수는 없지만, 재배·정제·보존에서 이런저런 원인으로 아래와 같이 결점이 있는 콩이 생기며, 이런 결점 콩이 들어가면 커피의 맛은 확실히 나빠진다. 대기업에서는 전자 선별기로 결점이 있는 콩을 제거하긴 하지만 완벽하지는 않다. 맛있는 커피를 위해서는 먼저 생두 단계에서 핸드 피크라는 작업을 하고, 정상적인 콩만 선별한다. 사진은 핸드 피크로 결점 콩을 제거한 것이다. 원래 이런 생두를 사용해, 커피를 로스트해야 한다.

결점 콩

발효 콩

생성 과정에서 내부에 발효가 진행돼 고약한 냄새의 원인이 된다. 외관상은 찾아내기 어렵고, 핸드 피크로는 세심한 주의가 필요하다.

검은색 콩

발효가 되다 마지막 단계가 되면, 이와 같이 거무스름해진다. 커피 액에서도 부패한 냄새가 난다. 탁함도 심해진다.

죽은 콩

정상적으로 열매를 맺지 못한 콩. 볶아도 색이 나기까지 더디며, 분별하기 쉽다. 풍미가 희박하며, 유해무익하다. 고약한 냄새의 원인이 되기도 한다.

패각 콩

건조 불량 또는 이상 교배로 발생한다. 볶았을 때 얼룩의 원인이 된다.

깨진 콩

건조된 얼룩이 있거나, 이송 중에 충격이 더해져 깨져 버린 콩이다. 볶았을 때 얼룩의 원인이 된다. 또 강하게 로스트하면 불이 붙어서 타오르는 경우도 있다.

벌레 먹은 콩

브롯카(broca, berry borer)라는 나방의 유충이 비집고 들어간 것. 맛이 나빠지고 더러워지며, 탁함의 원인이 된다. 이상한 냄새가 나는 경우도 있다.

미성숙 콩

빨갛게 익기 전 초록색의 미성숙 콩이다. 비리고, 구토를 유발할 정도로 불쾌한 맛이다. 혀를 톡 쏘는 맛도 있다.

커피 빈의 로스트

로스트의 포인트는 볶은 후에 커피 빈의 수분이 빠져 있는지 여부에 있다. 약하게 로스트하면 커피 빈의 수분이 잔류하기 때문에 추출했을 때 맛에 나쁜 영향을 끼치기 쉽다. 대체로 8단계로 나누지만, 산지별로 커피 빈의 성격에 맞춰 보다 세밀하게 로스트 정도를 정하는 것이 필요하다.

약	중	중강	강
1. 라이트 로스트	3. 미디엄 로스트	5. 시티 로스트	7. 프렌치 로스트
2. 시나몬 로스트	4. 하이 로스트	6. 풀 시티 로스트	8. 이탈리안 로스트

로스트 정도

1. 라이트 로스트
달콤한 향은 나지만, 추출해도 쓴맛, 단맛, 진한 맛은 거의 느낄 수 없다.

2. 시나몬 로스트
우수한 산미를 가진 커피 빈으로, 그 산미를 우선으로 하고 싶다면 가장 적합하다. 시나몬과 닮은 색조이므로 이렇게 부른다.

3. 미디엄 로스트
아메리카 로스트라고도 부르며, 산미가 최우선이라면 가장 적합하다

4. 하이 로스트
여기부터 산미가 누그러지며 쓴맛, 단맛이 전면에 나오는 대중적인 로스트 정도.
(블루 마운틴, 모카, 아이티, 쿠바, 도미니카, 브라질 등)

5. 시티 로스트
서먼 로스트라고노 아며, 균형이 십힌 낵홍성이 느ノ서신나.
(콜롬비아, 과테말라, 멕시코, 하와이 코나, 만델링 등)

6. 풀 시티 로스트
산미가 상당히 누그러져, 쓴맛과 진한 맛이 맛의 정점이 된다.
(시티 로스트와 같은 커피 빈에 적합하다)

7. 프렌치 로스트
쓴맛, 진한 맛 둘 다 강조되어 우유나 크림을 넣어 마시는 유럽 스타일에 적합하다.
(케냐, 페루, 인도, 에티오피아 시다모 등)

8. 이탈리안 로스트
에스프레소 커피 등에 좋다. 쓴맛과 진한 맛이 강조된다. 커피 빈에 따라서 평범한 맛이 나거나, 탄 냄새가 난다.
(프렌치 로스트와 같은 커피 빈에 적합하다)

커피 빈의 그라인드(메시)

커피는 선도가 중요하다. 로스트 후에도 선도는 떨어지며, 갈면 보다 산화되기 쉬워진다. 갈고 나서 시간이 지난 커피 빈으로 좋은 커피는 바랄 수 없다.

1. 가는 분쇄
추출 속도가 늦어진다. 에스프레소나 칼리타식 페이퍼 드립으로 아이스 커피용으로 진하게 추출할 때 적합하다.

2. 중간 분쇄
추출 속도는 중간 정도.
칼리타식 페이퍼 드립, 커피 메이커에 적합하다.

3. 굵은 분쇄
추출 속도가 빨라진다. 넬 드립에 적합하다.

커피의 드립(추출)

칼리타식 드리퍼 사용

① 드립 포트
② 느립 서버
③ 드리퍼
④ 계량 스푼
⑤ 머들러
⑥ 온도계
⑦ 페이퍼 필터

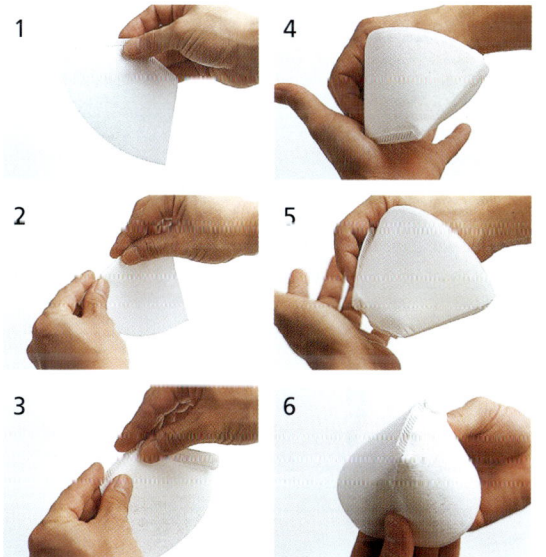

1 2 3 4 5 6

페이퍼 필터 접는 방법

1. 먼저 양면을 확인하고, 찢어진 곳 등이 없는지 확인한다.

2. 한쪽 면의 접착 부분을 5㎜ 정도 여분으로 접는다.

• 5㎜ 정도 여분으로 접는 것은 드리퍼보다도 필터가 크기 때문이다.

3. 뒤집어서 바닥 면도 측면과 같이 접착 부분을 5㎜ 정 도 여분으로 접는다.

4. 접은 것을 4~5장 겹친 다음, 먼저 한쪽 측면의 접은 쪽 을 임지와 검지로 눌러서 늘린다.

5. 다른 한쪽의 측면도 똑같이 해서 눌러서 늘린다.

6. 바닥 부분도 손가락 3개를 넣어서 양쪽에서 누르고, 다시 각 부분도 두 군데 손가락으로 누른다.

• 손가락으로 누르는 것에 따라 드리퍼의 모양과 같이 되기 때문에, 드 리퍼에 끼웠을 때 뜨거나 하지 않는다.

커피의 추출

1. 중간 분쇄의 가루를 1잔 분량 10g 넣는다. 2잔 분량이면 18g 넣는다.

- 분량이 증가할 때마다 여과층이 두꺼워져 추출액의 농도가 진해지므로 1잔 늘어날 때마다 커피 빈은 10~15% 정도 줄인다.

2. 가볍게 흔들어 가루를 평평하게 고른다.

- 추출이 균일하도록 표면을 평평하게 한다.

3. 드립 포트에 뜨거운 물을 넣고 82~83℃의 적당한 온도로 조절한다. 첫 번째 물 붓기 시작(두 번째 물 붓기 이후도 같은 온도의 물을 이용한다).

- 가급적 낮은 위치에서 가늘게 뜨거운 물을 붓는다. 뜨거운 물에 공기가 너무 섞이지 않도록 천천히 붓는다.

4. 중심 부분부터 바깥쪽으로 원을 그리듯이 붓는다. 필터에 직접 물을 붓지 않도록 주의해 바깥 둘레까지 뜨거운 물을 붓는다.

- 필터에 직접 물을 부으면 커피가 여과되지 않고 엷은 추출액이 되어 버린다.

5. 점점 부풀어 오지만 부푸는 것이 멈추고 가라앉아 표면이 평평해질 때까지 기다린다.

- 여기서 적당히 뜸을 들인다. 시간이 너무 짧아도 또 길어도 좋지 않다.

6. 두 번째 물 붓기. 드디어 추출 실전. 크림 상태의 거품이 봉긋하게 부풀어 오른다. 이 부푼 거품은 커피가 신선하다는 증거이다.

- 중심에서 바깥쪽으로 원을 그리듯이 물을 붓고, 바깥쪽에 이르면 다시 중심에 돌아오도록 물을 붓는다.

커피에 적합한 물

미네랄 워터는 커피를 끓이는 관점에서 결코 좋다고는 말할 수 없다. 특히 미네랄을 많이 포함한 경도가 높은 물은 커피의 쓴맛이나 그 외의 성분이 용해되기 어렵다. 수질이 뛰어난 일본에서는 오히려 수돗물을 사용하는 것이 좋지만 염소를 다량 포함해 표백분 냄새가 나는 경우에는 여과기를 사용한다.

7. 세 번째 물 붓기. 기포가 매끈해지며, 추출액이 매끄러워진다.

• 두 번째 이후 물 붓기 양은 항상 일정하도록 여과층은 올리거나 내리거나 하지 않는다.

8. 세 번째와 네 번째 사이. 완전히 추출액을 내리기 전에 네 번째로.

• 완전히 추출액을 내려 버리면 가루의 온도가 저하돼, 그 후에 적절한 추출을 할 수 없게 되어 버린다.

9. 네 번째 물 붓기. 세 번째와 마찬가지로 매끈한 기포와 매끈한 커피가 추출된다.

10. 네 번째와 다섯 번째 사이. 온도가 가루 전체에 균일하게 전해지고, 성분의 과반이 추출 완료된다. 물 붓는 속도를 빠르게 한다.

11. 이 시점에서 추출량은 1잔 분량 150㎖, 2잔 분량 300㎖가 되면 된다.

• 첫 번째 물 붓기부터 약 3분. 추출은 하강 곡선을 그리고, 이후에는 나쁜 성분이나 떫은 맛의 타닌이 많아지므로 추출을 멈춘다.

12. 추출 완료. 따뜻하게 해 둔 컵에 붓는다

홍차

「차」는 동백나뭇과의 상록수이다. 홍차는 차의 나뭇잎에 포함된 산화 효소의 활동으로 발효시키고, 붉은 빛깔의 색소를 만들게 한 것이다(가열해 산화 효소의 활동을 중지시키고, 찻잎의 초록색을 유지시킨 것이 녹차).

홍차의 등급

홍차의 등급이란 품질을 나타내는 것이 아니라, 찻잎의 크기와 모양을 나타내는 것이다.

OP

(오렌지 페코)

* 찻잎의 크기가 7~12㎜.

BOP

(브로큰 오렌지 페코)

* 찻잎의 크기가 2~3㎜.

BOPF

(브로큰 오렌지 페코 패닝)

* 찻잎의 크기가 1~2㎜. 이 사이즈의 찻잎은 티백에 자주 사용된다.

홍차의 종류

홍차는 크게 나눠서 온대와 열대,두 가지 계통이 있다. 온대의 차는 녹차와 가까운 색을 하고 있으며, 일반적으로 초록색을 띤 노란색이나 희미한 오렌지색이다. 열대의 차는 홍차다우며, 오렌지색부터 선명한 붉은색인 것까지 여러 가지가 있다. 여기서는 다르질링(온대의 차)과 실론 우바(열대의 차)로 비교했는데, 보기에도 일목요연하며 수색 * 의 차이를 알 수 있다.

* 온대의 차(중국계)와 열대의 차(아삼계)의 수색의 차이
  왼쪽 사진 : 다르질링   오른쪽 사진 : 실론 우바

* 홍차를 끓였을 때의 액체의 색조를 수색이라 한다.

홍차의 산지

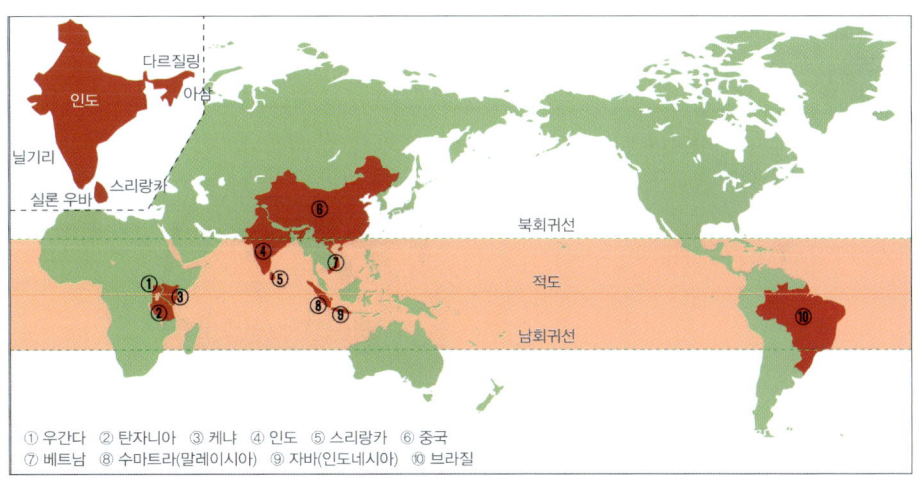

① 우간다 ② 탄자니아 ③ 케냐 ④ 인도 ⑤ 스리랑카 ⑥ 중국
⑦ 베트남 ⑧ 수마트라(말레이시아) ⑨ 자바(인도네시아) ⑩ 브라질

인도 다르질링

북인도, 히말라야 산기슭의 산악 지대(고도 2,300m) 마을 다르질링을 중심으로 재배된다. 계절에 따라 맛이나 향이 크게 달라지며, 낮과 밤의 추위와 따뜻함의 차이에 따라 발생하는 안개가 특유의 향미를 준다고도 한다. 붉은빛이 적은 수색과 섬세한 향이 특징이다.

* **퍼스트 플러시** : 3~4월의 첫 번째 찻잎 수확. 발효가 덜 되고, 수색이 엷으나 신선한 향미가 있다.
* **세컨드 플러시** : 두 번째 찻잎 수확. 수색은 밝은 오렌지색으로, 진한 맛이나 향이 가장 충실하며 양질의 찻잎에는 머스캣 플레이버라는 특유의 향이 있다.

아삼

북인도, 아삼 지방에서 재배된다. 수색은 붉은빛이 강하며 진한 맛이 있다. 타닌의 함유량이 많으며, 밀크 티에 어울리지만 아이스티로 하면 크림 다운 현상이 일어나기 쉽다.

* 크림 다운은 홍차를 식혔을 때 온도 변화로 타닌과 카페인이 결합하고 결정화되어 하얗게 탁해지는 현상이다.

닐기리

북인도의 닐기리 고원에서 재배된다. 특징이 없는 맛과 향으로, 실론 홍차와 비슷하다.

스리랑카(실론 홍차) 실론 우바, 누와라엘리야, 딤불라, 캔디 등

인도 홍차에 비해 수색은 붉은빛이 진하며, 떫은맛은 적지만 풍미가 강한 진한 맛이 있다.

* 실론은 스리랑카의 식민지 시대의 명칭이다.

중국

가장 오래전부터 홍차가 생산되고 있었다. 찻잎 색은 거무스름하지만, 수색은 밝다. 인도나 실론의 홍차와는 상당히 다른 개성적인 향이 있다. 90%가 수출용이다.

랍상소우총(정산소종), 키먼(기문 홍차), 운남 홍차(전홍공부) 등

홍차의 추출

① 포트
② 티스푼
③ 거름망

홍차의 점핑

홍차를 맛있게 추출하기 위해서는 먼저 찻잎에 최적의 상태의 뜨거운 물을 부어야 한다. 뜨거운 물의 온도만이 아니라, 상태가 중요한 것이다. 신선한 물을 끓인 것이 바로 산소를 가득 포함한 신선한 뜨거운 물이다. 이 물을 찻잎에 붓게 되면 뜨거운 물 속에서 찻잎이 위아래로 흔들흔들 가라앉다 뜨기를 반복한다. 이것을 점핑이라고 한다. 점핑하지 않으면 맛도 향도 적절하게 추출되지 않는다. 홍차 추출의 포인트는 「점핑」이다.

1. 포트에 200~250㎖의 뜨거운 물을 넣고 데워 놓는다. 찻잎이 작은 경우에는 티스푼으로 수북이 한 스푼이 홍차 1잔 분량이다. 포트의 물을 버리고, 찻잎을 넣는다. 2잔 분량이면 수북이 두 스푼 넣는다.

- 2잔 이상은 찻잎을 잔수의 배수로 계량한다.

1

찻잎이 큰 경우에는 티스푼으로 넘치도록 수북이 한 스푼 담은 것이 홍차 1잔 분량이다.

2. 끓인 지 얼마 안 된 물을 1잔 분량 180㎖ 붓는다. 2잔이면 360㎖ 붓는다.

2

• 2잔 이상은 잔수당 180㎖의 배수로 계량해 붓는다.

3. 물을 부은 후 바로 스푼으로 휙 휘젓고 곧바로 뚜껑을 닫고 우린다.

3

• 작은 잎이면 약 2분. 큰 잎이면 약 2분 30초 우린다.

4. 거름망을 사용해 따뜻하게 해 둔 컵에 붓는다.

4

• 2잔 이상 끓일 때는 컵의 약 반 정도씩 돌려 따라, 전부 같은 농도로 하는 것에 유의한다.

5. 완성.

5

커피

커피는 선도가 중요하다. 산화되기 쉬우며, 로스트 후에는 약 2주밖에 시간이 없기 때문에 한꺼번에 사지 않고 2주분씩 구입한다. 사용하기 직전까지 갈지 않고, 커피 빈 그대로 청결한 병에 넣고 공기에 닿지 않도록 한다. 간 콩을 부득이 보관하는 경우에도 병에 넣어서 보관하나 최대한 빨리 사용할 것.

홍차

습기가 들어가지 않도록 주의한다. 계량하는 티스푼이 젖어 있지 않을 것. 상온 보관도 상관없지만, 따뜻한 곳에 두지 않도록 한다.

* 계량 판매하는 경우

밀폐 가능한 깨끗한 병이나 캔에 넣어 보관한다. 보관 기간은 4~5개월.

* 캔의 경우

1회분씩 쓸 때마다 뚜껑을 꼭 닫는다. 보관 기관은 4~5개월.

* 티백의 경우

1회분씩 봉지에 들어 있지만 향이 날아가기 쉽기 때문에 봉지를 뜯었을 경우, 밀폐 가능한 청결한 병이나 캔에 넣어 보관한다. 보관 기간은 4~5개월.

제14장

프랑스 과자 부록
Appendice

제과 용어집 • Lexique de la pâtisserie
색인 • Index

제과 용어집

<일러두기>

＊ 표시 : 용례, ※ 표시 : 설명, (p.) 표시 : 사진과 자세한 설명이 있는 페이지, → 표시 : 참조

A

abaisser 밀대로 반죽을 얇게 늘이다

abricot 살구 (p.144)

abricoter 살구 잼을 바르다

acide citrique 구연산 (p.339)

amande 아몬드 (p.68) ＊ amandes effilées 아몬드 슬라이스 → effiler ＊ amandes hachées 아몬드 다이스, 아몬드를 잘게 썬 것 → hacher

amarelle 사워 체리의 한 종류

amaretto 아마레토 (p.68)

angélique confite 안젤리카 설탕 절임

anis étoilé 팔각, 스타 아니스

appareil 아파레유, 여러 가지 종류의 재료를 섞은 것 ※ 유동성이 있는 것을 말하는 경우가 많다.

arôme de fruit 프루츠 향료 (p.342)

arroser 액체(술 등)를 뿌리다, 떨어뜨리다

B

bain-marie 중탕, 중탕 냄비

balance 저울

banane 바나나

barre 철심 (p.338) ※ règle à fondant 퐁당용 틀이라는 제품도 있다.

bassine 볼 ※ bassine à blanc 흰자용 볼, 동으로 된 볼

bâton 봉, 막대기 ＊ un bâton de cannelle 시나몬 스틱 1개

betterave sucrière 첨채, 비트, 사탕무 (p.22)

beurrage 데트랑프로 유지를 싸는 것, 첨가하는 것

beurre 버터 (p.25) ＊ beurre demi-sel 저염 버터 ＊ beurre noisette 헤이즐넛 버터 ＊ beurre manié 버터와 밀가루를 같은 분량으로 섞은 것

beurrer 버터를 바르다, 버터를 넣다, 데트랑프로 유지를 싸다

bigarreau 체리, 비가로(스위트 체리의 한 종류) ＊ bigarreau confit 설탕 절임 체리 (p.336)

blanc d'œuf 흰자

blanc 흰

blanchir 노른자에 설탕을 넣고 흰색을 띨 때까지 섞다

broyeuse 분쇄기 (p.143)

C

cacao 카카오 ＊ cacao en poudre 코코아 파우더 (p.358) ＊ grain de cacao 카카오 빈

cadre à caramel 카라멜 틀 (p.349)

café 커피 ＊ café soluble 인스턴트 커피

calvados 칼바도스 (p.233) ※ 사과 브랜디

canne 감자(甘蔗), 사탕수수 (p.22)

cannelé 도랑, 밭이랑이 있는 → canneler

canneler 도랑을 내다

cannelle 시나몬, 계수나무 ＊ bâton de cannelle 시나몬 스틱 (p.238)

caramel 카라멜

caraméliser 설탕을 태워 색을 내서 카라멜로 하다, (푸딩 틀 등에) 카라멜을 붓다, 카라멜을 넣다, 과자의 마무리에 설탕을 뿌리고 표면을 태워 카라멜 상태로 하다

caraméliseur 카라멜라이저 (p.73) ＊ fer à gratiner 인두

carraghénane 카라기난 (p.259)

carton 카르통 ※ 금색이나 은색으로 케이크 아래에 깔아 받치는 역할을 하는 두꺼운 종이 (p.54)

cassonade 카소나드 ※ 감자당의 조당

cercle 세르클 ※ 바닥이 없는 링 모양의 틀 ＊ cercle à entremets 앙트르메용 링 틀 (p.47) ＊ cercle à tarte 타르트용 링 틀 (p.109) cerise 체리 (p.96)

chemiser (틀 안쪽에) 반죽 등을 깔다, 붙이다

chinois 시누아 ※ 액체를 거르기에 적합한 원추형의 거르는 도구. 스테인리스에 구멍을 낸 것과 그물 모양의 것이 있다.

chiqueter 접는 파이 반죽을 겹쳐 구울 때, 겹친 반죽의 가장자리에 같은 간격으로 얕은 칼집을 내다 ※ 층이 균일하게 부풀며, 겉보기에도 예쁘게 완성된다.

chocolat 초콜릿 (p.358)

cigarette de chocolat 초콜릿 시가레트 ※ 얇게 깎아 가늘게 만 초콜릿

citron 레몬 (p.114) * citron vert 라임

clarifier 노른자와 흰자를 나누다, 정제하다 * beurre clarifié 정제 버터

clou de girofle 클로브, 정향 (p.276)

cocotte 코코트 틀 (p.244)

cognac 코냑 (p.241)

Cointreau 쿠앵트로 (p.370) ※ 상표. 오렌지 껍질이나 꽃의 에센스로 만든 화이트 큐라소.

colorant 식용 색소, 착색제 (p.54)

colorer 착색하다

confire 담그다 ※ 주로 보관하기 위해 과일이나 야채를 설탕, 식초, 증류주에 절이다

confit 절인 → confire

confiture 잼, 프리저브

confiture d'abricot 살구 잼 (p.81, p.144)

confiture de framboise 프랑부아즈 잼, 라즈베리 잼 (p.154)

congeler 냉동하다

corne 카드 (p.29) (일반적으로 뿔이나 초승달 모양의 것을 가리키는 단어) ※ 탄력이 있는 플라스틱제로, 얇은 가마보코 모양의 도구

cornet 원추형의 틀, 종이를 원추형으로 만 주머니 또는 짤주머니 (p.145), (반죽을) 원추형으로 말아 크림 등을 채운 과자, 작은 나팔

coucher 반죽이나 크림을 짜다 ※ 짤주머니를 45도 정도 기울여, 얇고 긴 띠 모양으로 짜다

coulis 쿨리 ※ 과일 등의 퓌레 상태의 소스

coupe 입이 넓은 다리 달린 유리잔

couteau 부엌칼, 나이프 * couteau-scie 톱니 칼

couverture 커버추어 (p.359)

crémage 크레메 하는 것

crème aigre 사워 크림 (p.118) →aigre 시큼한

crème de marron 크렘 드 마롱, 마롱 크림 (p.190)

crème de tartre 주석산수소칼륨 ※ 영어로는 크림 타르타르 (cream tartar) 또는 크림 오브 타르타르(cream of tartar)

crème épaisse 발효 생크림 (p.180)

crème fraîche (crème fleurette) 생크림

crémer 크림 상태로 하다, 생크림을 넣다

cru 생(生)의

cuillerée 스푼 1개 양 * une cuillerée à potage de~ 1 큰 스푼 * une cuillerée à café de~ 1 작은 스푼

cuire à blanc 애벌로 굽다

curaçao 큐라소, 오렌지 리큐어

cutter 푸드 프로세서 ※ mixeur, robot-coupe라고도 부른다.

D

dariole 입이 약간 벌어진 원통형의 틀, 바바 틀 (p.219)

demi ½, 0.5 ※ demi- ~로 복합어를 만든다.

démouler 틀에서 빼내다

densimètre (pèse-sirop) 비중계, 당도계 (p.279)

dessécher 건조시키다, 여분의 수분을 날리다

détrempe 데트랑프, 반죽 가루, 반죽 ※ 밀가루에 물, 소금 등을 넣어 섞은 후 하나로 뭉친 반죽

diviseur à gâteau (원형 케이크의) 등분기(等分器)

dorer 윤기가 있는 색을 내기 위해 반죽에 달걀 등을 바르다

dorure 달걀물을 바르기 위한 액체, 윤기가 있는 색을 내기 위해 반죽에 바르는 것, 푼 달걀

douille 깍지 * douille unie 원형 깍지 * douille cannelée 별 모양 깍지 * douille plate 납작한 깍지 * douille à bûche 뷔슈용 깍지 (p.75) * douille à mont-blanc 몽블랑용 깍지 (p.190)

dresser 수북이 담다, 반죽이나 크림을 짜다 ※ 짤주머니를 세워 한 점에 짜듯이 둥글게 원형으로 짜다 → coucher

E

eau 물 * eau bouillante 끓는 물(끓은 물) * eau chaude 뜨거운 물 * eau tiède 미지근한 물 * eau froide 냉수

eau de fleur d'oranger 오렌지 꽃물 (p.241)

eau-de-vie de poire 서양배 브랜디 (p.49)

eau-de-vie 브랜디 (p.216) ※ 직역하면 생명의 물

ébarber 여분의 반죽을 잘라 내다

ébauchoir 마지팬 공예용 주걱 (p.333)

économe 껍질 벗기는 나이프

écorce d'orange confite 오렌지 필, 오렌지 껍질 설탕 절임 (p.126)

écumer 거품을 걷어 내다

écumoire 구멍 뚫린 국자

effiler (아몬드 등을) 세로로 얇게 자르다, 끝을 가늘게 하다

égoutter 물기를 빼다

émonder 뜨거운 물로 (껍질을) 벗기다

emporte-pièce (découpoir) 찍어 내는 틀 * emporte-pièce cannelée 찍어 내는 틀(국화) * emporte-pièce unie 찍어 내는 틀(스트레이트)

empreintes à liqueur 리큐어 봉봉용의 누름 틀 (p.352)

enrober 초콜릿 등으로 씌우다, 코팅하다

entonnoir à couler 충전(充塡)기 (p.352) ※ 주둥이에 마개가 있어서 붓는 액체의 양을 조절할 수 있는 깔때기

épais (액체가) 진한, 걸쭉한

éplucher 껍질을 벗기다

essence 에센스, 정수

étaler (반죽을) 펼치다, 얇게 늘이다

extrait 에센스, 추출물 * extrait de café 커피 에센스 (p.76) * extrait de vanille 바닐라 에센스, 바닐라 엑스트렉트 (p.42)

F

farine 밀가루, 박력분

fariner 밀가루를 묻히다, 뿌리다

fécule 전분 * amidon 전분

fécule de blé 밀 전분, 밀가루 전분 (P.352)

fécule de maïs 콘스타치, 옥수수 전분 (p.68)

feuille 잎, 얇은 조각, 장 * une feuille de~ 1장의

feuille de pain azyme 웨이퍼(웨하스) (p.345)

feuille d'or 금박 ※ 식용 금박

flamber 술에 불을 붙여 알코올을 날리다

fonçage 퐁세 하는 것

foncer 파이 반죽 등을 틀에 까는 것

fondant 퐁당 (p.143) / (형용사) 녹는, 녹아들 것 같은, 부드러운

fontaine 샘, 작업대에 밀가루를 놓고 중앙을 비워(또는 움푹 들어가게 해서) 주위에 벽을 만든 상태

fouet 거품기

fouetté 거품 낸 → fouetter

fouetter (생크림이나 달걀 등을) 거품 내다, 휘저어 거품이 일게 하다

four 오븐, 가마

fourchette à tremper 초콜릿 포크, 트랑페용 꼬챙이 (p.368) ※ broche à tremper라고도 한다.

frais 신선한, 생(生)의, 시원한

fraise 딸기 (p.39)

fraiser 반죽을 조금씩 손바닥으로 밀어내듯이 해서 작업대에 밀어 펴다 ※ fraser라고도 한다. 재료가 모두 잘 섞였나 확인하며, 반죽을 균일하게 매끈한 상태로 만들기 위해 하는 작업

framboise 프랑부아즈, 라즈베리 (p.285)

fraser → fraiser

frire 튀기다

friture 튀김용 기름, 튀김

fromage 치즈 * fromage frais 프레시 치즈 * fromage blanc 프레시 치즈의 한 종류 (p.45)

fromage de chèvre 산양유 치즈 (p.104)

fruit 과일, 프루츠 * fruit confit 설탕 절임 과일 (p.81)

G

ganache 가나슈. 생크림과 초콜릿을 섞어 만드는 크림

garnir 채우다

garniture (파이나 타르트 등의) 내용물, 충전물, 장식, 곁들이는 것

gâteau 가토, 과자 ※ 밀가루를 베이스로 한 과자의 총칭

gaufrier 와플용 굽는 틀, 와플 메이커 (p.249)

gélatine 젤라틴 (p.48) * feuille de gélatine 판 젤라틴

• gélatine en poudre 분말 젤라틴

gelée 젤리, 잼

gélifiant 응고제, 겔화제 (p.250)

gianduja 지안두야 (p.309) ※ 헤이즐넛이 들어간 초콜릿

glacer 윤기를 내다, 퐁당 등을 입히다

glucose 물엿, 포도당, 글루코오스 (p.143)

gomme arabique 아라비아고무, 아라비아 검 (p.333)

gousse (콩 등의) 꼬투리, (마늘 등의 비늘줄기의) 한 조각

gousse de vanille 바닐라 빈 (p.42)

gouttière 물받이, 물받이 모양의 틀

grain 곡물 알갱이, 종자, 콩, 알갱이 • café en grains, grains de café 커피 빈

grain de café 커피 빈, 커피 빈즈 초콜릿(커피 빈 모양의 초콜릿) (p.57)

Grand Marnier 그랑 마르니에 (p.54) ※ 상표. 오렌지와 코냑을 베이스로 만든 리큐어

griller (그릴로) 굽다, 볶다

griotte 체리, 그리오트 (사워 체리이 한 종류) • griotte à l'alcool 알코올에 절인 그리오트 (p.373)

guigne 체리, 기뉴 (스위트 체리의 한 종류)

H

hacher 아주 잘게 썰다

huile 기름

I

imbibage 과자에 스머들게 하는 깃, 직실 ✚ 있는 것(시럽이나 술 등)

imbiber 제누아즈나 비스퀴 등에 습기를 주거나 풍미를 내기 위해 액체를 발라 스머들게 하다

infuser 달이다, 뜨거운 물에 담그다 ※ 끓인 액체에 허브, 스파이스 등을 담가 향이나 성분을 추출하다

infusion de framboise 프랑부아즈의 앵퓌지옹 (p.370) ※ 저당도의 리큐어

ivoire 상아색의, 아이보리색의 • chocolat ivoire 화이트 초콜릿

J

jaune 노란 / 노란색, 노란색 부분

jaune d'œuf 노른자

julienne 채 치는 것, 잘게 써는 것

jus 과즙, 쥬스 • jus d'orange 오렌지 과즙

K

kirsch 키르슈 ※ 체리의 증류주 (p.39)

kiwi 키위

L

lait 우유

lavande 라벤더

levure chimique 베이킹파우더 (p.87)

levure de boulanger 생이스트 (p.212) ※ boulanger 빵집

lime 라임 (p.114)

liqueur 리큐어, 혼성주

liqueur à l'anis 아니스 술, 아니스 계열의 풍미를 가진 리큐어 (p.202)

louche 국자

M

macaronner (마카롱을 만드는 데 적합한 상태가 되도록) 마카롱 반죽을 섞어 굳기를 조절하다

macédoine 4~5㎜ 크기의 깍두기 모양으로 썰기, 이런 모양으로 썬 야채 또는 과일을 혼합한 깃

macérer 절이다

mangue 망고 (p.284)

manqué 망케 틀, 입이 약간 벌어진 원형의 케이크 틀 (p.67, p.100)

mariner 절이다

marmelade 마밀레이드, 잼 (p.126)

marron 밤 • marron au sirop 시럽에 절인 밤 (p.190)

masquer 크림 등으로 씌우다

médaillon 메달 (대형 메달)

mélangeur 멜랑죄르, 제과용 믹서 (p.28) * feuille (팔레트, 비터) : 나뭇잎 모양 * fouet(휘퍼) : 거품기 모양 * crochet(후크) : 갈고리형

menthe 민트, 박하 (p.161)

meringue 머랭

miel 벌꿀

miette (비스퀴나 파이 등의) 부스러기, 부서진 조각 ※ 영어로 크럼(crumb). 남은 비스퀴나 푀이타주 등을 잘게 썰거나 가는체로 걸러 곱게 만든 것.

millasson 밀라송 (p.113) ※ 입이 약간 벌어진 원형의 틀, 원형 타르틀레트 틀

mixeur 믹서

moule 틀

moulinette 거르는 그릇, 물리네트 (p.144) ※ 핸들을 돌려 재료를 부숴 가며 거르는 것이 가능한 제품

mousseline (요리에서 야채 퓌레 등에) 거품 낸 생크림을 넣은 것(무스의 한 종류) / (형용사) 생크림을 넣은, 가벼운

myrtille 미르티유, 블루베리

N

nappage 나파주 (p.48), 윤기를 내기 위한 잼, (바르거나 뿌리는) 크림이나 소스 → napper

nappage neutre 나파주 뇌트르, 투명한 나파주

nappe 일반적으로는 식탁보를 가리킨다. * à la nappe (주걱 등의 표면을) 덮는 상태(에) ※ 크렘 앙글레즈의 농도를 나타낸다.

napper (전체를 덮듯이) 뿌리다, 바르다

noisette 헤이즐넛 (p.84)

noix 호두 (p.336) 견과류

noix de coco 코코넛, 코코야자 열매(배유)

nougatine 누가틴 ※ 세공용의 단단한 누가(바짝 졸인 당액에 아몬드를 넣어 굳힌 것)

O

œuf 달걀 (p.20) * œufs séchés 건조란 → sécher

orange 오렌지 (p.284)

P

pailleté chocolat 파이테 쇼콜라, 초콜릿 프레이크 (p.209)

palette en caoutchouc 고무 주걱 * maryse(고무 주걱의 상품명)라고 불리는 경우도 있다 (p.29)

palette triangle 삼각 팔레트 (p.362)

palette (couteau palette) 팔레트 나이프, napper 주걱 (p.58) * palette coudée 앵글 팔레트

pamplemousse 그레이프프루트, 자몽 (p.258)

papier cuisson 쿠킹 페이퍼[cooking paper (영)] ※ 가열 조리용 종이 (p.27)

parfumer 향을 입히다

passer 거르다

passoire 거르는 그릇 ※ 거르는 부분이 반구형으로 촘촘한 망으로 되어 있는 것

pâte à glacer 파트 아 글라세 (p.359)

pâte d'amandes crue 로마지팬 (p.323)

pâte d'amandes fondante 마지팬 (p.323)

pâte de cacao 카카오매스

pâte de marron 마롱 페이스트, 파트 드 마롱 (p.190)

pâton 버터를 접은 데트랑프, 필요한 양으로 분할한 반죽 한 덩어리

pêche 복숭아 * pêche jaune 황도 * pêche blanche 백도 * pêche de vigne 과육이 빨간 복숭아

pectine 펙틴 (p.339)

peigne à décor 빗 ※ 플라스틱제 또는 금속제로 톱니 모양의 이가 붙어 있는 도구. 반죽이나 크림 등에 줄무늬를 낼 때 사용한다. 삼각형인 것은 삼각 카드라고 부른다.

perlage 반죽의 표면에 슈거 파우더를 뿌리고 구워, 표면에 진주(perle)와 같은 알갱이를 만드는 것

Pernod 페르노 (p.202) ※ 리코리스(감초) 풍미의 리큐어 상표

pic-vite 피케 롤러 (p.95)

pied 발 ※ 마카롱 무를 굽는 동안 측면에서 분출되어 나온 반죽

pignon 잣 (p.118)

pinceau 붓, 솔

pincée 손가락 끝으로 집을 만큼의 양 * une pincée de sel 소금 약간

pincer 반죽의 가장자리를 파이 가위 등으로 집다, 끼우다 ※ 파이 반죽 주위에 테두리를 붙이기 위해 하는 작업

piquer (피케 롤러나 포크 등으로) 반죽에 작은 구멍을 내다, (칼끝 등으로) 파이 반죽에 수증기를 빼기 위한 작은 구멍을 내다

pistache 피스타치오 (p.58) * pâte de pistaches 피스타치오 페이스트 (p.294)

plaque 플레이트 * plaque à four 오븐 플레이트, 철판

plaque à tuiles 튈 틀, 물받이 틀 (p.303)

plaquette de chocolat 얇은 판 초콜릿

poche (à décor) 짤주머니 * poche à douille uni 원형 깍지를 끼운 짤주머니

poêle à crêpes 크레이프 팬 (p.232)

poire 서양배, 푸아르 (p.49)

Poire Williams 푸아르 윌리엄 ※ 서양배의 품종명, 서양배 브랜디의 상표

pomme 사과 (p.101) * pomme vert 청사과

poudre à crème 커스터드 파우더 (p.41)

praliné 프랄리네(페이스트) = pralin(프랄랭) (p.129) / (형용사) 프랄리네 풍미의, 프랄리네를 넣은

pruneau 프룬, 말린 자두 (p.235)

purée 퓌레 (p.338 : 과일 퓌레)

purée de marron 마롱 퓌레, 퓌레 드 마롱 (p.190)

Q

quartier 4분의 1, 한 조각, 오렌지 한 송이

quenelle (아이스크림이나 무스 등을) 스푼으로 풋볼 모양으로 만든 것 ※ 본래는 다진 고기나 생선의 살을 작게 뭉쳐 삶은 요리

R

raisin 포도 * raisin muscat 머스캣

raisin sec 레이즌, 긴포도 (p.81)

râpé 깎은 → râper

râper 깎다 * noix de coco râpée 코코넛 프레이크

rayer 비스듬하게 칼집을 넣어 줄무늬를 내다 ※ 파이의 겹이 끊어져, 구우면 무늬가 떠오른다.

rétractomètre 굴절 당도계, 브릭스계 (p.279)

rhum 럼주 (p.81)

robot-coupe 푸드 프로세서 상표

rognure 반죽 자투리, 2번 반죽

rondelle 둥글게 자르는 것 * une rondelle de citron 둥글게 자른 레몬 1장

rosace 장미꽃 모양 장식, 장미 무늬, 방사상 무늬

rouge 빨간

rouleau (rouleau à pâte) 밀대

rouleau à nougat 누가 롤러, 금속제 밀대 (p.180)

rouleau cannelé 줄무늬용 밀대 ※ 금속제로 홈이 패어 있는 밀대

roulette multicoupe (rouleau extensible) 신축 파이 커터 (p.155)

ruban 리본 ※ 달걀에 설탕을 넣고 충분히 거품 낸 상태를 리본 상태라고 한다. 들어 올려 보면 일정한 폭을 유지하면서 리본과 같이 팔랑거리며 흘러 떨어지는 상태이다.

S

sablage 사블레 하는 것

sabler 액체를 넣지 않고 유지와 밀가루를 섞어 보슬보슬한 상태로 만들다

salé 짠, 소금을 넣은

saupoudrer 뿌리다

sec 마른, 건조한

sécher 말리다, 건조시키다 * blancs d'œuf séchés 건조 흰자

sel 소금 * gros sel 굵은 소금

serrer 머랭의 마무리에 거품기로 힘 있게 섞어 기포를 다듬다 ※ 제과용 믹서로 거품을 낼 때에는 마지막에 휘퍼를 손에 쥐고 작업한다.

Silpat 실팻 (p.27) ※ 상표. 실리콘 수지성으로 고무와 같은 탄력이 있는 시트

sirop 시럽, 당액

soluble 녹는, 용해성의

sorbétière (turbine à glace) 소르베티에르 (p.281)

spatule en bois 나무 주걱

stabilisateur 안정제 (p.279)

streusel 슈트로이셀 (녹일어) ※ 단 소보로 상태의 반죽

sucre 설탕

sucre de canne 감자당, 사탕수수 설탕 (p.22)

sucre de palmier 팜 슈거 (p.23)

sucre d'érable 메이플 슈거 (p.23)

sucre en grains 굵은 흰 설탕, 굵은 설탕 (p.23)

sucre en morceaux 각설탕 (p.23)

sucre glace 슈거 파우더

sucre inverti 전화당 (p.87) ※ Trimoline 트리몰린. 대표적인 전화당의 상품명. 전화당의 대명사가 되었다.

sucre roux 조당

sucre semoule 그래뉴러당 (p.22)

sucre vanillé 바닐라 슈거 (p.177)

sucré 단, 설탕을 넣은

surgelé 냉동식품 / (형용사) 급속 냉동된

surgeler 급속 냉동하다 ※ congeler 냉동하다, 저속 냉동하다

T

tamis 체, 여과기

tamiser 체로 치다, 거르다

tant pour tant (T.P.T) 탕 푸르 탕, 아몬드와 설탕을 같은 비율로 섞어 분말로 만든 것 (p.70) ※ 아몬드 파우더와 설탕을 같은 비율로 섞어 사용해도 좋다.

tempérage 템퍼링[tempering (영)], 조온 ※ 녹인 초콜릿의 카카오버터를 안정된 결정으로 만들기 위한 온도 조정 작업

température 온도, 기온

tempéreuse électrique 초콜릿 워머, 템퍼링 머신 (p.362)

thé 차, 홍차

thermomètre 온도계 ＊ thermomètre centigrade 백분도(百分度) (섭씨) 온도계

tourage 데트랑프에 버터를 접어 넣는 것

tourer (데트랑프에 버터를) 접어 넣다

tourtière 원형의 철판, (바닥이 있는) 타르트 틀 (p.95)

tremper (커버추어, 퐁당 등으로) 코팅하다 (덮다), (시럽 등에) 담그다, (액체에) 잠기게 하다

trois-frères 트루아 프레르 틀 (p.253) ※ 링 틀 (굵은 고리 모양 틀)의 한 종류

U

uni 평탄한, 매끈한, 장식이 없는

V

vanille 바닐라 (p.42)

vanilline 바닐린 ※ 바닐라의 방향 성분인 무색의 화학 물질

vert 초록색의

vide-pomme 사과 심을 제거하는 도구

vin 와인 (p.270) ＊ vin rouge 레드 와인 ＊ vin blanc 화이트 와인 ＊ vin rosé 로제 와인

vol-au-vent (découpoir à vol-au-vent) 볼로방 틀 ※ 원반 모양의 틀 (p.125)

W

whisky 위스키

Y

yaourt 요구르트

Z

zeste 껍질, (감귤류의) 표피 ＊ zeste de citron (d'orange) 레몬 (오렌지) 껍질 (p.104)

프랑스의 축제일, 행사

<일러두기>

● 는 날짜가 변하는 축일. 그리스도의 생애에 연관된 행사로, 부활절을 축으로 변동한다.

1월 1일

설날 Jour de l'an 법정 휴일

1월 6일

주현절 Épiphanie (Jour des Rois)

그리스도의 탄생을 축하하는 동방 박사 3명(les rois)이 베들레헴을 방문한 날. 이날에 먹는 갈레트 데 루아(galette des rois)는 접는 파이 반죽으로 아몬드 크림을 싸서 구운 피티비에와 거의 같은 과자로, 속에 작은 도자기로 만든 인형이 1개 들어 있다. 옛날에는 인형이 아닌 잠두(fèves)를 넣었으므로 인형도 페브라 부르며, 이것을 뽑은 사람에게 종이로 만든 왕관을 씌우고 하루 동안 왕이나 여왕 놀이를 한다. 지방에 따라 파이가 아닌 브리오슈와 같은 빵 반죽으로 갈레트 네 루아를 만드는 경우도 있다.

2월 2일

그리스도의 봉헌, 성모 취결례 축일 Chandeleur

그리스도의 탄생일로부터 40일째 되는 날에, 산후 금기 기간이 끝난 성모 마리아가 의식을 위해 성전을 방문한 날이라고 한다. 이때, 그리스도 탄생의 예언을 받은 시므온이라는 노인이 「이 아이야말로 사람들을 비추는 빛이다」라고 말했던 데서 유래해 교회에 밀랍으로 만든 초를 바치게 되었기 때문에 초 축제(성촉절)라고도 한다. 이날에는 크레이프를 만든다. 한 손에는 동전을 쥐고, 한 손으로 프라이팬을 들고 크레이프를 능숙하게 뒤집을 수 있으면 행운이 온다거나 돈이 많이 생긴다고 전해져 내려온다.

2월 14일

밸런타인데이 Saint Valentin

밸런타인은 로미 황제의 금지령에 기억해 병사들을 결혼시킨 죄로 순교한 기독교 성인의 이름이다. 이 성인을 기리는 날과, 젊은 남녀가 「제비뽑기」로 사랑의 상대를 결정하는 당시의 봄에 행해졌던 축제가 결합되어 밸런타인데이가 되었다고 한다. 유럽과 미국에서는 카드를 보내고, 친한 사람에게 선물을 한다.

● 2월경

카니발 Carnaval

사육제라고도 한다. 부활절 전 46일간의 정진 기간을 사순절(Car

ême)이라 하는데, 그날이 시작되기까지 마음껏 먹고 마시며 즐기는 것에서 시작된 축제이다. 사순절이 시작하는 재의 수요일 전날을 고기의 화요일(Mardi gras)이라 하며, 특히 그날을 가리키는 경우가 많다. 프랑스에서는 리옹이나 니스에서 성대한 축제가 열린다.

● 3~4월

부활절(이스터) Pâques

십자가에 못 박혀 죽은 그리스도가 7일째에 부활한 것을 축하하는 날이다. 춘분 뒤 첫 보름날의 다음 일요일이다(춘분은 3월 21일로 해서 계산). 부활절의 상징은 달걀로, 껍질에 색을 칠하거나 그림을 그려 부활절 달걀을 교회에 바치거나 선물해 먹는다. 과자점에서는 부활절 한 달 전부터 달걀, 암탉, 토끼, 새끼 양과 같이 부활절에 관련된 것을 초콜릿이나 마지팬 공예로 만든다. 초콜릿 등으로 만든 달걀 속에 작은 초콜릿이나 캔디를 채운 과자를 뜰에 숨겨 보물찾기와 같이 해서 아이들에게 선물한다. 부활절 다음 날인 월요일은 법정 휴일이다.

4월 1일

만우절 Poisson d'avril

프랑스에서는 만우절을 '4월의 물고기'라고 한다. 이때의 물고기는 고등어를 가리키며, '봄이 되면 쉽게 집히는 밍청한 물고기이니까' 만우절을 상징한다고 말한다. 과자점에서는 물고기 모양의 파이 셸에 커스터드 크림을 채우고, 딸기 등 계절 과일을 비늘로 보이게 늘어놓은 과자나 물고기 모양의 초콜릿을 판다.

5월 1일

노동절(메이데이) Fête de Travail 법정 휴일

은방울꽃의 날(Jour des muguets)이기도 하며, 대통령이나 친한 사람에게 은방울꽃을 선물한다. 그래서 은방울꽃을 모티브로 한 과자가 만들어진다. 식낭 능에서는 여성 고객에게 서비스로 은방울꽃을 나눠 주기도 한다.

5월 8일

제2차 세계 대전 전승 기념일 Fête de la Victoire 법정 휴일

- **5월경**

그리스도 승천절 Ascension 법정 휴일

그리스도가 부활 후 40일째에 승천한 것을 축하하는 날(부활절 40일 후)

- **5~6월**

성령 강림절(펜테코스테) Pentecôte

부활절 후 제7 일요일이다. 비둘기 모양으로 속에는 페브를 넣은 과자를 만드는 지방이 있다. 이날의 다음 날인 월요일은 법정 휴일이다.

7월 14일

혁명 기념일 Fête Nationale 법정 휴일

파리제, Le Quatorze Juillet라고도 한다.

8월 15일

성모 승천절 Assomption 법정 휴일

11월 1일

만성절 Toussaint 법정 휴일

가톨릭에서는 1년 365일이 각각 성인의 축일로 할당되어 있으나[1], 이날은 모든 성인을 축하하는 날이다. 죽은 사람을 그리워하는 날로 되어 있다. 그 전야가 핼러윈이다. 호박을 눈과 코의 형태로 도려낸 제등에 양초를 켜고, 도깨비나 마녀로 가장한 아이들이 「과자를 안 주면 장난칠 거야(Trick or treat)」라고 말하며 이웃집들을 도는 행사는 주로 미국에서 행해진다. 호박 파이 등, 호박을 사용한 과자를 만든다.

[1] 매년 간행되는 미슐랭 레스토랑 가이드북(MICHELIN LE GUIDE ROUGE)에는 권말에 축제일과, 매일 그 날의 성인을 알 수 있는 달력이 게재되어 있다.

11월 11일

제1차 세계 대전 휴전 기념일 Fête de l'Armistice 법정 휴일

11월 하순~

대림절 Avent

크리스마스가 되기 전 네 번의 일요일을 포함해 대략 한 달간의 준비 기간이다. 매주 초를 하나씩 켜서 기도를 드리고, 그리스도의 탄생을 기다린다. 크리스마스 장식을 시작한다.

12월 25일

크리스마스(성탄절) Noël 법정 휴일

크리스마스에 두꺼운 장작을 태우고, 그 재를 받아 두면 다음 1년간 병이나 재난으로부터 지켜 준다는 말이 전해져 뷔슈 드 노엘(Bûche de Noël)이 만들어지게 되었다고 한다. 뷔슈는 장작이라는 의미로, 버터 크림을 사용한 롤케이크를 장작 모양으로 만든 것이다. 버터 크림은 커피나 초콜릿으로 풍미를 낸 것이 자주 사용된다.

일요일이나 축제일, 축하할 일이 있는 날의 식탁에는 과자를 빠뜨릴 수 없다. 위에 언급한 날 외에도, 어버이날, 포도 수확제 등 그때 그때 관련된 과자가 만들어진다. 또, 생일, 세례, 첫 성체 배령, 약혼, 결혼과 같은 인생의 단락의 축하에는 설탕 공예나 마지팬 공예로 축하하는 행사에 관련된 장식을 한 크로캉부슈(croquembouche[2])나 드라제(dragée[3])가 준비된다.

[2] '입(bouche) 안에 아삭아삭 소리를 내다(croquer)'라고 하는 의미이다. 웨딩 케이크로 일본에도 보급되었다. 자손 번영과 행복이 하늘까지 닿도록 기원하는 마음이 담겨 있다고 하며, 참석자에게 나누어 준다.

[3] 아몬드 또는 초콜릿을 심으로 해서 광택이 있는 단단한 당의로 감싼 당과이다.

색 인

프로 파티시에를 위한

프랑스 과자

저자	가와키타 스에카즈
발행인	장상원
편집인	이명원

초판 1쇄	2013년 5월 3일
5쇄	2022년 8월 8일

발행처 (주)비앤씨월드 출판등록 1994. 1. 21. 제16-818호
주소 서울특별시 강남구 선릉로 132길 3-6 서원빌딩 3층
전화 (02)547-5233 / 팩스 (02)549-5235

번역	비앤씨월드 출판부
편집	이지현, 사미래, 양정연
디자인	홍명숙

ISBN 978-89-88274-88-0 93590

http://www.bncworld.co.kr